Schnelleinstieg Unternehmensbewertung und Finanzkennzahlen

Professor Dr. Jörg Wöltje

Schnelleinstieg Unternehmensbewertung und Finanzkennzahlen

1. Auflage

Haufe Group
Freiburg · München · Stuttgart

Bibliografische Information der Deutschen Nationalbibliothek

Die Deutsche Nationalbibliothek verzeichnet diese Publikation in der Deutschen Nationalbibliografie; detaillierte bibliografische Daten sind im Internet über http://dnb.dnb.de/ abrufbar.

Print: ISBN 978-3-648-14721-4 Bestell-Nr. 11467-0001
ePDF: ISBN 978-3-648-14722-1 Bestell-Nr. 11467-0150

Professor Dr. Jörg Wöltje
Schnelleinstieg Unternehmensbewertung und Finanzkennzahlen
1. Auflage, Januar 2021

www.haufe.de
info@haufe.de

Bildnachweis (Cover): © rarinlada, Adobe Stock

Produktmanagement: Dipl.-Kfm. Kathrin Menzel-Salpietro
Lektorat: Maria Ronniger

Inhaltsverzeichnis

Symbol- und Abkürzungsverzeichnis

A	jährliche Annuität
A_0	Anschaffungsauszahlung
A_t	Auszahlungen der Periode t
AA	abschreibbare Aktiva
AbF	Abzinsungsfaktor, Diskontierungsfaktor
AG	Aktiengesellschaft
AK	Anschaffungskosten
AktG	Aktiengesetz
aLuL	aus Lieferungen und Leistungen
APV	Adjusted Present Value
AuF	Aufzinsungsfaktor
AV	Anlagevermögen
B	Bezugsgröße
BCF	Brutto-Cashflow
BDU	Bundesverband Deutscher Unternehmensberater
BewG	Bewertungsgesetz
BFuP	Betriebswirtschaftliche Forschung und Praxis
BG	Bezugsgröße
BGA	Betriebs- und Geschäftsausstattung
BIB	Bruttoinvestitionsbasis
BIDD	Buyer Initiated Due Diligence
BIMBO	Buy-in Management Buy-out
BU	Business Unit
BUW	Bruttounternehmenswert
BW	Barwert
BWR	Barwert der ewigen Rente
C_0	Kapitalwert
CAPM	Capital Asset Pricing Model
CCA	Comparable Company Analysis
CCR	Cash Conversion Rate
CE	Capital Employed
CF	Cashflow
CFROI	Cashflow Return on Investment
$Cov(r_f, r_m)$	Kovarianz der Renditeerwartungen des Marktportfolios m und die Renditeerwartungen der Anlage
CS	Credit Spread
CVA	Cash Value Added
DAX	Deutscher Aktien Index
DCF	Discounted Cashflow
DD	Due Diligence

DL	Dienstleistung
DRS	Deutscher Rechnungslegungsstandard
DVFA	Deutsche Vereinigung für Finanzanalyse und Asset Management e. V.
E	Ertragshundertsatz
E_t	Einzahlungen der Periode
EAT	Earnings after Taxes
EBIT	Earnings before Interest and Taxes
EBITA	Earnings before Interest, Taxes and Amortization
EBITAC	EBIT after Cost of Capital
EBITDA	Earnings before Interest, Taxes, Depreciation and Amortization
EBT	Earnings before Taxes
EK	Eigenkapital
EK_{Markt}	Marktwert Eigenkapital
EP	Economic Profit
ER	ewige Rente
ERP	Enterprise Resource Planning
E_t	Einzahlungen der Periode t
EV	Enterprise Value
EVA	Economic Value Added
EW	Ertragswert
EWF	Endwertfaktor
FCF	Free Cashflow
FFO	Funds From Operations (wichtige Ergebnisgröße in der Immobilienbranche, um die operative Geschäftsentwicklung zu beurteilen)
FK	Fremdkapital
FK_{Markt}	Marktwert des Fremdkapitals
FKR	Fremdkapitalrentabilität
FKZ_t	Fremdkapitalzinsen in der Periode t
FtD	Flow to Debt
FTE	Flow(s) to Equity
G	Gewinn
GK	Gesamtkapital
GK_{Markt}	Marktwert des Gesamtkapitals
$GK_{Markt,uv}$	Marktwert des Gesamtkapitals des unverschuldeten Unternehmens
$GK_{Markt,v}$	Marktwert des Gesamtkapitals des verschuldeten Unternehmens
GKR	Gesamtkapitalrentabilität
GKV	Gesamtkostenverfahren
GmbH	Gesellschaft mit beschränkter Haftung
GR	Goodwillrente
GuV	Gewinn-und-Verlust-Rechnung
GW	gemeiner Wert
GW	Geschäftswert

HFA	Hauptfachausschuss
HGB	Handelsgesetzbuch
i	Kapitalisierungszinssatz, Diskontierungszinssatz
IDW	Institut der Wirtschaftsprüfer in Deutschland e. V.
IDW S 1	IDW Standard: Grundsätze zur Durchführung von Unternehmensbewertungen
i_{Eigen}	Renditeforderungen der Eigenkapitalgeber, Eigenkapitalkostensatz
$i_{Eigen,uv}$	Renditeerwartungen der Eigenkapitalgeber des unverschuldeten Unternehmens
$i_{Eigen,v}$	Renditeerwartungen der Eigenkapitalgeber des verschuldeten Unternehmens
i_{Fremd}	Renditeforderungen der Fremdkapitalgeber (Fremdkapitalkostensatz)
IAS	International Accounting Standard
IDW	Institut der Wirtschaftsprüfer in Deutschland e. V.
IFRS	International Financial Reporting Standards
IPO	Initial Public Offering (Börsengang)
JÜ	Jahresüberschuss
KBV	Kurs-Buchwert-Verhältnis
KCFV	Kurs-Cashflow-Verhältnis
k_{fm}	Korrelationskoeffizient zwischen Wertpapier i und Marktportfolio M
KFR	Kapitalflussrechnung
KG	Kommanditgesellschaft
KGV	Kurs-Gewinn-Verhältnis
K_L	Liquidationskosten
KMU	kleine und mittelständische Unternehmen
K_n	Endwert
KPI	Key Perfomance Indicator
KUV	Kurs-Umsatz-Verhältnis
KWF	Kapitalwiedergewinnungsfaktor
K_0	Barwert
L_n	Liquidationserlös in der Periode n
LBO	Leveraged Buy-out
L_V	Liquidationserlöse der Vermögenswerte
LW	Liquidationswert des Unternehmens
M	Multiplikator
M&A	Mergers and Acquisitions
MBI	Management Buy-in
MBO	Management Buy-out
MDAX	Midcap Deutscher Aktienindex
MRP	Marktrisikoprämie
MVA	Market Value Added
MW	Marktwert

MWV	Mittelwertverfahren
NA	Net Assets
NAA	nicht abschreibbare Aktiva
n	Laufzeit bzw. Laufzeitende bzw. Nutzungsdauer
n_g	Übergewinndauer
N_0	Marktwert des nicht betriebsnotwendigen Vermögens
NFD	Net Financial Debt
NOA	Net Operating Assets (Netto-Betriebsvermögen)
NOP	Net Operating Profit
NOPAT	Net Operating Profit After Taxes (operativer Gewinn nach Steuern)
NOPLAT	Net Operating Profit Less Adjusted Taxes
NPV	Net Present Value
NUW	Nettounternehmenswert oder Marktwert des Eigenkapitals
NWC	Net Working Capital
ÖA	ökonomische Abschreibung
OpFCF	Operating Free Cashflow
p. a.	per annum
P	Preis
P_{max}	Preisobergrenze
P_{min}	Preisuntergrenze
PER	Price Earnings Ratio
q	Gewichtungsfaktor für den Ertragswert
q^n	Aufzinsungsfaktor
R	Rückflüsse (= Einzahlungen – Auszahlungen)
RAM	Recent Acquisition Method
RAP	Rechnungsabgrenzungsposten
RBF	Rentenbarwertfaktor
r_f	Zinssatz für risikofreie Anlagen (z. B. Staatsanleihen)
r_m	erwartete Rendite des Marktportfolios m
r_{zu}	Risikozuschlag (Risikoprämie)
ROA	Return on Assets
ROCE	Return on Capital Employed
ROE	Return on Equity
ROI	Return on Investment
ROIC	Return on Invested Capital
RONA	Return on Net Assets
ROOA	Return on Operating Assets (Rentabilität des betriebsnotwendigen Vermögens)
RORAC	Return on Risk adjusted Capital
RVF	Restwertverteilungsfaktor
RW	Restwert (Restverkaufserlös)
SE	Societas Europaea

SME	small and medium-sized enterprises
SPMC	Similar Public Company Method
St_U	durchschnittlicher Ertragsteuersatz des Unternehmens
SV	Shareholder Value
SW	Substanzwert
t	einzelne Perioden von 0 bis n
TCF	Total Cashflow
TRW	Substanzwert als Teilreproduktionswert
TS	Tax Shield = steuerlicher Vorteil durch verzinsliche Fremdkapitalfinanzierung
TS_b	Wertbeitrag des Barwerts der Tax Shields
TV	Terminal Value
UKV	Umsatzkostenverfahren
UV	Umlaufvermögen
UW	Unternehmenswert
V	Prozentsatz des Vermögenswertes
V	gesamter verteilbarer Vorteil
VA	Value Added
Verb.	Verbindlichkeiten
VG	Vermögensgegenstand
VIDD	Vendor Initiated Due Diligence
V_K	Vorteil des Käufers
VU	Vergleichsunternehmen
$Var(r_m)$	Varianz der Renditeerwartungen des Marktportfolios
VRW	Substanzwert als Vollreproduktionswert
V_V	Vorteil des Verkäufers
w	Wachstumsrate
WACC	Weighted Average Cost of Capital; gewogener durchschnittlicher Kapitalkostensatz
W_{BNV}	Wiederbeschaffungswert des betriebsnotwendigen Vermögens
WC	Working Capital
WP	Wirtschaftsprüfer
z	Annuität
Z	Zahlungsüberschüsse
ZU	Zielunternehmen
β	Betafaktor
β_v	Betafaktor, verschuldet
β_{uv}	Betafaktor, unverschuldet, d. h. Betafaktor bei reiner Eigenfinanzierung
σ	Standardabweichung

Vorwort

Liebe Leserinnen und Leser,

zur Existenz- und Liquiditätssicherung sowie zur Überprüfung der gesetzten Rentabilitätsziele eines Unternehmens ist der Einsatz von **Finanzkennzahlen** für die Unternehmenssteuerung sehr hilfreich. Beispielsweise können in Zeitreihenanalysen die Erfolge eines Unternehmens mithilfe von Finanzkennzahlen gemessen werden. In Geschäftsberichten können Finanzkennzahlen auch als Marketinginstrument genutzt werden, damit sich Investoren für das Unternehmen interessieren bzw. die bisherigen Anteilseigner ihre Anteile behalten. Ein wesentliches Ziel jeder Unternehmensleitung ist die Steigerung des Unternehmenswertes. Viele Medien berichten regelmäßig über Unternehmenstransaktionen in Form von Fusionen (Mergers) und Übernahmen (Acquisitions) von Unternehmen. Durch globale Transaktionen werden signifikante Milliardenbeträge bewegt.

Somit gewinnt die Thematik der **Unternehmensbewertung** in unserer globalen Wirtschaftswelt immer mehr an Bedeutung und gehört zu den anspruchsvollsten betriebswirtschaftlichen Themen, mit denen Unternehmen, Berater, Unternehmer, aber auch Privatpersonen in der täglichen Praxis konfrontiert sein können. Bei der Übernahme, Veräußerung, Fusion oder Liquidation eines Unternehmens ist eine Ermittlung des Unternehmenswertes erforderlich. Auch im Rahmen der Unternehmensnachfolge, beim Verkauf eines Familienunternehmens oder beim Ein- und Austritt von Gesellschaftern ist eine Unternehmensbewertung unumgänglich.

In den nächsten Jahren stehen in Deutschland vor allem im Mittelstand mehrere zehntausend Unternehmensnachfolgen an. Viele Unternehmer müssen bzw. möchten ihr Unternehmen an Dritte verkaufen. Um eine Preisvorstellung zu bekommen, ist eine Unternehmensbewertung unerlässlich.

Das vorliegende Buch vermittelt im ersten Teil »**Unternehmensbewertung**« einen ganzheitlichen Überblick über die Verfahren der Unternehmensbewertung und im zweiten Teil werden die »**Finanzkennzahlen**« vorgestellt. Es wendet sich sowohl an Studierende als auch an Praktiker, führt komprimiert in die Themen der Unternehmensbewertung und Finanzkennzahlen ein. Es ist so konzipiert, dass es auch für das Selbststudium sehr gut geeignet ist. Zahlreiche Abbildungen und Beispiele erleichtern den Einstieg in diese komplexe Materie.

Beim Thema »Unternehmensbewertung« lernen Sie zunächst die Unterscheidung zwischen Wert und Preis kennen. Nach einer Einordnung der Funktionen der Unternehmensbewertung in die Kölner Funktionslehre und die Funktionen des Instituts der Wirtschaftsprüfer (IDW) werden die praxisüblichen Bewertungsverfahren mit den zugrunde liegenden Theorien sowie deren Vor- und Nachteile erklärt. Zu den praxisüblichen Unternehmensbewertungsverfahren, wie z. B. Substanzwert-, Ertragswert-, Discounted-Cashflow-Verfahren sowie Multiplikatorverfahren, gibt es zahlreiche Beispiele und zusätzlich Übungsaufgaben mit ausführlichen Lösungen. Somit ist eine effiziente Selbstkontrolle möglich.

In allen Kapiteln finden Sie optisch hervorgehobene Beispiele. Diese dienen zur weiteren Erläuterung des praxisorientierten Stoffs.

Die Kapitel können Sie auch einzeln durcharbeiten.

Im zweiten Teil des Buches, d. h. in den Kapiteln 12 und 13, werden wichtige Finanzkennzahlen zur Unternehmenssteuerung mit Beispielberechnungen aus Geschäftsberichten von börsennotierten Unternehmen zu jeder Formel vorgestellt.

Finanzielle Kennzahlen (z. B. Rendite-, Earnings-Before-Kennzahlen, Liquiditäts- oder wertorientierte Kennzahlen) sind ein geeignetes Instrument, um Daten zusammenzufassen und somit den Fokus auf das Wesentliche zu richten. Die Bedeutung der wertorientierten Kennzahlen nimmt immer mehr zu, da wertorientierte Kennzahlen auf zukünftige Wertsteigerungspotenziale aufmerksam machen und vor drohender Wertvernichtung schützen können.

Für die ausgezeichnete Zusammenarbeit bedanke ich mich bei Frau Kathrin Salpietro von der Haufe Group und meiner Lektorin Frau Maria Ronniger.

Über Anregungen, Kritik oder Wünsche zu diesem Buch würde ich mich sehr freuen. Senden Sie Ihre Ideen bitte an: joerg.woeltje@t-online.de. Vielen Dank im Voraus für Ihre Unterstützung.

Ihnen, liebe Leser, wünsche ich viel Freude beim Lesen des Buches.

Jörg Wöltje　　　Malsch im Oktober 2020

Teil 1: Unternehmensbewertung

Summary

In diesem Teil des Buchs lernen Sie sowohl die traditionellen als auch die modernen Verfahren zur Unternehmensbewertung *(company valuation)* kennen. Es werden die Einzel- und Gesamtbewertungsverfahren vorgestellt.

Übersicht Unternehmensbewertungsverfahren

Traditionelle Verfahren

Einzelbewertungsverfahren

- Substanzwertverfahren:
  - zum Liquidationswert
  - zum Reproduktionswert

Gesamtbewertungsverfahren

- Ertragswertverfahren

Mischverfahren

- Mittelwertverfahren
- Übergewinnverfahren
- Stuttgarter Verfahren

Moderne Verfahren

Gesamtbewertungsverfahren (Zukunftserfolgswertverfahren)

- Discounted Cashflow-Verfahren (Entity-Verfahren)
  - WACC-Ansatz
    - Free Cashflow (FCF)
    - Total Cashflow (TCF)
  - Adjusted Present Value-Ansatz (APV-Ansatz)
- Discounted Cashflow-Verfahren (Equity-Verfahren)
  - Flow to Equity (FtE)
- Multiplikatorverfahren
- Realoptionsverfahren

Erfolgskontrolle (siehe Kapitel 9) „Lösungen Unternehmensbewertung“):
Aufgaben → Lösungen

Übersicht Kapitel »Unternehmensbewertung«

1 Einführung

Die Thematik der Unternehmensbewertung hat in den letzten Jahren weiter an Bedeutung gewonnen. Zum einen aufgrund der zunehmenden Internationalisierung und zum anderen aufgrund der zahlreich anstehenden Nachfolgeregelungen in mittelständischen Familienbetrieben. Weitere Gründe sind z. B. Beteiligungen an Start-ups, Unternehmensübernahmen, Fusionen, der Shareholder-Value-Gedanke etc. Es stellt sich daher immer häufiger die Frage: Wie viel ist ein Unternehmen wert? Diese Frage ist wohl eine der spannendsten und zugleich anspruchsvollsten Fragen der Betriebswirtschaftslehre.[1] Mithilfe der Unternehmensbewertung soll eine Antwort gefunden werden.

Für die Unternehmenstransaktionen wird häufig der Begriff »**Mergers and Acquisitions**« (abgekürzt M&A, deutsch: **Fusionen und Übernahmen**) verwendet. Der Begriff »Merger« wird verwendet, wenn sich zwei selbstständige Unternehmen zu einer rechtlichen sowie wirtschaftlichen Einheit zusammenschließen. Bei Acquisitions werden hingegen eigenständige Unternehmen bzw. einzelne Unternehmensteile erworben. Das Zielunternehmen verliert seine wirtschaftliche Selbstständigkeit, aber nicht zwangsläufig die rechtliche Selbstständigkeit.[2] Bei den Unternehmenstransaktionen gehen z. B. natürliche Personen oder Unternehmen Kapitalverflechtungen ein oder schließen sich zu Gesellschaften zusammen, dabei wechseln die Eigentümer oder es werden Anteile gekauft bzw. verkauft. Die Übertragung eines Unternehmens oder von Gesellschaftsanteilen erfolgt in der Regel mit einer finanziellen Gegenleistung. Übernahmen ohne finanzielle Gegenleistung findet man teilweise bei der familiären Unternehmensnachfolge, wenn ein Übergeber dem Nachfolger aus der Familie das Unternehmen kostenlos übergibt. Bei einer Unternehmensübergabe gegen eine finanzielle Gegenleistung unterscheidet man zwischen:

- **Cash-based Transaction:** Hier wird der Kaufpreis nach Abschluss des Kaufvertrags in Form einer Einmalzahlung in bar bezahlt oder es werden wiederkehrende Zahlungen (z. B. Raten-/Rentenzahlungen) geleistet.

1 Voigt, C. et al., Unternehmensbewertung. Erfolgsfaktoren von Unternehmen professionell analysieren und bewerten, 2005, S. 14.

2 Vgl. Dreher, M. & Ernst, D., Mergers & Acquisitions, 2016, S. 15f.

- **Share-based Transaction** (Aktientausch): Hier wird der Kaufpreis durch Aktien des übernehmenden Unternehmens geleistet. Ein Unternehmen, das ein anderes Unternehmen übernehmen möchte, bietet den Aktionären des zu kaufenden Unternehmens (Zielunternehmen) in einem bestimmten Verhältnis Aktien zum Kauf gegen die Geschäftsanteile des Zielunternehmens an.[3]

Im Rahmen der Unternehmensübernahme bzw. Unternehmensnachfolge werden vor allem die folgenden Transaktionsarten genutzt:

- **Management Buy-out (MBO):** Hier erfolgt der Kauf/die Übernahme eines Unternehmens durch eine oder mehrere Personen des derzeitig beschäftigten Managements. Aus den bisher angestellten Managern werden Eigentümer. Management Buy-outs sind häufig anzutreffen bei der Reorganisation großer Konzerne.
- **Management Buy-in (MBI):** Hier erfolgt der Kauf/die Übernahme eines Unternehmens durch einen oder mehrere externe Manager, die bisher nicht im Unternehmen gearbeitet haben, der/die die Leitung des erworbenen Unternehmens übernimmt/übernehmen.
- **Buy-in Management Buy-out (BIMBO):** Hier übernimmt das bisherige angestellte Management zusammen mit externen Managern das Unternehmen.
- **Leveraged Buy-out (LBO):** Wird der Unternehmenserwerb mit einem hohen Fremdkapitalanteil von ca. 60 bis 75 % des Gesamtfinanzierungsvolumens finanziert, so spricht man von einem Leveraged Buy-out (LBO)[4]. Das Ziel einer solchen Transaktion ist häufig die Umstrukturierung eines Unternehmens mit anschließendem Verkauf einzelner oder aller Teile des Unternehmens.

3 Deimel, K. et al., Controlling, 2013, S. 303.

4 Behringer, S., Unternehmenstransaktionen, 2020, S. 122 und van Kann, J., Praxishandbuch Unternehmenskauf, 2017, S. 17.

Die folgende Abbildung[5] zeigt die Mergers and Acquisitions (M&A) Deals in Deutschland.

0 500 1000 1500 2000 2500 3000

2019	2.239
2018	2.228
2017	2.102
2016	2.175
2015	2.032
2014	2.028
2013	1.778
2012	1.876
2011	2.082
2010	1.759
2009	1.770
2008	2.273
2007	2.694
2006	2.364

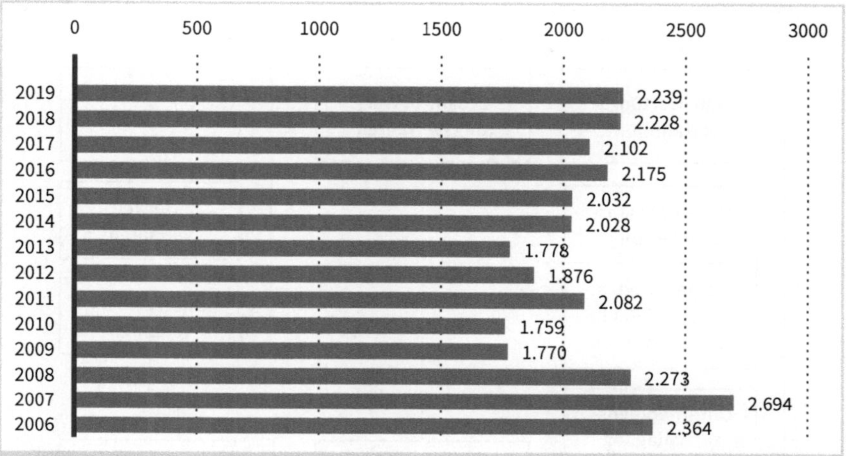

Anzahl der M&A-Deals in Deutschland bis 2019

Bei Unternehmenskäufen bzw. -verkäufen führen unterschiedliche Kaufpreisvorstellungen zwischen Altinhaber und Übernehmer häufig zu Konflikten. Der Verkäufer überschätzt oftmals den Wert seines Unternehmens, das er womöglich über mehrere Jahre mit Herzblut aufgebaut und zu seinem Lebenswerk gemacht hat. Der Käufer möchte hingegen einen möglichst geringen Kaufpreis bezahlen, um nicht in Finanzierungsschwierigkeiten zu kommen.

Die Zielsetzung der Unternehmensbewertung ist, einem Unternehmen oder einem Teil eines Unternehmens (z. B. einer Beteiligung) einen Wert, d. h. einen potenziellen Preis, zuzuordnen. Ferner lässt sich die Unternehmensbewertung zur controllingorientierten Unternehmenssteuerung einsetzen. Für die Unternehmensbewertung stehen verschiedene Verfahren zur Verfügung.

Merke !

Mithilfe der Unternehmensbewertung soll der Wert eines Unternehmens oder von selbstständigen Betriebsteilen bzw. von Tochtergesellschaften ermittelt werden.

Einen Überblick über die verschiedenen Methoden der Unternehmensbewertung *(company valuation methods)* vermittelt Abbildung »Unternehmensbewertungsverfahren im Überblick«.

5 https://de.statista.com/statistik/daten/studie/233975/umfrage/anzahl-der-munda-deals-in-deutschland-nach-quartalen/ (abgerufen am 19.06.2020).

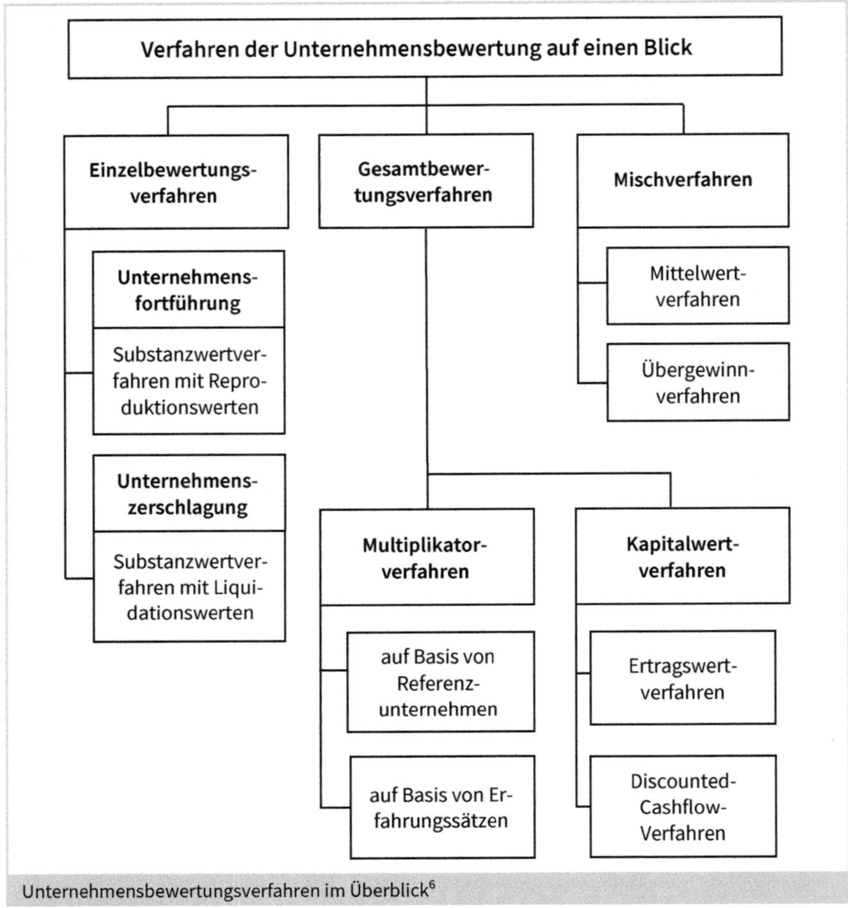

Unternehmensbewertungsverfahren im Überblick[6]

Bei den Einzelbewertungsverfahren *(net asset value method)* werden die Werte der Vermögensgegenstände eines Unternehmens aufsummiert. Von dieser Summe werden die Schulden abgezogen. Man unterscheidet zwischen dem Substanzwertverfahren mit Reproduktionswerten und dem Substanzwertverfahren mit Liquidationswerten. Beim Substanzwertverfahren mit Reproduktionswerten wird das Unternehmen fortgeführt, d. h., es wird ein Betrag berechnet, mit dem ein vergleichbares Unternehmen mit seiner derzeitigen materiellen Ausstattung neu errichtet werden könnte.[7]

Bei den Multiplikatorverfahren werden bestimmte Unternehmenskennzahlen, beispielsweise Umsatz, Jahresüberschuss, EBIT oder Cashflow, mit einem Multiplikator multipliziert. Dieser Multiplikator wird auf Basis von Referenzunternehmen abgeleitet.[8]

6 Diedrich, R. & Dierkes, S., Kapitalmarktorientierte Unternehmensbewertung, 2015, S. 29.
7 Vgl. Diedrich, R. & Dierkes, S., Kapitalmarktorientierte Unternehmensbewertung, 2015, S. 29.
8 Vgl. Diedrich, R. & Dierkes, S., Kapitalmarktorientierte Unternehmensbewertung, 2015, S. 30.

Schließlich folgen die Kapitalwertverfahren der Idee, dass der Unternehmenswert von den erwirtschafteten »monetären Ergebnissen« des Unternehmens abhängt. Diese werden schließlich mit einem Zinssatz diskontiert. Die erhaltenen Barwerte *(present value)* werden addiert.

Beim Ertragswertverfahren *(capitalized earnings method)* werden die Ertragsüberschüsse abgezinst, während bei den Discounted-Cashflow-Verfahren die Cashflows abgezinst werden.

1.1 Begriffliche Grundlagen

Um das Thema der Unternehmensbewertung *(company valuation)* besser zu verstehen, werden zunächst einige Begrifflichkeiten, die in diesem Zusammenhang stehen, erläutert.

Unter einer Bewertung wird die Zuordnung eines Wertes, zumeist in Form einer Geldgröße oder einer Beteiligungsquote, zu einem Gegenstand – dem Bewertungsobjekt – durch das Bewertungssubjekt verstanden.[9] Als Bewertungsobjekt wird im Rahmen der Unternehmensbewertung das Unternehmen bezeichnet, das bewertet wird. Dabei können ein Unternehmen als Ganzes oder ein abgrenzbarer Unternehmensanteil bewertet werden.[10] Der Bewertende, der die Bewertung durchführt, ist das Bewertungssubjekt.

Ziel der Unternehmensbewertung ist die Zuordnung eines Wertes bzw. eines potenziellen Preises zu dem Unternehmen oder zu einzelnen Unternehmensteilen.[11] In der Theorie der Unternehmensbewertung sind Wert und Preis allerdings voneinander zu unterscheiden aufgrund unterschiedlicher Annahmen und der subjektiven Wertansätze von Käufer und Verkäufer. Der Unternehmenswert stellt einen individuellen Grenznutzen dar, der sich in der Regel aus dem Vergleich mit einer alternativen Investitionsmöglichkeit ergibt.[12]

Der Preis ist ein in Geldeinheiten ausgedrückter Tauschwert eines Gutes,[13] der sich zumeist durch das Zusammenkommen von Angebot und Nachfrage auf dem Markt

9 Matschke, M. & Brösel, G., Unternehmensbewertung Funktionen – Methoden – Grundsätze, 2013, S. 3 mit Verweis auf Bode, J., Der Informationsbegriff in der Betriebswirtschaftslehre, 1997, S. 451.

10 Matschke, M. & Brösel, G., Unternehmensbewertung Funktionen – Methoden – Grundsätze, 2013, S. 4.

11 Wöltje, J., Investition und Finanzierung, 2017, S. 206.

12 Matschke, M. & Brösel, G., Unternehmensbewertung Funktionen – Methoden – Grundsätze, 2013, S. 6 mit Verweis auf Hering, T., Konzeptionen der Unternehmensbewertung, 2000, S. 435 und Brösel, G., Objektiv gibt es nur subjektive Unternehmenswerte, in: UM, 1. Jg., 2003, S. 130–134.

13 Piekenbrock, D., Gabler Wirtschaftslexikon Online, Stand: 19.02.2018, abgerufen von https://wirtschaftslexikon.gabler.de/definition/preis-46701/version-269979 am 30.03.2020.

bildet. Ein solcher Markt ist allerdings bei Anlässen einer Unternehmensbewertung meist nicht vorhanden, sodass kein Gleichgewichtspreis im Sinne der neoklassischen Preislehre zustande kommt.

In der Literatur wird die Subjektivität des Unternehmenswertes vielfach erwähnt. Moxter schreibt: »Den einen richtigen Unternehmenswert gibt es schlechthin nicht«[14], da der Wert eines Unternehmens nicht losgelöst vom Zweck der Wertermittlung bestimmt werden kann.[15] Ein wichtiger Bewertungszweck ist die Ermittlung von Grenzpreisen bzw. Marktwerten für Käufer oder Verkäufer von Unternehmen zur Vorbereitung von Entscheidungen über den Kauf oder Verkauf des Unternehmens. In diesem Zusammenhang wird auch vom Entscheidungswert des Unternehmens gesprochen. Der Grenzpreis *(marginal price)* gibt an, welchen Preis der Käufer maximal zahlen und der Verkäufer minimal verlangen kann. Die Entscheidungswerte der beiden Parteien stimmen dabei nicht überein und sind in diesem Sinne subjektive Unternehmenswerte[16] aufgrund unterschiedlicher Wertevorstellungen und individueller Ziel- und Nutzenstrukturen.

Weitere Bewertungszwecke dienen zur Ermittlung von Argumentationswerten, Schiedswerten, Steuerbemessungsgrundlagen und Buch- und Bilanzwerten.[17] Der Bewertungszweck ist dabei ausschlaggebend bei der Wahl des Bewertungsverfahrens. Die verschiedenen Bewertungsverfahren werden im Kapitel 2 vorgestellt.

1.2 Unternehmenswert versus Unternehmenspreis

Bei der Unternehmensbewertung ist grundsätzlich zwischen dem Wert und dem Preis eines Unternehmens zu unterscheiden: »Price is what you pay/Value is what you get«. In Anlehnung an dieses Statement von Warren Buffet ist auch in der Unternehmensbewertung zwischen diesen beiden Begrifflichkeiten zu unterscheiden.

Ein wichtiger Anlass für eine Unternehmensbewertung ist die Preisfindung im Falle des Unternehmenskaufs bzw. -verkaufs. Die Unternehmensbewertung wird benötigt, um Käufern und Verkäufern eine Vorstellung über den Wert eines Unternehmens zu geben. Der mithilfe von Unternehmensbewertungsverfahren ermittelte Wert dient als Anhaltspunkt, um im anschließenden Verhandlungsprozess zwischen Verkaufs- und Kaufpartei den (endgültigen) Preis für das Unternehmen zu bestimmen. Häufig wird

14 Moxter, A., Grundsätze ordnungsmäßiger Unternehmensbewertung, 1983, S. 6.

15 Ballwieser, W. & Hachmeister, D., Unternehmensbewertung, 2016, S. 1; Drukarczyk, J. & Schüler, A., Unternehmensbewertung, 2016, S. 8.

16 Drukarczyk, J. & Schüler, A., Unternehmensbewertung, 2016, S. 8.

17 Ballwieser, W. & Hachmeister, D., Unternehmensbewertung, 2016, S. 2.

in der Praxis fälschlicherweise der mit den Bewertungsverfahren ermittelte Wert als der endgültige Unternehmenspreis verstanden.[18] Deswegen wird zunächst die Unterscheidung zwischen **Wert** und **Preis** eines Unternehmens vorgenommen.

In der Betriebswirtschaftslehre versteht man unter dem Begriff »**Wert**« eine Maßeinheit, die den Beitrag eines Gutes zur Zweckerfüllung misst. Der Wert eines Gutes wird quantifiziert, indem man angibt, wie viel von einem anderen Gut alternativ aufzubringen wäre, um denselben Nutzen zu generieren (Zweck zu erfüllen).[19] Unter dem Begriff »**Bewerten**« versteht man den Prozess der Wertfindung durch Vergleiche mit alternativen Werten.[20] Der Wert, den man einem Gut beimisst, ist i. d. R. subjektiv. Er resultiert aus dem Nutzen, den ein Wirtschaftssubjekt (hier Eigentümer, potenzieller Käufer bzw. Verkäufer) dem jeweiligen Gut (Unternehmen) zurechnet. Der Nutzen eines Gutes besteht dabei aus finanziellen (z. B. Erträge, Cashflows) und nicht finanziellen Komponenten (z. B. Prestige, Macht).[21]

Der Wert des Unternehmens ist eine subjektive Größe. Er drückt aus, welchen Nutzen das Bewertungsobjekt für ein Bewertungssubjekt bezogen auf dessen Planung zukünftig darstellen kann.[22] Die folgende Abbildung zeigt den Unternehmenswert als Objekt-Subjekt-Beziehung unter Berücksichtigung von Bewertungsanlass und -zweck:

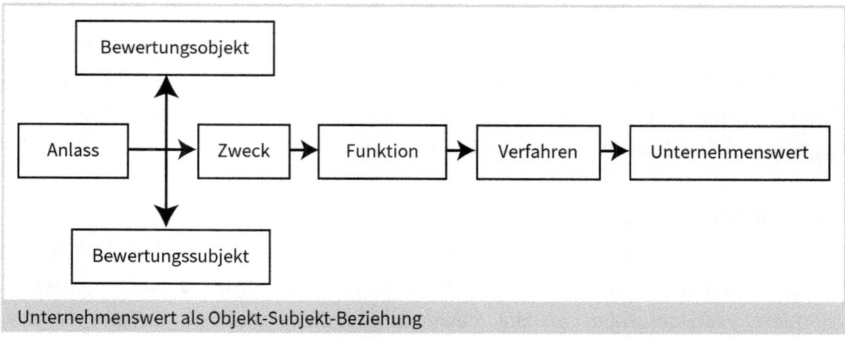

Unternehmenswert als Objekt-Subjekt-Beziehung

Die Zuordnung eines Wertes zu einem Bewertungsobjekt ist nicht nur durch das Bewertungssubjekt definiert, sondern auch durch dessen Intention.[23]

18 Vgl. Zwirner, C., Unternehmensbewertung. Bewertungsmethoden und -ansätze, 2012, S. 25 ff.
19 Ebenda.
20 Vgl. Zwirner, C., Unternehmensbewertung. Bewertungsmethoden und -ansätze, 2012, S. 7.
21 Vgl. Aschauer, E. & Purtscher, V., Einführung in die Unternehmensbewertung, 2011, S. 95.
22 Vgl. Matschke, M. J. & Brösel, J., Funktionale Unternehmensbewertung, 2014, S. 2 f. und vgl. Matschke, M. J. & Brösel, G., Unternehmensbewertung, 2013, S. 5 f.
23 Vgl. Drukarczyk, J. & Schüler, A., Unternehmensbewertung, 2016, S. 8.

Als **Preis** bezeichnen die Wirtschaftswissenschaften hingegen das Tauschverhältnis zwischen Gütern. Als Bezugsgröße wird meist Geld gewählt.[24] Somit stellt der Preis den Geldbetrag dar, der beim Wechsel eines Eigentümers für einen Gegenstand, ein Recht oder eine Dienstleistung zu entrichten ist. Der Preis ist ein Transaktionsergebnis zwischen den an der Transaktion Beteiligten. Er ergibt sich auf dem Markt im Schnittpunkt von Angebot und Nachfrage und beruht auf einer Reihe von subjektiven Entscheidungswerten sowie Verhandlungspositionen der Vertragsparteien.

Im Unterschied zu einem rechnerisch ermittelten Unternehmenswert ist der Unternehmenspreis das Ergebnis eines Verhandlungsprozesses im Rahmen einer Transaktion zwischen zwei Verhandlungspartnern.

Der Unterschied zwischen Wert und Preis eines Unternehmens lässt sich somit folgendermaßen zusammenfassen[25]:

- **Wert:** Käufer und Verkäufer können dem Unternehmen einen jeweils anderen Wert (Grenzpreis) beimessen, da sich ihre subjektiven Erwartungswerte unterscheiden.
- **Preis:** Der Preis (endgültiger Wert) für ein Unternehmen errechnet sich aus den Marktverhältnissen und den Verhandlungspositionen der Transaktionsbeteiligten.[26]

1.3 Grundsätze ordnungsgemäßer Unternehmensbewertung

In der deutschen Unternehmensbewertungspraxis haben sich gemäß dem IDW[27] die Grundsätze zur Durchführung von Unternehmensbewertungen – »IDW S 1 i. d. F. 2008« – etabliert. Für die Durchführung von Unternehmensbewertungen werden die folgenden sieben Grundsätze genannt.[28]

Maßgeblichkeit des Bewertungszwecks

Eine Unternehmensbewertung findet immer zu einem bestimmten Zweck statt. Abhängig vom Bewertungszweck müssen bei der Unternehmensbewertung zweckadäquate Anforderungen an die Bewertung gestellt und die entsprechenden Annahmen getroffen werden. Ziel ist es, eine Annahme bezüglich der Bewertung zu treffen sowie einen sachgerechten Unternehmenswert zu ermitteln. Jedoch gibt es nicht den einen »absoluten und richtigen« Wert für ein Unternehmen.

24 Ebenda.
25 Vgl. Zwirner, C., Unternehmensbewertung. Bewertungsmethoden und -ansätze, 2012, S. 26 ff.
26 Vgl. Aschauer, E. & Purtscher, V., Einführung in die Unternehmensbewertung, 2011, S. 97.
27 IDW = Institut der Wirtschaftsprüfer in Deutschland e. V.
28 Vgl. Peemöller V. H. (Hrsg.), Praxishandbuch der Unternehmensbewertung, 2019, S. 34 ff.

Bewertung der wirtschaftlichen Unternehmenseinheit

Zur Bestimmung eines Unternehmenswerts werden nicht alle Vermögens- und Schuldenpositionen des Unternehmens einzeln, sondern es wird aus dem Zusammenwirken der wertbeeinflussenden Faktoren, die die künftigen finanziellen Überschüsse und Erträge beeinflussen, bewertet. Dabei müssen im Vorfeld zur Abgrenzung der wirtschaftlichen Unternehmenseinheit alle zusammenwirkenden Bereiche innerhalb des Unternehmens identifiziert werden. Innerhalb des Bewertungsobjekts sind alle Vermögensbestandteile bewertungsrelevant und man unterscheidet zwischen betriebsnotwendigem und nicht betriebsnotwendigem Vermögen *(non-operative assets)*. Die wirtschaftliche Unternehmenseinheit kann (muss aber nicht) identisch mit der rechtlichen Einheit sein.[29] Der Unternehmenswert lässt sich durch den zukünftigen Nutzen bestimmen, den das Unternehmen seinen Eigentümern bzw. Investoren erwirtschaftet. Die Grundlage der Bewertung bilden die zukünftigen finanziellen Überschüsse, die das Unternehmen generieren wird (Cashflows bzw. Gewinne). Dazu werden die Barwerte *(present value)* aller zukünftigen finanziellen Überschüsse ermittelt, die den Unternehmenseignern zufließen.

Stichtagsprinzip

Unternehmenswerte stehen immer im Bezug zu einem Bewertungsstichtag *(valuation date)* und sind somit zeitpunktbezogen. Dabei determiniert der Bewertungsstichtag die einzubeziehenden finanziellen Überschüsse, d. h., es wird berücksichtigt, ab welchem Zeitpunkt die finanziellen Überschüsse den künftigen Eigentümern zufließen. Bewertungsstichtage können gesetzlich bestimmt oder vertraglich vereinbart sein.[30]

Berücksichtigung des betriebsnotwendigen Vermögens

In Rahmen der Unternehmensbewertung werden nur Zahlungsüberschüsse berücksichtigt, die den Eigentümern/Investoren zufließen. Zu analysieren sind somit die Ausschüttungsfähigkeit des Unternehmens und die Finanzierung der Ausschüttungen.[31]

Gesonderte Berücksichtigung des nicht betriebsnotwendigen Vermögens

Die Vermögensbestandteile eines Unternehmens setzen sich aus betriebsnotwendigen und nicht betriebsnotwendigen Vermögenspositionen zusammen. Grundsätzlich versteht man unter dem nicht betriebsnotwendigen Vermögen *(non-operative assets)* diejenigen materiellen und immateriellen Vermögensbestandteile, die nicht in den Prozess der betrieblichen Leistungserstellung eingehen. Das nicht betriebsnotwendige Vermögen hat keine Auswirkungen auf die Ertragskraft *(profitability)* des Unternehmens. Soll das nicht betriebsnotwendige Vermögen zum Zeitpunkt der

---

29 Vgl. Peemöller, V. H. (Hrsg.), Praxishandbuch der Unternehmensbewertung, 2019, S 34 f.
30 Vgl. Peemöller, V. H. (Hrsg.), Praxishandbuch der Unternehmensbewertung, 2019, S. 35.
31 Vgl. Peemöller, V. H. (Hrsg.), Praxishandbuch der Unternehmensbewertung, 2019, S. 35 ff.

Unternehmensbewertung beibehalten werden, so ist es mit seinem Liquidationswert (Veräußerungswert) gesondert zu bewerten.[32]

Als Grundlage der Unternehmensbewertung sind die finanziellen prognostizierten Überschüsse an den/die Eigentümer zu betrachten, die sich ausschließlich auf netto zufließende Gewinne beziehen. Investitionen aus Gewinnen zur Erhaltung der Unternehmung sind nicht zu berücksichtigen.

Unbeachtlichkeit des (bilanziellen) Vorsichtsprinzips
Handelsrechtliche Bilanzierungsprinzipien, die auf dem Vorsichtsprinzip des Gläubigerschutzes beruhen, dürfen für den Zweck der Unternehmensbewertung nicht berücksichtigt werden, da er die Eigentümer gegenüber den Gläubigern einseitig belastet. Sonst würde aufgrund des Gläubigerschutzes die unterstellte Ausschüttungspolitik des Unternehmens hinfällig werden. Es müssten zusätzliche Ausschüttungssperren verordnet werden, um die Kapitalerhaltung zu gewährleisten. Für die Bewertung des Unternehmens ist im Hinblick auf das Vorsichtsprinzip lediglich das Risiko des Investors zu berücksichtigen.[33]

Nachvollziehbarkeit der Bewertungsansätze
Im Rahmen der Unternehmensbewertung werden viele Annahmen zur Ermittlung des Unternehmenswertes getroffen. Die unterstellten Annahmen haben erhebliche Auswirkungen auf den Unternehmenswert. Für die Berichterstattung muss deshalb ein Bewertungsgutachten erstellt werden, das klar und transparent strukturiert ist. Aus dem Gutachten *(appraisal report)* muss hervorgehen, welche Annahmen vom Gutachter *(expert)*, welche von der Geschäftsleitung des zu bewertenden Unternehmens und welche von sachverständigen Dritten getroffen wurden.[34]

1.4 Funktionen der Unternehmensbewertung

Eine Unternehmensbewertung *(company valuation)* muss auf die ihr zugrunde liegende Fragestellung abgestimmt sein. Damit eine passende Bewertungskonzeption zur Lösung der Fragestellung entwickelt werden kann, muss jeder Bewertung eine Aufgabenanalyse vorangehen. Dies wird von A. Moxter als Zweckadäquanzprinzip bezeichnet. Das Verständnis des Auftraggebers hinsichtlich der Bewertung wird dadurch gefördert, indem der Bewertende die zugrunde liegende Fragestellung darstellt, was in der Literatur als Zweckdokumentationsprinzip bezeichnet wird. Die Betriebswirt-

32 Vgl. Peemöller, V. H. (Hrsg.), Praxishandbuch der Unternehmensbewertung, 2019, S. 45 f.
33 Vgl. Peemöller, V. H. (Hrsg.), Praxishandbuch der Unternehmensbewertung, 2019, S. 46 f.
34 Vgl. Peemöller, V. H. (Hrsg.), Praxishandbuch der Unternehmensbewertung, 2019, S. 47.

schaftslehre hat die wichtigsten Fragestellungen für die Unternehmensbewertung in folgende Funktionen eingeordnet:

- Beratungsfunktion
- Schiedsfunktion
- Argumentationsfunktion
- Bemessungsfunktion (z. B. Steuern)
- Gestaltungsfunktion (z. B. Vertrag)

In diesem Kapitel werden die Bewertungsfunktionen, die das Grundgerüst der funktionalen Unternehmensbewertung bilden, erläutert. Die Funktionen stellen das Bindeglied zwischen Anlass, Zweck, Rechenverfahren und resultierendem Wert der Unternehmensbewertung dar.[35] Die beiden unterschiedlichen Formen der Funktionslehre (Funktionslehre des IDW und die Kölner Funktionslehre) haben das gemeinsame Ziel, interpersonale Konflikte zu umgehen bzw. zu lösen. Jedoch streben sie unterschiedliche Zielerreichungswege an, wodurch sich verschiedene Funktionen ergeben, die im Folgenden dargestellt und erläutert werden.

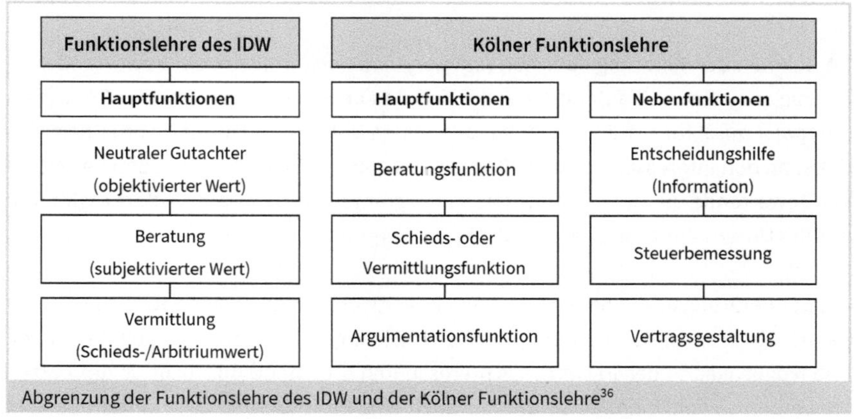

Abgrenzung der Funktionslehre des IDW und der Kölner Funktionslehre[36]

1.4.1 Funktionen des IDW

Die Funktionslehre des IDW ist bei der Unternehmensbewertung für Wirtschaftsprüfer *(auditor)* relevant und besteht aus drei Hauptfunktionen. Sie beschreibt die Funktionen, die den unparteiischen Gutachter betreffen.[37] Sie sind in ihrer Reihenfolge, wie sie beim Vorgehen der Wertermittlung auftreten, chronologisch aufgeführt.

35 Vgl. Matschke, M. J. & Brösel, G., Unternehmensbewertung, 2013, S. 22 ff.

36 Vgl. Schacht, U. & Fackler, M., Praxishandbuch Unternehmensbewertung, 2009, S. 16 und Behringer, S.: Unternehmenstransaktionen, 2020, S. 196 ff.

37 Vgl. Schacht, U. & Fackler, M., Praxishandbuch Unternehmensbewertung, 2009, S. 16.

1.4.1.1 Neutraler Gutachter

Die wichtigste Funktion ist laut dem IDW die eines neutralen Gutachters *(neutral expert)*, der mithilfe einer nachvollziehbaren Vorgehensweise einen objektiven, also von Einflüssen der betroffenen Parteien freien Wert ermitteln soll. Das Ergebnis dieser Ermittlung ist ein Zukunftserfolgswert, der bei gleichbleibendem Konzept und realistischen Zukunftsüberlegungen eintritt. Berücksichtigt werden hierbei die künftigen Marktchancen und -risiken, die finanziellen Möglichkeiten sowie sonstige Einflussfaktoren. Nicht reingerechnet werden allerdings geplante, aber noch nicht begonnene Strukturveränderungen und positive Verbundeffekte. Durch das Ausschließen dieser Bedingungen führt die Berechnung tendenziell eher zu einem niedrigeren Wert. Daraus eröffnet sich die Kritik, dass der neutrale Wert nicht immer neutral ist und den Käufer durch einen eventuellen Mehrwert des Unternehmens zum Zeitpunkt der Veräußerung, bevorzugen kann.[38]

1.4.1.2 Beratung

Im Rahmen der Beratungsfunktion *(advisory function)* ermittelt ein Bewertender im Auftrag einer Partei (Käufer oder Verkäufer) den Entscheidungswert oder Grenzpreis *(marginal price)* für ein Unternehmen oder einen Unternehmensteil. Er orientiert sich dabei an den Interessen seines Auftraggebers. Aus der Sicht des Verkäufers ermittelt der Bewertende die zu erzielende Preisuntergrenze, aus Sicht des Käufers ergibt sich aus der Unternehmensbewertung die Preisobergrenze.

Bei der Beratungsfunktion wird ein subjektiver Wert ermittelt, auch »Grenzpreis« genannt. Die Grenzpreise werden unter Berücksichtigung der individuellen Planungen und Möglichkeiten des Bewertungsinteressenten errechnet. Aus Sicht beider Parteien werden sowohl eine Preisunter- als auch eine Preisobergrenze ermittelt. Sowohl der Käufer als auch der Verkäufer haben das Interesse, ihre ökonomische Situation durch den Vertragsabschluss nicht zu verschlechtern, daher werden die Preisuntergrenze des Verkäufers und die Preisobergrenze des Käufers als Rahmen für die Verhandlungen festgelegt. Der Grenzpreis des potenziellen Investors stellt den Preis dar, den er maximal gewillt ist für das Unternehmen zu zahlen. Dagegen ist der Grenzpreis des Verkäufers der Preis, den er mindestens verlangen muss. Gewöhnlich liegen die Preisobergrenze des Käufers und die Preisuntergrenze des Verkäufers aufgrund des subjektiven Empfindens für Risiko und Erfolg und unterschiedlicher Zielverfolgungen weit auseinander. Der Spielraum zwischen beiden Preisen bildet den Verhandlungsraum.

38 Vgl. Schacht, U. & Fackler, M., Praxishandbuch Unternehmensbewertung, 2009, S. 16.

1.4.1.3 Vermittlung

Die letzte Funktion des IDW wird auch als Schieds- oder Vermittlungsfunktion *(mediating function)* bezeichnet. Nach dem sowohl der objektive als auch der subjektive Wert gefunden wurde, wird der Bewertende in Konfliktsituationen als Schiedsgutachter für beide Parteien tätig und ermittelt den angemessenen Preis. Dies wird dann erforderlich, wenn sich Käufer und Verkäufer nicht auf einen angemessenen Preis einigen können. Der Einigungspreis muss innerhalb des Verhandlungsrahmens liegen und von beiden Parteien akzeptiert werden.[39]

1.4.2 Funktionen der Kölner Funktionslehre

Die Kölner Funktionslehre *(function theory of Cologne)* gliedert die Funktionen in Haupt- und Nebenfunktionen. Bei den Hauptfunktionen gibt es einige Parallelen zur Funktionenlehre des IDW. Beide sehen eine Beratungs- und Vermittlungsfunktion als notwendig an. In den folgenden Unterabschnitten werden die einzelnen Haupt- und Nebenfunktionen erläutert.

Anlässe mit Änderung der Eigentumsverhältnisse (Hauptfunktionen)	Anlässe ohne Änderung der Eigentumsverhältnisse (Nebenfunktionen)
• Verkauf eines Unternehmens • Börsengang • Fusion • Ein- oder Austritt eines Gesellschafters • Abfindungszahlungen • Nachfolge	• Fremdkapitalaufnahme • Insolvenzprüfung • Anteilsverpfändung • Bilanzierungsbewertungen • Prüfung der Bonität für Kredite • Besteuerungsgrundlage ermitteln • Sanierungsprüfung • wertorientierte Unternehmenssteuerung

Verteilung der Anlässe auf Haupt- und Nebenfunktion[40]

1.4.2.1 Hauptfunktionen

Die Hauptfunktionen *(main functions)* werden angewandt, wenn die Bewertung aufgrund einer folgenden Eigentumsänderung des Bewertungsobjektes oder eines abgrenzbaren Unternehmensgliedes erfolgt.[41]

39 Vgl. Merdian, A., Zur Vereinheitlichung des europäischen Prüfungsmarkts am Beispiel der Unternehmensbewertung, 2018, S. 16 f.

40 In Anlehnung an Matschke, M. J. & Brösel G., Unternehmensbewertung, 2013, S. 66.

41 Vgl. Matschke, M. J. & Brösel, G., Unternehmensbewertung, 2013, S. 24.

Beratungs- und Entscheidungsfunktion

Im Rahmen der Beratungsfunktion *(advisory function)* wird ein Entscheidungswert ermittelt. Dieser soll dem Entscheidungsträger als Basis für eine spätere rationale Entscheidung dienen. Der Entscheidungswert stellt, ebenso wie beim IDW, den Grenzpreis dar. Der Wert liegt gerade noch in der Konzessionsbereitschaft des Bewertungsinteressenten.

Als Grenzpreis *(marginal price)* der jeweiligen Verhandlungspartei stellt der Entscheidungswert für den Käufer eine Preisobergrenze dar, der Entscheidungswert für den Verkäufer eine Preisuntergrenze. Die jeweiligen Werte beschreiben die Grenzeinigungsbedingungen für die bestimmte Konfliktsituation. Für eine erfolgreiche Verhandlung müssen sie der jeweiligen Partei bekannt sein, dürfen der gegnerischen Partei aber als Konzessionsgrenze nicht bekannt werden. Zwischen der Preisobergrenze des Käufers und der Preisuntergrenze des Verkäufers muss ein Einigungsbereich gegeben sein, d. h., die Obergrenze muss über der Untergrenze liegen.[42]

Für die Kauf- bzw. Verkaufsentscheidung sind allerdings nicht nur die ermittelten Preisgrenzen entscheidungsrelevant. Nicht monetäre Größen, wie z. B. die Führungsbeteiligung, Liefer- und Einkaufsverpflichtungen sowie das Bereitstellen von finanziellen Mitteln, spielen ebenfalls eine wesentliche Rolle. Somit geben die Grenzpreise nicht den finalen Preis an, sondern einen Spielraum für die Verhandlung und eine mögliche Einigung.[43]

Eine Verhandlungs- und Einigungssituation kann wie folgt dargestellt werden:

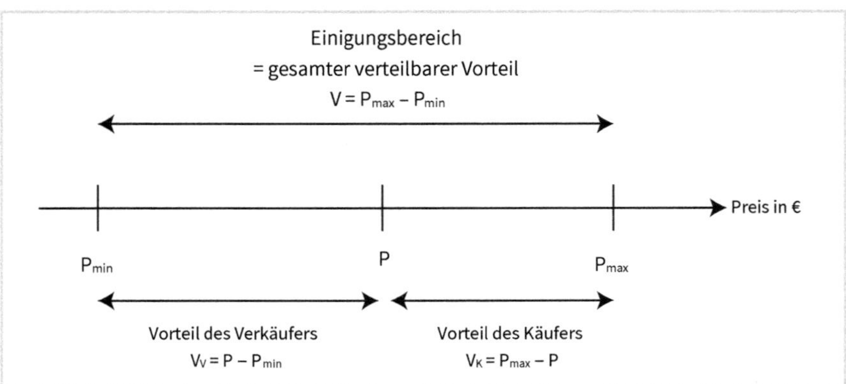

Einigungsbereich in einer Konfliktsituation vom Typ des Kaufs/Verkaufs mit dem Preis als einzigen konfliktlösungsrelevanten Sachverhalt[44]

42 Vgl. Matschke, M. J. & Brösel, G., Unternehmensbewertung, 2013, S. 134 und vgl. Peemöller, V. H. (Hrsg.), Praxishandbuch der Unternehmensbewertung, 2019, S. 9.

43 Vgl. Peemöller, V. H. (Hrsg.), Praxishandbuch der Unternehmensbewertung, 2019, S. 8.

44 Vgl. Matschke, M. J. & Brösel, G., Unternehmensbewertung, 2013, S. 136.

Für beide Parteien wäre eine Einigung auf den Preis »P« vorteilhaft, da sie mit dem eingesparten Vorteil die Möglichkeit hätten, beispielsweise Ergänzungsinvestitionen zu tätigen. Der gesamte Vorteil dieser Transaktion beträgt $V = P_{max} - P_{min}$. Dies entspricht dem gemeinsam erzielten Wohlfahrtsgewinn. Es gilt, dass der Vorteil einer Konfliktpartei ceteris paribus nur zulasten des anderen erhöht werden kann.[45]

Schieds-/Vermittlungsfunktion

Bei der Vermittlungsfunktion *(mediating function)* fungiert der Gutachter genauso wie bei der Vermittlerfunktion des IDW. Es wird ebenfalls ein Arbitrium-, auch Schiedsspruch- oder Vermittlungswert errechnet. Es gelten dieselben Bedingungen wie beim IDW.

Für die Ermittlung des Einigungspreises müssen dem Vermittler die parteispezifischen Interessen sowie ihre Grenzpreise bekannt sein. Da dieser weder allgemeingültig noch objektiv ist, muss er sowohl für den Käufer als auch für den Verkäufer zumutbar sein und ihre Interessen angemessen wahren. Der Einigungspreis ist zumutbar, solange er die Konzessionsgrenzen der Verhandlungsparteien nicht überschreitet und somit mit ihrem rationalen Handeln vereinbar ist.[46]

Argumentationsfunktion

Die Argumentationsfunktion *(argumentative function)* ist beim IDW nicht zu finden. Bei dieser Funktion unterstützt der Bewerter ausschließlich eine der beteiligten Parteien. Er soll dabei helfen, Argumente zu liefern, durch die die eigene Verhandlungsposition einer Partei verbessert werden soll, d. h. die jeweilige Preis- oder Wertvorstellung des Käufers oder Verkäufers zu unterstützen. Der Bewerter muss hierfür die Grenzpreise der anderen Parteien prognostizieren sowie verschiedene Bewertungsmethoden durchrechnen, um so die bestmögliche Strategie herauszuarbeiten. Des Weiteren wird er die Verhandlung übernehmen und muss somit auf die Argumente der Gegenseite reagieren können und die eigene Berechnung vertreten. Aufgrund der gesetzlich vorgeschriebenen Unparteilichkeit eines Wirtschaftsprüfers *(auditor)* kann der in dieser Funktion nicht auftreten, ganz anders dagegen die Investmentbanken, die diese Aufgabe immer wieder übernehmen.[47]

1.4.2.2 Nebenfunktionen

Die Nebenfunktionen *(auxiliary function)* werden bei einer Bewertung ohne Eigentumsveränderung verwendet.[48] Somit ist der Ausgangspunkt der Bewertung keine

45 Vgl. Matschke, M. J. & Brösel, G., Unternehmensbewertung, 2013, S. 136 f.
46 Vgl. Peemöller, V. H. (Hrsg.), Praxishandbuch der Unternehmensbewertung, 2019, S. 9 f.
47 Vgl. Schacht, U. & Fackler, M., Praxishandbuch Unternehmensbewertung, 2009, S. 17.
48 Vgl. Matschke, M.J. &, Brösel G., Unternehmensbewertung, 2013, S. 24.

Situation, in der zwei eventuell streitende Parteien beteiligt sind, woraus folgt, dass von einer Bewertungssituation die Rede ist und nicht von einer Konfliktsituation.[49] Im Folgenden wird auf die drei Nebenfunktionen eingegangen.

Informationsfunktion

Unternehmensbewertungen mit der Aufgabe »Informationsfunktion« sollen Informationen über die Ertragskraft des Unternehmens liefern und den aus der Bilanz entwickelten Unternehmenswert ermitteln. Im Falle einer Transaktion eines Unternehmens werden mithilfe der Informationsfunktion die Anteilswerte der zu bewertenden Unternehmung an anderen Unternehmen berechnet. Wird eine Unternehmensbewertung durchgeführt, um den Wert des Objektes für die Rechnungslegung – egal ob nach den Vorschriften des HGB oder nach IFRS – festzulegen, so wird die Informationsfunktion herangezogen.[50]

Steuerbemessungsfunktion

Bei der Steuerbemessungsfunktion *(tax measurement function)* geht es darum, den steuerlichen Wert durch unentgeltlichen Erwerb für erbschaft- oder schenkungsteuerliche Zwecke zu ermitteln. Dieser Wert bildet die Grundlage zur Berechnung der Erbschaft- bzw. Schenkungsteuern. Die Steuerbemessungsfunktion ermittelt auf der Grundlage von Gesetzen und steuerlichen Richtlinien Werte, die als Steuerbemessungsgrundlage dienen können. Es sind auf jeden Fall zwingend die Besteuerungsbedingungen einzuhalten, was bedeutet, dass eine vielfache Anwendbarkeit gewährleistet sein muss.

Der ermittelte Wert muss objektiviert sein. Ein inzwischen nicht mehr erlaubtes steuerrechtliches Verfahren zur Ermittlung eines Wertes bei Schenkungen oder Erbschaften stellt das Stuttgarter Verfahren dar. Beim Stuttgarter Verfahren wird der Wert für nicht börsennotierte Anteile von Kapitalgesellschaften auf der Basis von schematischen Bewertungsregeln errechnet. Das Stuttgarter Verfahren wird aufgrund eines Urteils des Bundesverfassungsgerichts nicht mehr eingesetzt. Diese Tatsache führt dazu, dass heute das vereinfachte Ertragswertverfahren angewandt wird, um mit dieser Funktion einen Wert zu ermitteln.[51]

Vertragsgestaltungsfunktion

Die Vertragsgestaltungsfunktion *(contract drafting function)* befasst sich mit gesellschaftsrechtlichen und anderen vertraglichen Gestaltungsproblemen. Gesellschaftsverträge sollen die Interessen der Gesellschafter und der Gesellschaft regeln und

49 Vgl. Schmitz, C., Unternehmensbewertungstheorie und -praxis, 2010, S. 25.
50 Vgl. Schmitz, C., Unternehmensbewertungstheorie und -praxis, 2010, S. 25.
51 Vgl. Schmitz, C., Unternehmensbewertungstheorie und -praxis, 2010, S. 24 f.

bewahren. Wertermittlungen bspw. für Abfindungen oder Erfolgsbeteiligungen und Abfindungsklauseln werden dieser Funktion zugeordnet.[52]

Ein Beispiel für eine Klausel, die auf der Basis der Unternehmensbewertungslehre festgelegt werden kann, sind niedrige Abfindungen. Durch diese Vertragsklausel soll einerseits schnelles und häufiges Ausscheiden der Gesellschafter ausgeschlossen werden, anderseits aber auch bei vorkommenden Änderungen das Fortbestehen des Unternehmens sichern. Auch wenn sich diese Funktion mit Eigentumsveränderung beschäftigt, tut sie dies nur präventiv, um Konfliktsituationen vorzubeugen, und zählt daher zu den Nebenfunktionen und nicht zu den Hauptfunktionen.[53]

1.5 Anlässe der Unternehmensbewertung

Im Wirtschaftsleben existieren zahlreiche Situationen, die es erforderlich machen, den Wert eines Unternehmens zu ermitteln.

Grundsätzlich gilt es, bei den Anlässen zu unterscheiden, ob es sich um eine Änderung der Eigentumsverhältnisse handelt oder nicht. Eine tragende Rolle bei den Hauptfunktionen spielen die M&A-Transaktionen (Mergers-and-Acquisitions-Transaktionen). Bei Acquisition-Transaktionen handelt es sich um den Erwerb eines Unternehmens oder um eine Beteiligung. Diese erfordern eine Bewertung des Unternehmens, damit der zu fordernde oder der zu bietende Kaufpreis ermittelt werden kann. Merger-Transaktionen hingegen beinhalten die Fusion zweier Unternehmen. Bei der Fusion verliert mindestens ein Unternehmen seine rechtliche und wirtschaftliche Selbstständigkeit. Durch die Verschmelzung der Unternehmen entsteht eine neue Rechtseinheit, dabei muss mithilfe der Bewertung das Umtauschverhältnis der Anteile beider Unternehmen festgelegt werden.

Weitere Gründe für die Veranlassung einer Unternehmensbewertung können der Börsengang eines Unternehmens sein, aber auch beispielsweise das Wertsteigerungsmanagement, das Eingehen von Joint Ventures, Erbrechtsangelegenheiten oder eine Teilung des Unternehmens aufgrund einer Ehescheidung. Auch zur Analyse des Unternehmens in Hinblick auf geplante Strukturveränderungen und Managemententscheidungen kann eine Unternehmensbewertung sinnvoll sein.

Die Unternehmensbewertung ist aus dem täglichen Wirtschaftsleben nicht mehr wegzudenken. Aufgrund der fortschreitenden Internationalisierung, die sich in einer

52 Vgl. Matschke, M. J. & Brösel, G., Unternehmensbewertung, 2013, S. 71 ff. und vgl. Peemöller, V. H. (Hrsg.), Praxishandbuch der Unternehmensbewertung, 2012, S. 13.

53 Vgl. Schmitz, C., Unternehmensbewertungstheorie und -praxis, 2010, S. 25.

rasanten Zunahme weltweiter Unternehmenszusammenschlüsse (Mergers & Acquisitions) äußert, wird ihre Bedeutung in den kommenden Jahren vermutlich noch weiter zunehmen.[54]

Im privatrechtlichen Zusammenhang kann eine Unternehmensbewertung aufgrund der Aufnahme oder des Ausscheidens eines Gesellschafters erfolgen. Weitere Anlässe stellen Abfindungsfragen im Familien- oder Erbrecht sowie auch Erbauseinandersetzungen und Schiedsgerichtverfahren dar. Zu den gesetzlichen Bewertungsanlässen zählen neben Verschmelzungen oder Spaltungen unter anderem auch Ein- und Ausgliederungen, Barabfindungen oder Bewertungen, die mit Ausgleichszahlungen im Zusammenhang stehen. Zudem sieht das Steuerrecht eine Bewertung vor, sollte es sich um Erbschaften oder Schenkungen von Unternehmensanteilen handeln.

Mögliche Bewertungsanlässe für eine Unternehmensbewertung sind:

Mit Eigentümerwechsel	Ohne Eigentümerwechsel
• Kauf bzw. Verkauf von Unternehmen bzw. Unternehmensanteilen • Management Buy-out, Leverage Buy-out • Fusion, Entflechtung, Umwandlung von Unternehmen, verbunden mit einer Eigentumsübertragung von Anteilen • Zuführung von Eigenkapital (insbesondere Börsengang oder Kapitalerhöhung) • Festsetzung des Emissionskurses und der Bookbuilding-Spanne bei einem IPO (Initial Public Offering) • Erbauseinandersetzungen und Erbteilungen • Ehescheidungen • Berechnung eines Abfindungsangebots für Minderheitsaktionäre im Rahmen eines Squeeze-out-Verfahrens[55] • Eintritt bzw. Ausscheiden von Gesellschaftern (z. B. bei einer Personengesellschaft oder GmbH) • Enteignung • Nachfolge	• Zuführung von Fremdkapital • Sanierung-/Insolvenzprüfung • Kreditwürdigkeits- und Bonitätsprüfung • steuerliche Bewertung • wertorientierte Vergütung des Personals • Beteiligungsbewertung und -steuerung • interne Unternehmensbewertungen zur Steuerung des »Shareholder Value« • Fair-Value-Ermittlungen im Rahmen der Internationalen Rechnungslegung • Überprüfung der handelsrechtlichen Bewertungsansätze von Beteiligungen nach § 253 Abs. 3 Satz 5 HGB sowie der internationalen Rechnungslegung nach IFRS gemäß IFRS 3 und IAS 36

Anlässe der Unternehmensbewertung *(motivations of company valuation)*

54 Vgl. Schacht, U. & Fackler, M., Praxishandbuch Unternehmensbewertung, 2009, S. 283 ff.

55 Squeeze-out = Ausschlussverfahren zur Übertragung von Aktien der Minderheitsaktionäre auf den Hauptaktionär gegen eine angemessene Barabfindung.

Ein weiterer alternativer Systematisierungsansatz der Anlässe kann anhand des Lebenszyklus eines Unternehmens erfolgen, wie in der nächsten Abbildung veranschaulicht. Es wird im Verlauf des idealtypischen Lebenszyklus eines Unternehmens, je nach aktueller Lebensphase, eine Bewertung des Unternehmens notwendig. Dabei durchläuft ein Unternehmen die Phasen der Gründung, des Wachstums und der Reife, bis es dann entweder in die Phase der Alterung übergeht oder eine erneute Phase des Aufschwungs durchlebt. In der Gründungsphase wird meist eine Bewertung des Unternehmens durch die Gründer oder durch Kapitalgeber (z. B. Business Angels, Venture Capital, Private Equity) durchgeführt, während in der Wachstums- und Reifephase Unternehmensbewertungen veranlasst werden zum Zwecke der Bepreisung neuer Gesellschaftsanteile bei Börseneinführung oder Kapitalerhöhung, bei Aufkauf, Verkauf, Verschmelzung oder Ausgliederung von Unternehmensanteilen. Neben Bewertungen von Liquidationsoptionen oder Bewertungen im Rahmen von finanziellen Restrukturierungen in krisenbehafteten Phasen existieren zudem laufende Bewertungsanlässe, die über die Lebenszyklusphasen hinweg durchführt werden müssen. Dazu zählen unter anderem die wertorientierte Unternehmenssteuerung, Änderungen in der Eigentümerstruktur durch Einstieg oder Ausstieg eines Großaktionärs, Rechnungslegungsvorschriften nach IFRS oder steuerliche Anlässe.

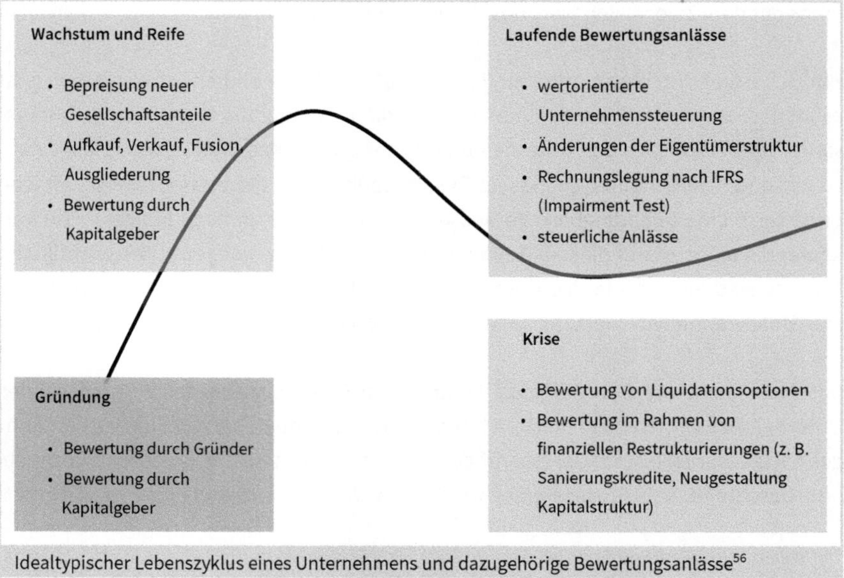

Idealtypischer Lebenszyklus eines Unternehmens und dazugehörige Bewertungsanlässe[56]

56 Vgl. Drukarczyk, J. & Schüler, A., Unternehmensbewertung, 2016, S. 2.

Beginnend mit der Start-up-Phase eines Unternehmens müssen Bewertungen im Zuge der Unternehmensgründung durchgeführt werden. Wächst ein Unternehmen, werden Themen wie Expansionen und Restrukturierungen immer relevanter, die Unternehmensbewertungen erfordern (z. B. Verkauf oder Kauf von Teilbereichen eines Unternehmens). Befindet sich ein Unternehmen in der Reifephase, erfolgen Bewertungen sowohl aufgrund von unternehmensinternen (z. B. wertorientierte Unternehmenssteuerung) als auch aufgrund von unternehmensexternen Anlässen (z. B. Vorbereitung von Übernahmeangeboten). Auch in Krisensituationen müssen Unternehmen bewertet werden, bspw. um eine finanzielle Restrukturierung durchzuführen oder um Sanierungskredite zu erhalten.[57]

Zusammenfassend lässt sich sagen, dass die Anlässe für eine Unternehmensbewertung sehr vielfältig sind.

1.6 Due Diligence

Der Begriff »Due Diligence« dient der umfassenden Informationsgewinnung und bezeichnet die systematische Überprüfung der Chancen und Risiken eines Zielunternehmens mit dem Zweck, den Wert des Unternehmens zu fundieren.[58]

Hat sich ein(e) Unternehmer(in) für den Verkauf des Unternehmens entschieden, geht es im nächsten Schritt um den materiellen und immateriellen Wert, denn je interessanter und wertvoller das Unternehmen, desto größer das Interesse und die Chance auf potenzielle Käufer. In diesem Zusammenhang ist die betriebswirtschaftliche Sichtweise eine unabdingbare Voraussetzung. Allerdings vernachlässigen viele Verkäufer diese, da es auf diesem Gebiet an nötigem Wissen mangelt.[59] Die wichtigsten Aspekte sind eine sorgfältige Unternehmensanalyse in Form der Due Diligence und eine Unternehmensbewertung nach anerkannten Verfahren.

Das Instrument der Due Diligence kommt zum Einsatz, wenn der Verkäufer eines Unternehmens einen tatsächlichen Interessenten gefunden hat bzw. die Verhandlungen fortgeschritten sind. Der Begriff der Due Diligence steht für »gebotene Sorgfalt« und beschreibt den Prozess einer fundierten Unternehmensanalyse.[60] Der Hinter-

57 Vgl. Drukarczyk, J. & Schüler, A., Unternehmensbewertung, 2016, S. 2 f.
58 Behringer, S., Unternehmenstransaktionen, 2020, S. 159.
59 Schwetje, G. et al., Unternehmensnachfolge, 2016, S. 85 ff.
60 Schneider, H., Nachfolger gesucht, 2017, S. 52.

grund dieses Verfahrens liegt in der Komplexität einer Unternehmensveräußerung. Auf der einen Seite möchte sich der Verkäufer absichern und ein aktuelles qualitatives und quantitatives Bild seines Unternehmens gewinnen. Auf der anderen Seite möchte der potenzielle Käufer einen aktuellen Stand über das Unternehmen haben, um die Chancen und Risiken seinerseits abzusichern. Es wird zwischen einer Käufer-Due-Diligence (Buyer Initiated Due Diligence – BIDD) und der Verkäufer-Due-Diligence (Vendor Initiated Due Diligence – VIDD) unterschieden.[61] Die Käufer-Due-Diligence wird erst im Laufe der Vertragsverhandlung initiiert, wohingegen der Verkäufer jederzeit eine fundierte Unternehmensanalyse durchführen kann. Dieser detaillierte Überblick seitens des Verkäufers dient nicht nur im Falle eines Unternehmensverkaufs als Handlungsgrundlage, sondern auch für zukünftige Entscheidungen.

Die Durchführung einer Due Diligence ist mit hohem Zeit- und Kostenaufwand verbunden. Es bedarf daher hoch qualifizierter Fachkräfte sowohl intern als auch extern. Des Weiteren muss strategisch geplant und möglichst effizient gearbeitet werden.[62] Im Laufe der Zeit steigt der Informationsgehalt und somit der Austausch aller Beteiligten. Es gibt allerdings keinen einheitlich festgeschriebenen Standard, der eine optimale Lösung ermöglicht, jedoch hat der Hauptfachausschuss des Instituts der Wirtschaftsprüfer allgemeine Grundsätze formuliert. Diese gelten nur als Rahmengerüst zur Durchführung einer Due Diligence. Vielmehr bedarf es einer individuellen Betrachtungsweise für jedes Unternehmen.

Grundsätzlich können alle Unternehmensbereiche Gegenstand einer Due Diligence sein. Den verschiedenen Teilbereichen bei einer Due Diligence wird eine unterschiedliche Bedeutung beigemessen. In den meisten Fällen kommt der Financial, Legal und Tax Due Diligence (Finanzen, Recht und Steuern) bei geplanten Unternehmenskäufen eine überragende Bedeutung zu. Aber auch die Market Due Diligence (Marktanalyse) hat aufgrund der hohen Veränderungsgeschwindigkeit in den letzten Jahren sehr stark an Bedeutung gewonnen.[63] Sie prüft das M&A-Ziel aus Kunden-, Markt- und Wettbewerbssicht und wird häufig sogar als Königsdisziplin betitelt, da nur sie sich mit den Zukunftsperspektiven befasst.[64]

In der Literatur und Praxis finden sich zehn Hauptmodule, die als Hilfestellung bei der Durchführung einer Due Diligence eingesetzt werden können.

---

61 Picot, G., Handbuch für Familien- und Mittelstandsunternehmen, 2008, S. 210.
62 Koch, W., Unternehmensnachfolge planen, gestalten und umsetzen, 2016, S. 57.
63 Vgl. Niederdrenk, R., Due Diligence verstehen und als Erfolgsfaktor im M&A-Prozess nutzen, 2019, S. 77.
64 Vgl. Niederdrenk, R., Due Diligence verstehen und als Erfolgsfaktor im M&A-Prozess nutzen, 2019, S. 81 f.

Basic Due Diligence		• grundsätzliche Unternehmensdaten • Ruf des Unternehmens
External Basic Due Diligence		• Analyse der volkswirtschaftlichen Lage • rechtliche und politische Analysen
Strategic Due Diligence		• Gesamtstrategie • strategische Geschäftseinheiten
→	Financial & Tax Due Diligence	• Organisation des Rechnungswesens • Analyse Jahres- und Planabschlüsse • steuerliche Analyse • Analyse des internen Rechnungswesens
→	Legal Due Diligence	• Rechtsstreitigkeiten • interne und externe Rechtsstrukturen
→	Market Due Diligence	• Informationen zur Branche • Absatz, Kunden, Produkte, Preise etc.
→	Technical Due Diligence	• Leistungserstellung • Forschung und Entwicklung
→	Environmental Due Diligence	• Altlasten, Luft, Wasser, Gefahrenstoffe • Produkte/Produktionsprozesse
→	Human Ressource Due Diligence	• Management • Mitarbeiter
→	Organizational & IT Due Diligence	• Organisation • Informationstechnologie

Übersicht der Due-Diligence-Module[65]

Die Tabelle zeigt: Je größer ein Unternehmen ist, desto aufwendiger und komplexer ist die Erstellung einer Due Diligence. Oft wird intern schnittstellenübergreifend gearbeitet, um die besten Daten einzelner Geschäftsbereiche und Abteilungen zu gewährleisten. Werden alle Module erfüllt, liegt eine umfangreiche und fundierte Analyse vor.[66]

Ein weiterer wichtiger Aspekt ist der sogenannte Datenraum. Hierbei handelt es sich um einen Raum (physisch oder digital als Datenbank), in dem der Verkäufer alle relevanten Unterlagen zur Verfügung stellt. Dies kann im Unternehmen sein oder auch in den Räumlichkeiten einer beauftragten Kanzlei. Höchste Priorität haben hierbei die Datensicherheit und eine professionelle Durchführung.[67]

65 In Anlehnung an Berens, W. et al., Due Diligence bei Unternehmensakquisitionen, 2019, S. 847 ff.
66 Schwetje, G. et al., Unternehmensnachfolge, 2016, S. 89.
67 Schneider, H., Nachfolger gesucht, 2017, S. 54 ff.

Die wichtigsten Punkte des Due-Diligence-Verfahrens:[68]

1. Eine Due Diligence kann sowohl vom Verkäufer als auch vom Käufer durchgeführt werden.
2. Dem Verkäufer dient sie als Bestandsaufnahme und der positiven Darstellung des Unternehmens (Verkaufspreis bzw. Ertragskraft). Ebenso kann sie Grundlage für eine Optimierung sein.
3. Es werden die wesentlichen Unterlagen anhand von Checklisten zusammengestellt – mit Fokus auf die »wichtigsten« Aspekte.
4. Für den Käufer dient sie zur Aufdeckung von Chancen und Risiken sowie zur eventuellen Minderung des Kaufpreises. Hier sollte der Verkäufer einen Gutachter beauftragen, der die externe Due Diligence überwacht.
5. Der Käufer fängt erst nach echtem Interesse am Erwerb mit der Due Diligence an.
6. Es gibt keinen allgemeingültigen Standard. Vielmehr existieren diverse Grundsätze.
7. Es wird zwischen objektivem und subjektivem Unternehmenswert unterschieden.

68 Picot, G., Handbuch für Familien- und Mittelstandsunternehmen, 2008, S. 211 ff.

2 Überblick und Systematisierung der Verfahren zur Unternehmensbewertung

Zur Ermittlung von Unternehmenswerten gibt es eine Vielzahl verschiedener Herangehensweisen. Diese resultiert daraus, dass die Bewertungsanlässe unterschiedliche Verfahren zur Unternehmensbewertung erfordern.[69] Die nächste Abbildung zeigt eine Systematisierung der bedeutendsten Bewertungsverfahren zur Ermittlung eines Unternehmenswertes. Grundsätzlich lassen sich die Verfahren der Unternehmensbewertung in die **Einzelbewertungs-** und die **Gesamtbewertungsverfahren** sowie in das beide Verfahren verknüpfende **Mischverfahren** einteilen.

Bei den Einzelbewertungsverfahren *(net asset value method)* wird der Unternehmenswert aus der Summe der einzelnen, isoliert bewerteten Unternehmensbestandteile (Vermögensgegenstände und Schulden) abgeleitet, während bei den Gesamtbewertungsverfahren *(total valuation method)* das Unternehmen als eine Bewertungseinheit betrachtet und die daraus zu erwartende zukünftige Ertragskraft ermittelt wird.[70]

Die Einzelbewertung kann entweder unter der Annahme der Unternehmensfortführung (Reproduktionswert) oder bei Unterstellung der Unternehmensauflösung (Liquidationswert) erfolgen.

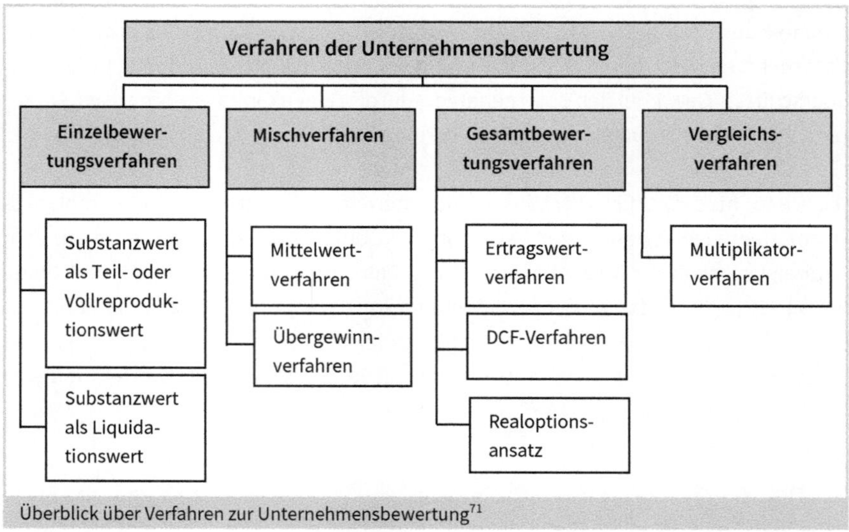

Überblick über Verfahren zur Unternehmensbewertung[71]

69 Schacht, U. & Fackler, M., Praxishandbuch Unternehmensbewertung, 2009, S. 18.

70 In Anlehnung an Ernst, D. et al., Unternehmensbewertung erstellen und verstehen, 2018, S. 2 ff. und Peemöller, V. H. (Hrsg.), Praxishandbuch der Unternehmensbewertung, 2019, S. 56.

71 In Anlehnung an Ernst, D. et al., Unternehmensbewertung erstellen und verstehen, 2018, S. 2.

Die Einzelbewertungsverfahren ermitteln den Unternehmenswert, indem der Wert der einzelnen Vermögensgegenstände dem Wert aller Schulden zu einem bestimmten Stichtag gegenübergestellt wird.

Die Mischverfahren *(combined methods)* entstanden durch die Weiterentwicklung der Einzelbewertungsverfahren. Die Einzelbewertungsverfahren und die dabei betrachteten Substanzwerte eines Unternehmens werden um die Ertragskraft eines Unternehmens erweitert. Unter »Ertragskraft« werden die in der Zukunft erzielbaren Ertragsüberschüsse (Gewinne) eines Unternehmens verstanden. Während sich der Unternehmenswert beim Mittelwertverfahren *(average methods)* mithilfe des arithmetischen Mittels aus Substanzwert *(net asset value)* und Ertragswert *(capitalized earnings value)* errechnet, setzt sich dieser beim Übergewinnverfahren aus dem Substanzwert und dem Barwert des ermittelten Übergewinns zusammen.[72]

Im Gegensatz zu den Mischverfahren liegt der Fokus bei den Gesamtbewertungsverfahren allein auf den zukünftig erzielbaren Erträgen bzw. Cashflows, die sich dabei aus dem Zusammenwirken aller realen Bestandteile eines Unternehmens ergeben.[73] Zu den Gesamtbewertungsverfahren *(total valuation method)* zählen das Ertragswertverfahren, die Discounted-Cashflow-Verfahren (DCF-Verfahren) und der Realoptionsansatz.

Das Ertragswertverfahren *(capitalized earnings method)* stellt ein Verfahren zur Unternehmensbewertung dar, das auf der Kapitalwertmethode basiert. Es ermittelt den Unternehmenswert durch Diskontierung der prognostizierten zukünftigen Ertragsüberschüsse (Gewinne) des Unternehmens, die den Eigenkapitalgebern zustehen, zuzüglich des nicht betriebsnotwendigen Vermögens.[74]

Die Discounted-Cashflow-Verfahren sind international weit verbreitete, zahlungsstromorientierte Verfahren zur Bewertung von Unternehmen. Sie basieren auf dem Kapitalwertkalkül der Investitionsrechnung. Das Unternehmen wird als Investitionsobjekt betrachtet, das dem/den Eigentümer(n) Einzahlungsüberschüsse zufließen lässt.[75] Die zukünftig erzielbaren Einzahlungsüberschüsse (Cashflows) sind auf den Bewertungszeitstichtag zu diskontieren, um auf der Basis des Kapitalwertes fundierte Investitionsentscheidungen treffen zu können.

72 Schacht, U. & Fackler, M., Praxishandbuch Unternehmensbewertung, 2009, S. 25.
73 Ernst, D. et al., Unternehmensbewertung erstellen und verstehen, 2018, S. 9.
74 Schacht, U. & Fackler, M., Praxishandbuch Unternehmensbewertung, 2009, S. 22.
75 Ballwieser, W. & Hachmeister, D., Unternehmensbewertung, 2016, S. 9.

Wird der Unternehmenswert aus Börsenkursen *(market price)* vergleichbarer Unternehmen oder aus vergleichbaren Unternehmenstransaktionen abgeleitet, so spricht man von dem Multiplikatorverfahren, auch »Vergleichswertverfahren« genannt.[76]

Der Realoptionsansatz ist ein relativ neues Bewertungsverfahren, das den Wert von Handlungsmöglichkeiten bei unternehmerischen Tätigkeiten über spezifische Optionspreismodelle quantifiziert. Das Vorgehen des Realoptionsansatzes ist dabei stark an das Entscheidungsbaumverfahren zur Lösung von mehrstufigen Entscheidungsproblemen angelehnt.[77]

76 Ernst, D. et al., Unternehmensbewertung erstellen und verstehen, 2018, S. 11.
77 Ernst, D. et al., Unternehmensbewertung erstellen und verstehen, 2018, S. 12.

3 Einzelbewertungsverfahren

Bei den Einzelbewertungsverfahren *(net asset value method)* wird ein **objektiver Unternehmenswert** ermittelt, der unabhängig von den Interessen des Käufers oder des Verkäufers berechnet werden kann.

Die Berechnung des Unternehmenswertes erfolgt bei den Einzelbewertungsverfahren über die Bildung der Summe der einzelnen Unternehmensbestandteile. Dabei werden die Vermögenswerte und die Schulden zu einem bestimmten Stichtag ermittelt. Zunächst werden durch eine isolierte Betrachtung der Vermögenswerte deren individuellen Werte ermittelt, um sie anschließend zu einem Bruttounternehmenswert zusammenzusetzen. Durch Abzug der zum Stichtag vorhandenen Schulden erhält man den Substanzwert.

3.1 Substanzwertverfahren

Der Substanzwert *(net asset value)* stellt den Wertanasatz dar, der durch eine isolierte Betrachtung aller betriebsnotwendiger Vermögenswerte eines Unternehmens und dessen Schulden zu einem bestimmten Stichtag ermittelt wird. Das Substanzwertverfahren *(net asset value method)* berechnet den Unternehmenswert als Summe der Vermögenswerte abzüglich der Verbindlichkeiten gegenüber Dritten. Die Ermittlung des Substanzwertes kann unter Annahme der Fortführung oder der Liquidation eines Unternehmens durchgeführt werden. Demnach ist zwischen dem Reproduktionswert *(reproduction value)* (bei Fortführung des Unternehmens) und dem Liquidationswert *(liquidation value)* (bei Zerschlagung des Unternehmens) zu unterscheiden,[78] wie in der nächsten Abbildung dargestellt.

78 Vgl. Ernst, D. et al., Unternehmensbewertungen erstellen und verstehen, 2018, S. 3.

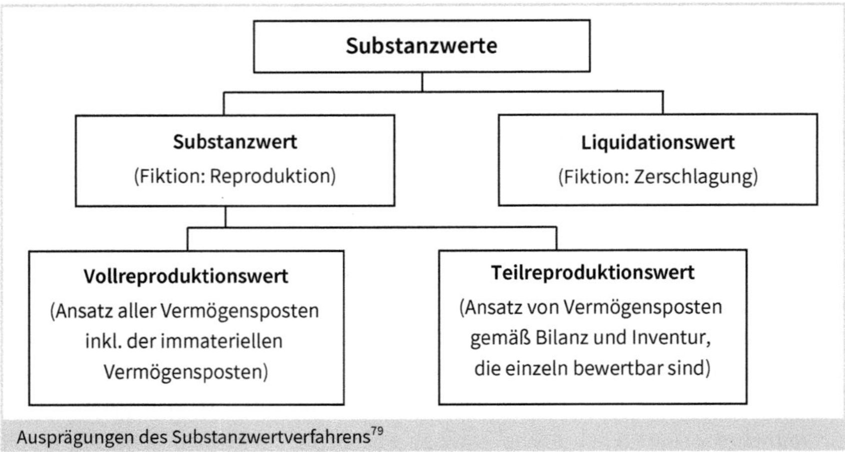

Ausprägungen des Substanzwertverfahrens[79]

Beide Verfahren basieren auf der einzelwertbasierten Herleitung des (auf den Substanzen des Unternehmens basierenden) Unternehmenswerts, der sich aus dem Saldo der bilanzierungsfähigen Aktiva und den Schulden ergibt. Die Bewertung erfolgt stichtagsbezogen. Da nicht alle Vermögenswerte in der Bilanz aktiviert sind, werden auch die Vermögensposten aus dem Inventar in die Bewertung miteinbezogen.[80]

Aktiva **Tageswertbilanz (basierend auf Bilanz u.**	**Inventar des Bewertungsobjekts)** **Passiva**
Anlagevermögen	**Eigenkapital (= Substanzwert)**
Umlaufvermögen	Verbindlichkeiten (= Schulden)

Tageswertbilanz für die Bewertung nach dem Substanzwertverfahren[81]

Substanzwertverfahren auf der Basis von Reproduktionswerten

Geht man von der Fortführung des Unternehmens aus (Going-Concern-Prinzip), wird der Substanzwert auf der Basis von Reproduktionswerten berechnet. Der Substanzwert mit Reproduktionswerten stellt den Betrag dar, der zum Zeitpunkt der Bewertung aufgebracht werden muss, um das Unternehmen mit all seinen derzeitigen Vermögenswerten und Schulden identisch nachzubilden (zu reproduzieren). Dabei entnimmt man aus der Bilanz alle betriebsnotwendigen Vermögenswerte (Aktiva), bewertet sie zu Marktpreisen und summiert sie auf. Als Nächstes zieht man das zu Marktpreisen bewertete Fremdkapital ab. Anschließend wird das nicht betriebsnot-

79 In Anlehnung an Petersen, K. & Zwirner, C.: Handbuch Unternehmensbewertung, 2017, S. 1034.
80 Vgl. Petersen, K. & Zwirner, C.: Handbuch Unternehmensbewertung, 2017, S. 1034.
81 Vgl. Petersen, K. & Zwirner, C.: Handbuch Unternehmensbewertung, 2017, S. 1034.

wendige Vermögen *(non-operative assets)* zum gegenwärtigen Veräußerungspreis (Liquidationspreis) hinzuaddiert.[82]

Des Weiteren wird beim Substanzwertverfahren zwischen dem **Teilreproduktionswert (TRW)** und dem **Vollreproduktionswert (VRW)** unterschieden.

Beim **Teilreproduktionswert (TRW)** *(part reproduction value)* werden nur die bilanzierungsfähigen betriebsnotwendigen Vermögenspositionen eines Unternehmens zu Marktzeitwerten oder Wiederbeschaffungskosten *(replacement costs)* sowie der Liquidationswert des nicht betriebsnotwendigen Vermögens abzüglich der Schulden für die Ermittlung des Substanzwertes verwendet.

$TRW = W_{BNV} + N_0$ – Wert der Schulden

TRW	= Teilreproduktionswert als Substanzwert
W_{BNV}	= Wiederbeschaffungswert des betriebsnotwendigen Vermögens
N_0	= Marktwert des nicht betriebsnotwendigen Vermögens

Der **Vollreproduktionswert (VRW)** *(full reproduction value)* leitet sich aus dem vollständigen »Nachbau« eines Unternehmens mit demselben Ertragspotenzial ab, d. h., neben den bilanzierungsfähigen Teilen des Anlage- und Umlaufvermögens wird auch der selbst geschaffene »originäre« Geschäfts- oder Firmenwert erfasst. Zum originären Geschäfts- oder Firmenwert gehören z. B. nicht aktivierte immaterielle Vermögenswerte *(intangible assets)*, wie z. B. selbst erstellte Patente (falls diese nicht aktiviert wurden), technisches Know-how, Marktkenntnisse, Bekanntheitsgrad *(level of brand awareness)*, Image, Markennamen *(brand names)*, die Managementqualität oder der Kundenstamm *(customer base)*.

Der **Substanzwert (SW)** eines Unternehmens kann wie folgt ermittelt werden:

	Reproduktionswert des bilanzierten betriebsnotwendigen Vermögens
+	Marktwerte der isolierbaren, selbst erstellten immateriellen Vermögenswerte
–	Marktwert der Schulden (Wert der Schulden bei Unternehmensfortführung)
+	Marktwert des nicht betriebsnotwendigen Vermögens (N_0)
=	**Substanzwert als Teilreproduktionswert (TRW)**
+	originärer (= selbst geschaffener) Geschäfts- oder Firmenwert
=	**Substanzwert als Vollreproduktionswert (VRW)**

Ermittlung des Substanzwerts als Reproduktionswert

82 Vgl. Ernst, D. et al., Unternehmensbewertungen erstellen und verstehen, 2018, S. 3 f.

Eine direkte Ermittlung des originären Geschäfts- oder Firmenwerts ist nicht möglich. Hilfsweise kann der originäre Geschäfts- oder Firmenwert indirekt als Differenz zwischen dem Ertragswert (= der Unternehmenswert, der sich aus der Diskontierung der in der Zukunft aus dem Unternehmen erwarteten Ertragsüberschüsse (= Gewinne) ableitet) und dem Teilreproduktionswert *(part reproduction value)* berechnet werden. Durch das Aufsummieren des Teilreproduktionswertes mit dem originären Geschäfts- oder Firmenwert (auch »Goodwill« genannt) erhält man den Vollreproduktionswert *(full reproduction value)*. Ein Substanzwert nur auf Basis des Teilreproduktionswertes ist für die Unternehmensbewertung nicht geeignet.[83]

Wertmaßstäbe für die Ermittlung des Substanzwerts			
Aktiva	**Bilanz**		**Passiva**
Posten	**Ansatz**	**Posten**	**Ansatz**
Immaterielle Vermögenswerte	tatsächlich gezahlte Kaufpreise, behördlich festgesetzte Ausgaben, geleistete Ausgaben, evtl. Schätzung der Wiederbeschaffungskosten	Eigenkapital	gesuchte Residualgröße (= Substanzwert)
Geschäfts- oder Firmenwert	kein Ansatz (bei Substanzwert als Teilrekonstruktionswert)	Sonderposten	kein Ansatz
Grundstücke und Gebäude	Bodenrichtwerte, Verordnung zur Verkehrswertermittlung, Wert auf heutiger Preisbasis	Pensionsrückstellungen	versicherungsmathematischer Ablösebetrag
Sachanlagen (Gebäude, Maschinen, Technische Anlagen, Betriebs- und Geschäftsausstattung etc.)	objektweise Einzelbewertung (Preislisten der Hersteller, Schwacke-Tabellen), Globalbewertung gleicher Klasse von Anlagegütern (unter Berücksichtigung von Preisindexierung und Nutzungsdauer)	Rückstellungen	wahrscheinlicher Wert der Inanspruchnahme
Beteiligungen	anteiliger Substanzwert (falls betriebsnotwendig)	Aufwandsrückstellungen	kein Ansatz, da interne Verpflichtung

83 Wöhe G. & Döring U., Einführung in die Allgemeine Betriebswirtschaftslehre, 2013, S. 530.

Wertmaßstäbe für die Ermittlung des Substanzwerts			
Aktiva	Bilanz		Passiva
Posten	**Ansatz**	**Posten**	**Ansatz**
Wertpapiere	Marktpreis (Börsenkurs)	verzinsliche Verbindlichkeiten	Ablösebetrag (bei Kuponanleihen Nennwert; ansonsten Barwert)
Vorräte	Wiederbeschaffungskosten	Verbindlichkeiten aLuL und sonstige Verbindlichkeiten	Ablösebetrag (i. d. R. Nennwert)
Forderungen	i. d. R. Nennwert		
liquide Mittel	Nennwert	Ertragsteuern (auf stille Reserven)	Ertragsteuersatz × (Substanzwert abzgl. Buchwerte)
aktiver RAP	kein Ansatz (reine Ergebnisabgrenzung)	passiver RAP	kein Ansatz (reine Ergebnisabgrenzung)
aktive latente Steuern	werden mit null angesetzt	passive latente Steuern	werden mit null angesetzt

Wertmaßstäbe für den Substanzwert[84]

In der Regel erfolgt die Unternehmensbewertung nach dem Substanzwertverfahren *(net asset value method)* auf der Basis von Reproduktionswerten. Dabei wird davon ausgegangen, dass es möglich ist, das zu bewertende Unternehmen exakt »nachzubauen«. Die Intention der Unternehmensbewertung nach dem Substanzwertverfahren besteht darin, das Unternehmen, so wie es ist, zu reproduzieren und die dabei entstehenden Kosten als Wertansatz *(valuation rate)* heranzuziehen.

Es stellt sich die Frage: Welcher Wert müsste zur Wiederherstellung des Unternehmens generiert werden?

Die Bewertung erfolgt auf der Basis von **Wiederbeschaffungskosten** *(replacement costs)*. Im Vergleich zum Buchwert in der Handelsbilanz *(balance of trade)* ist hier die Höhe der liquiden Mittel gefragt, die man aufwenden müsste, um die betriebliche Substanz wiederherzustellen. Dementsprechend sind, je nach Zeitwerten *(current market value)*, **Zu- und Abschläge** auf den Buchwert vorzunehmen. Dabei ergeben sich oft **stille Reserven** bei der Unterbewertung von Vermögensgegenständen (Aktiva) und Überbewertung von Schulden (Passiva). So erhöht sich das Eigenkapital der

84 In Anlehnung an Petersen, K. & Zwirner, C., Handbuch Unternehmensbewertung, 2017, S. 1038.

Tageswertbilanz und damit der Substanzwert.[85] Andererseits entstehen **stille Lasten**, wenn in der Bilanz Vermögengegenstände zu hoch und Schulden zu niedrig angesetzt sind – der Substanzwert wird vermindert.

Der Substanzwert *(net asset value)* wird im Wesentlichen aus der Bilanz ermittelt. Dabei werden die betriebsnotwendigen Vermögenswerte zu Marktpreisen bewertet und aufsummiert. Das für den Geschäftsbetrieb nicht betriebsnotwendige Vermögen (z. B. Wertpapiere des Umlaufvermögens) wird lediglich zum Marktwert (Liquidationswert) angesetzt. Wenn man von den zu Marktwerten bewerteten Vermögenswerten das zu Marktwerten bewertete Fremdkapital abzieht, erhält man den Substanzwert.

Beispiel: Ermittlung des Substanzwertes als Teilreproduktionswert

Von einem mittelständischen Unternehmen liegt Ihnen die folgende Bilanz vor. In Klammern stehen die Zeitwerte (= Beschaffungsmarktwerte).

Aktiva			**Bilanz zum 31.12.01 (in T€)**		**Passiva**
	Buch-wert	Zeitwert		Buch-wert	Zeitwert
Patente (erworben)	1.800	(2.400)	Eigenkapital	17.850	
Goodwill	4.000	(5.500)	Rückstellungen	7.000	(9.000)
Grundstücke	10.000	(15.000)	Finanzverbindlichkeiten	23.500	(23.500)
Gebäude A	10.000	(20.000)	Verbindlichkeiten aLuL	2.650	(2.650)
Gebäude B	6.000	(9.500)			
Maschinen A	2.200	(7.000)			
Maschinen B	1.200	(3.800)			
BGA	2.900	(4.200)			
Beteiligungen	2.000	(2.800)			
Vorräte	7.800	(9.500)			
Forderungen	2.000	(2.000)			
Bank/Kasse	1.100	(1.100)			
Bilanzsumme	**51.000**		**Bilanzsumme**	**51.000**	

85 Vgl. Peterson, K. & Zwirner, C., Handbuch Unternehmensbewertung, 2017, S. 1038.

Außerdem liegen Ihnen folgende Informationen vor:

- Bei den Beschaffungswertangaben zu den Maschinen handelt es sich um Neupreise. Da die Maschinen schon einige Jahre im Einsatz sind, sollte bei den Maschinen A ein Abschlag von 3.000 T€ und bei den Maschinen B ein Abschlag von 1.300 T€ vorgenommen werden.
- Im Unternehmen befinden sich nicht aktivierte selbst erstellte immaterielle Vermögenswerte in Höhe von 4.500 T€.
- Der neue Eigentümer möchte das Gebäude B nicht übernehmen, da es nicht der Produktion dient.
- Von den Forderungen sind 200 T€ nicht mehr einbringlich.

Der **Substanzwert** des mittelständischen Unternehmens wird mit den Teilreproduktionswerten (Wiederbeschaffungswerten) wie folgt ermittelt:

	(Angaben in T€)	Beschaffungswert	Korrekturen	Teilreproduktionswert
	Patente (erworben)	2.400	–	2.400
+	Goodwill	+ 5.500	- 5.500	+ 0
+	Grundstücke	+ 15.000	–	+ 15.000
+	Gebäude A	+ 20.000	–	+ 20.000
+	Gebäude B	+ 9.500	- 9.500	+ 0
+	Maschinen A	+ 7.000	- 3.000	+ 4.000
+	Maschinen B	+ 3.800	- 1.300	+ 2.500
+	BGA	+ 4.200	–	+ 4.200
+	Beteiligungen	+ 2.800	–	+ 2.800
+	Vorräte	+ 9.500	–	+ 9.500
+	Forderungen	+ 2.000	- 200	+ 1.800
+	Bank/Kasse	+ 1.100	–	+ 1.100
+	nicht aktivierte selbsterstellte immaterielle Vermögenswerte	–	+ 4.500	+ 4.500
=	**Bruttowerte**	**= 82.800**	**- 15.000**	**= 67.800**
–	Rückstellungen	- 9.000	–	- 9.000
–	Finanzverbindlichkeiten	- 23.500	–	- 23.500
–	Verbindlichkeiten aLuL	- 2.650	–	- 2.650
+	Liquidationswert des Gebäude B (wird nicht mehr benötigt)	+ 9.500	–	+ 9.500
=	**Nettowerte**	**= 57.150**	**-15.000**	**= 42.150**

Der Teilreproduktionswert des Unternehmens beträgt unter Berücksichtigung der subjektiven Kriterien des potenziellen Käufers 42.150 T€.

Ermittlung des originären Geschäfts- oder Firmenwertes
Als zusätzliche Information steht dem Bewertenden auch der Substanzwert als Vollreproduktionswert des mittelständischen Unternehmens, der sich auf 66.000 T€ beläuft, zur Verfügung. Die Differenz zwischen dem Voll- und Teilreproduktionswert ergibt den originären (selbst geschaffenen) Geschäfts- oder Firmenwert.

	Substanzwert als Vollreproduktionswert	66.000 T€
-	Substanzwert als Teilreproduktionswert	- 42.150 T€
=	**originärer Geschäfts- oder Firmenwert**	**= 23.850 T€**

Das Ergebnis dieses Beispiels lautet, dass sich der Substanzwert des Unternehmens nach dem Teilreproduktionsverfahren auf 42.150 T€ beläuft. Der originäre (selbstgeschaffene) Geschäfts- oder Firmenwert beträgt unter den gegebenen Informationen **23.850 T€.**

Die Berechnung des Substanzwertes ist relativ einfach, hat aber den Nachteil, dass in der Regel nicht bilanzierungsfähige immaterielle Vermögenswerte wie beispielsweise das Image oder die Marken des Unternehmens nicht in die Bewertung einfließen und auch künftig erwartete Ertragsüberschüsse (Gewinne) unberücksichtigt bleiben.

Falls sich das Unternehmen in einer äußerst schlechten Ertragslage befindet, so kann es sein, dass der Liquidationswert den Ertragswert übersteigt. In diesem Fall muss der Liquidationswert als Wertuntergrenze zur Unternehmensbewertung herangezogen werden.[86]

3.2 Liquidationswertverfahren

Falls das Unternehmen zerschlagen wird, d.h., die Unternehmenstätigkeit wird beendet, kommen für die Bewertung der Vermögenswerte neben den Marktzeitwerten auch sogenannte Zerschlagungswerte zum Einsatz. Es wird von einer Auflösung des Unternehmens ausgegangen.

Der Liquidationswert (LW) *(liquidation value)* eines Unternehmens wird dann ermittelt, wenn keine Absicht mehr besteht, das zu bewertende Unternehmen fortzuführen. Die einzelnen Vermögenswerte werden mit den zu erwartenden Verwertungserlösen be-

86 Nölle, J.-U., Grundlagen der Unternehmensbewertung, 2009, S. 21.

wertet. Im Rahmen der Bestimmung der Schulden werden auch die zusätzlichen Kosten, die bei der Auflösung des Unternehmens anfallen, berechnet.

Als Maßstäbe für die Unternehmensbewertung nach dem Substanzwertverfahren *(net asset value method)* können entweder Reproduktionswerte oder Liquidationswerte herangezogen werden. Bei einer Substanzwertermittlung auf der Basis von Liquidationswerten geht man von einer Auflösung bzw. Zerschlagung des Unternehmens aus. Bei der Ermittlung des Liquidationswerts wird das Vermögen nicht zu Wiederbeschaffungskosten *(replacement costs)*, sondern zu Einzelveräußerungspreisen bewertet.

Ein großer Kostenblock entsteht erst durch die Liquidation selbst, wodurch mehr oder weniger unerwartete negative Liquidationswerte entstehen können. So sind auch Gebühren und Provisionen für beauftragte Makler, Rechtsanwälte, Unternehmens- oder Steuerberater einzuplanen. Bei der Liquidation eines Unternehmens werden meistens auch Mitarbeiter entlassen, die Anrecht auf Abfindungszahlungen haben. Für diese wurden aber aufgrund der bilanziellen Fortführungsprämisse (§ 252 Abs. 1 Nr. 2 HGB) keine Risikovorsorgen in Form von Rückstellungen gebildet. Im Vergleich zu diesen stillen Lasten können jedoch auch Passiva wie die Aufwandsrückstellungen[87] bei der Liquidation entfallen. Dafür sind persönliche Steuern und Unternehmensertragsteuern vom Liquidationsgewinn *(liquidation gain)* abzuziehen, da der Liquidationserlös prinzipiell den Anteilseignern zusteht. Eventuelle Verlustvorträge sind mit dem steuerlichen Liquidationsgewinn zu verrechnen.[88] Es kann auch vorkommen, dass ratierlich angesammelte Rekultivierungs- oder Entsorgungsverpflichtungen unterbewertet sind. Diese und ähnliche Passivposten müssen dann bei Zerschlagung mit dem höheren Ablösebetrag angesetzt werden. Andererseits entfallen bestimmte Rückstellungen, speziell Aufwands- und Kulanzrückstellungen. Zudem sind aktive und passive Rechnungsabgrenzungsposten sowie aktive und passive latente Steuern *(deferred taxes)* bei der Liquidationswertermittlung mit null anzusetzen. [89]

Bei der Liquidationswertermittlung sind folgende Posten zu berücksichtigen:

- Posten, für die gemäß Handelsrecht *(commercial law)* bzw. der internationalen Rechnungslegung nach IFRS Ansatzverbot besteht, wie z. B. der Firmenname, der einer selbst geschaffenen Marke entspricht, die gemäß § 248 Abs. 2 Satz 2 HGB nicht aktiviert werden darf, jedoch selbst verkehrsfähig sein kann
- Posten, für die ein Aktivierungswahlrecht besteht, aber auf dessen Ausübung verzichtet wurde, wie z. B. selbst erstellte immaterielle Vermögensgegenstände *(intangible assets)* gemäß § 248 Abs. 2 Satz 1 HGB wie Software, Patente, Lizenzen u. Ä.

87 Selbstverpflichtung des Unternehmens gegenüber sich selbst.

88 Ihlau, S. et al., Besonderheiten bei der Bewertung von KMU, 2013, S. 63.

89 Thommen, J. et al., Allgemeine Betriebswirtschaftslehre, 2017, S. 357; Peemöller, V. H. (Hrsg.), Praxishandbuch der Unternehmensbewertung, 2015, S. 816.

- Posten, die zwar ansatzpflichtig, aber bilanziell schon längst abgeschrieben sind. Sie verfügen aber noch über Potenzial und können auf dem Absatzmarkt einen Restverkaufserlös erzielen, wie dies z. B. bei Maschinen, BGA oder Fahrzeugen, die auf null abgeschrieben sind und noch zu Restverkaufserlösen/Schrottwerten liquidiert werden können, der Fall ist.

Der Liquidationswert wird nur ermittelt, falls mit der Auflösung des Unternehmens ein höherer Wert erzielt werden würde als bei einer Fortführung. Ausschlaggebend für die Berechnung des Liquidationswertes sind nicht die Buchwerte aus der Bilanz, sondern die Preise, die mögliche Käufer für die Vermögenswerte bezahlen würden.

Die Höhe der Liquidationswerte ist abhängig von
- dem Liquidationsdruck, operationalisiert in der Liquidationsgeschwindigkeit, und
- der Zerschlagungsintensität.

Der **Liquidationswert (LW)** wird folgendermaßen ermittelt:[90]

	Liquidationserlös des betrieblichen Vermögens (L_V)
–	Marktwert der zu begleichenden Verbindlichkeiten (Verb.) (= Ablösebeträge)
–	liquidationsspezifische Kosten (K_L) (z. B. Gebühren für zu beauftragende Makler, Steuerberater oder Insolvenzverwalter, Sozialpläne, Abfindungen, Vorfälligkeitsentschädigungen für vorzeitig abzulösende Darlehen, Entsorgungen, Abbruch- und Rekultivierungskosten etc.) ohne Ertragsteuern
=	**Liquidationswert (LW)**

Ermittlung des Liquidationswerts

$$LW = L_V - Verb. - K_L$$

LW = Liquidationswert des Unternehmens
L_V = Liquidationserlöse der Vermögenswerte
Verb. = Verbindlichkeiten
K_L = Liquidationskosten

Die folgende Abbildung zeigt die Ermittlung des Liquidationswerts.

90 Ernst, D. et al., Unternehmensbewertungen erstellen und verstehen, 2018, S. 5.

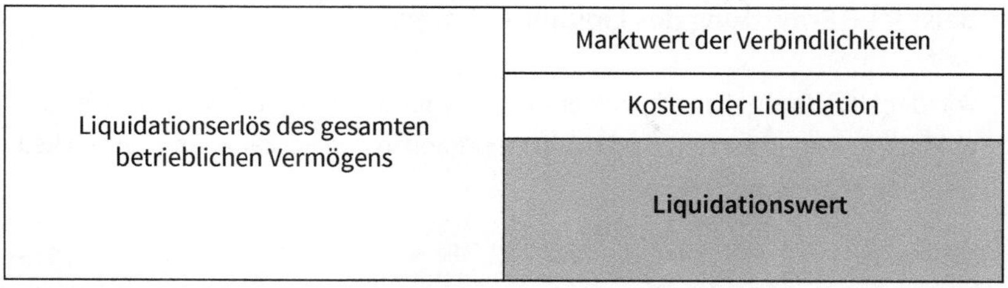

Liquidationserlös des gesamten betrieblichen Vermögens	Marktwert der Verbindlichkeiten
	Kosten der Liquidation
	Liquidationswert

Ermittlung des Liquidationswerts

Ermittlung des **Liquidationswertes unter Berücksichtigung von Steuern:**

	Liquidationserlös des gesamten betrieblichen Vermögens
-	Marktwert der zu begleichenden Verbindlichkeiten (Ablösebeträge)
-	liquidationsspezifische Kosten (z. B. Gebühren für zu beauftragende Makler, Steuerberater oder Insolvenzverwalter, Sozialpläne, Abfindungen, Vorfälligkeitsentschädigung für vorzeitig abzulösende Darlehen, Entsorgungen, Abbruch- und Rekultivierungskosten etc.) ohne Ertragsteuern
=	**Liquidationserlös**
-	steuerlicher Buchwert des Eigenkapitals
=	**steuerlicher Liquidationsgewinn**
	Liquidationserlös
-	Ertragsteuern auf steuerlichen Liquidationsgewinn (z. B. 30 % Ertragsteuer)
=	**Liquidationswert nach Steuern**

Ermittlung des Liquidationswerts nach Steuern

Merke !

Der Liquidationswert entspricht der Wertuntergrenze für die Unternehmensbewertung.

Beispiel:[91] Ermittlung des Liquidationswerts

Von der MMT GmbH liegt die folgende Bilanz für das Jahr 01 vor. Es wird der Liquidationswert ermittelt, da das Unternehmen in den vergangenen Jahren keine Gewinne erwirtschaftete.

Aktiva	**Bilanz zum 31.12.01**	**(alle Angaben in T€)**	**Passiva**
Immaterielle Vermögenswerte	200	Gezeichnetes Kapital	3.000
Grundstücke und Bauten	2.300	Gewinnrücklage	2.500
Tech. Anlagen u. Maschinen	3.000	Jahresfehlbetrag	–200
Betriebs- u. Geschäftsausstattung	800	**Eigenkapital**	**5.300**
Finanzanlagen	400		
Anlagevermögen	**6.700**	Pensionsrückstellungen	2.000
		Steuerrückstellungen	50
Vorräte	1.800	sonstige Rückstellungen	450
Forderungen und sonstige Vermögensgegenstände	1.200	**Rückstellungen**	**2.500**
Wertpapiere	700	langfristiges Darlehen	1.300
Kassenbestand, Bankguthaben	900	Verbindlichkeiten aLuL	2.000
Umlaufvermögen	**4.600**	sonstige Verbindlichkeiten	200
		Verbindlichkeiten	**3.500**
aktiver RAP	140	passiver RAP	150
aktive latente Steuern	60	passive latente Steuern	50
Bilanzsumme	**11.500**	**Bilanzsumme**	**11.500**

Die MMT GmbH soll innerhalb der nächsten sechs Monate zerschlagen werden. Es ist eine sofortige Verwertung aller Vermögenswerte und die Begleichung aller Schulden vorgesehen. Der Liquidationswert soll berechnet werden. Es sind außerdem die folgenden zusätzlichen Informationen bekannt:

91 In Anlehnung an Beispiel Fall 1: Zerschlagung aus Peemöller, V. H. (Hrsg.), Praxishandbuch der Unternehmensbewertung, 2019, S. 879 ff.

- Wegen der hohen Zerschlagungsgeschwindigkeit wurden bei den folgenden Posten Wertabschläge vorgenommen:
  - 20 % bei den technischen Anlagen und Maschinen
  - 40 % bei der BGA (Betriebs- und Geschäftsausstattung)
  - 30 % bei den Vorräten
- Es sind Patente im Wert von 600 T€ vorhanden, die in der Bilanz nicht aktiviert wurden, aber veräußert werden können.
- In den sonstigen Rückstellungen sind Kulanzrückstellungen in Höhe von 200 T€ enthalten, die bei der Zerschlagung des Unternehmens entfallen.
- Für das langfristige Darlehen muss eine Vorfälligkeitsentschädigung in Höhe von 100 T€ bezahlt werden.
- Es wird eine Sozialplanverpflichtung in Höhe von 500 T€ angesetzt, die durch die sofortige Freisetzung von Mitarbeitern aufgrund der Liquidation entsteht.
- Die Rechnungsabgrenzungsposten und die latenten Steuern werden mit einem Wert von null angesetzt.

Nach Berücksichtigung der Wertabschläge auf die Posten der Aktiva und Addition des Wertes der Patente ergibt sich folgender Wert für die Einzahlungen aus der Veräußerung des gesamten betrieblichen Vermögens:

Ermittlung des Liquidationswerts	
Patente	600 T€
immaterielle Vermögenswerte	+ 200 T€
Grundstücke und Bauten	+ 2.300 T€
technische Anlagen und Maschinen	+ 2.400 T€
Betriebs- und Geschäftsausstattung	+ 480 T€
Finanzanlagen	+ 400 T€
Summe des Anlagevermögens (1)	**= 6.380 T€**
Vorräte	1.260 T€
Forderungen und sonstige Vermögensgegenstände	+ 1.200 T€
Wertpapiere	+ 700 T€
Kassenbestand, Bankguthaben	+ 900 T€
Summe des Umlaufvermögens (2)	**= 4.060 T€**
Summe der Liquidationserlöse = (1) + (2)	**= 10.440 T€**

Für das Unternehmen MMT GmbH ergibt sich ein Liquidationserlös von **10.440 T€**.

Auf der Passivseite ergeben sich Verpflichtungen und Schulden in Höhe von **6.400 T€**, die beglichen werden müssen:

Ermittlung der Schulden	
Pensionsrückstellungen	2.000 T€
Steuerrückstellungen	+ 50 T€
sonstige Rückstellungen (ohne Kulanzrückstellung)	+ 250 T€
Summe der Rückstellungen (1)	**= 2.300 T€**
langfristiges Darlehen (zzgl. Vorfälligkeitsentschädigung)	1.400 T€
Verbindlichkeiten aLuL	+ 2.000 T€
sonstige Verbindlichkeiten	+ 200 T€
Sozialplanverpflichtungen	+ 500 T€
Summe der Verbindlichkeiten (2)	**= 4.100 T€**
Wert der Schulden (Ablösebeträge) = (1) + (2)	**= 6.400 T€**

Es fallen folgende liquiditätsspezifische Kosten an:

- das Honorar für die Tätigkeit des Liquidators von 208.800 € (2 % der Liquidationserlöse von 10.440.000 €)
- Rechtsanwalts- und Notarkosten in Höhe von 100.000 €
- Gebühren für den Verkauf von Grundstücken und Gebäuden in Höhe von 115.000 € (5 % der Grundstücks- und Gebäudewerte von 2.300.000 €)
- Prozesskosten in Höhe von 250.000 € (aufgrund der Freisetzung der Mitarbeiter)
- sonstige Kosten in Höhe von 80.000 €

Somit ergibt sich eine Summe von 208.800 € + 100.000 € + 115.000 € + 250.000 € + 80.000 € = **753.800 €** für die liquidationsspezifischen Kosten.

Aus den ermittelten Informationen lässt sich an diesem Punkt der Substanzwert auf der Basis des Liquidationswerts ermitteln.

	Liquidationserlös des gesamten betrieblichen Vermögens	10.440.000 €
-	Wert der Schulden (= Ablösebeträge)	- 6.400.000 €
-	liquidationsspezifische Kosten	- 753.800 €
=	**Liquidationswert**	**= 3.286.200 €**

Der steuerliche Buchwert des Eigenkapitals beträgt 5.300.000 €, wie aus der Bilanz zu entnehmen ist. Damit beträgt der steuerliche Liquidationsgewinn 3.286.200 € – 5.300.000 € = –2.013.800 €. Da dieser negativ ist, sind auf ihn auch keine Ertragsteuern anzusetzen. Somit beträgt der Liquidationswert der MMT GmbH 3.286.200 €.

Beurteilung des Substanzwertverfahrens

Das Substanzwertverfahren ist einfach anzuwenden, dient zur Ermittlung der absoluten Wertuntergrenze eines Unternehmens und wird auch im Liquidationsfall eingesetzt.

Das künftige Wachstumspotenzial eines Unternehmens wird nicht berücksichtigt. Außerdem werden bei der Ermittlung des Teilreproduktionswerts (TRW) *(part reproduction value)* die nicht aktivierungsfähigen immateriellen Vermögenswerte wie z. B. ein bekannter Markenname, das Produkt- und Firmenimage, das Know-how der Mitarbeiter, die Innovationsfähigkeit, der Kundenstamm etc. nicht berücksichtigt.

3.3 Aufgaben zu den Einzelbewertungsverfahren

Aufgabe 3.1: Substanzwertverfahren

Ein Unternehmen soll nach dem Substanzwertverfahren bewertet werden. Es liegen Ihnen die folgenden Informationen vor (alle Angaben in T€):

Aktiva	**Bilanz zum 31.12.01 (alle Angaben in T€)**		**Passiva**
Grundstücke und Gebäude	2.000	Eigenkapital	4.000
Sachanlagen	5.000	Rückstellungen	3.000
immaterielle Vermögenswerte	1.000	Verbindlichkeiten	5.000
Vorräte	1.500		
Forderungen	1.500		
Wertpapiere (nicht betriebsnotwendig)	800		
Bank/Kasse	200		
Bilanzsumme	**12.000**	**Bilanzsumme**	**12.000**

Zusatzinformationen:

- stille Reserven bei den Sachanlagen: 2.100 T€
- stille Reserven bei den nicht betriebsnotwendigen Wertpapieren: 400 T€
- Im Bilanzposten »Grundstücke und Gebäude« sind nicht betriebsnotwendige Vermögensteile enthalten, die für 700 T€ veräußert werden könnten.

- Zwei Patente im Wert von insgesamt 600 T€ wurden nicht aktiviert.
- Der Substanzwert als Vollreproduktionswert (VRW) des Unternehmens beläuft sich auf 15.000 T€.

Ermitteln Sie den Substanzwert als Teilreproduktionswert (TRW) und den originären Geschäfts- oder Firmenwert.

Aufgabe 3.2: Substanzwertverfahren

Ein Unternehmen soll nach dem Substanzwertverfahren bewertet werden. Ermitteln Sie auf der Grundlage der nachfolgenden Informationen den Substanzwert als Teilreproduktionswert (TRW) des Unternehmens. Die Beschaffungsmarktwerte stehen in den Klammern.

Aktiva	**Bilanz zum 31.12.01 (alle Angaben in T€)**				**Passiva**
	Buchwerte	**Marktwerte**		**Buchwerte**	**Marktwerte**
immaterielle Vermögenswerte	2.000	(2.800)	Eigenkapital	20.000	
Grundstücke	10.000	(12.000)	Finanzkredite	15.000	(15.000)
Gebäude	16.000	(22.000)	Rückstellungen	8.000	(9.000)
technische Anlage A	4.000	(7.000)	Verbindlichkeiten aLuL	7.000	(7.000)
technische Anlage B	3.000	(4.500)			
technische Anlage C	12.000	(19.000)			
Wertpapiere des AV	600	(1.100)			
Vorräte	1.200	(1.500)			
Wertpapiere des UV	400	(400)			
Bankguthaben	700	(700)			
Kasse	100	(100)			
Bilanzsumme	**50.000**		**Bilanzsumme**	**50.000**	

Für alle Vermögenswerte außer den technischen Anlagen konnten die Gebrauchtwarengüterpreise ermittelt werden. Lediglich bei den technischen Anlagen konnten nur die Neupreise ermittelt werden.

Zum Ausgleich der bestehenden Wertminderungen der technischen Anlagen sollen Wertabschläge berücksichtigt werden. Bei der technischen Anlage A ist ein Abschlag in Höhe von 800 T€, bei der technischen Anlage B ein Abschlag in Höhe von 600 T€ und bei der technischen Anlage C ist ein Abschlag in Höhe von 3.000 T€ vorzunehmen.

Ferner liegen die folgenden Informationen vor:

- Es wurden Entwicklungskosten für eine Software in Höhe von 1.200 T€ nicht aktiviert.
- Der Käufer des Unternehmens möchte die Produktpalette umstellen. Das bedeutet, er kann durch den Verkauf der technische Anlage A einen Verkaufserlös in Höhe von 6.000 T€ erzielen.

Ermitteln Sie den Substanzwert als Teilreproduktionswert (TRW).

Aufgabe 3.3: Substanzwertverfahren

Der Geschäftsführer der Substanza GmbH möchte den Substanzwert seines Unternehmens auf der Basis des Teilreproduktionswertes ermittelt haben. Die Bilanz weist folgende Werte aus:

Aktiva	**Bilanz zum 31.12.01 (alle Angaben in T€)**		**Passiva**
immaterielle Vermögenswerte	4.000	Eigenkapital	12.000
Grundstücke	9.000	Darlehen	17.000
Gebäude	10.000	Verbindlichkeiten aLuL	4.000
Spezialmaschine A	3.000		
Spezialmaschine B	1.000		
Fuhrpark (nicht betriebsnotwendig)	5.000		
Vorräte	600		
Wertpapiere des UV	300		
Bank	100		
Bilanzsumme	**33.000**	**Bilanzsumme**	**33.000**

Weiterhin ist bekannt: Der Marktwert der immateriellen Vermögenswerte beträgt 5.600 T€. Der Marktwert der Grundstücke beträgt 11.000 T€ und der der Gebäude sogar 18.000 T€. Zu den beiden Spezialmaschinen konnte nur der Neuwert ermittelt werden: Maschine A kostet 7.000 T€ und Maschine B kostet 2.000 T€. Es wird ein Abschlag bei Maschine A von 20 % und bei Maschine B von 15 % für die bisherige Abnutzung vorgenommen. Der Liquidationswert für den Fuhrpark beträgt 500 T€ weniger, als bilanziert. Aufgrund der geringen Nachfrage beträgt der Marktwert der Vorräte nur 300 T€. Die kurzfristig gehaltenen nicht betriebsnotwendigen Wertpapiere können zum selben Wert veräußert werden, wie in der Bilanz aufgeführt. Darüber hinaus verfügt das Unternehmen über nicht aktivierte Patente im Wert von 150 T€ und Lizenzen im Wert von 100 T€. Der Wert der Kundenbeziehungen wird von Experten auf 2.500 T€ geschätzt.

Berechnen Sie den Substanzwert der Substanza GmbH als Teilreproduktionswert (TRW).[92]

Aufgabe 3.4: Liquidationswertverfahren

Die Liquido GmbH hat in den letzten Jahren negative Ergebnisse erzielt, weshalb man im Management eine Liquidation in Betracht zieht. Zu diesem Zweck soll der Liquidationswert des Unternehmens berechnet werden. Dabei wird von einer Zerschlagung ausgegangen. Das Unternehmen weist folgende Bilanz aus:

Aktiva	**Bilanz zum 31.12.01**	**(alle Angaben in T€)**	**Passiva**
immaterielle Vermögenswerte	400	Eigenkapital	2.700
Grundstücke	1.300	Rückstellungen	2.500
Maschinen	1.100	Bankkredite	800
Betriebs- u. Geschäftsausstattung	400	Verbindlichkeiten aLuL	2.100
Vorräte	2.500	passiver RAP	180
Forderungen aLuL	1.000		
Wertpapiere des UV	700		
Bank und Kasse	800		
aktive latente Steuern	80		
Bilanzsumme	**8.280**	**Bilanzsumme**	**8.280**

Weiterhin ist bekannt: Der Liquidationserlös der immateriellen Vermögenswerte ist doppelt so hoch, wie der Buchwert. Grundstücke und Wertpapiere können ohne Verlust liquidiert werden. Die Maschinen können jedoch aufgrund des zeitlichen Drucks nur mit einem Wertabschlag von 20 % verkauft werden; bei der Betriebs- und Geschäftsausstattung sowie bei den Vorräten beträgt der Abschlag sogar jeweils 50 %. Zudem verfügt das Unternehmen über nicht aktivierte Patente im Wert von 100 T€ und Software im Wert von 50 T€. Im Passivposten »Rückstellungen« sind 200 T€ Kulanzrückstellungen enthalten. Darüber hinaus fallen Liquidationskosten an: Der beauf-

92 Aufgabe und Lösung sind angelehnt an Henselmann, K. & Kniest, W., Unternehmensbewertung, 2015, S. 448–451.

tragte Liquidator erhält ein Honorar in Höhe von 170 T€, die Anwalts- und Notarkosten belaufen sich auf 80 T€ und sonstige Gebühren fallen in Höhe von 120 T€ an. Das Unternehmen hat zudem Sozialplanverpflichtungen in Höhe von 600 T€ zu zahlen.

Beachten Sie bei der Berechnung des Liquidationswertes, ob ein steuerlicher Liquidationsgewinn entsteht, und, wenn ja, rechnen Sie mit einem Ertragsteuersatz von 30 % auf den Liquidationsgewinn.[93]

93 Aufgabe und Lösung sind angelehnt an Peemöller, V. H. (Hrsg.), Praxishandbuch der Unternehmensbewertung, 2015, S. 821–825.

4 Gesamtbewertungsverfahren

Bei den Gesamtbewertungsverfahren *(total valuation method)* wird ein Unternehmen als eine Bewertungseinheit betrachtet. Bei den Gesamtbewertungsverfahren wird unterschieden zwischen den finanzwirtschaftlichen Verfahren (Ertragswertverfahren und Discounted-Cashflow-Verfahren) und den marktorientierten Multiplikatorverfahren.

Der **Unternehmenswert** ***(Enterprise Value (EV))*** setzt sich aus dem **Marktwert des Eigenkapitals** (auch als »Marktkapitalisierung« oder »Shareholder Value« bezeichnet) und dem **Marktwert des Eigenkapitals** zusammen. Bei allen Unternehmensbewertungen muss daher zwischen dem Bruttounternehmenswert (Marktwert des Gesamtkapitals) und dem Nettounternehmenswert (Marktwert des Eigenkapitals) unterschieden werden.[94]

Für die Ermittlung des **Marktwerts des Eigenkapitals (EK_{Markt})** sind ausschließlich die künftigen finanziellen Überschüsse eines Unternehmens als bewertungsrelevant zu betrachten, die den Unternehmenseignern zur Verfügung stehen. Diese können sich z. B. aufgrund von Gewinnausschüttungen, Entnahmen oder Verkaufserlösen für gehaltene Unternehmensanteile ergeben.

4.1 Grundprinzipien der Gesamtbewertungsverfahren

Zunächst wird die Planungsrechnung vorgestellt. Anschließend werden in diesem Kapitel die investitionstheoretischen Grundlagen der Kapitalwertrechnung erläutert, die das Grundgerüst der Unternehmenswertermittlung für das Ertragswertverfahren *(capitalized earnings method)* und für die Discounted-Cashflow-Verfahren darstellen.

Eine der zentralen Herausforderungen für jede Unternehmensbewertung stellen die **Planungsrechnungen** und die sich hieraus ergebende Prognose der künftigen finanziellen Überschüsse eines Unternehmens dar. Auf der Basis der Vergangenheits- und Gegenwartsdaten soll die künftige Entwicklung der finanziellen Überschüsse bestmöglich geschätzt werden. Hierzu werden unternehmensorientierte und marktorientierte Informationen benötigt. Die unternehmensorientierten Informationen umfassen insbesondere die Produktions-, Absatz- und Investitionspläne sowie die daraus entwickelten Planbilanzen, Plan-Gewinn-und-Verlust-Rechnungen sowie die Plan-Kapitalflussrechnungen. Die in der Vergangenheitsanalyse gesammelten Informationen werden um einmalige und außergewöhnliche Effekte bereinigt.

94 Oehlrich, M., Betriebswirtschaftslehre, 2019, S. 483.

4.2 Finanzmathematische Grundlagen und Berechnungen

Zunächst werden die grundlegenden finanzmathematischen Begriffe, die für die Ermittlung eines Unternehmenswerts benötigt werden, erläutert.

4.2.1 Aufzinsungsfaktor

Aufzinsungsfaktor: $q^n = (1 + i)^n$

Mit dem Aufzinsungsfaktor (AuF) *(accumulation factor)* kann ein heute zur Verfügung stehender Geldbetrag (= Barwert (K_0)) mit Zins und Zinseszins für einen nach n Perioden fälligen Geldbetrag (= Endwert (K_n)) ermittelt werden.

Beispiel: Berechnung des Endwerts mit dem Aufzinsungsfaktor (AuF)

Sie haben heute einen Betrag in Höhe von 10.000 € (K_0) in Form eines Sparbriefs für sechs Jahre angelegt. Die jährliche Verzinsung (i) beträgt 4 %. Über welchen Geldbetrag (= Endwert) (K_n) verfügen Sie nach sechs Jahren?

Endwert (K_n) = $K_0 \times q^n = 10.000\,€ \times (1 + 0{,}04)^6 = 12.653{,}19\,€$

4.2.2 Abzinsungsfaktor (Diskontierungsfaktor)

Abzinsungsfaktor (Diskontierungsfaktor): $\frac{1}{q^n} = \frac{1}{(1+i)^n}$

Mit dem Abzinsungsfaktor (AbF) *(discount factor)* wird ein in n Perioden fälliger Geldbetrag (= Endwert (K_n)) unter Berücksichtigung von Zins und Zinseszins abgezinst (diskontiert) und man erhält den Barwert (K_0) (= Gegenwartswert) der in der Zukunft liegenden Zahlung.

Beispiel: Berechnung des Barwerts mit dem Abzinsungsfaktor (AbF)

Interessant ist immer die Fragestellung, wie viel ein Betrag, der in der Zukunft gezahlt wird, heute wert ist. Angenommen, in acht Jahren sollen 2.143,59 € ausgezahlt werden. Wie viel ist dieses Geld bei einem festen Zinssatz (i) von 10 % heute wert?

$$\text{Barwert}(K_0) = 2.143{,}59\,€ \times \frac{1}{(1+0{,}1)^8} = 1.000\,€$$

Der Barwert (K_0) (= Gegenwartswert) beträgt 1.000 €.

4.2.3 Rentenbarwertfaktor

Rentenbarwertfaktor: $\frac{q^n - 1}{q^n \times i} = \frac{(1+i)^n - 1}{(1+i)^n \times i}$

Mit dem Rentenbarwertfaktor (RBF) *(annuity present value factor)* können Sie gleichbleibend hohe nachschüssige Zahlungen (Z) einer Zahlungsreihe unter Berücksichtigung von Zins und Zinseszins diskontieren (abzinsen) und den Barwert *(present value)* der Zahlungsreihe ermitteln. Er berechnet den Barwert (K_0) einer Zahlungsreihe, bei der über n Jahre und einen gleichbleibenden Zinssatz (i) jeweils zum Jahresende ein im Zeitablauf gleichbleibender Betrag (Z) abgezinst wird.

Mit der folgenden Formel kann der Barwert (K_0) bei jährlich gleich hohen Zahlungen (Z) berechnet werden:

$$\text{Barwert } (K_0) = Z \times \frac{q^n - 1}{q^n \times i}$$

Beispiel: Berechnung des Barwerts mit dem Rentenbarwertfaktor (RBF)

Aufgrund eines fünfjährigen Mietvertrags werden für ein Gebäude pro Jahr 20.000 € Miete gezahlt. Würde die gesamte Miete bei einem Zinssatz von 6 % sofort auf einmal im Voraus bezahlt werden, so ergibt sich folgender Betrag:

$$\text{Barwert} (K_0) = 20.000 \text{ €} \times \frac{1{,}06^5 - 1}{1{,}06^5 \times 0{,}06} = 84.247{,}28 \text{ €}$$

Der Barwert (K_0) (= Gegenwartswert) beträgt 84.247,28 €.

4.2.4 Kapitalwiedergewinnungsfaktor

$$\text{Kapitalwiedergewinnungsfaktor} = \frac{q^n \times i}{q^n - 1} = \frac{(1+i)^n \times i}{(1+i)^n - 1}$$

Der Kapitalwiedergewinnungsfaktor (KWF) ist der Kehrwert des Rentenbarwertfaktors (RBF) *(annuity present value factor)*. Mithilfe des Kapitalwiedergewinnungsfaktors *(capital recovery factor)* ist es möglich, einen heute zur Verfügung stehenden Geldbetrag (K_0) in jährlich gleich hohe Zahlungsbeträge = Annuitäten (z) bei einem gleichbleibenden Zinssatz (i) umzuwandeln.

Beispiel: Berechnung der Annuität aus dem Barwert mit dem Kapitalwiedergewinnungsfaktor (KWF)

Ein Annuitätendarlehen in Höhe von 200.000 € soll in jährlich gleichhohen Raten (= zu zahlende Annuitäten[95]) über 10 Jahre mit einem Zinssatz von 4 % zurückgezahlt werden. Die sich hierbei ergebenden Raten nennt man »Annuitäten« (z).

$$\text{Annuität}(z) = 200.000\,€ \times \frac{1{,}04^{10} \times 0{,}04}{1{,}04^{10} - 1} = 24.658{,}19\,€$$

Die jährlichen gleichbleibenden Annuitäten (z) betragen 24.658,19 €.

4.2.5 Restwertverteilungsfaktor

$$\text{Restwertverteilungsfaktor} = \frac{q-1}{q^n - 1} = \frac{i}{(1+i)^n - 1}$$

Der Restwertverteilungsfaktor (RVF) *(residual value distribution factor)*, auch Rückwärtsverteilungsfaktor genannt, ermöglicht die Umrechnung eines zu einem späteren Zeitpunkt (n) fälligen Betrags (K_n) unter Berücksichtigung von Zins und Zinseszinsen in einem davor liegenden Zahlungsstrom mit jährlich gleich hohen nachschüssigen Zahlungsbeträgen (Annuitäten), die jeweils am Ende der Periode geleistet werden. Die Zahlungsreihe läuft über n Jahre bei einem konstanten Zinssatz (i).

Beispiel: Berechnung der Annuität aus dem Endwert mit dem Restwertverteilungsfaktor (RVF)

Herr Flitzer möchte sich in fünf Jahren einen Sportwagen für 80.000 € kaufen, den er bar bezahlen möchte. Wie hoch muss die jährliche Sparrate bei einem Zinssatz von 4 % sein?

$$\text{jährliche Sparrate} = 80.000\,€ \times \frac{0{,}04}{(1+0{,}04)^5 - 1} = 14.770{,}17\,€$$

Die jährliche nachschüssige Sparrate beträgt 14.770,17 €.

95 Annuität = Tilgung + Zinszahlung. Bei einem Annuitätendarlehen bleibt die Annuität in jeder Periode gleich, wobei die Tilgungszahlung zunimmt und die Zinszahlung abnimmt.

4.2.6 Endwertfaktor

$$\text{Endwertfaktor} = \frac{q^n - 1}{q - 1} = \frac{(1+i)^n - 1}{i}$$

Mithilfe des Endwertfaktors (EWF) *(final value factor)* ist es möglich, das Endkapital (K_n) einer Rente mit periodisch gleichen Raten zu berechnen. Werden über mehrere Jahre die Einzahlungen in gleicher Höhe zum selben Zeitpunkt am Ende einer Periode getätigt, so verzinsen sich diese Einzahlungen über unterschiedlich lange Zeiträume.

Beispiel: Berechnung des Endwertes aus nachschüssigen Ratenzahlungen mit dem Endwertfaktor

Ein Vater zahlt für seine Tochter 10 Jahre lang jeweils zum Jahresende einen Betrag in Höhe von 5.000 € auf ein Sparkonto ein. Das Sparkonto wird jährlich mit 4 % verzinst. Welcher Gesamtbetrag steht ihr am Ende des zehnten Jahres zur Verfügung?

$$\text{Endwert } (K_n) = 5.000\,€ \times \frac{1{,}04^{10} - 1}{0{,}04} = 60.030{,}54\,€$$

Nach zehn Jahren stehen der Tochter 60.030,54 € zur Verfügung.

4.2.7 Ewige Rente (ER)

$$\text{Ewige Rente (ER)} = \frac{Z}{i}$$

Z = konstanter jährlicher Zahlungsüberschuss

i = Kapitalisierungszinssatz (Diskontierungszinssatz)

Die ewige Rente (ER) *(perpetual annuity)* ist ein Spezialfall einer unendlich fließenden gleichförmigen Zahlungsreihe (Z). Der Barwert (K_0) der nachschüssigen ewigen Rente wird wie folgt berechnet:

$$K_{0,\text{nachschüssig}} = \frac{Z}{i}$$

Mithilfe der ewigen Rente (ER) wird der Fortführungswert *(continuation value)*, auch »Restwert« oder »Terminal Value« (TV) genannt, im Rahmen der Unternehmensbewertung ermittelt.

Herleitung der nachschüssigen ewigen Rente mithilfe der Rentenbarwertformel

$$ER_{nachschüssig} = Z \times \frac{(1+i)^n - 1}{(1+i)^n \times i} = \frac{Z \times (1+i)^n - 1}{(1+i)^n \times i} - \frac{Z}{(1+i)^n \times i}$$

1) $(1+i)^n$ lässt sich kürzen

2) n gegen unendlich, d. h. $(1+i)^n \times i$ bewegt sich gegen null

$$ER_{nachschüssig} = \frac{Z}{i} = \frac{\text{jährlicher Zahlungsüberschuss}}{\text{Zinssatz}}$$

Formel für die vorschüssige ewige Rente

$$ER_{vorschüssig} = \frac{Z}{i} \times q = \frac{Z}{i} \times (1+i) = \frac{\text{Zahlungsüberschuss}}{\text{Zinssatz}} \times (1 + \text{Zinssatz})$$

Beispiel: Berechnung des Barwerts der nachschüssigen ewigen Rente

Ein Lotteriegewinner erhält jährlich 150.000 €, die nicht nur für den Gewinner, sondern auch für dessen Erben in alle Ewigkeit fortgeführt wird. Bei einem angenommenen Kapitalisierungszinssatz (i) von 5,00 % beträgt der **Barwert der ewigen Rente:**

$$\text{Barwert der ewigen Rente} = \frac{150.000\,€}{0{,}05} = 3.000.000\,€$$

Der Barwert der ewigen Rente beträgt 3.000.000 €.

4.3 Kapitalwertmethode

Bei der Kapitalwertmethode *(net present value method)* werden alle zukünftig erwarteten Ein- und Auszahlungen auf den Beginn des Planungszeitraums abgezinst. Der Kapitalwert (C_0) *(net present value)* weist den Betrag aus, den die Investition über die geforderte Mindestverzinsung (= Kapitalisierungszinssatz (i)) und die Amortisation des eingesetzten Kapitals hinaus erwirtschaftet.

Unter dem Kapitalwert (C_0) versteht man die Summe der Barwerte *(present value)* aller Ein- und Auszahlungen, die dem Investor aus einer Investition zurückfließen und ihm dadurch einen zukünftigen Nutzen stiften.[96] Der Kapitalisierungszinssatz (i) (= Diskontierungszinssatz), mit dem die Einzahlungsüberschüsse (Rückflüsse) abgezinst

96 Perridon, L.; Steiner, M.; Rathgeber, A., Finanzwirtschaft der Unternehmung, 2017, S. 32 u. 56.

werden, wird aus dem Vergleich mit der Rendite einer alternativen Geldanlage abgeleitet.[97]

Der Kapitalwert (C_0) *(net present value)* berechnet sich folgendermaßen:

$$C_0 = -A_0 + \sum_{t=1}^{n} \frac{R_t}{q^t} \pm \frac{L_n}{q^n}$$

C_0 = Kapitalwert (€)

R_t = Rückflüsse (€/Jahr) in den verschiedenen Jahren (t = 1 bis n), Rückflüsse = Einzahlungsüberschüsse

L_n = Liquidationserlös bzw. Liquidationsaufwand im n-ten Jahr (€)

q = 1 + i, wobei i = Kapitalisierungszinssatz (dezimal)

t = Zeitindex (einzelne Perioden von 0 bis n)

n = Länge des Planungszeitraums (Zahl der betrachteten Perioden) (Jahre)

A_0 = Anfangsauszahlung (€) zur Realisierung des Zahlungsstroms j

Wird am Ende der Nutzungsdauer (n) durch Verkauf des Investitionsobjekts ein Erlös erzielt, so ist dieser Liquidationserlös (L_n) ebenfalls auf den Bewertungszeitpunkt (t = 0) abzuzinsen.

Eine Investition sollte dann **realisiert** werden, wenn der **Kapitalwert** positiv oder null **($C_0 \geq 0$)** ist (absolute Vorteilhaftigkeit). Bei einem Alternativenvergleich ist das Investitionsobjekt mit dem **höchsten positiven Kapitalwert (C_0)** vorzuziehen (relative Vorteilhaftigkeit). Es gilt:

- **positiver Kapitalwert ($C_0 > 0$):** Die Investition ist vorteilhaft, da die Effektivverzinsung des Investitionsobjekts höher ist als die geforderte Mindestverzinsung (i) des Investors.
- **Kapitalwert gleich null ($C_0 = 0$):** Die vorgegebene Mindestverzinsung (i) wird exakt erreicht, d. h., die diskontierten Cashflows (Einzahlungsüberschüsse) decken die Investitionsauszahlung. Daher ist die Investition immer noch positiv zu beurteilen, es sei denn, es stünde eine Investitionsalternative zur Auswahl, die einen höheren Kapitalwert (C_0) aufweist.
- **negativer Kapitalwert ($C_0 < 0$):** Die geforderte Mindestverzinsung (i) wird nicht erreicht, d. h., die Verzinsung ist geringer als die geforderte Mindestverzinsung und die Investitionsauszahlung wird nicht wiedergewonnen. Das bedeutet, die Investition ist nicht vorteilhaft.

97 Ernst, D. et al., Unternehmensbewertung erstellen und verstehen, 2018, S. 9.

Beispiel: Kapitalwertmethode

Die Anfangsauszahlung (A_0) beträgt 1.000 T€. Die Rückflüsse und barwertigen Rückflüsse können Sie der folgenden Tabelle entnehmen. Es wird der Kapitalwert (C_0) berechnet.

Jahr		Rückflüsse (R)	Abzinsungsfaktoren bei einem Kapitalisierungszinssatz (i) von 8 %	Barwerte der jährlichen Rückflüsse
1		+ 600 T€	1/1,08 = 0,925926	+ 555,55 T€
2		+ 500 T€	$1/1{,}08^2 = 0{,}857339$	+ 428,67 T€
3		+ 400 T€	$1/1{,}08^3 = 0{,}793832$	+ 317,53 T€
		Barwert der Rückflüsse (Summe)		= 1.301,75 T€
	–	Kapitaleinsatz = Anfangsauszahlung (A_0)		- 1.000,00 T€
	=	**Kapitalwert der Investition (C_0)**		**= + 301,75 T€**

Die Investition ist vorteilhaft, da der Kapitalwert (C_0) positiv ist.

4.4 Grundsätzlicher Aufbau der Kapitalisierungsmodelle

Der Unternehmenswert (UW) wird aus der Summe der Barwerte *(present value)* der mit dem Eigentum an dem Unternehmen verbundenen Nettozuflüsse der einzelnen Perioden an die Unternehmenseigner ermittelt.

4.4.1 Variables Ausschüttungsmodell im Detailplanungszeitraum

Innerhalb dieses Modells fallen in den einzelnen Perioden 1 bis n des Detailplanungszeitraums *(detail planning period)* verschieden hohe Rückflüsse (= Einzahlungen – Auszahlungen) (R_t) an, die jeweils diskontiert werden. Hierbei lautet die Berechnungsformel für den Detailplanungszeitraum:

$$\text{Unternehmenswert (UW)} = \sum_{t=1}^{n} \frac{R_t}{(1+i)^t}$$

UW = Unternehmenswert

R_t = prognostizierter Rückfluss (Einzahlung – Auszahlung) in der Periode t

i = Kapitalisierungszinssatz (Diskontierungszinssatz)

t = Periodenindex

n = Dauer des Detailplanungszeitraums

Beispiel: Variables Ausschüttungsmodell im Detailplanungszeitraum

Bei einem Detailplanungszeitraum von fünf Jahren, einem Kapitalisierungszinssatz (i) von 8 % p. a. und Einzahlungsüberschüssen für Periode 1 von 100 T€, für Periode 2 von 120 T€, für Periode 3 von 150 T€, für Periode 4 von 130 T€ und für Periode 5 von 180 T€ ergibt sich ein Unternehmenswert (UW) im Detailplanungszeitraum in Höhe von:

$$UW = \frac{100.000\ €}{(1+0,08)^1} + \frac{120.000\ €}{(1+0,08)^2} + \frac{150.000\ €}{(1+0,08)^3} + \frac{130.000\ €}{(1+0,08)^4} + \frac{180.000\ €}{(1+0,08)^5} = 532.607\ €$$

Der Unternehmenswert (UW) im Detailplanungszeitraum beträgt 532.607 €.

4.4.2 Unendliches Rentenmodell

Sind alle Rückflüsse (R_t) der Perioden (t) konstant und fallen unendlich lange am Ende einer jeden Periode an, lautet die Berechnungsformel:

$$\text{Unternehmenswert (UW)} = \frac{R}{i}$$

Beispiel: Unendliches Rentenmodell

Im Falle eines Kapitalisierungszinssatzes (i) *(capitalization interest rate)* von 6 % und einem konstanten jährlichen zukünftigen Rückfluss (R) von 216.000 € ergibt sich ein Unternehmenswert (UW) im unendlichen Rentenmodell in Höhe von:

$$\text{Unternehmenswert (UW)} = \frac{R}{i} = \frac{216.000\ €}{0,06} = 3.600.000\ €$$

4.4.3 Unendliches Rentenmodell mit konstanten jährlichen Wachstumsraten

Beim unendlichen Wachstumsmodell geht man von unendlich lang wachsenden Rückflüssen (R) aus, wobei die Wachstumsrate (w) *(growth rate)* konstant bleibt. Die Formel lautet:

$$\text{Unternehmenswert (UW)} = \frac{R}{i-w}$$

Beispiel: Unendliches Rentenmodell mit konstanten jährlichen Wachstumsraten

Im Falle eines Kapitalisierungszinssatzes (i) von 6 % und einem konstanten jährlichen zukünftigen Rückfluss (R) von 216.000 € und einer Wachstumsrate (w) von 1,5 % ergibt sich ein Unternehmenswert (UW) in Höhe von:

$$\text{Unternehmenswert (UW)} = \frac{R}{i-w} = \frac{216.000\ €}{0{,}06-0{,}015} = 4.800.000\ €$$

4.4.4 Zweiphasenmodell

Da die Prognose der zukünftigen Rückflüsse (R) (= finanzielle Einzahlungsüberschüsse) mit Zunahme der zeitlichen Entfernung ungenauer wird, unterteilt man den Prognosezeitraum in zwei Phasen zur Erhöhung der Schätzgenauigkeit. Man spricht in diesem Zusammenhang von dem Zweiphasenmodell:

- In **Phase I**, der **Detailplanungsphase** *(detailed planning phase)*, werden die Rückflüsse (= finanzielle Einzahlungsüberschüsse) eines Unternehmens der ersten drei bis fünf Jahre nach dem Bewertungszeitpunkt prognostiziert und mit einem Kapitalisierungszinssatz (i) *(capitalization interest rate)* auf den Bewertungsstichtag *(valuation date)* abgezinst.
- In **Phase II**, der **Fortführungsphase (Rentenphase)** *(continued planning phase)*, wird von einer unendlichen Lebensdauer eines Unternehmens ausgegangen. Es wird dabei unterstellt, dass nach Ende des Detailplanungszeitraums die Rückflüsse (= finanzielle Einzahlungsüberschüsse) nachhaltig konstant bleiben bzw. konstant wachsen. Dazu werden die Plandaten des letzten Jahres aus der Detailplanungsphase unendlich fortgeschrieben. Da die unendliche Lebensdauer eines Unternehmens sehr unrealistisch ist, kann alternativ eine Liquidation des Unternehmens nach Ablauf der Detailplanungsphase angenommen werden. Der Fortführungswert *(continuation value)* wird auch als »Restwert« oder als »Terminal Value« (TV) bezeichnet.[98] Dieser wird mithilfe der Formel für den Barwert einer konstant wachsenden ewigen Rente bestimmt:

$$\text{Fortführungswert}_{R,n} = \frac{R_n + 1}{i-w}$$

R_{n+1} = Rückflüsse im ersten Jahr nach der Detailplanungsphase

i = Kapitalisierungszinssatz (Diskontierungszinssatz)

w = erwartete Wachstumsrate der Rückflüsse

98 Drukarczyk, J. & Schüler, A., Unternehmensbewertung, 2016, S. 127; sowie Ernst, D. et al., Unternehmensbewertung erstellen und verstehen, 2018, S. 38 ff.

Nach Abschluss der Vergangenheitsanalyse und Fertigstellung der Prognoseplanung wird der Unternehmenswert (UW) ermittelt. Dieser berechnet sich durch die Diskontierung der zukünftig erwarteten Rückflüsse in den Jahren 1 bis n aus dem Unternehmen sowie dem Fortführungswert. Es wird eine konstante Wachstumsrate (w) entsprechend dem unendlichen Wachstumsmodell unterstellt. Zur Berechnung des Unternehmenswertes (UW) mithilfe der finanzwirtschaftlichen Verfahren wird folgende Formel verwendet:

$$\text{Unternehmenswert (UW)} = \sum_{t=1}^{n} \frac{\text{Rückfluss}_t}{(1+i)^t} + \frac{\text{Fortführungswert}_{R,n}}{(1+i)^n}$$

$$\text{mit Fortführungswert}_{R,n} = \frac{R_{n+1}}{i - w} = \frac{R_n \times (1+w)}{i - w}$$

t = laufende einzelne Perioden (Periodenindex) von 1 bis n

n = Anzahl der Jahre im Detailplanungszeitraum

w = konstante Wachstumsrate

i = Kapitalisierungszinssatz (Diskontierungszinssatz)

Der Kapitalisierungszinssatz (i) repräsentiert die Verzinsungsansprüche der Kapitalgeber.[99]

Beispiel: Zweiphasenmodell

Der Detailplanungszeitraum erstreckt sich auf vier Perioden, für die die zukünftigen Rückflüsse auf 140.000 €, 150.000 €, 120.000 € und 140.000 € geschätzt werden. Ab der fünften Periode wird von einem unendlich langen jährlichen Rückfluss von 130.000 € und einer Wachstumsrate von 2 % ausgegangen. Der zugrunde liegende Kapitalisierungszinssatz (i) beträgt 5 %. Der Unternehmenswert (UW) berechnet sich wie folgt:

$$UW = \frac{140\,T€}{1{,}05^1} + \frac{150\,T€}{1{,}05^2} + \frac{120\,T€}{1{,}05^3} + \frac{140\,T€}{1{,}05^4} + \frac{130\,T€}{(0{,}05 - 0{,}02) \times (1{,}05)^4}$$

$$UW = 488.23\,T€ + 3.565{,}04\,T€ = 4.053{,}27\,T€$$

99 Wöltje, J., Investition und Finanzierung, 2017, S. 228.

5 Ertragswertverfahren

Das Ertragswertverfahren *(capitalized earnings method)* als Zukunftserfolgswertverfahren *(future success value method)* ist in Deutschland eine gängige Methode zur Bewertung von Unternehmen. Im Gegensatz zum Substanzwertverfahren berücksichtigt das Ertragswertverfahren die zukünftigen zu erwartenden ausschüttbaren Ertragsüberschüsse (Gewinne) und das künftige Wachstum eines Unternehmens. Es basiert nicht mehr auf Vergangenheitswerten, sondern auf den Plandaten der künftigen Perioden. Für das Ertragswertverfahren müssen zunächst die zukünftigen ausschüttbaren Gewinne (= Ertragsüberschüsse), die den Eigenkapitalgebern zufließen, prognostiziert und auf den heutigen Zeitpunkt (t = 0) diskontiert werden. Um eine realistische Schätzung der zukünftigen Ertragsüberschüsse vornehmen zu können, wird in der Regel eine Vergangenheitsanalyse der Erfolgs-, Vermögens- und Finanzlage der vergangenen drei Geschäftsjahre durchgeführt. Diese Vergangenheitsanalyse dient als Grundlage für die Planbilanzen und die Plan-Gewinn-und-Verlust-Rechnungen. Für die Planung der Ertragsüberschüsse werden geplante Prozessänderungen, Maßnahmen zur Umsatzausweitung sowie Synergieeffekte oder Effekte einer Restrukturierung, soweit dafür entsprechende Anhaltspunkte vorliegen, berücksichtigt.[100]

5.1 Grundlegende Vorgehensweise beim Ertragswertverfahren

Als Planungsbasis für dieses Zukunftserfolgsverfahren werden die Gewinn-und-Verlust-Rechnungen sowie die Betriebsergebnisrechnungen der vergangenen drei Geschäftsjahre genutzt. Für die Berechnung des Ertragswerts als Unternehmenswert sind die folgenden Schritte erforderlich:

1. Schritt: Bereinigung der Vergangenheitsergebnisse um einmalige und außergewöhnliche Ereignisse. Ebenfalls zu korrigieren sind bilanzpolitisch motivierte Ansätze.

2. Schritt: Planungsanalyse, d. h. die Festlegung des Detailplanungszeitraums und Prognose der zukünftigen Ertragsüberschüsse für die Eigentümer. Nach Ablauf des Detailplanungszeitraums kann darüber hinaus ein Fortführungswert *(continuation value)* des Unternehmens in die Berechnungen einbezogen werden.

3. Schritt: Ermittlung der Ertragsüberschuss-/Gewinnerwartungen, d. h. der Höhe der prognostizierten Gewinne:

100 Thommen, J.-P. et al., Allgemeine Betriebswirtschaftslehre, 2020, S. 405.

- Absatz- und Umsatzprognose, d. h. Produkt- und Absatzanalyse: Indikatoren für die prognostizierten Umsätze sind neben der Entwicklung in der Vergangenheit das Marktumfeld (z. B. Wettbewerb, Nachfrageentwicklung sowie die gesamtwirtschaftliche Entwicklung) und die betrieblichen Gegebenheiten (z. B. vorhandene und geplante Kapazitäten). Auf der Basis der Absatzplanung erfolgt die Produktions- und Ertragsplanung. Auf der Grundlage der Produktionsplanung erfolgen die Personal-, Beschaffungs- und Investitionsplanung, diese bestimmen die Aufwandsplanung.
- Aufwandsprognose mit Differenzierung zwischen variablen und fixen Aufwendungen.
- Prognose der Investitionen, Abschreibungen, Zinsen, Kostensteuern etc.: Bei den Zinsaufwendungen muss analysiert werden, ob das künftige verzinsliche Fremdkapital *(interest-bearing liabilities)* gegenüber den vergangenen Perioden Veränderungen unterliegt oder ob mit Zinsanpassungen zu rechnen ist.
- Basis für die Ermittlung der Plandaten der Gewinn-und-Verlust-Rechnung sind folgende Annahmen:
  - Nettoumsatzerlöse: Managementschätzung des Umsatzwachstums
  - Bestandsveränderung der unfertigen und fertigen Erzeugnisse/Dienstleistungen: Mittelwert der vergangenen drei Jahre
  - Materialaufwand in Prozent der Gesamtleistung beim Gesamtkostenverfahren bzw. in Prozent des Umsatzes beim Umsatzkostenverfahren: Mittelwert der vergangenen drei Jahre
  - Personalaufwand in Prozent der Gesamtleistung beim Gesamtkostenverfahren bzw. in Prozent des Umsatzes beim Umsatzkostenverfahren: Mittelwert der vergangenen drei Jahre
  - sonstige betriebliche Aufwendungen in Prozent der Gesamtleistung beim Gesamtkostenverfahren bzw. in Prozent des Umsatzes beim Umsatzkostenverfahren: Mittelwert der vergangenen drei Jahre
  - sonstige betriebliche Erträge in Prozent der Gesamtleistung beim Gesamtkostenverfahren bzw. in Prozent des Umsatzes beim Umsatzkostenverfahren: Mittelwert der vergangenen drei Jahre
  - planmäßige Abschreibungen: entspricht den Plandaten aus der Bilanz (Aktiva)
  - Zinserträge und Zinsaufwendungen: entsprechend den Zinskonditionen
  - Steuern: Ertragsteuersatz des Unternehmens

4. Schritt: Festlegung eines risikoadäquaten Kapitalisierungszinssatzes (i) *(capitalization interest rate)* zur Diskontierung der prognostizierten Ertragsüberschüsse (Gewinne).

5. Schritt: Rechnerische Abzinsung der prognostizierten Gewinne zur Ermittlung des Barwertes der Ertragsüberschüsse (= Unternehmenswert).

Das Ertragswertverfahren *(capitalized earnings method)* beruht auf dem Leitgedanken vom subjektiven Nutzen, den der/die Eigentümer mit einem Unternehmen generieren. Als erste Inputgröße sind zunächst die zukünftigen Gewinne zu prognostizieren, die an die Eigenkapitalgeber ausgeschüttet werden können. Geplant werden die ausschüttbaren Gewinne in zwei Phasen[101]:

- **In Phase 1** werden die zukünftigen Ertragsüberschüsse (Gewinne) für die nahe Zukunft, das ist ein Zeitraum von i. d. R. drei bis fünf Jahren (der sogenannte Detailplanungszeitraum), für jedes Jahr gesondert ermittelt.
- **In Phase 2** wird unter der Annahme einer unendlichen Unternehmensfortführung ein konstant bleibender finanzieller Gewinn und teilweise eine Wachstumsrate *(growth rate)* bestimmt. Dieser wird als »Fortführungswert«, »Restwert« oder »Terminal Value« (TV) bezeichnet.[102]

Anschließend werden die zukünftigen Gewinne auf den Bewertungsstichtag *(valuation date)* diskontiert. Die zukünftigen Erfolgsschätzungen orientieren sich dabei an den **nachhaltig erzielbaren** Gewinnen, die bei normaler Unternehmensleistung zu erwarten sind.

Behandlung des nicht betriebsnotwendigen Vermögens (N_0)

Das nicht betriebsnotwendige Vermögen *(non-operative assets)* umfasst diejenigen Vermögensposten, die veräußert werden könnten, da diese für die Erfüllung des Sachziels eines Unternehmens nicht unbedingt benötigt werden. Das nicht betriebsnotwendige Vermögen wird separat behandelt, da die gesonderte Bewertung der Vermögensposten eine große praktische Relevanz hat. Falls ein Unternehmenskauf mit einem großen Fremdkapitalanteil finanziert wird, werden durch die Veräußerung der nicht betriebsnotwendigen Vermögensposten Mittel generiert, die zur Tilgung von Verbindlichkeiten eingesetzt werden können.[103]

Berechnung des Ertragswerts eines Unternehmens nach dem Ertragswertverfahren

	Summe der diskontierten zukünftigen Gewinne des Detailplanungszeitraums
+	diskontierter Fortführungswert (Restwert)
+	Marktwert des nicht betriebsnotwendigen Vermögens (N_0)
=	**Ertragswert des Unternehmens (EW)**

101 In Anlehnung an Ernst, D. et al., Unternehmensbewertungen erstellen und verstehen. Ein Praxisleitfaden, 2010, S. 38 ff.

102 Vgl. Wiehle, U. et al., Unternehmensbewertung: Methoden, Rechenbeispiele, Vor- und Nachteile, 2010, S. 34.

103 Behringer, S., Unternehmenstransaktionen, 2020, S. 246 f.

Es ist jedoch problematisch, die Komponenten zur Berechnung des Ertragswerts zu ermitteln, da die geschätzten zukünftigen Gewinne in der Realität keinesfalls sicher sind. Diese geschätzten Gewinne sind strategie- und geschäftspolitikabhängig und hängen zudem von vielen äußeren Einflüssen wie z. B. den Mitbewerbern ab. Diese Problematik verschärft sich umso mehr, je weiter in die Zukunft prognostiziert wird. Da sich Annahmen zur endlichen Laufzeit nur selten begründen lassen (Gedanke der unendlichen Fortführung eines Unternehmens), wird die Ertragsprognose in der Praxis häufig über einen unendlich langen Zeitraum getroffen.[104]

Um den Ertragswert *(earnings value)* zu berechnen, existieren mehrere Varianten, die sich je nach Unternehmenssituation besser oder schlechter eignen. Dabei wird jeweils angenommen, dass die Gewinne (Ertragsüberschüsse)

- periodenspezifisch bzw. variabel pro Periode oder
- unendlich lange und konstant hoch oder
- unendlich lange und konstant wachsend oder
- zunächst endlich lange variabel und anschließend unendlich lange konstant wachsend

anfallen.[105]

Die zukünftigen Gewinne werden mit dem risikoadjustierten Kapitalisierungszinssatz (i) *(capitalization interest rate)* auf den Betrachtungszeitpunkt (t = 0) abgezinst. Der risikoadjustierte Kapitalisierungszinssatz (i) berechnet sich aus der Verzinsung einer alternativen risikofreien Kapitalanlage (r_f) zuzüglich eines Risikozuschlags (r_{zu}) für das unternehmerische Risiko.

Der risikoadjustierte Kapitalisierungszinssatz (i) kann wie folgt ermittelt werden:

risikoadjustierter Kapitalisierungszinssatz $i = r_f + (\beta \times r_{zu})$

r_f = risikofreier (risikoloser) Basiszins
r_{zu} = Risikozuschlag (Risikoprämie)
β = Betafaktor

Der Betafaktor (β) ist ein Parameter für das unternehmensindividuelle Risiko. Ein Betafaktor größer 1,0 beschreibt ein im Vergleich zum Gesamtmarkt höheres Risiko, während einer kleiner 1,0 einen im Vergleich zum Gesamtmarkt niedrigeres Risiko darlegt. Ein Betafaktor von 1,0 entspricht dem durchschnittlichen Risiko auf dem Markt.[106]

104 Ballwieser, W., Unternehmensbewertung: Prozess, Methoden und Probleme, 2011, S. 15 f.
105 Ballwieser, W., Unternehmensbewertung: Prozess, Methoden und Probleme, 2011, S. 60.
106 Vgl. Hemel, U. & Link, H., Zukunftssicherung für Familienunternehmen, 2018, S. 96.

Beispiel: Ermittlung des Kapitalisierungszinssatzes (i)

Gegeben ist ein risikofreier Basiszins (r_f) von 0,8 %. Der Risikozuschlag (r_{zu}) soll 6,3 % betragen bei einem Betafaktor (β) von 1,8.

Kapitalisierungszinssatz (i) = 0,8 % + (1,8 × 6,3 %) = 12,14 %

Der für die Unternehmensbewertung zu verwendende Kapitalisierungszinssatz (i) beträgt 12,14 %. Das Unternehmen besitzt im Vergleich zum Gesamtmarkt ein höheres Risiko, da der Betafaktor größer als 1,0 ist.

5.2 Ertragswert beim variablen Ausschüttungsmodell

Innerhalb dieses Modells fallen im Detailplanungszeitraum in den einzelnen Perioden (t) 1 bis n die prognostizierten ausschüttbaren Gewinne (G_t), die jeweils auf den Zeitpunkt (t = 0) abgezinst werden, unterschiedlich hoch aus. Die Berechnungsformel lautet:

$$\text{Ertragswert (EW)} = \sum_{t=1}^{n} \frac{(\text{Erträge}_t - \text{Aufwendungen}_t)}{(1+i)^t} + N_0 = \sum_{t=1}^{n} \frac{\text{Gewinn}_t}{(1+i)^t} + N_0$$

EW	= Ertragswert
Gewinn_t	= prognostizierter künftiger ausschüttbarer (Netto-)Gewinn in der Periode t
i	= Kapitalisierungszinssatz (= risikofreier Zinssatz + Risikozuschlag)
t	= Periodenindex
n	= Dauer des Planungszeitraums
N_0	= Marktwert des nicht betriebsnotwendigen Vermögens

Beispiel: Ertragswert beim variablen Ausschüttungsmodell im Detailplanungszeitraum

Bei einem **Detailplanungszeitraum von fünf Jahren**, einem Kapitalisierungszinssatz (i) von 8 % und Ertragsüberschüssen (Gewinne) für Periode 1 von 120 T€, für

Periode 2 von 140 T€, für Periode 3 von 150 T€, für Periode 4 von 160 T€ und für Periode 5 von 165 T€ ergibt sich ein Ertragswert (EW) als Unternehmenswert von:

$$EW = \frac{120.000\,€}{(1+0{,}08)^1} + \frac{140.000\,€}{(1+0{,}08)^2} + \frac{150.000\,€}{(1+0{,}08)^3} + \frac{160.000\,€}{(1+0{,}08)^4} + \frac{165.000\,€}{(1+0{,}08)^5}$$

$$EW = 111.111{,}11\,€ + 120.027{,}43\,€ + 119.074.84\,€ + 117.604{,}78\,€ + 112.296{,}23\,€$$

$$\text{Ertragswert (EW)} = 580.114{,}39\,€$$

5.3 Ertragswert beim unendlichen Rentenmodell

Ein relativ einfaches Modell des Ertragswertverfahrens ist das unendliche Rentenmodell *(endless annuity model)*. Es unterstellt, dass das Unternehmen unendlich lange, d. h. auf unbegrenzte Zeit in jeder Periode (t) identisch hohe Gewinne generiert.[107] Der Ertragswert (EW) entspricht dem Barwert einer ewigen Rente und kann gemäß nachfolgender Formel berechnet werden[108]:

$$\text{Ertragswert (EW) im unendlichen Rentenmodell} = \frac{\text{konstanter jährlicher künftiger ausschüttbarer Gewinn}}{\text{Kapitalisierungszinssatz}} = \frac{G}{i}$$

Zur Erinnerung: In diesem Fall geht man davon aus, dass das Unternehmen unendlich lange, d. h. unbegrenzt jedes Jahr den gleich hohen Gewinn erwirtschaftet.

Beispiel: Ertragswert beim unendlichen Rentenmodell

Im Falle eines Kapitalisierungszinssatzes (i) von 8 % und eines konstanten jährlichen zukünftigen ausschüttbaren Gewinns in Höhe von 165 T€ ergibt sich ein Ertragswert (EW) von:

$$\text{Ertragswert (EW)} = \frac{G}{i} = \frac{165.000\,€}{0{,}08} = 2.062.500\,€$$

107 Vgl. Ballwieser, W. & Hachmeister, D., Unternehmensbewertung. Prozess, Methoden und Probleme, 2016, S. 68.
108 Vgl. Ballwieser, W. & Hachmeister, D., Unternehmensbewertung. Prozess, Methoden und Probleme, 2016, S. 68.

Ertragswert beim unendlichen Rentenmodell mit Wachstumsrate

Beim unendlichen Rentenmodell mit Wachstumsrate (w) *(growth rate)* geht man von unendlich langen und konstant wachsenden Gewinnen aus, wobei die Wachstumsrate (w) konstant bleibt. Der Gewinn der ersten Periode (G_1) ist dabei der Ausgangswert. Er kann in diesem Fall bereits unter der Anwendung der konstanten Wachstumsrate (w) auf den aktuellen Gewinn (G_0) in t = 0 angewendet werden. Das bedeutetet: $G_1 = G_0 \times (1 + w)$. Die Formel lautet:[109]

$$\text{Ertragswert (EW)} = \frac{G_1}{i - w}$$

mit $G_{t+1} = E_t(1+w)$, $n \rightarrow \infty$, $i > w$

Hierbei ist zu beachten, dass die Wachstumsrate (w) dem Kapitalisierungszinssatz (i) entgegenwirkt und somit den Ertragswert (EW) des Unternehmens erhöht.

Beispiel: Ertragswert beim unendlichen Rentenmodell mit Wachstumsrate

Der Kapitalisierungszinssatz (i) sei wieder 8 %, der Gewinn im ersten Jahr wird auf 165.000 € geschätzt und die Wachstumsrate (w) beträgt 2 %. Daraus ergibt sich ein Ertragswert von:

$$\text{Ertragswert (EW)} = \frac{G_1}{i - w} = \frac{165.000\,€ \times 1{,}02}{0{,}08 - 0{,}02} = 2.805.000\,€$$

Die Wachstumsrate (w) wirkt dem Abzinsungseffekt entgegen und erhöht den Ertragswert (EW) des Unternehmens.

5.4 Ertragswert im Phasenmodell

Möchte man bei der Ertragswertberechnung eine Mischung aus variablen endlichen und konstanten unendlichen Erfolgszuwächsen (Gewinne) durchführen, so kann man dies mit einem Phasenmodell erreichen. Es existieren verschiedene Varianten, jedoch soll an dieser Stelle aus Gründen der Übersichtlichkeit lediglich die häufigste Variante - das Zweiphasenmodell - vorgestellt werden. Grundsätzlich könnten die verschiedenen bisher vorgestellten Modelle beliebig miteinander kombiniert werden.

109 Ballwieser, W. & Hachmeister, D., Unternehmensbewertung: Prozess, Methoden und Probleme, 2016, S. 68.

Gemäß dem Businessplan eines Unternehmens werden die variablen Gewinne in den Jahren 1 bis n (bis dahin kann man die variablen Gewinne noch relativ präzise schätzen) und ab dem Jahr n + 1 eine konstante Gewinngröße (man unterstellt aus Vereinfachungsgründen, dass der Gewinn in der Regel dem des n-ten Jahres entspricht) mit einer Wachstumsrate (w) entsprechend dem unendlichen Wachstumsmodell unterstellt. Der Ertragswert wird wie folgt berechnet:

$$\text{Ertragswert (EW)} = \sum_{t=1}^{n} \frac{\text{Gewinn}_t}{(1+i)^t} + \frac{\text{Gewinn}_{n+1}}{(i-w)\times(1+i)^n} + N_0$$

t = laufende Periode (Periodenindex)

i = Kapitalisierungszinssatz *(capitalization interest rate)*

n = Anzahl der Jahre im Detailplanungszeitraum

w = Wachstumsrate *(growth rate)*

N_0 = Marktwert des nicht betriebsnotwendigen Vermögens

Beispiel: Berechnung des Ertragswertes bei konstantem Wachstum

Bei einem Unternehmen werden für die ersten fünf Jahre folgende zukünftige jährliche Gewinne geschätzt: G_1 = 400.000 €, G_2 = 425.000 €, G_3 = 450.000 €, G_4 = 475.000 €, G_5 = 500.000 €. Über das fünfte Jahr hinaus wird mit einem konstanten jährlichen Gewinnwachstum von 5 % gerechnet. Als Kapitalisierungszinssatz (i) wird die durchschnittliche Eigenkapitalrentabilität von 16 % angesetzt. Der Ertragswert (EW) des Unternehmens berechnet sich wie folgt:

$$EW = \frac{400.000\,€}{(1+0{,}16)^1} + \frac{425.000\,€}{(1+0{,}16)^2} + \frac{450.000\,€}{(1+0{,}16)^3} + \frac{475.000\,€}{(1+0{,}16)^4} + \frac{500.000\,€}{(1+0{,}16)^5}$$

$$+ \frac{500.000\,€ \times (1+0{,}05)}{0{,}16-0{,}05} \times \frac{1}{(1+0{,}16)^5} =$$

$$EW = 344.827{,}59\,€ + 315.844{,}23\,€ + 288.295{,}95\,€ + 262.338{,}27\,€ + 238.056{,}51\,€ + 2.272.357{,}57\,€$$

$$\text{Ertragswert (EW)} = 3.721.720{,}12\,€$$

Beispiel: Berechnung des Ertragswerts bei jährlich gleich hohen Gewinnen

Es wird in den ersten zehn Jahren mit einem jährlichen Gewinn (G) von 300.000 € gerechnet. Nach zehn Jahren wird ein Liquidationserlös (L_n) (= Verkaufserlös) von 1.000.000 € erwartet. Der Kapitalisierungszinssatz (i) beträgt 12 %. Der Ertragswert (EW) des Unternehmens kann bei jährlich gleich hohen Rückflüssen mithilfe des Rentenbarwertfaktors (siehe Kapitel 4.1) ermittelt werden. Der Ertragswert (EW) wird wie folgt berechnet:

$$EW = \text{Gewinn} \times \text{Rentenbarwertfaktor} + \frac{\text{Liquidationserlös}}{(1+i)^n}$$

$$EW = G \times \frac{(1+i)^n - 1}{(1+i)^n \times i} + \frac{L_n}{(1+i)^n}$$

$$EW = 300.000\,€ \times \frac{(1+0{,}12)^{10} - 1}{(1+0{,}12)^{10} \times 0{,}12} + \frac{1.000.000\,€}{(1+0{,}12)^{10}}$$

$$\text{Ertragswert (EW)} = 1.695.067\,€ + 321.973\,€ = 2.017.040\,€$$

Merke

!

Der **Ertragswert (EW)** als Unternehmenswert entspricht der Summe aller diskontierten zukünftigen entnahmefähigen Ertragsüberschüsse, da im Rahmen der Unternehmensbewertung nur die den Eigentümern zufließenden Beträge bewertungsrelevant sind.

5.5 Vereinfachtes Ertragswertverfahren

Das vereinfachte Ertragswertverfahren *(simplified earnings capitalization method)* wird bei steuerrechtlichen Unternehmensbewertungen, vor allem im Erbschaft- und Schenkungsteuerrecht, eingesetzt. Hierbei gibt es spezielle Vorschriften. Es darf angewandt werden für die Bewertung von

- »Anteile[n] an einer Kapitalgesellschaft [...],
- Betriebsvermögen von Gewerbebetrieben [...],

- Betriebsvermögen von freiberuflich Tätigen [...] [sowie]
- Anteile[n] am Betriebsvermögen von Körperschaften, Personenvereinigungen und Vermögensmassen.«[110]

Als Bewertungsgrundlage gilt der gemeine Wert *(market value)*. Er ist
- vorrangig aus Börsenkursen *(stock market prices)* zu bestimmen oder
- aus Anteilsverkäufen unter fremden Dritten, die weniger als ein Jahr zurückliegen, abzuleiten.

Falls diese Voraussetzungen nicht vorliegen, wird er unter Berücksichtigung der Ertragsaussichten ermittelt.

Der vereinfachte Ertragswert ist vergangenheitsorientiert. Der zukünftig erzielbare Ertrag pro Periode ist definiert als der Mittelwert der Betriebsergebnisse der letzten drei abgelaufenen Geschäftsjahre. Der Kapitalisierungsfaktor *(capitalization factor)* wird als der Kehrwert des Kapitalisierungszinssatzes (i) (= Basiszins *(base rate)* + Risikozuschlag *(risk premium)* unter Vernachlässigung persönlicher Steuern) des normalen Ertragswertverfahrens gemäß folgender Formel berechnet.[111]

$$\text{Kapitalisierungsfaktor} = \frac{1}{i}$$

Für Bewertungsstichtage nach dem 31. Dezember 2015 wurde der Kapitalisierungsfaktor auf 13,75 fixiert (§ 203 Abs. 1 BewG).

Der ermittelte zukünftig erzielbare Ertrag pro Periode wird mit dem Kapitalisierungsfaktor multipliziert, um den vereinfachten Ertragswert zu erhalten. »Hierbei werden nicht betriebsnotwendiges Vermögen und betriebsnotwendige Beteiligungen sowie innerhalb von zwei Jahren vor dem Bewertungsstichtag eingelegte weitere Wirtschaftsgüter und mit diesen im wirtschaftlichen Zusammenhang stehende Schulden ausgespart und mit einem eigenständig zu ermittelnden gemeinen Wert angesetzt (§ 200 Abs. 2 bis 4 BewG)«.[112]

110 Vgl. Ballwieser, W. & Hachmeister, D., Unternehmensbewertung, 2016, S. 225.
111 Ballwieser, W. & Hachmeister, D., Unternehmensbewertung, 2016, S. 226.
112 Ballwieser, W. & Hachmeister, D., Unternehmensbewertung, 2016, S. 225 f.

Der gemeine Wert des Betriebsvermögens wird wie folgt ermittelt[113]:

	Berechnungsschema
	Zukünftig nachhaltig erzielbarer (steuerlicher) Jahresertrag als Durchschnitt der letzten drei Jahre vor dem Bewertungsstichtag
×	Kapitalisierungsfaktor (fest mit 13,75 für Bewertungen nach dem 31.12.2015)
=	**vereinfachter Ertragswert**
+	nicht betriebsnotwendige Wirtschaftsgüter
–	abzüglich damit im Zusammenhang stehender Schulden
+	betriebsnotwendige Beteiligungen an anderen Gesellschaften
+	junge Wirtschaftsgüter
–	abzüglich damit im Zusammenhang stehender Schulden
=	**gemeiner Wert**
mind.	**Substanzwert**

Wertermittlung nach dem vereinfachten Ertragswertverfahren nach §§ 199 ff. BewG

Ein Defizit dieses vereinfachten Ertragswertverfahrens ist, dass es nur angewandt werden darf, wenn das Ergebnis näherungsweise zutrifft und nicht zu unangemessenen Ergebnissen führt. Problematisch ist dabei jedoch die Identifikation des entsprechenden Bereichs, ab wann das Ergebnis unzutreffend ist. Als Referenzwert für ein zutreffendes Ergebnis soll der mit dem Ertragswertverfahren ermittelte Unternehmenswert verwendet werden.[114]

Beispiel: Vereinfachtes Ertragswertverfahren

Die IMTB GmbH soll einer Bewertung unterzogen werden. Der Kapitalisierungsfaktor ist mit 13,75 vorgegeben. Das Unternehmen erzielt in den letzten drei Jahren Gewinne wie in der folgenden Tabelle dargestellt. Als Gewinn für die Folgejahre soll ein Durchschnittswert der letzten drei Jahre angenommen werden.

Geschäftsjahr (t)	**-02**	**-01**	**00**
Gewinn	1.950 T€	2.050 T€	2.030 T€

113 Petersen, K. & Zwirner, C., Handbuch der Unternehmensbewertung, 2017, S. 698.
114 Vgl. Ballwieser, W. & Hachmeister, D., Unternehmensbewertung, 2016, S. 226 ff.

Durchschnittswert der Gewinne der vergangenen drei Jahre:

$$\text{durchschnittliche Gewinne} = \frac{1.950\ \text{T€} + 2.050\ \text{T€} + 2.030\ \text{T€}}{3} = 2.010\ \text{T€}$$

Unternehmenswert als Ertragswert (EW) = 2.010 T€ × 13,75 = 27.637,50 T€

Der Ertragswert des Unternehmens beträgt 27.637,50 T€.

Beurteilung des Ertragswertverfahrens

Beim Ertragswertverfahren *(capitalized earnings method)* besteht wie bei allen kapitalwertorientierten Investitionsrechenverfahren die Problematik, die zukünftigen zu diskontierenden Ertragsüberschüsse (Gewinne) zu prognostizieren. Die zukünftig erwarteten Gewinne können nur pauschal geschätzt werden. Häufig werden diese nur aus der Vergangenheit abgeleitet. Der Kapitalisierungszinssatz (i) *(capitalization interest rate)* wird teilweise nach subjektiven Einschätzungen festgelegt, beeinflusst aber maßgeblich die Höhe des Unternehmenswertes. Der Gewinn entspricht nicht immer der Ausschüttung an die Anteilseigner. Falls die Gewinne nicht ausgeschüttet werden, sondern im Unternehmen wieder investiert werden und sich somit die zukünftigen Gewinne erhöhen, werden die Gewinne quasi mehrfach im Unternehmenswert erfasst.

5.6 Aufgaben zum Ertragswertverfahren

Aufgabe 5.1: Bedeutung der Unternehmensbewertung

Beschreiben Sie aus betriebswirtschaftlicher Sicht, welche Bedeutung den folgenden Bewertungen bei der Unternehmensbewertung beigemessen wird?

1. Substanzwert
2. Ertragswert
3. Goodwill
4. Liquidationswert

Aufgabe 5.2: Unternehmensbewertung – Ertragswertverfahren

1. Nennen Sie mindestens zehn Anlässe für eine Unternehmensbewertung.
2. Der Einzelunternehmer Schneider möchte sein Innenausbauunternehmen an einen Nachfolger verkaufen. Ab dem sechsten Jahr wird mit einer unendlichen Rente gerechnet. Es liegen Ihnen als Unternehmensberater(in) die folgenden Daten einer Plan-GuV vor, die Herr Schneider mit seinem Nachfolger erstellt hat.

	Jahr (t) (Angaben in T€)	01	02	03	04	05
	Umsatzerlöse	4.200	4.400	4.550	4.610	4.800
-	Erlösschmälerungen	- 10	- 15	- 10	- 20	- 15
=	**Gesamtleistung**	**= 4.190**	**= 4.385**	**= 4.540**	**= 4.590**	**= 4.785**
-	Materialaufwand	- 1.200	- 1.250	- 1.300	- 1.300	- 1.350
-	Personalaufwand	- 2.000	- 2.100	- 2.150	- 2.170	- 2.200
-	Abschreibungen	- 200	- 220	- 230	- 250	- 260
-	sonstige Aufwendungen	- 400	- 420	- 420	- 430	- 450
=	**Betriebsergebnis**	**= 390**	**= 395**	**= 440**	**= 440**	**= 525**
±	neutrales Ergebnis	+ 20	+ 25	+ 20	+ 25	+ 25
=	**Unternehmensergebnis**	**= 410**	**= 420**	**= 460**	**= 465**	**= 550**

Im gemeinsamen Gespräch mit dem Inhaber und dem Nachfolger stellen sich folgende Sachverhalte heraus:

- Ein kalkulatorischer Unternehmerlohn in Höhe von 100.000 € pro Jahr wurde nicht berücksichtigt.
- Die Abschreibungen sollten zu Wiederbeschaffungskosten berücksichtigt werden, d. h., die Abschreibungen sind mit einem Aufschlag von 10 % zu versehen.
- Die sonstigen Aufwendungen wurden zu niedrig angesetzt und müssen um 40.000 € erhöht werden.
- Die neutralen Ergebnisse sind durch einmalige Aufwendungen und Erträge entstanden und somit nicht nachhaltig.
- Die Segeljacht im Firmenbesitz gehört zum nicht betriebsnotwendigen Vermögen und ist daher auszusondern. Dadurch verringern sich die jährlichen sonstigen Aufwendungen um 35.000 € pro Jahr.

Für die Ermittlung des Kapitalisierungszinssatzes (i) liegen Ihnen folgende Informationen vor:

- risikofreier Zinssatz (r_f) = 4 %
- Zuschlagssatz für Unternehmensrisiko (r_{zu}) = 8 %

Ermitteln Sie den Unternehmenswert mithilfe des **Ertragswertverfahrens** und gehen Sie von einer unendlichen Lebensdauer des Unternehmens aus.

Aufgabe 5.3: Unternehmensbewertung – Ertragswertverfahren

Für die Berechnung des Ertragswerts liegen Ihnen die folgenden Informationen vor:

- Vom 1. bis zum 10. Jahr beträgt der jährliche Gewinn 10.000 T€.
- Vom 11. bis zum 15. Jahr beträgt der jährliche Gewinn 8.000 T€.
- Im 16. Jahr beträgt der jährliche Gewinn 10.000 T€.
- Im 17. Jahr beträgt der jährliche Gewinn 12.000 T€.
- Im 18. Jahr beträgt der jährliche Gewinn 8.000 T€.
- Am Ende des 18. Jahres beträgt der Liquidationserlös 12.000 T€.
- Der Kapitalisierungszinssatz (Diskontierungszinssatz) (i) beträgt 10 % p. a.

Ermitteln Sie den Unternehmenswert nach dem Ertragswertverfahren (EW).

Aufgabe 5.4: Unternehmensbewertung – Ertragswertverfahren

Ein Unternehmen plant die Gewinnentwicklung nach Steuern für die nächsten Jahre:

Jahr (t)	01	02	03	04	05
Gewinn	80.000 €	90.000 €	100.000 €	110.000 €	120.000 €

Es wird davon ausgegangen, dass die jährlichen Gewinne der Jahre 06, 07, 08, 09 und 10 jeweils 140.000 € betragen. Berechnen Sie den Unternehmenswert nach dem Ertragswertverfahren unter der Annahme, dass das Unternehmen nach 10 Jahren für 1.300.000 € verkauft werden kann. Der Kapitalisierungszinssatz (i) beträgt 12 % p. a. Ermitteln Sie den Unternehmenswert nach dem Ertragswertverfahren (EW).

Aufgabe 5.5: Unternehmensbewertung – Ertragswertverfahren

1. Nennen Sie vier Anlässe von Unternehmensbewertungen mit Eigentümerwechsel und zwei Anlässe von Unternehmensbewertungen ohne Eigentümerwechsel.
2. Das Unternehmen A erwirtschaftet jedes Jahr einen Gewinn von 240.000 €. Es wird eine unendliche Nutzungsdauer unterstellt. Wie hoch ist der Unternehmenswert nach dem Ertragswertverfahren bei einem Kapitalisierungszinssatz (i) in Höhe von 12 % p. a.?
3. Das Unternehmen B erwirtschaftet in den ersten acht Jahren einen jährlichen Gewinn von 200.000 €, im neunten Jahr von 250.000 €, im zehnten von 280.000 € und im zehnten Jahr ergibt sich außerdem ein Liquidationserlös von 720.000 €. Der Kapitalisierungszinssatz (i) beträgt 12 % p. a. Wie hoch ist der Unternehmenswert nach dem Ertragswertverfahren (EW)?

Aufgabe 5.6: Ertragswertverfahren

Für ein Unternehmen werden für die ersten fünf Jahre folgende jährliche Gewinne (G_t) geschätzt: G1 = 400.000 €, G2 = 425.000 €, G3 = 450.000 €, G4 = 475.000 €, G5 = 500.000 €. Über das fünfte Jahr hinaus wird mit einem **konstanten jährlichen Gewinnwachstum**

von 3% gerechnet. Als Kapitalisierungszinssatz (i) wird die geforderte Eigenkapitalrentabilität von 16% p.a. angesetzt. Berechnen Sie den Ertragswert (EW) des Unternehmens.

Aufgabe 5.7: Ertragswertverfahren

Gegeben sind folgende Daten:

- risikofreier Zinssatz (r_f) = 3,00%
- Betafaktor (β) = 0,97
- Risikoprämie (r_{zu}) = 5,4%
- Ertragsteuersatz (St_U) = 30%

Es wird von einer konstanten Entwicklung für die kommenden Jahre ausgegangen. Die ewige Rente soll deshalb auf der Basis des Jahresüberschusses der Periode 05 berechnet werden. Folgende GuV-Planung hat das Management erstellt.

GuV (alle Angaben in €)							
		Ist	Plan				
	Periode (t)	**00**	**01**	**02**	**03**	**04**	**05**
	Umsatzerlöse	275.000	286.000	295.000	301.000	309.000	317.000
+	sonstige betriebliche Erträge	+ 6.400	+ 5.400	+ 6.350	+ 7.400	+ 6.900	+ 7.000
=	**Betriebsleistung**	281.400	291.400	301.350	308.400	315.900	324.000
-	Materialaufwand	- 66.000	- 65.500	- 65.100	- 65.200	- 66.300	- 66.250
=	**Rohgewinn**	215.400	225.900	236.250	243.200	249.600	257.750
	Personalaufwand	- 57.000	- 57.100	- 57.150	- 57.200	- 57.300	- 57.400
-	Abschreibungen	- 11.000	- 11.100	- 11.120	- 11.140	- 11.110	- 11.200
-	sonstige Aufwendungen	- 41.000	- 41.800	- 41.900	- 42.050	- 42.150	- 42.800
=	**Betriebsergebnis**	**106.400**	**115.900**	**126.080**	**132.810**	**139.040**	**146.350**
+	Zinsertrag	+ 700	+ 700	+ 700	+ 700	+ 700	+ 700
-	Zinsaufwand	- 4.897	- 4.728	- 4.798	- 4.659	- 4.975	- 4.857
=	**Finanzergebnis**	= -4.197	= -4.028	= -4.098	= -3.959	= -4.275	= -4.157
=	**Unternehmensergebnis**	**102.203**	**111.872**	**121.982**	**128.851**	**134.765**	**142.193**
-	Ertragsteuern (30%)	- 30.661	- 33.562	- 36.595	- 38.655	- 40.430	- 42.658
=	**Jahresüberschuss**	**71.542**	**78.310**	**85.387**	**90.196**	**94.336**	**99.535**

Aufgabe 5.8: Verfahren der Unternehmensbewertung

Firmenkäufe, Fusionen und andere Firmenübergänge werden heute fast täglich in der Wirtschaftspresse gemeldet. Oft gibt es jedoch Schwierigkeiten, einen fairen Kaufpreis respektive Wert eines Unternehmens zu finden.

1. Im Bereich der traditionellen Verfahren gibt es das Ertragswertverfahren, das Substanzwertverfahren und die kombinierten Verfahren (hier nur das Mittelwertverfahren). Erläutern Sie diese und erklären Sie, bei welchen Unternehmen es sinnvoll ist, das Ertragswert-, das Substanzwert- oder das Mittelwertverfahren zu verwenden.
2. Ermitteln Sie den Ertragswert des nachfolgenden Unternehmens zum Jahr 00. Der Kapitalisierungszinssatz (i) beträgt 10 %. Der Fortführungswert (Restwert) des Unternehmens = 0.

(**Anmerkung:** Jahresverweis auf das Jahr 00 ist rechentechnisch **zwingend**.)

Jahr (t)	01	02	03	04
Umsatzerlöse	756.000 €	697.000 €	725.000 €	763.000 €
Herstellungskosten	–120.000 €	–100.000 €	–110.000 €	–125.000 €
Vertriebskosten	–25.000 €	–45.000 €	–45.000 €	–40.000 €
Verwaltungskosten	–10.000 €	–10.000 €	–10.000 €	–10.000 €
sonstige Aufwendungen	–50.000 €	–55.000 €	–65.000 €	–50.000 €
Zinsen für Fremdkapital	–198.000 €	–224.000 €	–235.000 €	–220.000 €
Steuern	–175.000 €	–130.000 €	–130.000 €	–155.000 €
Gewinn	**€**	**€**	**€**	**€**

Aufgabe 5.9: Unternehmensbewertung – Ertragswertverfahren

Bewertet werden soll ein mittelständisches Schmuckunternehmen. Das Familienunternehmen »Goldschätzchen« aus Pforzheim wurde vor 100 Jahren gegründet und wird heute von Erwin Müller in vierter Generation als geschäftsführender Gesellschafter geleitet. Seine Schmuckkollektionen sind bekannt für ihre Liebe zum Detail und für ihre raffinierten Designs. Als Kunden werden Schmuckliebhaber angesprochen, die Designerschmuck zu einem erschwinglichen Preis kaufen möchten.

Die einheimische Schmuckindustrie hat seit einiger Zeit mit einem hohen Konkurrenzdruck zu kämpfen, da der Schmuckmarkt immer mehr von Billiganbietern aus China dominiert wird. Diese können den Schmuck um ein Vielfaches preiswerter produzieren und verkaufen.

Erwin Müller wird nächstes Jahr 65 Jahre alt und hat keine Nachkommen. Aus Altersgründen hat er sich dazu entschieden, das Unternehmen zu verkaufen. Als Käufer des

Unternehmens kommen Wettbewerber oder Investoren infrage. Beim Verkauf des Unternehmens legt Herr Müller besonders viel Wert auf den Erhalt der Arbeitsplätze und würde hierfür auch Kompromisse beim Verkaufspreis eingehen. Somit wäre er einverstanden, sein Unternehmen zum reinen Substanzwert zu verkaufen, solange ihm zugesichert wird, dass die Arbeitsverträge seiner Mitarbeiter verlängert werden.

Herr Müller hat einen potenziellen Käufer gefunden. Bei dem potenziellen Käufer handelt es sich um einen Wettbewerber, der ein vergleichbares Unternehmensumfeld hat. Er erwartet, dass er beim Kauf von »Goldschätzchen« Synergieeffekte nutzen kann, die zu Umsatzsteigerungen führen. Dabei geht er von einer Gewinnsteigerung von 6% im ersten Jahr, von 8% im zweiten Jahr und von 10% im dritten Jahr des Detailplanungszeitraums aus. Ab dem Jahr 04 wird mit der ewigen Rente (Fortführungswert) gerechnet. Er geht von einem Kapitalisierungszinssatz (i) von 9% aus. Zur Vereinfachung wird davon ausgegangen, dass bei der Planung ausschließlich die vier folgenden Planungsperioden betrachtet werden. Der potenzielle Verkäufer wäre bereit, den Ertragswert (EW) des Unternehmens zu bezahlen.

Die folgenden Daten stehen für die Berechnung zur Verfügung:

Bilanz zum 31.12.00

Aktiva				**Bilanz zum 31.12.00**			**Passiva**
A)	**Anlagevermögen**			**A)**	**Eigenkapital**		
I.	Sachanlagen				1)	Eigenkapital	12.300.000
	1.	Grundstücke u. Gebäude	4.511.000				
	2.	tech. Anl. u. Masch.	4.120.000	**B)**	**Fremdkapital**		
				I.	Verbindlichkeiten		
B)	**Umlaufvermögen**				1.	langfristige Kredite	5.400.000
I.	Vorräte				2.	kurzfristige Kredite	2.800.160
	1.	RHB-Stoffe	7.400		3.	Verbindlichk. aLuL	1.564.240
	2.	unfertige Erzeugnisse	8.120.000				
	3.	fertige Erzeugnisse	4.130.000				
II.	Ford. u. sonst. Vermögensg.						
	1.	Forderungen aLuL	1.176.000				
Bilanzsumme			**22.064.400**	**Bilanzsumme**			**22.064.400**

Geschäftsjahr (t)	-03	-02	-01	00
Jahresüberschuss	1.200.000 €	1.100.000 €	1.250.000 €	1.300.000 €

Aufgabenstellung

1. Erläutern Sie die vorliegende Konfliktsituation und gehen Sie dabei auf den Bewertungsanlass, den Zweck sowie die Funktion der Unternehmensbewertung ein. Beschreiben Sie, welcher Wertkategorie der zu ermittelnde Unternehmenswert zugeordnet wird.
2. Erklären Sie anhand des Unternehmens »Goldschätzchen« als Bewertungsobjekt die Unterschiede zwischen den jeweiligen Unternehmenswerten, die sich aus der objektiven, subjektiven sowie funktionalen Unternehmensbewertung ergeben.
3. Diskutieren Sie die Unterschiede der Faktoren, die die Entscheidungen eines Käufers als ein Wettbewerber oder als ein finanzorientierter Investor beeinflussen.
4. Berechnen Sie die Preisuntergrenze des Käufers und die Preisobergrenze des Verkäufers und stellen sie einen möglichen Einigungsbereich grafisch da.
5. Der Bewerter kombiniert den Ertragswert und den Substanzwert und legt den Unternehmenswert auf 13.500.000 € fest. Berechnen Sie die Vorteilhaftigkeit der Konfliktsituation für Käufer und Verkäufer.

6 Mischverfahren

Im Gegensatz zu den Einzelbewertungsverfahren *(net asset value methods)* berücksichtigen die Mischverfahren *(combined methods)* neben dem Substanzwert auch die Ertragskraft des Unternehmens. Zu den Mischverfahren gehören das Mittelwert-, das Übergewinnverfahren *(simple excess profit method)* und das Stuttgarter Verfahren.

6.1 Mittelwertverfahren

Das Mittelwertverfahren (MWV) *(average value method)*, auch als »Berliner Verfahren« bezeichnet, ist eine Kombination aus dem Ertrags- und dem Substanzwertverfahren, es wird auch als »**Praktikerverfahren**« bezeichnet. Beim Mittelwertverfahren wird der Unternehmenswert (UW) im einfachsten Fall anhand des arithmetischen Mittels aus dem als Teilreproduktionswert ermittelten Substanzwert (TRW) und dem Ertragswert (EW) berechnet:

$$\text{Unternehmenswert (UW)} = \frac{\text{Ertragswert} + \text{Substanzwert als Teilreproduktionswert}}{2}$$

Eine weitere Möglichkeit zur Berechnung des Unternehmenswerts besteht in der Gewichtung der beiden Einzelwerte. So kann z. B. der Ertragswert (EW) aufgrund seiner Zukunftsorientierung stärker gewichtet werden als der vergangenheitsbezogene Substanzwert (SW). Der Unternehmenswert wird nach dem gewichteten Mittelwertverfahren wie folgt berechnet:

$$\text{Unternehmenswert (UW)} = q \times EW + (1 - q) \times SW$$

UW = Unternehmenswert nach dem gewichteten Mittelwertverfahren
EW = Ertragswert
q = Gewichtungsfaktor für den Ertragswert
SW = Substanzwert als Teilreproduktionswert (TRW)
(1 – q) = Gewichtungsfaktor für den Substanzwert

Beispiel: Mittelwertverfahren

Für ein Unternehmen wird ein Ertragswert (EW) in Höhe von 2,5 Mio. € ermittelt. Der Substanzwert als Teilreproduktionswert (SW) beträgt 1,0 Mio. €. Der Ertragswert (EW) wird mit zwei Dritteln und der Substanzwert (SW) mit einem Drittel gewichtet.

Wie hoch ist der Unternehmenswert (UW) nach dem Mittelwertverfahren (MWV)?

UW = (2/3 × EW) + (1/3 × SW)

Unternehmenswert (UW) = (2/3 × 2.500.000 €) + (1/3 × 1.000.000 €) = 2.000.000 €

6.2 Übergewinnverfahren

Das Übergewinnverfahren *(simple excess profit method)* geht davon aus, dass ein Unternehmen langfristig nur eine Normalverzinsung (i) des eingesetzten Kapitals (angemessene Verzinsung des Teilreproduktionswertes (TRW) beim Substanzwertverfahren = SW × i) erwirtschaften kann (Normalertrag). Bei den Übergewinnen handelt es sich um Gewinne, die über den Normalgewinn hinausgehen und nur zeitweise erwirtschaftet werden. Sie sind nur für eine bestimmte Zeitspanne zu berücksichtigen. Die Übergewinne können z. B. aufgrund einer überdurchschnittlichen Unternehmerleistung, einer guten Konjunkturlage oder wegen einer Monopolstellung entstehen und werden als zeitlich begrenzt angesehen (= EW – SW × i).[115] Der Unternehmenswert (UW) setzt sich nach diesem Verfahren aus dem Substanzwert als Teilreproduktionswert (TRW) zuzüglich einer fixen Anzahl (n_g) von undiskontierten Übergewinnen zusammen. Die Summe der Übergewinne wird auch als »Goodwillrente« (GR) bezeichnet. Die Formel[116] für die Ermittlung des Unternehmenswerts (UW) lautet:

$$UW = SW + i \times n_g \times (EW - SW) = SW + n_g \times (EW \times i - SW \times i)$$

$$UW = SW + n_g \times (G - SW \times i) \text{ wobei } G = EW \times i$$

$$UW = SW + n_g \times \text{Übergewinn}$$

$$UW = SW + GR$$

UW = Unternehmenswert
SW = Substanzwert als Teilreproduktionswert
G = Gewinn
GR = Goodwillrente
n_g = Übergewinndauer (Anzahl der Perioden)

115 Peemöller V. H. (Hrsg.), Praxishandbuch der Unternehmensbewertung, 2015, S. 90.

116 Ballwieser, W. & Hachmeister, D., Unternehmensbewertung: Prozess, Methoden und Probleme, 2016, S. 206 f.

Die Anzahl an Perioden wird mit (n_g) ausgedrückt, (i) stellt den Kapitalisierungszinssatz *(capitalization interest rate)* und (G) den Gewinn dar. Der Gewinn (G) ergibt sich dabei aus dem Produkt von (EW) und (i).

Übergewinndiskontierung

Bei der Übergewinndiskontierung werden die Barwerte der einzelnen Übergewinne für eine begrenzte Anzahl von Jahren addiert (= Nachhaltigkeitsdauer), d. h., der Geschäftswert wird auf den Bewertungsstichtag *(valuation date)* diskontiert.

$$UW = SW + \sum_{t=1}^{n} \left(EW - \frac{(SW \times i)}{(1+i)^t} \right)$$

Beispiel: Übergewinnverfahren

Der Substanzwert (SW) eines Unternehmens sei 5 Mio. €, der Ertragswert (EW) 7,5 Mio. €, der Kapitalisierungszinssatz (i) beträgt 6 % p. a. und es sollen n_g = 10 Perioden betrachtet werden. Daraus ergibt sich ein Unternehmenswert (UW) nach dem einfachen Übergewinnverfahren in Höhe von:

UW = 5 Mio. € + 10 × ([7,5 Mio. € × 0,06] – [5 Mio. € × 0,06])

UW = 5 Mio. € + 10 × (0,45 Mio. € – 0,3 Mio. €) = 5 Mio. € + 1,5 Mio. € = 6,5 Mio. €

6.3 Stuttgarter Verfahren

Das Stuttgarter Verfahren *(Stuttgart method)* diente früher der Finanzverwaltung zur Bewertung von nicht börsennotierten Unternehmensanteilen für die Ermittlung der Erbschaft- bzw. Schenkungsteuer. Es findet aber noch Anwendung in Gesellschaftsverträgen von Personengesellschaften und nicht börsennotierten Kapitalgesellschaften sowie bei Verträgen über Abfindungsregelungen von Gesellschaftern oder im Rahmen der Unternehmensnachfolge. Abgeschafft wurde es durch das Erbschaftsteuerreformgesetz. Trotzdem hat es aber immer noch eine gewisse Bedeutung in Deutschland, daher wird es noch behandelt.

Beim Stuttgarter Verfahren wird zunächst der Wert des Betriebsvermögens bestimmt. Der Wert des Betriebsvermögens wird ins Verhältnis zum gezeichneten Kapital gesetzt und hieraus wird dann ein Prozentsatz (V) errechnet.

$$V\,(\text{Prozentsatz des Vermögenswerts}) = \frac{\text{Wert des Betriebsvermögens}}{\text{gezeichnetes Kapital}} \times 100$$

Im zweiten Schritt wird aus den letzten drei Wirtschaftsjahren der Durchschnittsgewinn berechnet. Dabei wird in der Regel der Gewinn aus dem drittletzten Jahr einfach, aus dem vorletzten Jahr zweifach und aus dem vergangenen Jahr dreifach gewichtet. Der Durchschnittgewinn wird ebenfalls in Relation zum gezeichneten Kapital gesetzt und bildet den Ertragshundertsatz (E).

$$E\,(\text{Ertragshundertsatz}) = \frac{\text{gewichteter Durchschnittsgewinn der vergangenen 3 Jahre}}{\text{gezeichnetes Kapital}} \times 100$$

Aus dem Vermögenswert und dem Ertragshundertsatz wird der gemeine Wert (GW) abgeleitet. Die Summe aus Vermögenswert zuzüglich des fünffachen Ertragshundertsatzes wird multipliziert mit einem Faktor, der den Zinssatz der Finanzverwaltung beinhaltet, das Ergebnis ist der **gemeine Wert (GW)**. Er wird wie folgt berechnet:

$$GW\ (\text{gemeiner Wert}) = 0{,}69 \times (V + 5 \times E)$$

Multipliziert man diesen prozentualen gemeinen Wert (GW) mit dem gezeichneten Kapital, erhält man den Unternehmenswert (UW) nach dem Stuttgarter Verfahren.

Beispiel: Stuttgarter Verfahren

Ein Unternehmen hat ein Stammkapital von 150.000 € und ein Betriebsvermögen in Höhe von 450.000 €. Der Durchschnittsgewinn der vergangenen drei Jahre liegt bei 90.000 €. Der Unternehmenswert wird wie folgt berechnet:

$$V = \frac{450.000\ €}{150.000\ €} \times 100 = 300\ \%$$

$$E = \frac{90.000\ €}{150.000\ €} \times 100 = 60\ \%$$

$$GW = 0{,}69 \times \left(300\ \% + 5 \times 60\ \%\right) = 414\ \%$$

Unternehmenswert (UW) = 150.000 € × 414 % = 621.000 €

6.4 Aufgaben zum Mischverfahren

Aufgabe 6.1: Ertragswertverfahren und Mittelwertverfahren

1. Berechnen Sie den Unternehmenswert nach dem Ertragswertverfahren (EW) für ein Unternehmen, von dem folgende Daten bekannt sind:
   a) Erwartete zukünftige jährliche konstante Ertragsüberschüsse = 25.000 €. Der Kapitalisierungszinssatz (i) beträgt 8 % p. a. Die Lebensdauer des Unternehmens beträgt 15 Jahre. Am Ende der Lebensdauer wird ein Liquidationserlös in Höhe von 20.000 € erzielt.
   b) Wie verändert sich das Ergebnis von a), wenn die Gewinne ab dem 13. Jahr auf 20.000 € sinken und der Liquidationserlös nur noch 15.000 € beträgt? Berechnen Sie den Unternehmenswert nach dem Ertragswertverfahren (EW).
   c) Wie verändert sich der Unternehmenswert nach dem Ertragswertverfahren (EW), wenn eine unendliche Lebensdauer unterstellt wird und die konstanten jährlichen Gewinne wie in a) 25.000 € betragen?
2. Ein Unternehmen soll nach dem Mittelwertverfahren bewertet werden. Der Ertragswert (EW) wurde schon berechnet und beträgt 220.000 €. Den Substanzwert als Teilreproduktionswert (TRW) müssen Sie noch berechnen. Es liegt Ihnen die folgende Bilanz vor:

Aktiva	**Bilanz zum 31.12.01**		**Passiva**
Grundstücke und Gebäude	50.000 €	Eigenkapital	110.000 €
Maschinen	150.000 €	Fremdkapital	190.000 €
Vorräte	60.000 €		
Forderungen aLuL	35.000 €		
Kasse/Bank	5.000 €		
Bilanzsumme	**300.000 €**	**Bilanzsumme**	**300.000 €**

Zusatzinformationen:

- Bei den Grundstücken sind stille Reserven in Höhe von 60.000 € enthalten.
- Bei den Forderungen aLuL sind 5.000 € uneinbringlich.
- Ein selbst entwickeltes Patent (das nicht in der Bilanz enthalten ist) kann für 15.000 € verkauft werden.

Ermitteln Sie zunächst den Substanzwert als Teilreproduktionswert (TRW) und wenden Sie anschließend das Mittelwertverfahren (MWV) an, um den Unternehmenswert (UW) nach dem Mittelwertverfahren zu ermitteln.

7 Discounted-Cashflow-Verfahren

Die Discounted-Cashflow-Verfahren erfreuen sich einer hohen Beliebtheit und haben eine große Bedeutung in der Praxis. Historisch gesehen war in Deutschland insbesondere das Ertragswertverfahren von Bedeutung. Aufgrund der zunehmenden Globalisierung und der Zielsetzung einer weltweiten Vereinheitlichung im Finanz- und Rechnungswesen besteht der Bedarf nach allgemein gültigen und leicht nachvollziehbaren Methoden zur Ermittlung des Unternehmenswertes. Ziel ist es, Instrumente zur Verfügung zu haben, die sicherstellen, dass eine internationale Vergleichbarkeit der bewerteten Unternehmen möglich ist. Insbesondere internationale Investmentbanken, aber auch Versicherungen und weitere, vornehmlich in der Kapitalanlage tätige Akteure treiben diese internationalen Vereinheitlichungsprozesse voran.

Die Discounted-Cashflow-Verfahren (DCF-Verfahren) haben ihren Ursprung im angelsächsischen Raum und sind die am weitesten verbreiteten Unternehmensbewertungsverfahren weltweit. Sie basieren wie das Ertragswertverfahren auf dem Modell der Kapitalwertmethode. Anders als beim Ertragswertverfahren werden bei den DCF-Verfahren anstelle der geschätzten ausschüttbaren Gewinne (Ertragsüberschüsse) die zukünftigen Cashflows (Einzahlungsüberschüsse), die den Eigenkapitalgebern zufließen und sich auf das betriebsnotwendige Vermögen beziehen, auf den Bewertungszeitpunkt mit einem laufzeit- und risikoäquivalenten Kapitalisierungszinssatz diskontiert. Bei den DCF-Verfahren wird zwischen den Entity-(Brutto)- und den Equity-(Netto)-Verfahren unterschieden.

Die folgende Abbildung zeigt eine überblicksartige Darstellung der DCF-Verfahren:

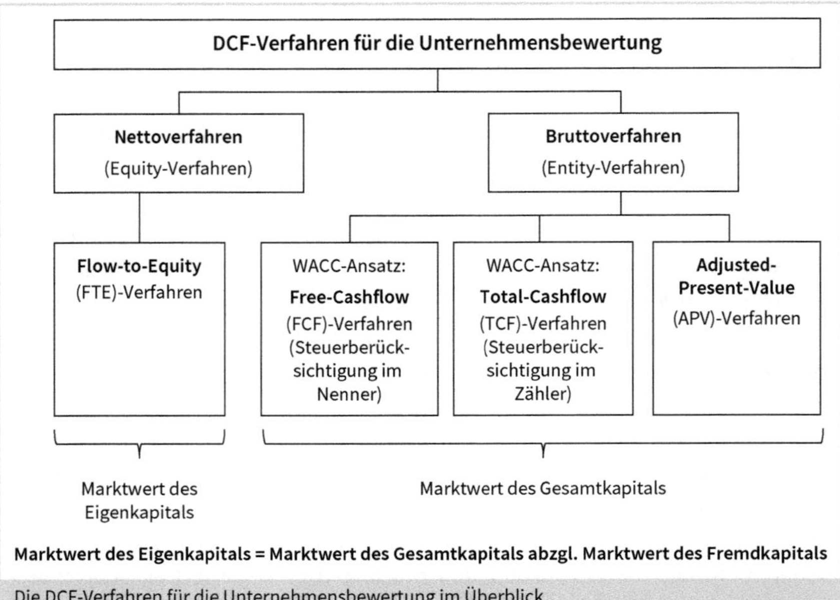

Die DCF-Verfahren für die Unternehmensbewertung im Überblick

Die verschiedenen **DCF-Verfahren** unterscheiden sich hinsichtlich

- der in die Bewertung eingehenden Cashflows,
- der zur Diskontierung verwendeten Kapitalisierungszinssätze,
- der Berücksichtigung der Tax Shields (Steuervorteil, der aus der verzinslichen Fremdkapitalfinanzierung resultiert) und
- der Berücksichtigung der verzinslichen Fremdkapitalfinanzierung.

Der Kapitalisierungszinssatz *(capitalization interest rate)* repräsentiert die Verzinsungsansprüche der Kapitalgeber. Es gibt verschiedene Möglichkeiten, den Kapitalisierungszinssatz für die verschiedenen DCF-Verfahren zu ermitteln:

- Er wird entweder aus einem **Basiszins** (= landesüblicher Zinssatz für risikofreie langfristige Kapitalmarktanlagen), der um die persönliche Ertragsteuerbelastung des Unternehmenseigners gekürzt wird, und einer **Risikoprämie** berechnet oder
- es wird ein risikoangepasster Kapitalisierungszinssatz mittels des sogenannten Capital Asset Pricing Models (CAPM)[117] ermittelt oder
- es wird der gewogene durchschnittliche Kapitalkostensatz (WACC = Weighted Average Cost of Capital, siehe Kap. 7.3) angesetzt.

117 CAPM ist ein theoretisch fundiertes Kapitalmarktmodell, nach dem die erwartete Rendite eines Wertpapiers eine lineare Funktion der Risikoprämie des Marktportfolios ist.

Brutto- bzw. Entity-Verfahren

Bei den **Entity-Verfahren** wird zweistufig vorgegangen. Zunächst wird im ersten Schritt unabhängig von der Finanzierungsstruktur als Zwischenergebnis der **Marktwert des Gesamtkapitals** (GK_{Markt}), d. h. der Bruttounternehmenswert *(gross enterprise value)* ermittelt. Der so ermittelte Bruttounternehmenswert beinhaltet sowohl den Marktwert des Eigenkapitals als auch den Marktwert des Fremdkapitals. Er entspricht damit den Ansprüchen der Eigenkapital- und der Fremdkapitalgeber. Für einen Unternehmenskauf oder eine Übernahme spielt jedoch der **Marktwert des Eigenkapitals** (EK_{Markt}) die entscheidendere Rolle. Um den Marktwert des Eigenkapitals (= Nettounternehmenswert) – als eigentlichen »Unternehmenswert« für die Kaufpreisverhandlungen – zu ermitteln, wird in einem zweiten Schritt der **Marktwert des Fremdkapitals** (FK_{Markt}) vom ermittelten **Marktwert des Gesamtkapitals** (GK_{Markt}) subtrahiert.[118]

Marktwert des Fremdkapitals (FK_{Markt}) = verzinsliche Verbindlichkeiten + Pensionsverpflichtungen + Leasingverbindlichkeiten

Bei den Bruttoverfahren (Entity-Verfahren) wird der Unternehmenswert als Marktwert des Eigenkapitals (EK_{Markt}) wie folgt berechnet:

	Marktwert des Gesamtkapitals (= Bruttounternehmenswert) (Entity Value)
–	Marktwert des Fremdkapitals
=	**Marktwert des Eigenkapitals (= Nettounternehmenswert) (Equity Value)**

Der Marktwert des Eigenkapitals (EK_{Markt}) stellt zugleich den Nettounternehmenswert bzw. den Shareholder Value (SV) dar.

Ferner unterscheiden sich die verschiedenen DCF-Verfahren insbesondere in der Definition der Cashflows, der Rolle und Bewertung von Steuervorteilen, d. h. den Tax Shields (= steuerliche Vorteile aufgrund der verzinslichen Fremdkapitalfinanzierung) und der Art und Weise, wie eine Fremdfinanzierung *(debt financing)* zu beurteilen ist.

Als Grundlage werden die Free Cashflows des Unternehmens herangezogen, da sie sowohl den Eigen- als auch den Fremdkapitalgebern zur Verfügung stehen. Zur Diskontierung der Zahlungsströme wird beim FCF- und TCF-Verfahren der gewogene durchschnittliche Kapitalkostensatz (= Weighted Average Cost of Capital (WACC)) ermittelt. Bei APV-Verfahren werden die Free Cashflows mit dem Eigenkapitalkostensatz ($i_{Eigen,uv}$) eines unverschuldeten Unternehmens diskontiert.

118 Nestler, A. & Kupke, T., Die Bewertung von Unternehmen mit dem Discounted Cash Flow-Verfahren, 2003, S. 167.

Netto- bzw. Equity-Verfahren

Das **Equity-Verfahren** ermittelt den **Marktwert des Eigenkapitals** (EK_{Markt}), d. h. den **Nettounternehmenswert** (NUW) in einem Schritt. Dabei werden die künftigen erwarteten Cashflows an die Unternehmenseigentümer auf den Bewertungsstichtag *(valuation date)* mit einer risikoäquivalenten Renditeforderung (= Kapitalisierungszinssatz) der Eigentümer diskontiert.[119]

Beim Equity-Verfahren werden die zukünftigen Cashflows (Einzahlungsüberschüsse), die den Eigenkapitalgebern zufließen und sich auf das betriebsnotwendige Vermögen beziehen, auf den Bewertungszeitpunkt mit einem laufzeit- und risikoäquivalenten Kapitalisierungszinssatz der Eigenkapitalgeber eines verschuldeten Unternehmens ($i_{Eigen,v}$) diskontiert. Anschließend wird zu diesem Barwert noch der Marktwert des nicht betriebsnotwendigen Vermögens (N_0) addiert. Der Marktwert des Eigenkapitals (EK_{Markt}) (= Nettounternehmenswert) wird nach dem Equity-Verfahren i. d. R. wie folgt ermittelt:

$$\text{Marktwert des Eigenkapitals (FTE-Verfahren)} = \sum_{t=1}^{\infty} \frac{FTE_t}{\left(1 + i_{Eigen,v}\right)^t} + N_0$$

FTE_t = Flow to Equity = Free Cashflows – Fremdkapitalzinsen + Steuerersparnis aus Fremdkapitalzinsen ± Aufnahme/Tilgung von verzinslichem Fremdkapital

$i_{Eigen,v}$ = Renditeerwartung der Eigenkapitalgeber für das verschuldete Unternehmen

N_0 = Marktwert des nicht betriebsnotwendigen Vermögens

Der Marktwert des Eigenkapitals ist umso höher,

- je höher die erwirtschafteten Flow to Equity sind,
- je höher die künftigen Wachstumsraten der Flow to Equity sind und
- je niedriger die Renditeerwartungen der Eigenkapitalgeber sind.

7.1 DCF-Verfahren mit dem WACC-Ansatz

Da der Kapitalisierungszinssatz einen großen Einfluss auf die Höhe des Unternehmenswerts hat, wird häufig der gewogene durchschnittliche Kapitalkostensatz (Weighted Average Cost of Capital (WACC)) als risikogerechter Diskontierungszinssatz eingesetzt. Die Vorgehensweise für die Ermittlung des WACC (ohne Steuervorteil) wird beispielhaft in der folgenden Abbildung dargestellt.

119 Vgl. ebenda.

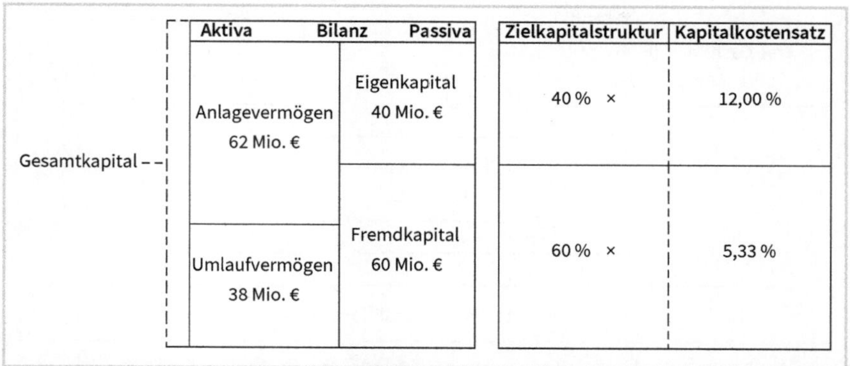

Aktiva Bilanz	Passiva	Zielkapitalstruktur	Kapitalkostensatz
Anlagevermögen 62 Mio. €	Eigenkapital 40 Mio. €	40 % ×	12,00 %
Umlaufvermögen 38 Mio. €	Fremdkapital 60 Mio. €	60 % ×	5,33 %

Gesamtkapital

Zielkapitalstruktur für die Berechnung des WACC

$$WACC = i_{Eigen} \times \frac{EK_{Markt}}{GK_{Markt}} + i_{Fremd} \times \frac{FK_{Markt}}{GK_{Markt}} = 12,00\,\% \times \frac{40}{100} + 5,33\,\% \times \frac{60}{100} = 8,00\,\%$$

EK_{Markt} = Marktwert des Eigenkapitals
FK_{Markt} = Marktwert des Fremdkapitals
GK_{Markt} = Marktwert des Gesamtkapitals
i_{Eigen} = Eigenkapitalkostensatz
i_{Fremd} = Fremdkapitalkostensatz

Vorgehensweise beim DCF-Verfahren mit WACC-Ansatz:

1. Ermittlung des **Marktwerts des Gesamtkapitals** (GK_{Markt}) (= Bruttounternehmenswert (BUW)): Es werden die zukünftig zu erwartenden Free Cashflows mit dem gewogenen durchschnittlichen Kapitalkostensatz (WACC) auf den Bewertungszeitpunkt diskontiert. Zu diesem Barwert wird noch der Marktwert des nicht betriebsnotwendigen Vermögens (N_0) addiert.
2. Ermittlung des **Marktwerts des Eigenkapitals** (EK_{Markt}) (= Nettounternehmenswert (NUW)): Es wird vom Marktwert des Gesamtkapitals (GK_{Markt}) der Marktwert des Fremdkapitals (FK_{Markt}) abgezogen.

Die folgende Abbildung zeigt die Vorgehensweise mit dem WACC-Ansatz zur Ermittlung des Marktwerts des Eigenkapitals (= Nettounternehmenswert).

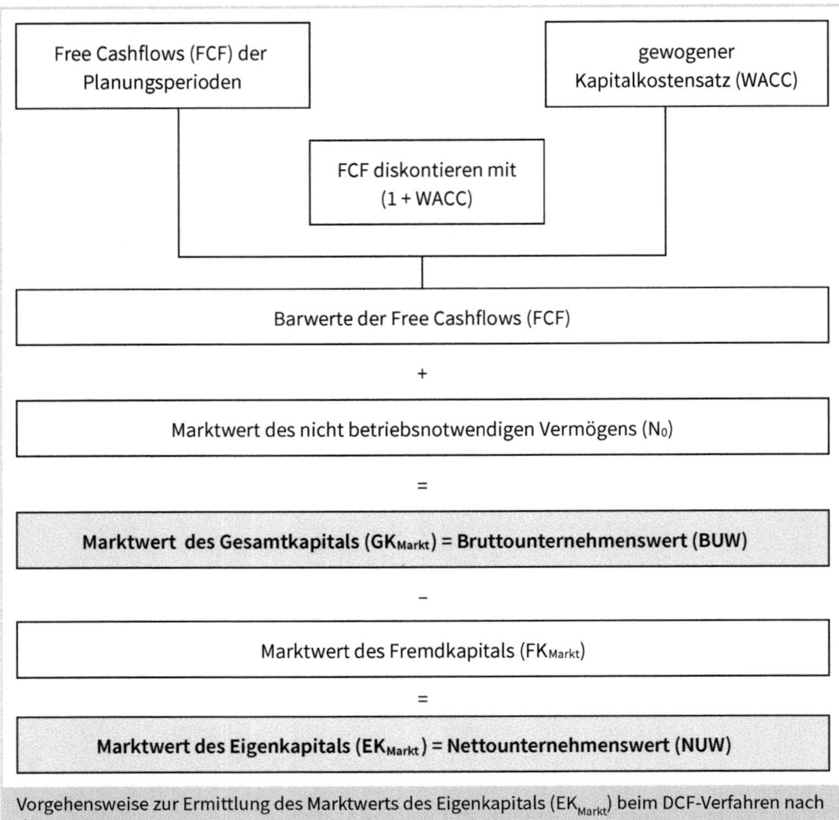

Vorgehensweise zur Ermittlung des Marktwerts des Eigenkapitals (EK_{Markt}) beim DCF-Verfahren nach dem WACC-Ansatz

Die Basisgröße für das DCF-Verfahren mit dem Free-Cashflow-Ansatz nach dem WACC-Verfahren ist der Free Cashflow. Der Free Cashflow kann aus der Kapitalflussrechnung gemäß folgendem Schema ermittelt werden:

	Cashflow aus der laufenden (operativen) Geschäftstätigkeit
+	Cashflow aus Investitionstätigkeit (ohne Finanzinvestitionen)
=	**Free Cashflow (FCF)**

Der **Free Cashflow** kann auch indirekt gemäß folgendem Schema berechnet werden:

	EBIT[120] (operatives Ergebnis vor Zinsen und Steuern)
-	adjustierte (angepasste bzw. fiktive) Steuern auf das EBIT
=	**NOPLAT[121] (operatives Ergebnis vor Zinsen und nach adaptierten Steuern)**
±	Abschreibungen/Zuschreibungen
±	Erhöhung/Verminderung Rückstellungen
=	**Brutto-Cashflow**
∓	Investitionen/Desinvestitionen in das Anlagevermögen
±	Verminderung/Erhöhung des Nettoumlaufvermögens (Net Working Capital)[122]
=	**Free Cashflow[123] (FCF)**

Ermittlung des Free Cashflow

Die sogenannten Free Cashflows (FCF) sind »Cashflows vor Abzug von Zins- und Tilgungszahlungen«.[124] Bei den Free Cashflows wird der Marktwert des nicht betriebsnotwendigen Vermögens (N_0) nicht berücksichtigt und muss daher separat erfasst werden.

Der erste Schritt bei der Berechnung des Free Cashflows ist die Subtraktion der adaptierten Steuern vom EBIT, d. h. vom Ergebnis vor Zinsen und Steuern. Bei den adjustierten Unternehmenssteuern handelt es sich um die fiktiven ertragsabhängigen Steuern, die das Unternehmen bezahlen müsste, wenn es kein Fremdkapital und keine nicht betriebsnotwendigen Aufwendungen und Erträge hätte.[125] Die adjustierten Unternehmenssteuern erhält man, indem man das EBIT mit dem Ertragsteuersatz des Unternehmens multipliziert.

Die adaptierten Steuern sind eine fiktive Größe, wobei die Annahme getroffen wird, das Unternehmen habe weder Fremdkapital noch nicht betriebsbedingte Aufwendungen und Erträge. Mit diesem ersten Schritt erhält man das operative Ergebnis des fiktiv unverschuldeten Unternehmens, also vor Zinsen und nach adaptierten Steuern, auf Englisch »Net Operating Profit Less Adjusted Taxes« (NOPLAT). Im zweiten Schritt

120 EBIT = Earnings before Interest and Taxes, entspricht i. d. R. dem Betriebsergebnis.

121 NOPLAT = Net Operating Profit Less Adjusted Taxes.

122 Veränderungen im Net Working Capital betreffen in der engen Definition Veränderungen des Bestands an Vorräten, Forderungen aLuL und Verbindlichkeiten aLuL. In der weiten Definition kommt noch der Saldo aus sonstigen Forderungen, geleisteten Anzahlungen, erhaltenen Anzahlungen und sonstigen Verbindlichkeiten hinzu.

123 Der Free Cashflow ist finanzierungsneutral, d. h., er berücksichtigt keine Zinsen, Fremdkapitalveränderungen und steuerlichen Vorteile der Fremdfinanzierung (Tax Shield).

124 Ernst, D. et al., Unternehmensbewertungen erstellen und verstehen, 2018, S. 28.

125 Ernst, D. et al., Unternehmensbewertungen erstellen und verstehen, 2018, S. 32.

werden alle nicht zahlungswirksamen Aufwendungen (z. B. Abschreibungen, Zuführungen zu Rückstellungen) zum NOPLAT addiert und entsprechende Erträge subtrahiert, um so den Brutto-Cashflow zu erhalten. Des Weiteren müssen Investitionen ins Anlagevermögen *(fixed assets)* oder ins Net Working Capital vom Brutto-Cashflow abgezogen sowie Desinvestitionen hinzuaddiert werden. Das Net Working Capital entspricht dem Nettoumlaufvermögen.

Die **Veränderungen des Net Working Capital** in der weiten Definition können Sie wie folgt berechnen:

±	Erhöhung/Verminderung der Vorräte *(inventories)*
±	Erhöhung/Verminderung der geleisteten Anzahlungen *(advance payments)*
±	Erhöhung/Verminderung der Forderungen aLuL *(trade receivables)*
±	Erhöhung/Verminderung der Forderungen gegenüber verbundenen Unternehmen *(receivables from affiliated companies)*
±	Erhöhung/Verminderung der sonstigen Vermögensgegenstände *(other assets)*
∓	Erhöhung/Verminderung der erhaltenen Anzahlungen *(prepayments received)*
∓	Erhöhung/Verminderung der Verbindlichkeiten aLuL *(trade payables)*
∓	Erhöhung/Verminderung der sonstigen Verbindlichkeiten *(other liabilities)*
=	**Veränderung des Net Working Capital (Nettoumlaufvermögens)**

Beispiel: Ermittlung der Free Cashflows

Die Berechnung des Free Cashflows wird im Folgenden anhand eines fiktiven willkürlichen Zahlenbeispiels dargestellt.

	(alle Angaben Mio. €) Jahr (t)	**01**	**02**	**03**	**04**	**05**
	EBIT	60,0	66,0	72,0	78,0	76,0
-	adjustierte Steuern auf EBIT (30 %)	- 18,0	- 19,8	- 21,6	- 23,4	- 22,8
=	**NOPLAT**	**= 42,0**	**= 46,2**	**= 50,4**	**= 5 4,6**	**= 53,2**
+	Abschreibungen	+ 75,0	+ 74,8	+ 89,6	+ 92,4	+ 93,8
+	Erhöhung der Rückstellungen	+ 5,0	+ 6,0	+ 7,0	+ 6,0	+ 5,0
=	**Brutto-Cashflow**	**= 122,0**	**= 127,0**	**= 147,0**	**= 151,0**	**= 152,0**
-	Investitionen Anlagevermögen	- 76,0	- 96,0	- 92,0	- 95,0	- 85,0
±	Veränderung Nettoumlaufvermögen (Net Working Capital)	- 1,0	+ 2,0	+ 12,0	+ 9,0	- 3,0
=	**Free Cashflow**	**= 45,0**	**= 33,0**	**= 67,0**	**= 65,0**	**= 64,0**

Beispiel: Ermittlung der Free Cashflows

Der **Free Cashflow** stellt die entnahmefähigen Zahlungsüberschüsse dar, die zur Befriedigung der Zahlungsansprüche (Fremdkapitalzinsen, Tilgungen und Gewinnausschüttungen) an die Fremd- und Eigenkapitalgeber gezahlt werden können. Nach Abzug der Nettozahlungen an die Fremdkapitalgeber verbleibt der Free Cashflow für die Eigenkapitalgeber.

Der Free Cashflow muss für jede einzelne Periode des Planungszeitraums prognostiziert werden, dabei werden zunächst in der ersten Phase die jährlichen Free Cashflows über einen Zeitraum von ca. drei bis fünf Jahren detailliert geplant und am Ende des detaillierten Planungszeitraums, der Phase 2, ein Fortführungswert *(continuation value)*, der auch als »Restwert« oder »Terminal Value« bezeichnet wird, angesetzt.

Die Verzinsungsansprüche der Eigen- und Fremdkapitalgeber werden mit einem Mischzinssatz in Form des gewogenen durchschnittlichen Kapitalkostensatzes (WACC) erfasst; d. h., die prognostizierten Free Cashflows werden mit dem WACC diskontiert.

7.1.1 Ermittlung des gewogenen durchschnittlichen Kapitalkostensatzes für das Free-Cashflow-Verfahren

Nachdem die Free Cashflows ermittelt wurden, sind im Folgenden die gewichteten Kapitalkosten (= WACC = Weighted Average Cost of Capital) zu berechnen. Kapitalkosten entstehen, wenn ein Unternehmen für Investitionen entsprechend Eigenkapital verwendet oder hierzu Fremdkapital beschafft. Als Kompensation verknüpfen Eigen- und Fremdkapitalgeber mit der Bereitstellung von Kapital entsprechende Ansprüche bezüglich der finanziellen Rückflüsse (z. B. Zinszahlungen, Kursgewinne und Dividenden). Diese finanziellen Rückflüsse, die Kapitalgeber u. a. für mögliche Ausfallrisiken veranschlagen, werden als »Kapitalkosten« bezeichnet. Die gesamten Kapitalkosten eines Unternehmens müssen als Mindestverzinsung interpretiert werden, die über den Kapitalisierungszinssatz *(capitalization interest rate)* bei der Berechnung des Unternehmenswerts angesetzt wird.

Beim WACC-Ansatz werden die Free Cashflows mit dem gewogenen durchschnittlichen Kapitalkostensatz (WACC) diskontiert. Der gewogene durchschnittliche Kapitalkostensatz, auf Englisch »**W**eighted **A**verage **C**ost of **C**apital«, wird von vielen Unternehmen verwendet, um die Mindestrendite für Investitionsprojekte zu bestimmen. Beim WACC-Ansatz im Rahmen der Unternehmensbewertung wird der gewogene durchschnittliche Kapitalkostensatz als Kapitalisierungszinssatz zur Ermittlung des Marktwerts des Gesamtkapitals (= Bruttounternehmenswert) verwendet. Die sich aus der verzinslichen Fremdkapitalfinanzierung ergebenden steuerlichen Vorteile werden bei der Ermittlung des $WACC_{\text{mit Tax Shield}}$ (Tax Shield = Unternehmenssteuerersparnis, die sich im Rahmen einer Fremdkapitalaufnahme durch die Abzugsfähigkeit der Fremdkapitalzinsen ergibt) berücksichtigt und bewirken dabei eine faktormäßige Reduktion des Fremdkapitalkostenanteils am $WACC_{mit\ Tax\ Shield}$. Als Planungsgrößen werden neben den Free Cashflows die Zielkapitalstruktur *(target capital structure)* des Unternehmens, die Renditeforderung der Eigenkapitalgeber, die Kosten des Fremdkapitals und der Ertragsteuersatz für Unternehmensgewinne benötigt. Die Gewichtung der Kapitalstruktur *(capital structure)* innerhalb des WACC-Ansatzes kann erfolgen nach[126]

- Marktwerten,
- einer vom Management geplanten, vorgegebenen Kapitalstruktur,
- einer berechneten Zielkapitalstruktur oder
- einer periodenspezifischen Kapitalstruktur.

Der $WACC_{mit\ Tax\ Shield}$ (Steuervorteil der verzinslichen Fremdkapitalfinanzierung) für das Free-Cashflow-Verfahren lässt sich mit einer Zielkapitalstruktur folgendermaßen ermitteln:

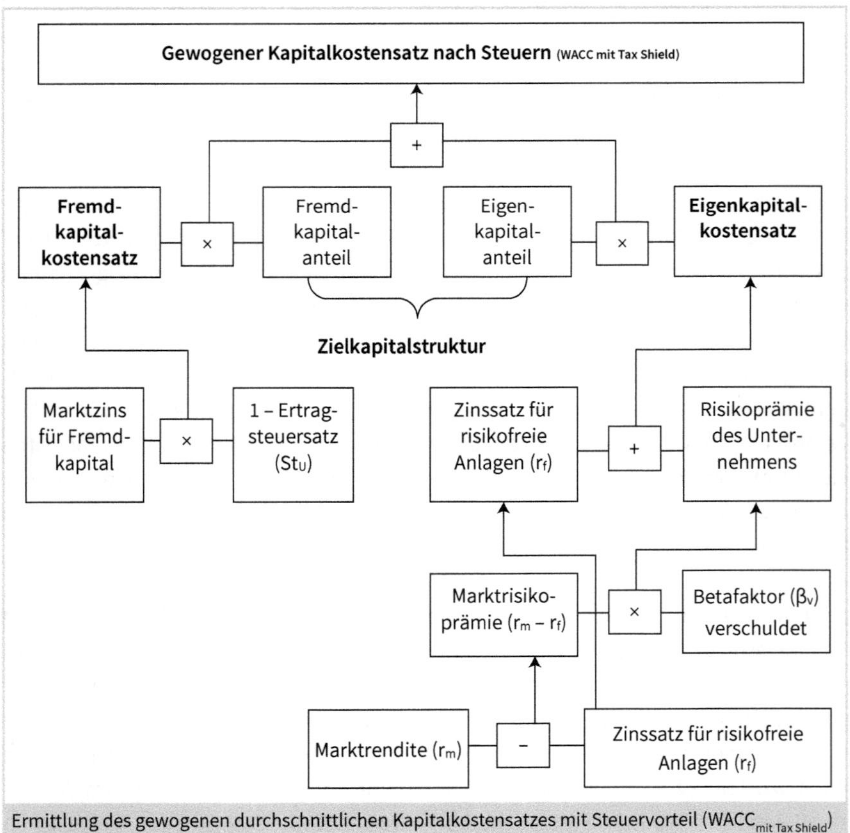

Ermittlung des gewogenen durchschnittlichen Kapitalkostensatzes mit Steuervorteil ($WACC_{mit\ Tax\ Shield}$)

126 Ernst, E. et al., Internationale Unternehmensbewertung, 2012, S. 96.

$$WACC_{\text{mit Tax Shield}} = \frac{EK_{Markt}}{GK_{Markt}} \times i_{Eigen,v} + \frac{FK_{Markt}}{GK_{Markt}} \times i_{Fremd} \times (1 - St_U)$$

EK_{Markt} = Marktwert des Eigenkapitals
FK_{Markt} = Marktwert des Fremdkapitals
GK_{Markt} = Marktwert des Gesamtkapitals ($EK_{Markt} + FK_{Markt}$)
$i_{Eigen,v}$ = risikoadjustierter Eigenkapitalkostensatz des verschuldeten Unternehmens
i_{Fremd} = Fremdkapitalkostensatz (Renditeforderung der Fremdkapitalgeber)
St_U = durchschnittlicher Ertragsteuersatz des Unternehmens

Obige Formel macht deutlich, dass die Höhe des gewogenen durchschnittlichen Kapitalkostensatzes durch drei Bestimmungsgrößen beeinflusst wird: die Eigenkapitalkosten *(cost of equity)*, die Fremdkapitalkosten *(borrowing costs)* und die Kapitalstruktur *(capital structure)* des Unternehmens.[127]

Der »Tax Shield« steht für den Steuervorteil, den das Unternehmen erzielen kann, da die Fremdkapitalzinsen erfolgswirksam als Aufwand in der GUV verbucht werden und die reale Steuerlast somit reduziert wird. Der Faktor ($1 - St_U$) steht für den Anteil der Fremdkapitalkosten, der nach Abzug des Steuervorteils erhalten bleibt.

Tax Shield = Fremdkapitalzinsen × Ertragsteuersatz des Unternehmens

7.1.2 Bedeutung der Kapitalstruktur

Um einen Schätzwert für den WACC bestimmen zu können, ist die Kapitalstruktur *(capital structure)* des Unternehmens zu ermitteln. Diese einleitende Überlegung ist signifikant, da sich hieraus im Ergebnis die Gewichtungsfaktoren für die WACC-Formel ergeben.

Der Einsatz eines von Jahr zu Jahr variierenden Kapitalkostenschlüssels, der jeweils die jährliche Kapitalstruktur reflektiert, ist maßgebend für einen theoretisch korrekten Ansatz. In der unternehmerischen Praxis wird für eine Vorausschau überwiegend eine gleichbleibende WACC-Zusammensetzung definiert. Somit ist nicht die gegenwärtig vorliegende Kapitalstruktur, sondern die von der Unternehmung angestrebte Zielkapitalstruktur *(target capital structure)* maßgebend.[128] Zum einen ist es möglich,

127 Vgl. Ernst, D., Unternehmensbewertungen erstellen und verstehen, 2018, S. 47.
128 Vgl. Wortmann, A., Shareholder Value in mittelständischen Wachstumsunternehmen, 2001, S. 84.

dass die in der Gegenwart existierende Kapitalstruktur des Unternehmens nicht zu jedem Zeitpunkt derjenigen gleichkommt, die zukünftig über die gesamte Lebensdauer vorherrschen wird. Die Kapitalstruktur kann sich beispielsweise durch Finanzierungsaktivitäten verändern oder der Marktwert der in Umlauf befindlichen Aktien wird durch Kursschwankungen beeinflusst.[129] Auf der anderen Seite entsteht bei der Ermittlung der gegenwärtigen Kapitalstruktur, die an Marktwerte gekoppelt ist, ein Problem hinsichtlich der Zirkularität. Diese gegenseitigen Abhängigkeiten entwickeln sich, da für die Berechnung des WACC entsprechende Marktwerte (besonders der Marktwert des Eigenkapitals) gebraucht werden. Die Bestimmung des Marktwerts des Eigenkapitals erfordert aber die Diskontierung der erwarteten Free Cashflows mit dem WACC, der, ohne den Marktwert des Eigenkapitals zu kennen, nicht ausgerechnet werden kann. Umgekehrt kann der Marktwert des Eigenkapitals nicht ermittelt werden, solange der WACC unbekannt ist.[130]

Aus diesem Grund wird empfohlen, von einer Zielkapitalstruktur auszugehen, die nicht von Unternehmenswertänderungen tangiert wird und die potenziell falsche Schlüsse über die Auswirkungen der Kapitalstruktur auf den Unternehmenswert unterbindet.[131] Um diese Zielkapitalstruktur festzustellen, sollte eine möglichst genaue Schätzung der gegenwärtigen marktwertbezogenen Kapitalstruktur des Unternehmens durchgeführt werden, die anschließend der Kapitalstruktur vergleichbarer Unternehmen gegenübergestellt wird.[132]

7.1.3 Bestimmung der Eigenkapitalkosten

Die Renditeerwartungen der Eigentümer werden auf der Basis des **Capital-Asset-Pricing-Modells (CAPM)** ermittelt. Die Eigenkapitalkosten *(cost of equity)* setzen sich aus dem risikofreien Zinssatz (r_f), der Marktrisikoprämie (MRP) und dem Betafaktor (β), der unternehmensspezifisch ist, zusammen. Mittels des Betafaktors (β) wird das systematisch bestehende Risiko einer Investition in Relation zur Investition in das Marktportfolio beschrieben. Mit steigendem (bzw. sinkendem) β erhöht (bzw. verringert) sich auch das systematische Risiko eines Investments im Verhältnis zum Marktportfolio. Kapitalanlagen in Unternehmen mit einem Betafaktor größer als 1 sind risikobehafteter als in Unternehmen mit einem Betafaktor kleiner als 1. Man bezieht sich dabei auf das Capital-Asset-Pricing-Modell (CAPM).[133] Das Modell besagt, dass Investoren in Abhängigkeit von der Rendite ein höheres Risiko bevorzugen. Dabei wird nur

129 Vgl. Copeland, T. et al., Unternehmenswert, 2002, S. 252.
130 Vgl. Wortmann, A., Shareholder Value in mittelständischen Wachstumsunternehmen, 2001, S. 84.
131 Vgl. Wortmann, A., Shareholder Value in mittelständischen Wachstumsunternehmen, 2001, S. 84 f.
132 Vgl. Schneck, O., Handbuch alternativer Finanzierungsformen, 2006, S. 57.
133 Vgl. Schacht, U. & Fackler, M., Praxishandbuch Unternehmensbewertung, 2009, S. 212.

das Marktrisiko vergütet – der Investor erhält eine Prämie für die Wahl der riskanteren Alternative zur risikolosen Anlage. [134]

Marktrisikoprämie (MRP) = Marktrendite (r_m) – risikofreier Zinssatz (r_f)

Die Risikoprämie *(risk premium)* ergibt sich grundsätzlich aus dem Produkt der Marktrisikoprämie (MRP) *(market risk premium)* und dem unternehmensspezifischen Betafaktor (β). Bei einem Unternehmen, das ausschließlich mit Eigenkapital finanziert wird, existiert kein Kapitalstrukturrisiko. Der für ein unverschuldetes Unternehmen ermittelte Betafaktor wird auch als »unlevered Beta« (β_{uv}) bezeichnet.

Die Betafaktoren unverschuldeter Unternehmen (β_{uv}) können aus den Betafaktoren verschuldeter Unternehmen (β_v) und umgekehrt ermittelt werden. Es besteht folgender Zusammenhang zwischen dem verschuldeten und dem unverschuldeten Beta:

$$\beta_{uv} = \frac{\beta_v}{1 + \frac{FK_{Markt}}{EK_{Markt}} \times \left(1 - St_U\right)} \quad \text{bzw. } \beta_v = \beta_{uv} \times \left[1 + \frac{FK_{Markt}}{EK_{Markt}} \times (1 - St_U)\right]$$

β_{uv} = Betafaktor des unverschuldeten Unternehmens
β_v = Betafaktor des verschuldeten Unternehmens
St_U = Ertragsteuersatz des Unternehmens
FK_{Markt} = Marktwert des Fremdkapitals
EK_{Markt} = Marktwert des Eigenkapitals

Beispiel: Berechnung der Marktrisikoprämie

Die erwartete Marktrendite (r_m) beträgt 7,3 % und der Zinssatz für eine risikofreie zehnjährige Bundesanleihen (r_f) beträgt 0,8 % p. a. So ergibt sich daraus eine Marktrisikoprämie (MRP) von 6,5 %.

$$MRP = r_m - r_f = 7{,}3\,\% - 0{,}8\,\% = 6{,}5\,\%$$

134 Vgl. Schacht, U. & Fackler, M., Praxishandbuch Unternehmensbewertung, 2009, S. 212.

Daraus lassen sich die risikoadjustierten Eigenkapitalkosten eines verschuldeten Unternehmens ($i_{Eigen,v}$) berechnen.

$$i_{Eigen,v} = r_f + \beta_v \times (r_m - r_f)$$

Risikoadjustierter Eigenkapitalkostensatz = risikofreier Zinssatz + (Betafaktor × Marktrisikoprämie)

$i_{Eigen,v}$	= Eigenkapitalkostensatz verschuldetes Unternehmen (risikoangepasste Renditeforderung Eigenkapitalgeber)
r_f	= Rendite für risikofreie Anlage (Rendite festverzinslicher längerfristiger Wertpapiere von Emittenten unzweifelhafter Bonität, z. B. Rendite von Bundesanleihen) = risikolose Basisverzinsung
r_m	= erwartete Marktrendite (z. B. bei DAX 30 oder EuroStoxx 50)
MRP	= (durchschnittliche) Marktrisikoprämie (MRP = $[r_m - r_f]$)
β	= systematisches Marktrisiko des Unternehmens, ausgedrückt im Betafaktor
β_v	= Betafaktor des verschuldeten Unternehmens

Der **Betafaktor (β)** bildet das systematische Risiko als Maßgröße ab, inwieweit ein Wertpapier (Aktie) die Marktentwicklung (z. B. des Aktienindex DAX) nachvollzieht. Es sind folgende Auswirkungen möglich:

- $\beta > 1$: Das Wertpapier (Aktie) reagiert stärker als der Gesamtmarkt. Ein Betafaktor von 1,5 sagt aus, dass eine Erhöhung der Marktrendite um 10 % einen Anstieg der Einzelrendite des Wertpapiers um 15 % mit sich bringt.
- $\beta = 1$: Das Wertpapier (Aktie) reagiert analog dem Gesamtmarkt. Erhöht sich die Marktrendite z. B. um 2 %, so steigt auch die Einzelrendite um 2 %.
- $\beta < 1$: Die Einzelrendite des Wertpapiers (Aktie) reagiert unterproportional auf Veränderungen der Rendite des Marktportfolios.

Risikolose Wertpapiere haben den Betafaktor in Höhe von 0, d. h. die Rendite entspricht dem risikofreien Zinssatz (r_f).

Das Verhältnis der Kovarianz von Aktien- und Marktrenditen zur Marktvarianz stellt den Betafaktor (β) dar.

Die Berechnung des Betafaktors (β) ergibt sich aus der Kovarianz der Renditeerwartungen des Marktportfolios (r_m) und den Renditeerwartungen der Anlage (Aktienrendite = r_i). Das wird durch die Varianz der Renditeerwartungen des Marktportfolios (r_m) dividiert[135]:

135 Vgl. Perridon, L. et al., Finanzwirtschaft der Unternehmung, 2017, S. 295.

$$\beta = \frac{Cov(r_i, r_m)}{Var(r_m)} = k_{fm} \times \frac{\sigma_i}{\sigma_m}$$

$Cov(r_i, r_m)$	= Kovarianz der Renditeerwartungen des Marktportfolios M und den Renditeerwartungen der Anlage
$Var(r_m)$	= Varianz der Renditeerwartungen des Marktportfolios
k_{fm}	= Korrelationskoeffizient zwischen Wertpapier i u. Marktportfolio M
σ	= Standardabweichung

7.1.4 Bestimmung der Fremdkapitalkosten

Der Fremdkapitalkostensatz (i_{Fremd}) besteht aus dem risikofreien Zins (r_f) und einem Risikozuschlag (r_{zu}), der auch als »Credit Spread« (CS) bezeichnet werden kann.

Ermittlung des Fremdkapitalkostensatzes ohne Steuervorteile:

$$i_{Fremd} = r_f + CS$$

Der Fremdkapitalkostensatz (i_{Fremd}) kann auch wie folgt berechnet werden:

$$i_{Fremd} = \frac{\text{Zinsaufwand}}{\text{zinstragendes Fremdkapital}} \times 100$$

Der Zinsaufwand *(interest expense)* der jeweiligen Periode (t) wird bestimmt, indem man das verzinsliche Fremdkapital der Vorperiode (FK_{t-1}) oder das durchschnittliche verzinsliche Fremdkapital der Periode (FK_t) mit dem Fremdkapitalkostensatz multipliziert.

$$\text{Zinsaufwand} = FK_{t-1} \times i_{Fremd} \text{ oder durchschnittliches } FK_t \times i_{Fremd}$$

Ermittlung des Fremdkapitalkostensatzes mit Steuervorteilen:

$$i_{Fremd} \text{ mit Steuervorteilen} = i_{Fremd} - (i_{Fremd} \times St_U) = i_{Fremd} \times (1 - St_U)$$

St_U = Ertragsteuersatz des Unternehmens

Bei der Ermittlung der Fremdkapitalkosten darf nur das verzinsliche Fremdkapital *(interest-bearing liabilities)* berücksichtigt werden. Das nicht verzinsliche Fremdkapital, wie z. B. Verbindlichkeiten aus Lieferungen, erhaltene Anzahlungen und Leistungen oder die sonstigen Rückstellungen, dürfen nicht in die Berechnung miteingehen.

Das **verzinsliche Fremdkapital** umfasst neben den normalen verzinslichen Finanzverbindlichkeiten (i. d. R. die lang- und kurzfristigen Bankverbindlichkeiten sowie die festverzinslichen Anleihen) auch die Leasingverbindlichkeiten und die Pensionsverpflichtungen.

7.1.5 Bestimmung des Marktwerts des Fremdkapitals

Der Marktwert des Fremdkapitals (FK_{Markt}) lässt sich bestimmen, indem die Cashflows an die Fremdkapitalgeber abgezinst werden. Es wird dafür der Fremdkapitalkostensatz (i_{Fremd}) für verschuldete Unternehmen verwendet.[136]

$$FK_{Markt} = \sum_{t=1}^{\infty} \frac{CF_t^{FK}}{\left(1 + i_{Fremd}\right)}$$

CF^{FK}_t = erwarteter Cashflow an die Fremdkapitalgeber in Periode t

Der Marktwert des Fremdkapitals (FK_{Markt}) ist abhängig von den Zinskonditionen des Marktzinssatzes.

Beispiel: Ermittlung des Marktwertes des Fremdkapitals

Ein Unternehmen hat ein festverzinsliches endfälliges Darlehen über 1 Mio. € mit einer Laufzeit von fünf Jahren und einem Darlehenszinssatz von 5,00 % p. a.

Fall 1: Die aktuellen Zinskonditionen sind identisch mit dem Darlehenszins, d. h. jeweils 5,00 % p. a. Somit entspricht der Marktwert des Darlehens dem Buchwert.

Die jährlichen Zinsen belaufen sich auf 50.000 € (= 1.000.000 € × 0,05)

Berechnung des Marktwerts des Fremdkapitals (FK_{Markt}) mit einem Darlehenszinssatz und Marktzinssatz von 5,00 % p. a.:

$$FK_{Markt} = \left(1.000.000\ € \times 0,05\right) \times \left(\frac{1,05^5 - 1}{1,05^5 \times 0,05}\right) + \frac{1.000.000\ €}{1,05^5}$$

$$FK_{Markt} = 216.473,83\ € + 783.526,17\ € = 1.000.000\ €$$

136 Vgl. Peemöller, V. H. (Hrsg.): Praxishandbuch der Unternehmensbewertung, 2015, S. 359.

Fall 2: Die aktuellen Zinskonditionen (Marktzinssatz = 7,00 % p. a.) sind höher als der vereinbarte Darlehenszinssatz (5,00 % p. a.). Somit ist der Marktwert des Darlehens geringer als der Buchwert.

Berechnung des Marktwerts des Fremdkapitals (FK_{Markt}) mit einem Marktzinssatz von 7,00 % p. a:

$$FK_{Markt} = (1.000.000\ € \times 0,05) \times \left(\frac{1,07^5 - 1}{1,07^5 \times 0,07} \right) + \frac{1.000.000\ €}{1,07^5}$$

$$FK_{Markt} = 205.009,87\ € + 712.986,18\ € = 917.996,05\ €$$

Fall 3: Die aktuellen Zinskonditionen (Marktzinssatz = 3,00 % p. a.) sind niedriger als der vereinbarte Darlehenszinssatz (5,00 % p. a.). Somit ist der Marktwert des Darlehens höher als der Buchwert.

Berechnung des Marktwerts des Fremdkapitals (FK_{Markt}) mit einem Marktzinssatz von 3,00 % p. a.:

$$FK_{Markt} = (1.000.000\ € \times 0,05) \times \left(\frac{1,03^5 - 1}{1,03^5 \times 0,03} \right) + \frac{1.000.000\ €}{1,03^5}$$

$$FK_{Markt} = 228.985,36\ € + 862.608,78\ € = 1.091.594,14\ €$$

Wenn der vereinbarte Fremdkapitalkostensatz über dem Marktzinssatz liegt, ist der Marktwert des Fremdkapitals höher als der Buchwert des verzinslichen Fremdkapitals.

7.1.6 Bestimmung des Marktwerts des Eigenkapitals

Bei der Betrachtung der Formel

$$WACC_{mit\ Tax\ Shield} = \frac{EK_{Markt}}{GK_{Markt}} \times i_{Eigen,v} + \frac{FK_{Markt}}{GK_{Markt}} \times i_{Fremd} \times (1 - St_U)$$

wird deutlich, dass schon im Vorfeld der Marktwert des Fremdkapitals und der Marktwert des Eigenkapitals benötigt werden.[137] Im ersten Schritt lässt sich der Marktwert

137 Vgl. Aschauer, E. & Purtscher, V., Einführung in die Unternehmensbewertung, 2011, S. 127.

des Fremdkapitals bestimmen, indem die Cashflows an die Fremdkapitalgeber abgezinst werden.

Die Bestimmung des Marktwerts des Eigenkapitals gestaltet sich nicht trivial, da ein »Zirkularitätsproblem« besteht.[138] Das bedeutet, dass man für diese Vorgehensweise zunächst den Marktwert des Eigenkapitals benötigt, den man erst durch das WACC-Verfahren ermittelt.

Zirkularitätsproblem

Das Zirkularitätsproblem *(problem of circularity)* wird anhand der folgenden Formeln dargestellt:

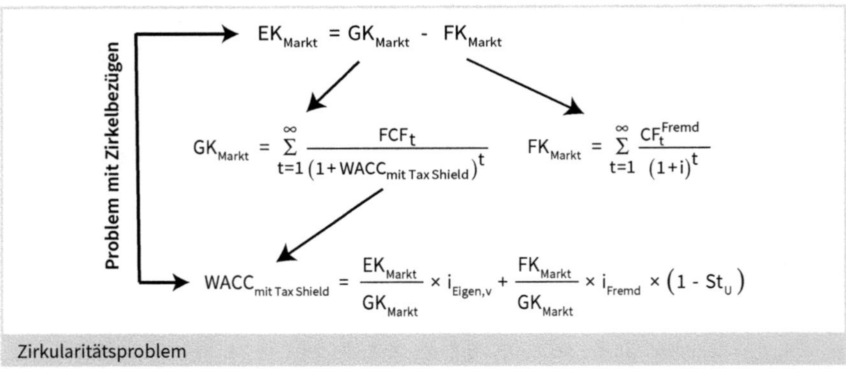

Zirkularitätsproblem

Darstellung des Zirkularitätsproblems:

- Mithilfe des WACC (= Weighted Average Cost of Capital), d.h. dem gewogenen durchschnittlichen Kapitalkostensatz, soll der Marktwert des Eigenkapitals (EK_{Markt}) bestimmt werden.
- Für die Bestimmung des Marktwertes des Eigenkapitals (EK_{Markt}) ist die Kenntnis der Kapitalstruktur *(capital structure)* erforderlich.
- Um die Kapitalstruktur zu bestimmen, muss der Marktwert des Eigenkapitals (EK_{Markt}) bekannt sein.

138 Vgl. Ernst, D. et al., Unternehmensbewertungen erstellen und verstehen, 2018, S. 48.

Die folgende Abbildung verdeutlicht das Zirkularitätsproblem zur Ermittlung des WACC:

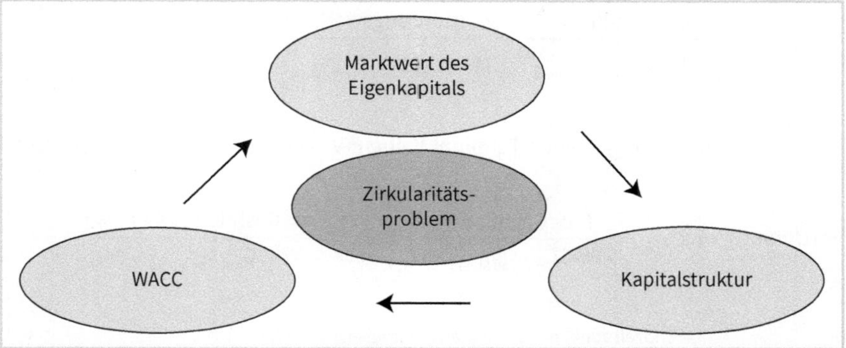

Marktwert des Eigenkapitals

Zirkularitäts-problem

WACC

Kapitalstruktur

Darstellung des Zirkularitätsproblems

Man kann das Problem durch Iteration lösen: Erst wird der Marktwert des Eigenkapitals geschätzt, danach auf Basis dessen ein vorläufiger WACC berechnet. Damit wird schließlich mithilfe des WACC-Verfahrens ein vorläufiger Marktwert des Eigenkapitals ermittelt. Es entsteht eine Abweichung zum erstmalig geschätzten Wert. Schließlich wird ein neuer Schätzwert angesetzt, der zwischen dem geschätzten Marktwert des Eigenkapitals und dem vorläufigen Marktwert des Eigenkapitals liegt. Der Vorgang wird so lange fortgeführt, bis der geschätzte Marktwert des Eigenkapitals gleich dem berechneten Wert ist.

Des Weiteren besteht die Möglichkeit, eine **Zielkapitalstruktur**, d. h. ein festes Verhältnis zwischen dem Marktwert des Fremdkapitals und dem Marktwert des Eigenkapitals, vorzugeben, um den Schritt der Iteration zu umgehen. Diese Zielkapitalstruktur *(target capital structure)* muss dann künftig konstant gehalten werden, d. h. mittels der Finanzierungs-, Ausschüttungs- und Investitionspolitik. Hierfür ist eine Anpassung der Fremdkapitalbestände erforderlich, um der vorgegebenen Zielkapitalstruktur weiterhin gerecht zu werden.[139]

139 Vgl. Ernst, D. et al., Unternehmensbewertungen erstellen und verstehen, 2018, S. 106 f.

Schließlich können die geplanten Free Cashflows mit dem WACC diskontiert werden, um den **Marktwert des Gesamtkapitals** (GK_{Markt}) zu ermitteln:

$$GK_{Markt} = \sum_{t=1}^{n} \frac{\text{Free Cashflows}_t}{\left(1+WACC_{\text{mit Tax Shield}}\right)^t} + \frac{\text{Fortführungswert}_{FCF,n}}{\left(1+WACC_{\text{mit Tax Shield}}\right)^n} + N_0$$

Der Fortführungswert$_{FCF,n}$, auch Terminal Value (TV) genannt, berechnet sich wie folgt:

$$\text{Fortführungswert}_{FCF,n} = \frac{\text{Free Cashflows}_{n+1}}{WACC_{\text{mit Tax Shield}} - w} \text{ bzw.} = \frac{\text{Free Cashflows}_n \times (1+w)}{WACC_{\text{mit Tax Shield}} - w}$$

n	= Endzeitpunkt der Detailplanungsphase (Phase 1)
t	= betrachtete Periode (1 bis n)
$WACC_{\text{mit Tax Shield}}$	= gewogener durchschnittlicher Kapitalkostensatz mit Steuervorteil
N_0	= Marktwert des nicht betriebsnotwendigen Vermögens
w	= Wachstumsrate über unendlichen Zeitraum des Free Cashflows

Der dritte Summand (N_0) steht für den Marktwert des nicht betriebsnotwendigen Vermögens *(non-operative assets)*. Ist der Marktwert des Gesamtkapitals (= Bruttounternehmenswert) einmal bestimmt, muss noch der Marktwert des Fremdkapitals abgezogen werden, um im Ergebnis den Marktwert des Eigenkapitals (= Nettounternehmenswert) zu erhalten.

	Marktwert des Gesamtkapitals (GK_{Markt})
–	Marktwert des Fremdkapitals (FK_{Markt})
=	**Marktwert des Eigenkapitals (EK_{Markt})**

Beispiel: Lösung des Zirkularitätsproblems bei der Ermittlung des WACC durch Iteration

Von einem Unternehmen stehen Ihnen die folgenden Informationen zur Verfügung:

- Das verzinsliche Fremdkapital der Periode t = 0 entspricht dem Marktwert des Fremdkapitals. Ferner wird eine autonome Finanzierungspolitik unterstellt, d. h., der Marktwert des Fremdkapitals ist konstant.
- Eigenkapitalkostensatz ($i_{Eigen,v}$) = 9,5 % p. a.
- Fremdkapitalkostensatz (i_{Fremd}) = 5,0 % p. a.
- Ertragsteuersatz des Unternehmens (St_U) = 30 %
- verkürzte Bilanz des Unternehmens

Aktiva	**Bilanz zum 31.12.00**		**Passiva**
Anlagevermögen	45 Mio. €	Eigenkapital	30 Mio. €
Vorräte	29 Mio. €	Pensionsrückstellungen	10 Mio. €
Forderungen	16 Mio. €	kurzfr. Verbindlichkeiten	34 Mio. €
liquide Mittel	2 Mio. €	Bankverbindlichkeiten	18 Mio. €
Bilanzsumme	**92 Mio. €**	**Bilanzsumme**	**92 Mio. €**

Berechnung des Marktwerts des Fremdkapitals:

	Pensionsrückstellungen	10 Mio. €
+	Bankverbindlichkeiten	+ 18 Mio. €
=	**Marktwert des Fremdkapitals (FK_{Markt})**	**= 28 Mio. €**

Die geplanten Free Cashflows der Planungsperioden:

Periode (t)	**01**	**02**	**03**	**04**	**05**	**ab 06**
Free Cash-flows (FCF)	4,1 Mio. €	4,8 Mio. €	5,4 Mio. €	5,6 Mio. €	5,8 Mio. €	5,8 Mio. €

Berechnung des $WACC_{mit\ Tax\ Shield}$ im ersten Iterationsschritt:

$$WACC_{mit\ Tax\ Shield} = \frac{EK_{Markt}}{GK_{Markt}} \times i_{Eigen,v} + \frac{FK_{Markt}}{GK_{Markt}} \times i_{Fremd} \times (1 - St_U)$$

$$WACC_{mit\ Tax\ Shield} = \left[\frac{30\ Mio.\ €}{58\ Mio.\ €} \times 0{,}095 + \frac{28\ Mio.\ €}{58\ Mio.\ €} \times 0{,}05 \times (1 - 0{,}3)\right] \times 100$$
$$= 6{,}60344828\ \%$$

Ermittlung des Marktwerts des Eigenkapitals (= Nettounternehmenswerts) nach dem Free-Cashflow-Verfahren

Zunächst wird der Marktwert des Gesamtkapitals (GK_{Markt}) berechnet.

$$GK_{Markt} = \frac{4{,}1 \text{ Mio.} €}{(1{,}0660344828)^1} + \frac{4{,}8 \text{ Mio.} €}{(1{,}0660344828)^2} + \frac{5{,}4 \text{ Mio.} €}{(1{,}0660344828)^3}$$

$$+ \frac{5{,}6 \text{ Mio.} €}{(1{,}0660344828)^4} + \frac{5{,}8 \text{ Mio.} €}{(1{,}0660344828)^5} + \frac{5{,}8 \text{ Mio.} €}{(0{,}0660344828) \times (1{,}0660344828)^5} =$$

$$GK_{Markt} = 3.846.029{,}44 € + 4.223.755{,}12 € + 4.457.383{,}50 € + 4.336.137{,}20 €$$

$$+ 4.212.808{,}60 € + 63.797.101{,}54 € = 84.873.215{,}40 €$$

Marktwert des Eigenkapitals (EK_{Markt}) = Marktwert des Gesamtkapitals –Marktwert des Fremdkapitals

Der **Marktwert des Fremdkapitals** (FK_{Markt})entspricht dem verzinslichen Fremdkapital *(interest-bearing liabilities)* in der Periode t_0 in Höhe von 28 Mio. €.

$\mathbf{EK_{Markt}}$ = 84.873.215,40 € – 28.000.000 € = **56.873.215,40 €**

Mithilfe der Iteration lässt sich das Problem lösen. Mit dem neu ermittelten Marktwert des Eigenkapitals (EK_{Markt}) kann der gewogene durchschnittliche Kapitalkostensatz mit Steuervorteil ($WACC_{mit\ Tax\ Shield}$) ermittelt werden.

Berechnung des $WACC_{mit\ Tax\ Shield}$ im zweiten Iterationsschritt:

$$WACC_{mit\ Tax\ Shield} = \left[\frac{56{,}87 \text{ Mio.} €}{84{,}87 \text{ Mio.} €} \times 0{,}095 + \frac{28{,}00 \text{ Mio.} €}{84{,}87 \text{ Mio.} €} \times 0{,}05 \times (1 - 0{,}3)\right] \times 100$$

$$WACC_{mit\ Tax\ Shield} = 7{,}52057694\ \%$$

Berechnung des Marktwerts des Eigenkapitals (EK_{Markt}) im zweiten Iterationsschritt:

Jahr	Free Cashflows	Abzinsungsfaktor	Barwerte der FCF
01	4.100.000 €	0,930054533	3.813.223,59 €
02	4.800.000 €	0,865001435	+ 4.152.006,89 €
03	5.400.000 €	0,804498506	+ 4.344.291,93 €
04	5.600.000 €	0,748227482	+ 4.190.073,90 €
05	5.800.000 €	0,695892362	+ 4.036.175,70 €
Fortführungswert	77.121.743 €	0,695892362	+ 53.668.431,69 €
= **Marktwert des Gesamtkapitals**			**= 74.204.203,70 €**
– Marktwert des Fremdkapitals			– 28.000.000,00 €
= **Marktwert des Eigenkapitals**			**= 46.204.203,70 €**

Berechnung des $WACC_{mit\ Tax\ Shield}$ im dritten Iterationsschritt:

$$WACC_{mit\ Tax\ Shield} = \left[\frac{46{,}20\ \text{Mio.}\ €}{74{,}20\ \text{Mio.}\ €} \times 0{,}095 + \frac{28{,}00\ \text{Mio.}\ €}{74{,}20\ \text{Mio.}\ €} \times 0{,}05 \times (1-0{,}3)\right] \times 100$$

$$WACC_{mit\ Tax\ Shield} = 7{,}23597732\ \%$$

Berechnung des Marktwerts des Eigenkapitals (EK_{Markt}) im dritten Iterationsschritt:

Jahr	Free Cashflows	Abzinsungsfaktor	Barwerte der FCF
01	4.100.000 €	0,932522858	3.823.343,72 €
02	4.800.000 €	0,869598880	+ 4.174.074,62 €
03	5.400.000 €	0,810920832	+ 4.378.972,49 €
04	5.600.000 €	0,756202212	+ 4.234.732,39 €
05	5.800.000 €	0,705175847	+ 4.090.019,91 €
Fortführungswert	80.155.033 €	0,705175847	+ 56.523.393,23 €
= **Marktwert des Gesamtkapitals**			**= 77.224.536,37 €**
– Marktwert des Fremdkapitals			– 28.000.000,00 €
= **Marktwert des Eigenkapitals**			**= 49.224.536,37 €**

Berechnung des $WACC_{mit\ Tax\ Shield}$ im vierten Iterationsschritt:

$$WACC_{mit\ Tax\ Shield} = \left[\frac{49{,}22\ \text{Mio.}\ €}{77{,}22\ \text{Mio.}\ €} \times 0{,}095 + \frac{28{,}00\ \text{Mio.}\ €}{77{,}22\ \text{Mio.}\ €} \times 0{,}05 \times (1-0{,}3)\right] \times 100$$

$$WACC_{mit\ Tax\ Shield} = 7{,}32452562\ \%$$

Berechnung des Marktwerts des Eigenkapitals (EK_{Markt}) im vierten Iterationsschritt:

Jahr	Free Cashflows	Abzinsungsfaktor	Barwerte der FCF
01	4.100.000 €	0,931753478	3.820.189,26 €
02	4.800.000 €	0,868164543	+ 4.167.189,81 €
03	5.400.000 €	0,808915333	+ 4.368.142,80 €
04	5.600.000 €	0,753709674	+ 4.220.774,18 €
05	5.800.000 €	0,702271610	+ 4.073.175,34 €
Fortführungswert	79.186.016 €	0,702271610	+ 55.610.090,69 €
= **Marktwert des Gesamtkapitals**			**= 76.259.562,07 €**
– Marktwert des Fremdkapitals			– 28.000.000,00 €
= **Marktwert des Eigenkapitals**			**= 48.259.562,07 €**

Berechnung des $WACC_{mit\ Tax\ Shield}$ im fünften Iterationsschritt:

$$WACC_{mit\ Tax\ Shield} = \left[\frac{48{,}26\ \text{Mio.}\ €}{76{,}26\ \text{Mio.}\ €} \times 0{,}095 + \frac{28{,}00\ \text{Mio.}\ €}{76{,}26\ \text{Mio.}\ €} \times 0{,}05 \times (1-0{,}3)\right] \times 100$$

$$WACC_{mit\ Tax\ Shield} = 7{,}29699758\ \%$$

Berechnung des Marktwerts des Eigenkapitals (EK_{Markt}) im fünften Iterationsschritt:

Jahr	Free Cashflows	Abzinsungsfaktor	Barwerte der FCF
01	4.100.000 €	0,931992528	3.821.169,36 €
02	4.800.000 €	0,868610072	+ 4.169.328,35 €
03	5.400.000 €	0,809538097	+ 4.371.505,72 €
04	5.600.000 €	0,754483457	+ 4.225.107,36 €
05	5.800.000 €	0,703172944	+ 4.078.403,08 €
Fortführungswert	79.484.746 €	0,703172944	+ 55.891.522,94 €
= **Marktwert des Gesamtkapitals**			**= 76.557.036,81 €**
– Marktwert des Fremdkapitals			– 28.000.000,00 €
= **Marktwert des Eigenkapitals**			**= 48.557.036,81 €**

Der Marktwert des Eigenkapitals (= Nettounternehmenswert) nach dem Free-Cashflow-Verfahren beträgt 48.577.036,81 €.

7.2 Das Free-Cashflow-Verfahren mit dem WACC-Ansatz

Beim FCF-Verfahren mit dem WACC-Ansatz wird das Unternehmen aus der Sicht der Eigen- und der Fremdkapitalgeber bewertet. Der Tax Shield (= Steuervorteil durch die verzinsliche Fremdkapitalfinanzierung) wird nur im Nenner, d. h. dem Kapitalisierungszinssatz ($WACC_{mit\ Tax\ Shield}$ = der gewogene durchschnittliche Kapitalkostensatz mit Steuervorteil), berücksichtigt. Hierbei bewirkt die Steuerersparnis aus der Fremdkapitalfinanzierung eine Verminderung des Kapitalisierungszinssatzes. Der $WACC_{mit\ Tax\ Shield}$ wird wie folgt berechnet:

$$WACC_{mit\ Tax\ Shield} = \frac{EK_{Markt}}{GK_{Markt}} \times i_{Eigen,v} + \frac{FK_{Markt}}{GK_{Markt}} \times i_{Fremd} \times \left(1 - St_U\right)$$

EK_{Markt} = Marktwert des Eigenkapitals
FK_{Markt} = Marktwert des Fremdkapitals
GK_{Markt} = Marktwert des Gesamtkapitals (= $EK_{Markt} + FK_{Markt}$)
$i_{Eigen,v}$ = risikoadjustierter Eigenkapitalkostensatz des verschuldeten Unternehmens
i_{Fremd} = Fremdkapitalkostensatz (Renditeforderung der Fremdkapitalgeber)
St_U = durchschnittlicher Ertragsteuersatz des Unternehmens

Beispiel: Berechnung des WACC mit Tax Shield

Von einem Unternehmen sind folgende Daten bekannt:

- $EK_{Markt} = 12$ Mio. €
- $FK_{Markt} = 8$ Mio. €
- $GK_{Markt} = 20$ Mio. €
- $i_{Eigen,v} = 10\,\%$
- $i_{Fremd} = 6\,\%$
- $St_U = 30\,\%$

Berechnen Sie den $WACC_{mit\ Tax\ Shield}$.

$$WACC_{mit\ Tax\ Shield} = \frac{12\text{ Mio.€}}{20\text{ Mio.€}} \times 10\,\% + \frac{8\text{ Mio.€}}{20\text{ Mio.€}} \times 6\,\% \times (1-0{,}3) = 7{,}68\,\%$$

Üblicherweise vollzieht sich die Berechnung der Free Cashflows in zwei Phasen: Neben einer Detailplanungsphase *(detailed planning phase)*, während der die Free Cashflows in naher Zukunft prognostiziert werden, gibt es noch eine zweite Phase (analog zum Phasenmodell des Ertragswertverfahrens). In der zweiten Phase werden die Plandaten des letzten Jahres aus der Detailplanungsphase unendlich fortgeschrieben und ein sogenannter Fortführungswert gebildet, der die Summe der unendlichen nachhaltigen finanziellen Free Cashflows für die Perioden nach der ersten Phase darstellt. Daher wird die zweite Phase auch als »ewige Rente« *(perpetual annuity)* bezeichnet.[140] Für die Bestimmung des Fortführungswerts geht man davon aus, dass der bewertungsrelevante Free Cashflow im Zeitablauf konstant mit einer Wachstumsrate (w) wächst oder konstant bleibt, d. h. eine Wachstumsrate (w) von null aufweist.[141]

Der Marktwert des Gesamtkapitals (GK_{Markt}) (= Bruttounternehmenswert) kann beim FCF-Verfahren wie folgt bestimmt werden:

$$\text{Marktwert des Gesamtkapital } (GK_{Markt})$$

$$= \sum_{t=1}^{n} \frac{\text{Free Cashflows}_t}{(1+WACC_{mit\ Tax\ Shield})^t} + \frac{\text{Fortführungswert}_{FCF,n}}{(1+WACC_{mit\ Tax\ Shield})^n} + N_0$$

Der $\text{Fortführungswert}_{FCF,n}$ mit Wachstumsrate berechnet sich wie folgt:

$$\text{Forführungswert}_{FCF,n} = \frac{\text{Free Cashflows}_{n+1}}{WACC_{mit\ Tax\ Shield} - w} \text{ oder } = \frac{\text{Free Cashflows}_n \times (1+w)}{WACC_{mit\ Tax\ Shield} - w}$$

140 Ernst, D. et al., Unternehmensbewertungen erstellen und verstehen, 2012, S. 38 f.

141 Ernst, D. et al., Unternehmensbewertungen erstellen und verstehen, 2012, S. 39.

n	= Endzeitpunkt der Detailplanungsphase (Phase 1)
t	= betrachtete Periode (1 bis n)
$WACC_{mit\ Tax\ Shield}$	= gewogener durchschnittlicher Kapitalkostensatz mit Steuervorteil
N_0	= Marktwert des nicht betriebsnotwendigen Vermögens
w	= Wachstumsrate des Free Cashflows im Fortführungswert

Alternative Berechnung des Fortführungswerts (Restwerts)

Den Fortführungswert (Restwert) kann man auch mit dem **Multiplikatorverfahren** ermitteln. Hier wird ein Multiplikator mit dem entsprechenden Prognosewert einer Basisgröße multipliziert. Der entsprechende Prognosewert einer Basisgröße ist der Wert aus dem letzten Jahr der Detailplanungsphase.

Fortführungswert$_n$ = Multiplikator × Basisgröße

Beispiel: Berechnung des Fortführungswerts

Von einem Unternehmen sind die Planerfolgsrechnungen, die Planbilanzen und die Plankapitalflussrechnungen bekannt. Für die Ermittlung des Fortführungswerts nach Ablauf des Detailplanungszeitraums am Ende des fünften Jahres wird aus Vereinfachungsgründen als Multiplikator das EBIT des fünften Jahres genommen. Es liegen folgende Daten vor:

- EBIT am Ende des fünften Jahres = 120 Mio. €
- EBIT-Multiplikator = 9,4
- WACC = 8,7 %

Der Fortführungswert wird wie folgt berechnet:

Fortführungswert$_5$ = EBIT-Multiplikator × EBIT = 9,4 × 120 Mio. € = 1.128 Mio. €

Der Barwert des Fortführungswerts (Restwerts) wird wie folgt berechnet:

$$\text{Barwert des Fortführungswerts} = \frac{\text{Fortführungswert}}{(1+\text{WACC})^n}$$

n = Ende des Detailplanungszeitraums

$$\text{Barwert des Fortführungswerts} = \frac{1.128.000\ \text{T€}}{(1+0{,}087)^5} = 743.295{,}29\ \text{T€}$$

Der Barwert des Fortführungswerts beträgt 743.295,29 T€.

Weitere Details siehe Kapitel 8.

Ermittlung des Marktwerts des Eigenkapitals (= Nettounternehmenswert)

Da ein Käufer nur bereit ist, den Marktwert des Eigenkapitals eines Unternehmens zu bezahlen, muss der Marktwert des Eigenkapitals (EK_{Markt}) ermittelt werden. Um zum Marktwert des Eigenkapitals (EK_{Markt}) zu gelangen, wird der Marktwert des Fremdkapitals (FK_{Markt}) vom Marktwert des Gesamtkapitals (GK_{Markt}) abgezogen. In der Praxis wird häufig aus Vereinfachungsgründen der aktuelle Wert des verzinslichen Fremdkapitals *(interest-bearing liabilities)* für den Marktwert des Fremdkapitals angesetzt.

Der Marktwert des Fremdkapitals (FK_{Markt}) kann auch aus der Diskontierung (Abzinsung) der ausstehenden (erwarteten) Zahlungsströme an die Fremdkapitalgeber mit den Fremdkapitalkosten ermittelt werden.

$$FK_{Markt} = \sum_{t=1}^{n} \frac{FKZ_t}{(1+i_{Fremd})^t} + \frac{Fortführungswert_n}{(1+i_{Fremd})^n}$$

FK_{Markt}	= Marktwert des Fremdkapitals
FKZ_t	= Fremdkapitalzinsen für Fremdkapitalgeber in der Periode t
i_{Fremd}	= Fremdkapitalkostensatz
n	= Planungshorizont (Jahre)

Der Marktwert des Eigenkapitals (EK_{Markt}) wird wie folgt berechnet:

	Marktwert des Gesamtkapitals (GK_{Markt}) (= Bruttounternehmenswert)
–	Marktwert des Fremdkapitals (FK_{Markt})
=	**Marktwert des Eigenkapitals (EK_{Markt}) (= Nettounternehmenswert)**

Der Marktwert des Eigenkapitals (EK_{Markt}) wird mit dem WACC-Ansatz wie folgt berechnet:

$$EK_{Markt} = \sum_{t=1}^{n} \frac{Free\ Cashflows_t}{(1+WACC_{mit\ Tax\ Shield})^t} + Barwert\ des\ Fortführungswerts + N_0 - FK_{Markt}$$

N_0 = Marktwert des nicht betriebsnotwendigen Vermögens

Die folgende Tabelle zeigt Ihnen, wie der Marktwert des Eigenkapitals (= Nettounternehmenswert) mit dem Free-Cashflow-Verfahren ermittelt wird.

	Barwert der Free Cashflows inkl. dem Barwert des Fortführungswerts
+	Marktwert des nicht betriebsnotwendigen Vermögens (N_0)
=	**Marktwert des Gesamtkapitals (= Bruttounternehmenswert)**
–	Marktwert des Fremdkapitals
=	**Marktwert des Eigenkapitals (= Nettounternehmenswert)**

Beispiel: Free-Cashflow-Verfahren mit dem WACC-Ansatz

Ein Unternehmen soll verkauft werden. Käufer und Verkäufer einigen sich bei der Festlegung des Unternehmensbewertungsverfahrens auf das Free-Cashflow-Verfahren mit dem WACC-Ansatz, um den Unternehmenswert zu ermitteln. Für die Unternehmensbewertung liegen die folgenden Informationen vor:

- Free Cashflows: Jahr 1: 400.000 €, Jahr 2: 420.000 €, Jahr 3: 450.000 €, ab dem vierten Jahr wird mit einem Free Cashflow von 460.000 € und einem jährlichen Wachstum (w) von 2 % gerechnet.
- Zielkapitalstruktur: 60 % Marktwert Eigenkapital, 40 % Marktwert Fremdkapital
- Fremdkapitalkostensatz für verzinsliches Fremdkapital: 6 %
- Informationen zur Verzinsung des Eigenkapitals: Marktrisikoprämie (MRP) = 5,0 %; Betafaktor (β_v) des verschuldeten Unternehmens = 1,2; Zinssatz langfristiger risikoloser Staatsanleihen (r_f) = 4,0 %
- Ertragsteuersatz des Unternehmens (St_U) = 30 %

Marktwert des Fremdkapitals (FK_{Markt}) = 2.000.000 € Vorgehensweise für die Berechnung des **Marktwerts des Eigenkapitals**:

Schritt 1: Ermittlung des Eigenkapitalkostensatzes ($i_{Eigen,v}$) gemäß Capital Asset Pricing Model

Eigenkapitalkostensatz ($i_{Eigen,v}$) = $r_f + \beta_v \times MRP$

Eigenkapitalkostensatz ($i_{Eigen,v}$) = 4,0 % + 1,2 × 5,0 % = 10 %

Schritt 2: Ermittlung des gewogenen durchschnittlichen Kapitalkostensatzes mit Steuervorteil ($WACC_{mit\ Tax\ Shield}$)

$$WACC_{mit\ Tax\ Shield} = \frac{EK_{Markt}}{GK_{Markt}} \times i_{Eigen,v} + \frac{FK_{Markt}}{GK_{Markt}} \times i_{Fremd} \times (1 - St_U)$$

$$WACC_{mit\ Tax\ Shield} = 60\,\% \times 10\,\% + 40\,\% \times 6\,\% \times (1 - 30\,\%) = 7{,}68\,\%$$

Schritt 3: Berechnung des Marktwerts des Gesamtkapitals (GK_{Markt})

$$GK_{Markt} = \frac{400.000\,€}{(1+0{,}0768)^1} + \frac{420.000\,€}{(1+0{,}0768)^2} + \frac{450.000\,€}{(1+0{,}0768)^3} + \frac{460.000\,€}{(0{,}0768 - 0{,}02)} \times \frac{1}{(1+0{,}0768)^3} =$$

$$GK_{Markt} = 371.471\,€ + 362.226\,€ + 360.418\,€ + 6.486.409\,€ = 7.580.524\,€$$

Schritt 4: Ermittlung des Marktwerts des Eigenkapitals (EK_{Markt})

Marktwert des Eigenkapitals = Marktwert Gesamtkapital – Marktwert Fremdkapital

Marktwert des Eigenkapitals = 7.580.524 € – 2.000.000 € = 5.580.524 €

Zusammenfassung: Free-Cashflow-Verfahren

$$WACC_{mit\ Tax\ Shield} = \frac{EK_{Markt}}{GK_{Markt}} \times i_{Eigen,v} + \frac{FK_{Markt}}{GK_{Markt}} \times i_{Fremd} \times \left(1 - St_U\right)$$

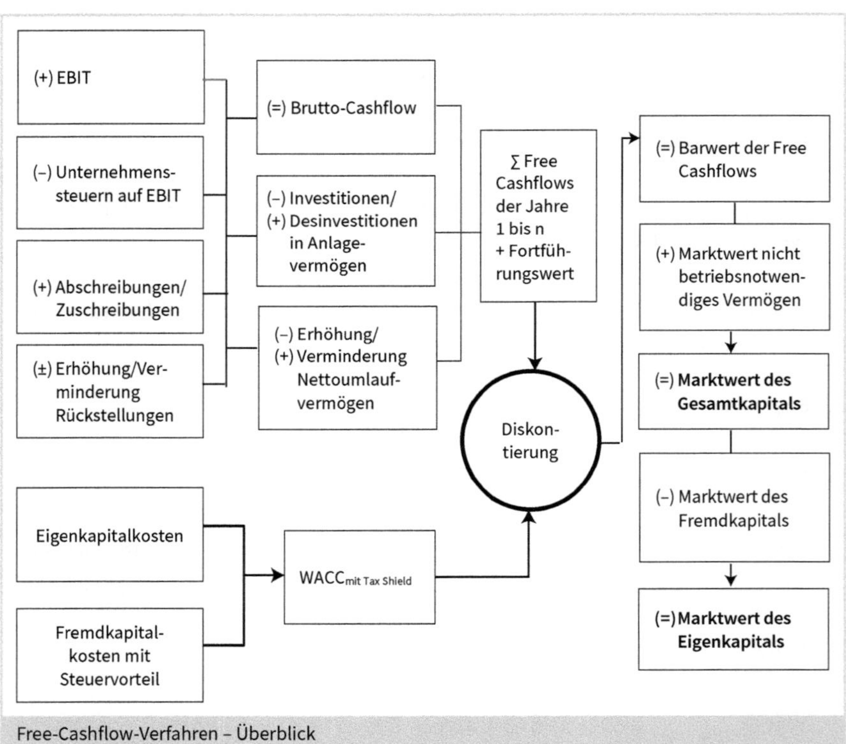

Free-Cashflow-Verfahren – Überblick

7.3 Das Total-Cashflow-Verfahren mit dem WACC-Ansatz

Das Total-Cashflow-Verfahren (TCF-Verfahren) ist ein weiteres Bruttoverfahren zur Ermittlung des Unternehmenswertes. Es setzt ähnliche Annahmen wie das Free-Cashflow-Verfahren (FCF-Verfahren) voraus, unterscheidet sich jedoch bei der Bestimmung der Cashflows und des gewogenen durchschnittlichen Kapitalkostensatzes (WACC). Wie beim Free-Cashflow-Verfahren geht es von einer marktwertorientierten Finanzierung des zu bewertenden Unternehmens aus.

Beim Total-Cashflow-Verfahren werden die erwarteten Tax Shields (Steuervorteile) bereits im Zähler, d. h. in den Total Cashflows, berücksichtigt, daher dürfen die Tax Shields im WACC nicht berücksichtigt werden. Zur Berechnung des WACC werden somit die Fremdkapitalkosten vor Steuern verwendet.[142] Der $WACC_{\text{ohne Tax Shield}}$ (= ohne Steuervorteil) wird für das Total-Cashflow-Verfahren wie folgt ermittelt:

$$WACC_{\text{ohne Tax Shield}} = \frac{EK_{\text{Markt}}}{GK_{\text{Markt}}} \times i_{\text{Eigen,v}} + \frac{FK_{\text{Markt}}}{GK_{\text{Markt}}} \times i_{\text{Fremd}}$$

Die Tax Shields der jeweiligen Perioden (t) werden berechnet, indem der Fremdkapitalzinsaufwand in der Periode (t) mit dem Ertragsteuersatz (St_U) multipliziert wird.

$$\text{Tax Shield}_t = \text{Zinsaufwand}_t \times St_U$$

Der Total Cashflow (TCF) wird wie folgt berechnet:

	Free Cashflow (FCF)
+	Tax Shield (Steuervorteil aus der verzinslichen Fremdkapitalfinanzierung) (= Fremdkapitalzinsaufwand × Ertragsteuersatz)
=	**Total Cashflow (TCF)**

Der Total Cashflow kann mit folgender Formel berechnet werden:

$$TCF = FCF + (FK_{\text{Markt}} \times i_{\text{Fremd}} \times St_U)$$

FK_{Markt} = Marktwert des Fremdkapitals
i_{Fremd} = Fremdkapitalkostensatz
St_U = Ertragsteuersatz des Unternehmens

Diskontiert werden die Total Cashflows bei diesem Verfahren mit dem $WACC_{\text{ohne Tax Shield}}$. Der $WACC_{\text{ohne Tax Shield}}$ umfasst die Renditeansprüche der Eigenkapitalgeber und die Zinsansprüche der Fremdkapitalgeber.[143]

142 Schacht, U. & Fackler, M., Praxishandbuch Unternehmensbewertung, 2009, S. 224.
143 Ernst, D., et al., Unternehmensbewertungen erstellen und verstehen, 2018, S. 28.

Der Marktwert des Gesamtkapitals (GK_{Markt}) nach dem Total-Cashflow-Verfahren wird wie folgt ermittelt:

$$GK_{Markt} = \sum_{t=1}^{n} \frac{\text{Total Cashflows}_t}{(1 + WACC_{\text{ohne Tax Shield}})^t} + \frac{\text{Fortführungswert}_{TCF,n}}{(1 + WACC_{\text{ohne Tax Shield}})^n} + N_0$$

$$\text{mit Fortführungswert}_{TCF,n} = \frac{\text{Total Cashflows}_{n+1}}{WACC_{\text{ohne Tax Shield}} - w} \text{ oder } = \frac{\text{Total Cashflows}_n \times (1+w)}{WACC_{\text{ohne Tax Shield}} - w}$$

Der Marktwert des Eigenkapitals (EK_{Markt}) nach dem Total-Cashflow-Verfahren ergibt sich, indem vom Marktwert des Gesamtkapitals (GK_{Markt}) der Marktwert des Fremdkapitals (FK_{Markt}) subtrahiert wird:

$$EK_{Markt} = \sum_{t=1}^{n} \frac{\text{Total Cashflows}_t}{(1 + WACC_{\text{ohne Tax Shield}})^t} + \frac{\text{Fortführungswert}_{TCF,n}}{(1 + WACC_{\text{ohne Tax Shield}})^n} + N_0 - FK_{Markt}$$

$$\text{mit Fortführungswert}_n = \frac{\text{Total Cashflows}_{n+1}}{WACC_{\text{ohne Tax Shield}} - w} \text{ oder } = \frac{\text{Total Cashflows}_n \times (1+w)}{WACC_{\text{ohne Tax Shield}} - w}$$

n = Endzeitpunkt der Detailplanungsphase (Phase 1)
t = betrachtete Periode (1 bis n)
$WACC_{\text{ohne Tax Shield}}$ = gewogener durchschnittlicher Kapitalkostensatz ohne Steuervorteil
N_0 = Marktwert des nicht betriebsnotwendigen Vermögens
w = konstante Wachstumsrate über einen unendlichen Zeitraum der Total Cashflows
FK_{Markt} = Marktwert des Fremdkapitals

Die Berechnung verläuft in allen weiteren Punkten synchron zum Vorgehen beim FCF-Verfahren, weshalb an dieser Stelle auf eine wiederholte Erklärung verzichtet und auf die Erläuterung im vorangestellten Kapitel verwiesen wird.

Die Kritik am FCF-Verfahren bezüglich der Konstanz der Kapitalstruktur *(capital structure)* in den Marktwerten des Eigen- und des Fremdkapitals bei einem gleichbleibenden WACC über mehrere Perioden hinweg trifft auch auf das TCF-Verfahren zu.[144] Gegenüber dem FCF-Verfahren ist es bei diesem Verfahren deutlich leichter, die Hinzurechnungen oder Kürzungen der Gewerbesteuer zu verarbeiten.[145]

144 Ballwieser, W. & Hachmeister, D., Unternehmensbewertung, 2016, S. 191.
145 Schacht, U. & Fackler, M., Praxishandbuch Unternehmensbewertung, 2009, S. 224.

Prinzipiell kommen das Free-Cashflow- und das Total-Cashflow-Verfahren zum selben Ergebnis in der Unternehmensbewertung. Der entscheidende Unterschied liegt darin, dass beim Total-Cashflow-Verfahren die Total Cashflows nicht finanzierungsneutral sind und somit von der Finanzierungsstruktur des Unternehmens maßgeblich beeinflusst werden.

Das sollten Sie bei TCF-Verfahren beachten:

!

Da die steuerliche Abzugsfähigkeit der Fremdkapitalzinsen bereits im Zahlungsstrom, d. h. bei den Total Cashflows, berücksichtigt wird, dürfen bei der Ermittlung des gewogenen durchschnittlichen Kapitalkostensatzes ohne Steuervorteil ($WACC_{ohne\ Tax\ Shield}$) die Tax Shields nicht berücksichtigt werden.

Beispiel: Berechnung des Unternehmenswertes nach dem TCF-Verfahren

Für die Ermittlung des Unternehmenswerts eines Unternehmens wurde vereinbart, das TCF-Verfahren mit dem $WACC_{ohne\ Tax\ Shield}$ anzuwenden.

Es wird angenommen, dass der Total Cashflow für die Periode t = 1 gleich 1.891 T€ ist und über die nächsten vier Jahre mit jeweils 7,00 % wächst. Für die Berechnung des Fortführungswerts wird der Total Cashflows des letzten Jahres der fünften Planungsperiode genommen und kein weiteres Wachstum unterstellt. Der gewogene durchschnittliche Kapitalkostensatz ohne Steuervorteil $WACC_{ohne\ Tax\ Shield}$ beträgt 5,98 %. Der Marktwert des Fremdkapitals (FK_{Markt}) beträgt 12.597,96 T€ und der Marktwert des nicht betriebsnotwendigen Vermögens (N_0) beträgt 1.500 T€.

Zunächst wird der **Marktwert des Gesamtkapitals** berechnet:

$$GK_{Markt} = \sum_{t=1}^{n} \frac{\text{Total Cashflows}_t}{(1+WACC_{ohne\ Tax\ Shield})^t} + \frac{\text{Fortführungswert}_{TCF,n}}{(1+WACC_{ohne\ Tax\ Shield})^n} + N_0$$

$$GK_{Markt} = \frac{1.891\,T€}{1{,}0598^1} + \frac{2.023{,}37\,T€}{1{,}0598^2} + \frac{2.165{,}00\,T€}{1{,}0598^3} + \frac{2.316{,}55\,T€}{1{,}0598^4} + \frac{2.478{,}71\,T€}{1{,}0598^5}$$

$$+ \frac{2.478{,}71\,T€}{0{,}0598 \times 1{,}0598^5} + 1.500\,T€$$

$$GK_{Markt} = 1.784{,}30\,T€ + 1.801{,}47\,T€ + 1.818{,}81\,T€ + 1.836{,}31\,T€ + 1.853{,}98\,T€$$

$$+ 31.003{,}09\,T€ + 1.500\,T€ = 41.597{,}96\,T€$$

Der **Marktwert des Eigenkapitals** (= Nettounternehmenswert) wird wie folgt berechnet:

Marktwert des Eigenkapitals (EK_{Markt}) = Marktwert des Gesamtkapitals (GK_{Markt}) – Marktwert des Fremdkapitals (FK_{Markt}) = 41.597,96 T€ – 12.597,96 T€ = 29.000 T€

Der Marktwert des Eigenkapitals (EK_{Markt}) beträgt 29.000 T€.

7.4 Das Adjusted-Present-Value-Verfahren

Das Adjusted-Present-Value-Verfahren (APV-Verfahren) ist ebenfalls ein Bruttoverfahren zur Ermittlung des Unternehmenswertes. Es wird angenommen, dass das Unternehmen eine sogenannte autonome Finanzierung betreibt. Das bedeutet, dass bereits heute die zukünftige Tilgung oder Neuaufnahme des Fremdkapitals in der gesamten Zukunft exakt vorgegeben ist. Abweichungen oder andere Unsicherheiten werden ausgeschlossen.

Das APV-Verfahren zerlegt die Wertermittlung eines Unternehmens ebenfalls in zwei getrennte Teilbereiche und ermittelt den Unternehmenswert zunächst aus dem Marktwert des Gesamtkapitals ($GK_{Markt,uv}$) eines unverschuldeten Unternehmens bei einer unterstellten fiktiven reinen Eigenkapitalfinanzierung. Um diesen zu ermitteln, blendet man zunächst die tatsächliche Kapitalstruktur aus und unterstellt dem Unternehmen fiktiv eine reine Eigenfinanzierung der operativen Tätigkeiten. Man nimmt im ersten Schritt fiktiv an, dass das Unternehmen unverschuldet, d. h. ohne Fremdkapital finanziert sei.[146]

Unter der fiktiven Annahme einer vollständigen Eigenkapitalfinanzierung wird der Eigenkapitalkostensatz ($i_{Eigen,uv}$) als Kapitalisierungszinssatz verwendet und der Marktwert des Gesamtkapitals des fiktiv unverschuldeten Unternehmens bestimmt. Zum Marktwert des Gesamtkapitals ($GK_{Markt,uv}$) des unverschuldeten Unternehmens wird der positive Wertbeitrag aus der Fremdfinanzierung hinzuaddiert, um den Marktwert des Gesamtkapitals ($GK_{Markt,v}$) des verschuldeten Unternehmens zu erhalten. Diesen positiven Wertbeitrag aus der Fremdfinanzierung erhält man, in dem man die periodenspezifischen Tax Shields mit dem Fremdkapitalkostensatz diskontiert (= Barwert der Tax Shields).[147]

146 Vgl. Drukarczyk, J. & Schüler, A., Unternehmensbewertung, 2016, S. 171.
147 Vgl. Ballwieser, W. et al., Unternehmensbewertung, 2016, S. 139.

Das APV-Verfahren bestimmt den Steuervorteil aus der anteiligen verzinslichen Fremdkapitalfinanzierung. Dieser Steuervorteil (= Tax Shield) ergibt sich aus der Wertdifferenz eines verschuldeten und des fiktiv unverschuldeten Unternehmens. Damit setzt das APV-Verfahren voraus, dass man den Marktwert des Gesamtkapitals des unverschuldeten Unternehmens ($GK_{Markt,uv}$) und auch die unverschuldeten Eigenkapitalkosten ($i_{Eigen,uv}$) kennt.

Wie beim Free-Cashflow-Verfahren bilden auch beim Adjusted-Present-Value-Verfahren (APV-Verfahren) die Free Cashflows den Ausgangspunkt. Im Gegensatz zum Free-Cashflow-Verfahren und zum Total-Cashflow-Verfahren mit dem WACC-Ansatz verwendet das APV-Verfahren als Kapitalisierungszinssatz nicht den gewogenen durchschnittlichen Kapitalkostensatz (WACC), sondern den **Eigenkapitalkostensatz** ($i_{Eigen,uv}$) eines fiktiv unverschuldeten Unternehmens, da eine reine Eigenfinanzierung *(self-financing)* unterstellt wird.

Während beim Free-Cashflow-Verfahren mit dem WACC-Ansatz der Steuervorteil des Fremdkapitals schon in den Kapitalkosten ($WACC_{mit\ Tax\ Shield}$) eingebunden ist, weist das APV-Verfahren ebenso wie das Total-Cashflow-Verfahren die wertbeeinflussenden Merkmale separat aus, d. h., der **Marktwert des Gesamtkapitals des verschuldeten Unternehmens** ($GK_{Markt,v}$) wird beim APV-Verfahren in zwei Schritten ermittelt. In einem ersten Schritt wird der **Marktwert des Gesamtkapitals des unverschuldeten Unternehmens** ($GK_{Markt,uv}$) unter der Fiktion einer vollständigen Eigenfinanzierung des Unternehmens ermittelt. In einem zweiten Schritt wird die Auswirkung einer Fremdfinanzierung *(debt financing)* auf den Unternehmenswert berücksichtigt, und zwar in Form des Barwerts der Tax Shields. Die barwertigen Tax Shields ergeben sich, indem man den Zinsaufwand des Unternehmens mit dem Ertragsteuersatz des Unternehmens multipliziert und diesen Wert mit dem Fremdkapitalkostensatz diskontiert.

Merke !

Der Marktwert des Gesamtkapitals eines verschuldeten Unternehmens ($GK_{Markt,v}$) entspricht dem Marktwert des Gesamtkapitals eines unverschuldeten Unternehmens ($GK_{Markt,uv}$) zuzüglich des Barwerts der Tax Shields (= Steuerersparnis aus der verzinslichen Fremdkapitalfinanzierung).

Ändert sich der Fremdkapitalanteil, hat dies beim APV-Verfahren keine Auswirkungen auf die Höhe des Kapitalisierungszinssatzes, da dieser sich an der Renditeforderung der Eigenkapitalgeber für das unverschuldete Unternehmen orientiert. Jedoch hat eine Änderung des verzinslichen Fremdkapitalbestands Auswirkungen auf die Höhe der Tax Shields (= Steuervorteile).[148]

148 Peemöller, V. H. (Hrsg.), Praxishandbuch der Unternehmensbewertung, 2019, S. 77 f.

Der Free Cashflow für das APV-Verfahren kann indirekt gemäß folgendem Schema berechnet werden:

	EBIT (Ergebnis vor Zinsen und Steuern)
–	adjustierte (angepasste bzw. fiktive) Steuern auf das EBIT
=	**NOPLAT[149] (operatives Ergebnis vor Zinsen und nach adaptierten Steuern)**
±	Abschreibungen/Zuschreibungen
±	Zuführung/Verminderung Rückstellungen
=	**Brutto-Cashflow**
∓	Investitionen/Desinvestitionen im Anlagevermögen
±	Verminderung/Erhöhung des Nettoumlaufvermögens (Net Working Capital)
=	**Free Cashflow (FCF)**

Der **Marktwert des Gesamtkapitals eines unverschuldeten Unternehmens** ($GK_{Markt,uv}$) wird, wenn nach der Detailplanungsphase *(detailed planning phase)* eine unendliche Rente mit einer Wachstumsrate (w) *(growth rate)* angenommen wird, wie folgt berechnet:

$$GK_{Mark,uv} = \sum_{t=1}^{n} \frac{FCF_t}{\left(1+i_{Eigen,uv}\right)^t} + \frac{Fortführungswert_{FCF_n}}{\left(1+i_{Eigen,uv}\right)^n} + N_0$$

$$\text{mit } Fortführungswert_{FCF_n} = \frac{FCF_{n+1}}{i_{Eigen,uv} - w} \quad \text{bzw.} = \frac{FCF_n \times (1+w)}{i_{Eigen,uv} - w}$$

$GK_{Markt,uv}$	= Marktwert des Gesamtkapitals des unverschuldeten Unternehmens
FCF_t	= Free Cashflow im Zeitpunkt t (= Detailplanungszeitraum)
FCF_{n+1}	= Free Cashflow im Fortführungswert (ewige Rente)
$i_{Eigen,uv}$	= Renditeerwartung der Eigenkapitalgeber für das unverschuldete Unternehmen (unverschuldeter Eigenkapitalkostensatz)
w	= konstante Wachstumsrate über einen unendlichen Zeitraum
N_0	= Marktwert des nicht betriebsnotwendigen Vermögens

149 NOPLAT = Net Operating Profit Less Adjusted Taxes.

Der unverschuldete Eigenkapitalkostensatz ($i_{Eigen,uv}$) wird wie folgt berechnet:

$$i_{Eigen,uv} = r_f + \beta_{uv} \times (r_m - r_f)$$

$i_{Eigen,uv}$ = unverschuldeter Eigenkapitalkostensatz
r_f = risikofreier Zinssatz (Basiszins)
r_m = erwartete Rendite des Marktportfolios
$(r_m - r_f)$ = Marktrisikoprämie (MRP)
β_{uv} = unverschuldetes Beta (Risikomaß)

Die Variable »$i_{Eigen,uv}$« stellt den risikoäquivalenten Eigenkapitalkostensatz bei reiner Eigenfinanzierung dar, und der »Fortführungswert$_{FCF,n}$« entspricht den Free Cashflows für alle Perioden nach der Detailplanungsphase. Die Formel für den Fortführungswert beinhaltet auch die Renditeforderung der Eigenkapitalgeber ($i_{Eigen,uv}$) für das (fiktiv) unverschuldete Unternehmen und die prognostizierte konstante Wachstumsrate (w) für die Free Cashflows.

Um schließlich den **Marktwert des Gesamtkapitals eines verschuldeten Unternehmens** ($GK_{Markt,v}$) zu berechnen, ist es notwendig, in einem zweiten Schritt auch die barwertigen Tax Shields (barwertige Steuerersparnisse), die aufgrund der steuerlichen Abzugsfähigkeit der Fremdkapitalzinsen entstehen, zu berücksichtigen. In der Praxis wird für die Diskontierung häufig ein konstanter Fremdkapitalkostensatz (i_{Fremd}) verwendet.[150]

Berechnet wird der Barwert der Tax Shields (TS_b) wie folgt, wenn nach der Detailplanungsphase noch eine unendliche Rente unterstellt wird:

$$\text{Barwert der Tax Shield } (TS_b) = \sum_{t=1}^{n} \frac{i_{Fremd} \times FK_{Markt,\varnothing t} \times St_u}{(1+i_{Fremd})^t} + \frac{i_{Fremd} \times FK_{Markt,n} \times St_u}{i_{Fremd} \times (1+i_{Fremd})^n}$$

TS_b = Wertbeitrag des Barwerts der Tax Shields
$FK_{Markt,\varnothing t}$ = Marktwert des durchschnittlichen Fremdkapitals in der Periode t
i_{Fremd} = Fremdkapitalkostensatz (Renditeforderung der Fremdkapitalgeber)
St_U = durchschnittlicher Ertragsteuersatz des Unternehmens

Der Marktwert des Gesamtkapitals eines verschuldeten Unternehmens ($GK_{Markt,v}$) wird nach dem Adjusted-Present-Value-Verfahren wie folgt ermittelt:

$$GK_{Markt,v} = GK_{Markt,uv} + \text{Barwert der Tax Shield } (TS_b)$$

$GK_{Markt,v}$ = Barwert der Free Cashflows + Barwert des Fortführungswerts + Wertbeitrag des Barwerts der Tax Shields (TS_b)

150 Ernst, D. et al., Unternehmensbewertungen erstellen und verstehen, 2018, S. 29.

Zuletzt wird der Marktwert des Fremdkapitals (FK_{Markt}) (vereinfacht: das verzinsliche Fremdkapital zum Zeitpunkt t_0) vom Marktwert des Gesamtkapitals eines verschuldeten Unternehmens ($GK_{Markt,v}$) abgezogen und man erhält den Marktwert des Eigenkapitals (EK_{Markt}).

Der Marktwert des Eigenkapitals (EK_{Markt}) nach dem Adjusted-Present-Value-Verfahren wird wie folgt ermittelt:

$$EK_{Markt} = GK_{Markt,v} - FK_{Markt}$$

$$EK_{Markt} = \sum_{t=1}^{n} \frac{FCF_t}{\left(1+i_{Eigen,uv}\right)^t} + \frac{Fortführungswert_{FCF,n}}{\left(1+i_{Eigen,uv}\right)^n} + N_0 + \sum_{t=1}^{n} \frac{i_{Fremd} \times FK_{Markt,\varnothing t} \times St_U}{\left(1+i_{Fremd}\right)^t}$$

$$+ \frac{i_{Fremd} \times FK_{Markt,n} \times St_U}{i_{Fremd} \times \left(1+i_{Fremd}\right)^n} - FK_{Markt}$$

Der $Fortführungswert_{FCF,n}$ auch Terminal Value (TV) genannt, wird unter

Berücksichtigung einer Wachstumsrate (w) wie folgt berechnet:

$$\text{mit } Fortführungswert_{FCF,n} = \frac{FCF_{n+1}}{i_{Eigen,\,uv} - w} \text{ oder } = \frac{FCF_n \times (1+w)}{i_{Eigen,\,uv} - w}$$

EK_{Markt}	= Marktwert des Eigenkapitals (= Nettounternehmenswert)
$FK_{Markt,\varnothing t}$	= durchschnittlicher Marktwert des Fremdkapitals in der Periode t
FCF_t	= Free Cashflows im Zeitpunkt t
$i_{Eigen,uv}$	= Eigenkapitalkostensatz, unverschuldet (mit CAPM berechnet)
i_{Fremd}	= Fremdkapitalkostensatz (= Renditeforderung der Fremdkapitalgeber)
St_U	= Ertragsteuersatz des Unternehmens
N_0	= Marktwert des nicht betriebsnotwendigen Vermögens

Die folgende Tabelle fasst alle Rechenschritte zur Ermittlung des Marktwerts des Eigenkapitals (= Nettounternehmenswerts) beim APV-Verfahren zusammen:

	Berechnung des Marktwerts des Eigenkapitals beim APV-Verfahren
	Barwert der Free Cashflows bei Diskontierung mit einem Eigenkapitalkostensatz für unverschuldete Unternehmen ($i_{Eigen,uv}$) zuzüglich des Barwerts des Fortführungswerts
+	Marktwert des nicht betriebsnotwendigen Vermögens (N_0)
=	**Marktwert des Gesamtkapitals des unverschuldeten Unternehmens ($GK_{Markt,uv}$)**
+	Barwert der Tax Shields (TS_b) (= Marktwerterhöhung durch Steuervorteile)
=	**Marktwert des Gesamtkapitals des verschuldeten Unternehmens ($GK_{Markt,v}$)**
–	Marktwert des Fremdkapitals (FK_{Markt})
=	**Marktwert des Eigenkapitals (= Nettounternehmenswert)**

Ermittlung des Marktwerts des Eigenkapitals nach dem APV-Verfahren

Beispiel 1: Unternehmenswertberechnung mit Adjusted-Present-Value-Verfahren

Für die E-Scooter GmbH soll der Unternehmenswert zum 31.12.00 ermittelt werden. Zum Zeitpunkt des 31.12.00 (t = 0) beträgt der Marktwert des Fremdkapitals 75 Mio. €, was dem Buchwert des verzinslichen Fremdkapitals zum Zeitpunkt (t = 0) entspricht. Der Ertragsteuersatz (St_U) beträgt 30 %.

Bekannt sind der risikofreie Basiszins (r_f) mit 2,0 % sowie der Fremdkapitalkostensatz (i_{Fremd}) mit 5,0 %. Die Marktrisikoprämie (MRP) beträgt 4,5 %. Der unverschuldete Betafaktor (β_{uv}) beträgt 1,3.

Zunächst wird der Eigenkapitalkostensatz ($i_{Eigen,uv}$) mithilfe des CAPM berechnet.

$$i_{Eigen,uv} = r_f + (r_m - r_f) \times \beta_{uv} = r_f + MRP \times \beta_{uv}$$

$$i_{Eigen,uv} = 2{,}0\,\% + 4{,}5\,\% \times 1{,}3 = 7{,}85\,\%$$

Da der Marktwert des Eigenkapitals (EK_{Markt}) auf der Basis der Free Cashflows ermittelt werden muss, sind die Free Cashflows der zukünftigen Perioden zu berechnen. Hierzu werden die Plandaten des Detailplanungszeitraums der Jahre 01 bis 04 benötigt. Ab dem Jahr 05 wird der Fortführungswert berechnet. Die geschätzte konstante Wachstumsrate (w) beträgt 1,6 %.

Die folgende Tabelle zeigt die Plandaten der nächsten Jahre sowie die Berechnung der Free Cashflows in Mio. €.

	Jahre (alle Angaben in Mio. €)	00	01	02	03	04	ab 05
	EBIT (Betriebsergebnis vor Zinsen und Steuern)		60,0	75,0	43,0	55,0	
-	Ertragsteuern bei fiktiver Eigenfinanzierung (St_U = 30 %)		- 18,0	- 22,5	- 12,9	- 16,5	
=	**NOPLAT** (Ergebnis vor Zinsen u. nach adaptierten Steuern)		**= 42,0**	**= 52,5**	**= 30,1**	**= 38,5**	
+	Abschreibungen		+ 8,0	+ 12,0	+ 11,0	+ 16,0	
+	Bildung von Rückstellungen		+ 4,0	+ 5,0	+ 4,0	+ 3,0	
-	Investitionen		- 25,0	- 30,0	- 19,0	- 15,0	
±	Veränderung des Nettoumlaufvermögens		- 2,5	- 6,7	+ 3,0	+ 1,5	
=	**Free Cashflows**		**= 26,5**	**= 32,8**	**= 29,1**	**= 44,0**	**50,0**
	Fremdkapitalplanung[151] **(verzinslich)**	**75,0**	**75,0**	**63,0**	**54,0**	**37,0**	**60,0**

Die ermittelten Free Cashflows werden mit dem Kapitalisierungszinssatz ($i_{Eigen,uv}$) diskontiert und die barwertigen Free Cashflows ermittelt. Die Summe dieser barwertigen Free Cashflows ergibt zusammen mit dem Marktwert des nicht betriebsnotwendigen Vermögens (N_0), das hier 2,5 Mio. € beträgt, den Marktwert des Gesamtkapitals des unverschuldeten Unternehmens ($GK_{Markt,uv}$). Es folgt die Berechnung der barwertigen Free Cashflows:

Jahre (alle Angaben in Mio. €)	01	02	03	04	ab 05
Free Cashflows	26,5	32,8	29,1	44,0	50,0
$i_{Eigen,uv}$	0,0785	0,0785	0,0785	0,0785	0,0785
w					0,0160
Abzinsungsfaktor	0,927213	0,859725	0,797149	0,739127	0,739127
barwertige Free Cashflows	**24,571**	**28,199**	**23,197**	**32,522**	**591,302**

151 In diesem Fall ist Marktwert des Fremdkapitals = Buchwert des verzinslichen Fremdkapitals

$$GK_{Markt,uv} = \sum_{t=1}^{n} \frac{FCF_t}{\left(1+i_{Eigen,uv}\right)^t} + \left(\frac{FCF_{n+1}}{\left(i_{Eigen,uv} - w\right) \times \left(1+i_{Eigen,uv}\right)^n} \right) + N_0$$

$$GK_{Markt,uv} = \frac{26{,}5\ \text{Mio.}\ €}{(1+0{,}0785)^1} + \frac{32{,}8\ \text{Mio.}\ €}{(1+0{,}0785)^2} + \frac{29{,}1\ \text{Mio.}\ €}{(1+0{,}0785)^3} + \frac{44{,}0\ \text{Mio.}\ €}{(1+0{,}0785)^4}$$

$$+ \frac{50{,}0\ \text{Mio.}\ €}{(0{,}0785 - 0{,}016) \times (1+0{,}0785)^4} + 2{,}5\ \text{Mio.}\ € =$$

$$GK_{Markt,uv} = 24{,}572\ \text{Mio.}\ € + 28{,}199\ \text{Mio.}\ € + 23{,}197\ \text{Mio.}\ € + 32{,}522\ \text{Mio.}\ €$$

$$+ 591{,}302\ \text{Mio.}\ € + 2{,}5\ \text{Mio.}\ € = 702{,}292\ \text{Mio.}\ €$$

Im nächsten Schritt werden die Tax Shields (TS) berechnet. Dabei werden die Zinsaufwendungen der einzelnen Jahre mit dem Ertragsteuersatz (St_U) multipliziert. Diese werden danach noch einmal diskontiert, um der Barwert der Tax Shields (TS_b), d. h. den Wertbeitrag des barwertigen Steuervorteils, zu ermitteln.

Tax Shields (TS) = St_U × Zinsaufwand

$$\text{Barwert der Tax Shield } (TS_b) = \sum_{t=1}^{n} \frac{i_{Fremd} \times FK_{Markt,t-1} \times St_U}{\left(1+i_{Fremd}\right)^t} + \frac{i_{Fremd} \times FK_{Markt,n} \times St_U}{i_{Fremd} \times \left(1+i_{Fremd}\right)^n}$$

Jahre (alle Angaben in Mio. €)	00	01	02	03	04	ab 05
Marktwert des Fremdkapitals	75,0	75,0	63,0	54,0	60,0	60,0
i_{Fremd}		5 %	5 %	5 %	5 %	5 %
Zinsaufwand		3,75	3,75	3,15[152]	2,7	3,0
StU		30 %	30 %	30 %	30 %	30 %
Tax Shields (TS)		1,125	1,125	0,945	0,81	0,90
barwertige Tax Shields (TS_b)		**1,0714**	**1,0204**	**0,8163**	**0,6629**	**14,8086**

152 63 Mio. € x 5 % = 3,15 Mio. € (Marktwert des Fremdkapitals wird vom Vorjahr genommen)

$$TS_b = \frac{1,125 \text{ Mio. €}}{(1+0,05)^1} + \frac{1,125 \text{ Mio. €}}{(1+0,05)^2} + \frac{0,945 \text{ Mio. €}}{(1+0,05)^3} + \frac{0,81 \text{ Mio. €}}{(1+0,05)^4} + \frac{0,9 \text{ Mio. €}}{(0,05) \times (1+0,05)^4} =$$

$$TS_b = 1,0714 \text{ Mio. €} + 1,0204 \text{ Mio. €} + 0,8163 \text{ Mio. €} + 0,6629 \text{ Mio. €} + 14,8086 \text{ Mio. €}$$

$$TS_b = 18,3796 \text{ Mio. €}$$

Der Marktwert des Gesamtkapitals des verschuldeten Unternehmens ($GK_{Markt,v}$) berechnet sich wie folgt:

$$\mathbf{GK_{Markt,v}} = GK_{Markt,uv} + TS_b = EK_{Markt} + FK_{Markt}$$

$$\mathbf{GK_{Markt,v}} = 702,292 \text{ Mio. €} + 18,3796 \text{ Mio. €} = \mathbf{720,6716 \text{ Mio. €}}$$

Um den Marktwert des Eigenkapitals (EK_{Markt}) zu ermitteln, muss vom Marktwert des Gesamtkapitals des verschuldeten Unternehmens ($GK_{Markt,v}$) der Marktwert des Fremdkapitals (FK_{Markt}) (= verzinsliches Fremdkapital in t = 0) abgezogen werden.

$$EK_{Markt} = GK_{Markt,v} - FK_{Markt}$$

$$EK_{Markt} = 720,6716 \text{ Mio. €} - 75,000 \text{ Mio. €} = 645,6716 \text{ Mio. €}$$

Somit wurde für die E-Scooter GmbH am 31.12.00 ein Marktwert des Eigenkapitals (= Nettounternehmenswert) in Höhe von **645,672 Mio. €** ermittelt.

Beispiel 2: Unternehmenswertberechnung mit Adjusted-Present-Value-Verfahren

Es soll ein Unternehmen nach dem Adjusted-Present-Value-Verfahren bewertet werden. Dafür liegen die folgenden Plandaten der nächsten vier Jahre vor:

(Angaben in €)	Jahr 00	Jahr 01	Jahr 02	Jahr 03	Jahr 04
EBIT		360.000	330.000	280.000	300.000
Free Cashflow		140.000	60.000	160.000	180.000
Marktwert des Fremdkapitals	1.333.333	1.366.667	1.416.667	1.500.000	1.560.000
Fremdkapitalzinsaufwand		80.000	82.000	85.000	90.000

- Informationen zur Verzinsung des Eigenkapitals: Marktrisikoprämie (MRP) = 5,0 %; Betafaktor unverschuldet = 1,2; Zinssatz langfristiger risikofreier Staatsanleihen = 4,0 %

- Ertragsteuersatz des Unternehmens = 30,0 %
- Zur Ermittlung des Fortführungswerts wird vereinfachend der EBIT-Multiplikator in Höhe von 10,0 eingesetzt. Der Barwert des Fortführungswerts wird mithilfe des gewogenen durchschnittlichen Kapitalkostensatzes (WACC) in Höhe von 8,5 % ermittelt.
- Fremdkapitalkostensatz (i_{Fremd}) = 6,0 %

Es soll der Marktwert des Eigenkapitals (= Nettounternehmenswert) berechnet werden.

Schritt 1: Ermittlung des Eigenkapitalkostensatzes bei vollständiger Eigenfinanzierung:

Eigenkapitalkostensatz ($i_{Eigen,uv}$) = 4,0 % + 5,0 % × 1,2 = 10 %

Schritt 2: Ermittlung des Barwertes der Free Cashflows (FCF) der Detailplanungsphase für t = 1 bis t = 4:

$$\text{Barwert der FCF} = \frac{140.000\,€}{(1+0,1)^1} + \frac{60.000\,€}{(1+0,1)^2} + \frac{160.000\,€}{(1+0,1)^3} + \frac{180.000\,€}{(1+0,1)^4} =$$

$$\text{Barwert der FCF} = 127.273\,€ + 49.587\,€ + 120.210\,€ + 122.942\,€ = 420.012\,€$$

Schritt 3: Ermittlung des Barwerts des Fortführungswerts ab dem fünften Jahr:

$$\text{Fortführungswert}_4 = \text{EBIT} \times \text{EBIT-Multiplikator} = 300.000\,€ \times 10,0 = 3.000.000\,€$$

$$\text{Barwert des Fortführungswerts} = \frac{3.000.000\,€}{(1+0,085)^4} = 2.164.723\,€$$

Schritt 4: Ermittlung des Barwerts des Steuervorteils (TS_b) der Fremdfinanzierung während der Detailplanungsphase:

(Angaben in €)	Jahr 01	Jahr 02	Jahr 03	Jahr 04	Jahr 05
Fremdkapitalzinsaufwand	80.000	82.000	85.000	90.000	93.600
Steuervorteil (30 %)	24.000	24.600	25.500	27.000	28.080

Berechnung des Wertbeitrags des barwertigen Tax Shields (TS_b):

$$TS_b = \frac{24.000\,€}{(1+0{,}06)^1} + \frac{24.600\,€}{(1+0{,}06)^2} + \frac{25.500\,€}{(1+0{,}06)^3} + \frac{27.000\,€}{(1+0{,}06)^4} + \frac{28.080\,€}{0{,}06 \times (1+0{,}06)^4} =$$

$$TS_b = 22.641{,}51\,€ + 21.893{,}91\,€ + 21.410{,}29\,€ + 21.386{,}53\,€ + 370.699{,}83$$
$$= 455.032{,}07\,€$$

Der Steuervorteil wird nur für den Detailplanungszeitraum berechnet, da der Fortführungswert mit dem gewogenen durchschnittlichen Kapitalkostensatz (WACC) diskontiert wird.

Schritt 5: Zusammenfassung der Barwerte zum Marktwert des Gesamtkapitals:

Marktwert des Gesamtkapitals = 420.012 € + 2.164.723 € + 455.032 € = 3.039.467 €

Schritt 6: Ermittlung des Marktwerts des Eigenkapitals (= Nettounternehmenswert)

Der Marktwert des Eigenkapitals wird ermittelt, indem man vom Marktwert des Gesamtkapitals den am Anfang der Planperiode vorhandenen Marktwert des Fremdkapitals abzieht.

EK_{Markt} (APV-Ansatz) = 3.039.467 € – 1.333.333 € = 1.706.134 €

Zusammenfassung: Adjusted-Present-Value-Verfahren

$i_{Eigen,uv} = r_f + (r_m - r_f) \times \beta_{uv} = r_f + MRP \times \beta_{uv}$

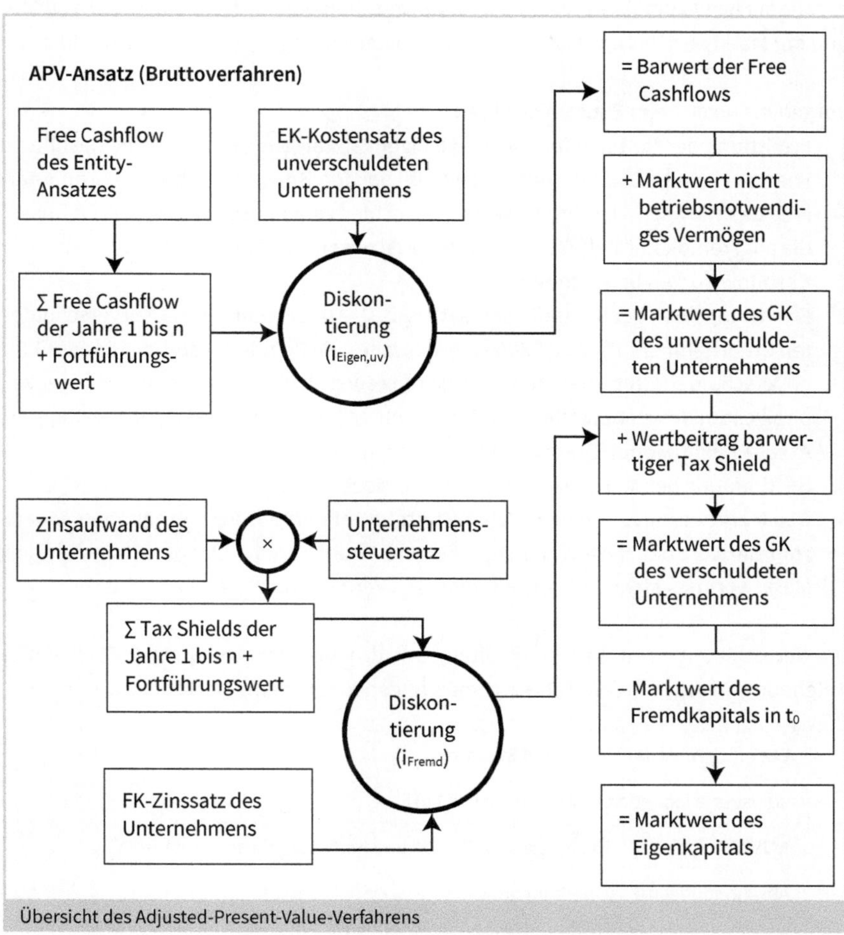

Übersicht des Adjusted-Present-Value-Verfahrens

7.5 Netto- bzw. Equity-Verfahren

Bei den Nettoverfahren werden nur die Einzahlungsüberschüsse berücksichtigt, die allein den Eigenkapitalgebern zur Verfügung stehen. Der Marktwert des Eigenkapitals (= Nettounternehmenswert) wird beim **Netto- bzw. Equity-Verfahren** mit dem **Flow-to-Equity-Ansatz** direkt bestimmt und nicht wie bei den Bruttoverfahren, bei denen zuerst der Marktwert des Gesamtkapitals (GK_{Markt}) ermittelt und von diesem anschließend der Marktwert des Fremdkapitals (FK_{Markt}) abgezogen wird. In die Cashflows miteinbezogen werden die künftigen Fremdkapitalzinsen (einschließlich der daraus resultierenden Steuervorteile) und die Veränderungen des verzinslichen Fremdkapitalbestands. Der Marktwert des Eigenkapitals (EK_{Markt}) wird direkt berechnet. Dazu werden die in den künftigen Perioden erwarteten Free Cashflows netto, d. h. die Flow to Equity (FTE), die den Eigentümern zur Verfügung stehen, mit deren risikoäquivalenten Renditeforderung, d. h. dem Eigenkapitalkostensatz ($i_{Eigen,v}$) des verschuldeten Unternehmens, diskontiert und der Marktwert des nicht betriebsnotwendigen Vermögens (N_0) wird hinzuaddiert.

Vorgehensweise beim Equity-Verfahren

1. Ermittlung der Nettozahlungen an die Eigenkapitalgeber, d. h. der Free Cashflows »netto« (Flow to Equity). Hier müssen die bei den Brutto-Verfahren verwendeten Free Cashflows für das Equity-Verfahren insofern angepasst werden, als Einflüsse, die auf Fremdkapitaleffekten (Fremdkapitalzinsen, Tax Shields) beruhen, den Free Cashflow kürzen bzw. erhöhen.
2. Ermittlung des Eigenkapitalkostensatzes ($i_{Eigen,v}$) der Eigentümer eines verschuldeten Unternehmens (beim APV-Verfahren war es die Renditeforderung für das fiktiv unverschuldete Unternehmen). Die Renditeansprüche entsprechen den Eigenkapitalkosten des zu bewertenden Unternehmens, die in Anlehnung an das Capital-Asset-Pricing-Model (CAPM) ermittelt werden können.
3. Bestimmung des Marktwerts des nicht betriebsnotwendigen Vermögens (N_0).
4. Den Marktwert des Eigenkapitals (= Nettounternehmenswert) erhält man, indem zum Barwert der Nettozahlungen (Flow to Equity) an die Eigenkapitalgeber den Marktwert des nicht betriebsnotwendigen Vermögens (N_0) addiert wird.

Die Nettozahlungen an die Eigenkapitalgeber, d. h. der **Flow to Equity (FTE)**, kann in Anlehnung an die Entity-Verfahren gemäß folgendem Schema berechnet werden[153]:

	EBIT (Ergebnis vor Zinsen und Steuern)
–	adjustierte (adaptierte) Steuern auf das EBIT
=	**NOPLAT[154] (operatives Ergebnis vor Zinsen und nach adaptierten Steuern)**
±	Abschreibungen/Zuschreibungen
±	Zuführung/Verminderung von Rückstellungen
=	**Brutto-Cashflow**
∓	Investitionen/Desinvestitionen im Anlagevermögen
∓	Erhöhungen/Verminderungen im Nettoumlaufvermögen
=	**Free Cashflow (FCF)[155]**
+	Tax Shield (Steuervorteil aus der verzinslichen Fremdkapitalfinanzierung) (= Fremdkapitalzinsaufwand × Ertragsteuersatz)

153 In Anlehnung an Schierenbeck, H. & Wöhle, C., Grundzüge der Betriebswirtschaftslehre, 2012, S. 492.
154 NOPLAT = Net Operating Profit Less Adjusted Taxes
155 Der FCF wird ebenfalls beim WACC-Verfahren (FCF-Verfahren) und beim APV-Verfahren benötigt.

=	**Total Cashflow (TCF)**[156] **(Nettozahlungen an Eigen- und Fremdkapitalgeber)**
-	Fremdkapitalzinsaufwendungen
-	Tilgung von verzinslichem Fremdkapital
+	Aufnahme von verzinslichem Fremdkapital
=	**Flow to Equity (FTE)**[157] (Nettozahlungen an die Eigenkapitalgeber bei gemischter Finanzierung = Gewinnausschüttung + Kapitalherabsetzung - Kapitalerhöhung)

Ermittlung des Flow to Equity (Alternative 1)

Alternativ dazu können Sie den Flow to Equity (FTE) auch direkt, wie in der folgenden Tabelle dargestellt, ermitteln:[158]

	EBIT (Earnings before Interest and Taxes) (= Ergebnis vor Zinsen und Steuern)
-	Fremdkapitalzinsaufwendungen
=	**EBT (Earnings before Taxes) (= Ergebnis vor Steuern)**
-	Unternehmensertragsteuern auf das Ergebnis vor Steuern
=	**EAT (Earnings after Taxes) (= Ergebnis nach Zinsen und Steuern)**
±	Abschreibungen/Zuschreibungen
±	Zuführung/Verminderung von Rückstellungen
±	sonstige nicht bare operative Aufwendungen/Erträge
∓	Investitionen/Desinvestitionen in das Anlagevermögen
∓	Erhöhung/Verminderung des Nettoumlaufvermögens
-	Tilgung von verzinslichem Fremdkapital
+	Aufnahme von verzinslichem Fremdkapital
=	**Flow to Equity (FTE)**

Ermittlung des Flow to Equity (Alternative 2)

Vom EBIT (Ergebnis vor Zinsen und Steuern) werden zunächst die für das Fremdkapital anfallenden Zinsen abgezogen. Anschließend wird die Unternehmensertragsteuer aus dem daraus resultierenden Ergebnis vor Steuern (EBT) berechnet. Durch

156 Der TCF wird beim WACC-Verfahren (TCF-Verfahren) benötigt.
157 Der FTE geht in das Equity-Verfahren ein.
158 In Anlehnung an Ernst, D. et al., Unternehmensbewertungen erstellen und verstehen, 2018, S. 36 und Aschauer, E. & Purtscher, V., Einführung in die Unternehmensbewertung, 2011, S. 131.

die Fremdkapitalzinsen *(interest on borrowed capital)* ergibt sich ein Ersparniseffekt für die Berechnung der Unternehmensertragsteuern. Abschreibungen, Veränderungen der Rückstellungen *(provisions)* und des Nettoumlaufvermögens, Investitionen/ Desinvestitionen ins Anlagevermögen *(fixed assets)* sowie Kredittilgungen und Kreditaufnahmen reduzieren bzw. erhöhen die Flows to Equity. Auch beim Equity-Verfahren wird das Zweiphasenmodell angewendet und die Cashflows an die Eigentümer für die ersten drei bis fünf Jahre im Detailplanungszeitraum geplant sowie der Fortführungswert (Terminal Value) nach Ende des Detailplanungshorizonts bestimmt.

Zur Diskontierung der Flow to Equity (FTE) muss als Erstes der Kapitalisierungszinssatz bestimmt werden. Die Renditeforderungen der Eigenkapitalgeber stellen die Eigenkapitalkosten des Unternehmens dar, die z. B. in Anlehnung an das Capital Asset Pricing Model (CAPM) ermittelt werden können. Das Modell unterstellt, dass das Unternehmen, für das die Eigenkapitalkosten *(cost of equity)* zu bestimmen sind, verschuldet, d. h. auch durch Fremdkapital finanziert ist. Eine weitere Annahme des CAPM ist, dass die einzelnen Eigenkapitalgeber am vollkommenen Kapitalmarkt diversifiziert sind und dass diese durch das Halten verschiedener Unternehmensanteile ihr Risiko streuen.[159] Das CAPM geht zudem davon aus, dass die Eigenkapitalkosten sich als Rendite risikofreier Wertpapiere zuzüglich einer Risikoprämie berechnen. Die Risikoprämie wird dabei bestimmt als Produkt aus der Marktrisikoprämie (MRP) und einem unternehmensspezifischen Betafaktor (β_v) eines verschuldeten Unternehmens.[160] Die Eigenkapitalkosten ($i_{Eigen,v}$) eines verschuldeten Unternehmens können dann mit folgender Gleichung berechnet werden:

$$i_{Eigen,v} = r_f + (\beta_v \times MRP) = r_f + \beta_v \times (r_m - r_f)$$

$i_{Eigen,v}$ = Renditeforderung der Eigenkapitalgeber eines verschuldeten Unternehmens
r_f = risikofreier Zinssatz
r_m = erwartete Rendite des Marktportfolios
MRP = Marktrisikoprämie = $(r_m - r_f)$
β_v = unternehmensspezifischer Betafaktor, verschuldet

Wird eine autonome Finanzierungspolitik mit über den Detailplanungszeitraum konstanten Fremdkapitalbeständen (FK) zugrunde gelegt, lässt sich der Eigenkapitalkostensatz eines verschuldeten Unternehmens ($i_{Eigen,v}$) folgendermaßen berechnen:

$$i_{Eigen,v} = i_{Eigen,uv} + \left(i_{Eigen,uv} - i_{Fremd}\right) \times \left(1 - St_U\right) \times \frac{FK}{EK}$$

159 Kuhner, C. & Maltry, H., Unternehmensbewertung, 2017, S. 228.
160 Ernst, D. et al., Unternehmensbewertung erstellen und verstehen, 2018, S. 57.

Als vorletzter Schritt beim Vorgehen zur Ermittlung des Marktwerts des Eigenkapitals (= Nettounternehmenswert) nach dem Equity-Verfahren gilt es, den Marktwert des nicht betriebsnotwendigen Vermögens (N_0) zu ermitteln. Bei dem nicht betriebsnotwendigen Vermögen (N_0) handelt es sich z. B. um ungenutzte Immobilien, kurzfristige Wertpapiere oder über den Ziel-Kassenbestand hinaus gehaltenen Geldbestand. Das nicht betriebsnotwendige Vermögen (N_0) kann durch die Eigentümer sofort veräußert werden. Der Liquidationserlös davon steht den Eigentümern unmittelbar zur Verfügung, ohne dass die Flows to Equity beeinflusst werden, und ist somit in die Berechnung des Marktwerts des Eigenkapitals (EK_{Markt}) aufzunehmen.

Nachdem alle Flows to Equity und der Fortführungswert berechnet wurden sowie der Marktwert des nicht betriebsnotwendigen Vermögens (N_0) bestimmt wurde, erfolgt im letzten Schritt die Ermittlung des Marktwerts des Eigenkapitals (EK_{Markt}) nach dem Equity-Verfahren. Das aus den Berechnungsschritten resultierende Ergebnis ist der Marktwert des Eigenkapitals (= Nettounternehmenswert). Die Formel zur Berechnung des Marktwerts des Eigenkapitals (EK_{Markt}) lautet:

$$EK_{Markt} = \sum_{t=1}^{n} \frac{FTE_t}{\left(1+i_{Eigen,v}\right)^t} + \frac{Fortführungswert_{FTE,n}}{\left(1+i_{Eigen,v}\right)^n} + N_0$$

$$\text{mit } Fortführungswert_{FTE,n} = \frac{FTE_{n+1}}{i_{Eigen,v} - w} = \frac{FTE_n \times \left(1+w\right)}{i_{Eigen,v} - w}$$

EK_{Markt}	= Marktwert des Eigenkapitals (= Nettounternehmenswert)
FTE_t	= Flow to Equity zum Zeitpunkt t (= Cashflows, die den Eigenkapitalgebern zur Verfügung stehen)
$i_{Eigen,v}$	= Renditeerwartungen der Eigenkapitalgeber für das verschuldete Unternehmen
w	= konstante Wachstumsrate über einen unendlichen Zeitraum
N_0	= Marktwert des nicht betriebsnotwendigen Vermögens

Für die Berechnung des Fortführungswerts auf der Basis der Flows to Equity an die Eigentümer wird die Formel der ewigen Rente herangezogen. Mittels der Wachstumsrate (w) im Fortführungswert wird das Wachstum der FTE des Unternehmens nach Ablauf der Detailplanungsperiode abgebildet.[161]

161 Ernst, D. et al., Unternehmensbewertung erstellen und verstehen, 2018, S. 92.

Beispiel 1: Equity-Verfahren

Für die Unternehmensbewertung der IMTB GmbH stehen folgende Informationen zur Verfügung:

- $i_{Eigen,v}$ = 11,0 %
- St_U = 30,0 %
- i_{Fremd} = 7,0 %
- w = 1,5 %
- N_0 = 150 T€

(alle Angaben in T€)	Jahr 01	Jahr 02	Jahr 03	ab Jahr 04
erwartete Free Cashflows	180	200	250	300
verzinsliches Fremdkapital Jahresanfang	500	480	460	550
verzinsliches Fremdkapital Jahresende	480	460	550	550
Zinsaufwand[162]	34,3	32,9	35,35	38,5

Der Zinsaufwand bezieht sich auf das durchschnittlich gebundene verzinsliche Fremdkapital.

Erster Schritt: Ermittlung des Flow to Equity (FTE) mit der Ableitung aus dem Free Cashflow (FCF)

	(alle Angaben in T€)	Jahr 01	Jahr 02	Jahr 03	ab Jahr 04
	erwartete Free Cashflows	180,00	200,00	250,00	300,00
+	Tax Shield (Steuerersparnis)[163]	+ 10,29	+ 9,87	+ 10,61	+ 11,55
=	**Total Cashflow (TCF)**	**= 190,29**	**= 209,87**	**= 259,66**	**= 311,55**
-	Zinsaufwand	- 34,30	- 32,90	- 35,35	- 38,50
±	Aufnahme/Tilgung verzinsliches Fremdkapital	- 20,00	- 20,00	+ 90,00	0,00
=	**Flow to Equity (FTE)**	**= 135,99**	**= 156,97**	**= 314,31**	**= 273,05**

162 7,0 % auf den Durchschnitt aus Jahresanfangs- und Jahresendbestand des verzinslichen Fremdkapitals (Finanzschulden).

163 Tax Shield = Zinsaufwand × 0,3 (= 30 % Ertragsteuersatz des Unternehmens).

Zweiter Schritt: Abzinsung der Flows to Equity (FTE) mit dem Eigenkapitalkostensatz des verschuldeten Unternehmens ($i_{Eigen,v}$)

$$EK_{Markt} = \sum_{t=1}^{n} \frac{FTE_t}{\left(1+i_{Eigen,v}\right)^t} + \frac{Fortführungswert_{FTE,n}}{\left(1+i_{Eigen,v}\right)^n} + N_0$$

$$\text{mit } Fortführungswert_{FTE,n} = \frac{FTE_{n+1}}{i_{Eigen,v} - w} = \frac{FTE_n \times (1+w)}{i_{Eigen,v} - w}$$

$$EK_{Markt} = \frac{135{,}99\,T€}{(1+0{,}11)^1} + \frac{156{,}97\,T€}{(1+0{,}11)^2} + \frac{314{,}31\,T€}{(1+0{,}11)^3} + \frac{273{,}05\,T€}{(0{,}11-0{,}015)\times(1+0{,}11)^3} + 150\,T€ =$$

$$EK_{Markt} = 122{,}51\,T€ + 127{,}40\,T€ + 229{,}82\,T€ + 2.101{,}60\,T€ + 150\,T€ = 2.731{,}33\,T€$$

Es ergibt sich ein **Marktwert des Eigenkapitals** (EK_{Markt}) zum Bewertungszeitpunkt von 2.731,33 T€.

Beispiel 2: Equity-Verfahren

Es soll der Unternehmenswert der ABC AG mithilfe des Equity-Verfahrens berechnet werden. Die Eigenkapitalrentabilität des verschuldeten Unternehmens beträgt 10 %, die Free Cashflows netto wachsen **nach der Periode 4** jährlich konstant um 2,5 % und der Fremdkapitalkostensatz beträgt 6,0 %. Folgende Werte sind bekannt:

		Ist	Plandaten				
	Angaben in T€	**00**	**01**	**02**	**03**	**04**	**ab 05**
	verzinsliches Fremdkapital Jahresanfang	14.700	14.100	14.400	11.800	11.800	11.800
	verzinsliches Fremdkapital Jahresende	14.100	14.400	11.800	11.800	11.800	11.800
	Ø verzinsliches Fremdkapital im Jahr	14.400	14.250	13.100	11.800	11.800	11.800
	Free Cashflow	**3.200**	**3.800**	**4.300**	**5.000**	**5.500**	**6.100**
+	Tax Shield	+ 259	+ 257	+ 236	+ 212	+ 212	+ 212
=	**Total Cashflow**	**= 3.459**	**= 4.057**	**= 4.536**	**= 5.212**	**= 5.712**	**= 6.312**

-	Zinsaufwendungen	- 864	- 855	- 786	- 708	- 708	- 708
+	Fremdkapitalaufnahme	0	+ 300	0	0	0	0
-	Fremdkapitaltilgung	- 600	0	- 2.600	0	0	0
=	**Free Cashflow netto (Flow to Equity)**	**= 1.995**	**= 3.502**	**= 1.150**	**= 4.504**	**= 5.004**	**= 5.604**

Mithilfe dieser Werte kann der Marktwert des Eigenkapitals (EK_{Markt}) (= Nettounternehmenswert (NUW)), wie folgt berechnet werden:

$$EK_{Markt} = \frac{3.502\text{ T€}}{(1+0{,}1)^1} + \frac{1.150\text{ T€}}{(1+0{,}1)^2} + \frac{4.504\text{ T€}}{(1+0{,}1)^3} + \frac{5.004\text{ T€}}{(1+0{,}1)^4} + \frac{5.604\text{ T€} \times 1{,}025}{(0{,}1\text{-}0{,}025) \times (1+0{,}1)^4} =$$

$$EK_{Markt} = 3.183{,}64\text{ T€} + 950{,}41\text{ T€} + 3.383{,}92\text{ T€} + 3.417{,}80\text{ T€} + 52.310{,}63\text{ T€}$$
$$= 63.246{,}40\text{ T€}$$

Zusammenfassung: Equity-Verfahren

$i_{Eigen,v} = r_f + \beta_v \times (r_m - r_f)$

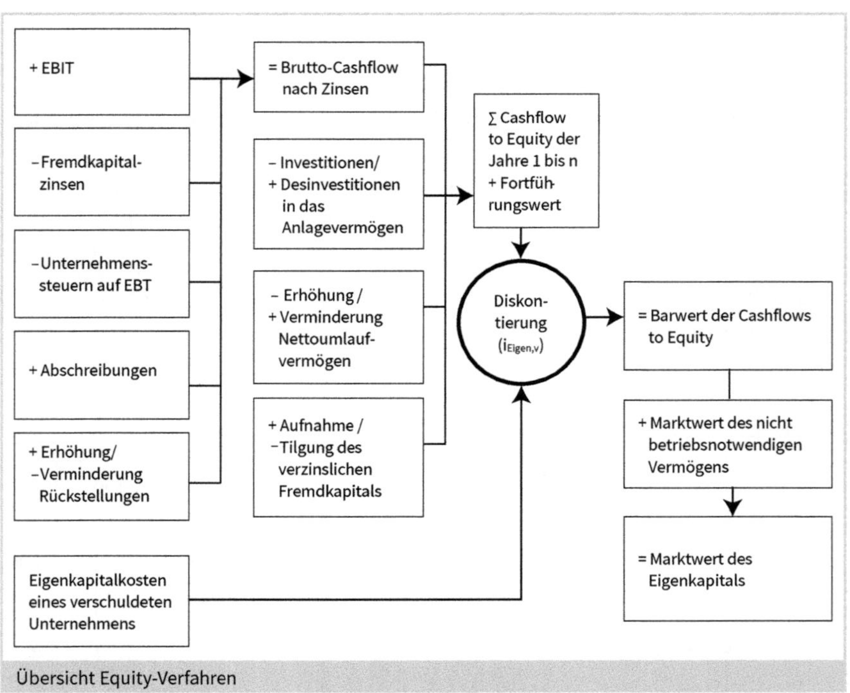

Übersicht Equity-Verfahren

7.6 Aufgaben zu den Discounted-Cashflow-Verfahren

Aufgabe 7.1: DCF-Verfahren
Welches sind die wichtigsten Merkmale der Discounted-Cashflow-Verfahren?

Aufgabe 7.2: FCF-Verfahren
Eine Investmentbank plant den Kauf der IMTM AG. Zur Unternehmensbewertung und Kaufpreisermittlung soll auf das Free-Cashflow-Verfahren mit Anwendung des gewogenen durchschnittlichen Kapitalkostensatzes (WACC) zurückgegriffen werden, da sowohl zukünftige Ein- und Auszahlungen realistisch einzuschätzen sind und auch die zukünftige Finanzierungsstruktur der IMTM AG vorhersehbar ist. Es wird von folgenden Einzahlungen (E_t) bzw. Auszahlungen (A_t) in den Perioden 01 bis 05 ausgegangen:

Jahre (t)	01	02	03	04	05	ab 06
E_t [T€]	120	125	130	130	140	135
A_t [T€]	80	85	75	85	90	90

Ab der sechsten Periode geht man von einer jährlichen Wachstumsrate (w) von 2 % aus.

Zusätzlich sind folgende Informationen gegeben:

- Anteil des Eigenkapitals am Gesamtkapital: 40 %
- Anteil des verzinslichen Fremdkapitals am Gesamtkapital: 60 % (Buchwert = 400 T€)
- Der Fremdkapitalkostensatz (i_{Fremd}) beträgt 7 %.
- Der Eigenkapitalkostensatz besteht aus einem risikofreien Zinssatz (r_f) von 4 % sowie einer Marktrisikoprämie (MRP) von 4 %, die mit dem verschuldeten Betafaktor (β_v) von 1,5 gewichtet wird.
- Der Ertragsteuersatz (St_U) des Unternehmens beträgt 30 %.
- Der Marktwert des nicht betriebsnotwendigen Vermögens (N_0) beträgt 200 T€.

Berechnen Sie den Marktwert des Eigenkapitals (EK_{Markt}) (= Nettounternehmenswert (NUW)) nach dem FCF-Verfahren.

Aufgabe 7.3: Unternehmensbewertung nach dem FCF-Verfahren und dem Equity-Verfahren

Ein mittelständisches Unternehmen rechnet in den kommenden vier Jahren mit folgenden Free Cashflows:

Geschäftsjahre (t)	01	02	03	04
Free Cashflows	700.000 €	600.000 €	450.000 €	400.000 €

Ab dem fünften Jahr wird mit einer jährlichen Wachstumsrate von 1,5 % gerechnet.

Zum Zeitpunkt t_0 beträgt das Eigenkapital 1.200.000 €. Der risikofreie Anlagezinssatz beträgt 6 % p. a., die Marktrisikoprämie (MRP) liegt bei 5 % p. a. und der Betafaktor (β_v) beträgt 1,2. Zum Zeitpunkt t_0 wird ein endfälliges Darlehen (verzinsliches Fremdkapital) zu folgenden Konditionen aufgenommen:

- Auszahlungsbetrag (Marktwert des Fremdkapitals) = 500.000 €
- Fremdkapitalkostensatz (i_{Fremd}) = 5 % p. a.
- Laufzeit = 4 Jahre

Der Ertragsteuersatz (St_U) des Unternehmens beträgt 30 %.

1. Ermitteln Sie zunächst den Eigenkapitalkostensatz und den $WACC_{mit\ Tax\ Shield}$ für das FCF-Verfahren. Anschließend berechnen Sie den Marktwert des Gesamtkapitals und den Marktwert des Eigenkapitals des Unternehmens.
2. Ermitteln Sie den Marktwert des Eigenkapitals mithilfe des Equity-Verfahrens.

Aufgabe 7.4: Unternehmensbewertung nach dem FCF-Verfahren und dem Equity-Verfahren

Unternehmer Maier möchte sein mittelständisches Unternehmen verkaufen, da aus der Familie kein Nachfolger zur Verfügung steht. Für den Unternehmensverkauf beauftragt Herr Maier eine Unternehmensberatung. Die Unternehmensberatung ermittelt die folgenden Planzahlen:

Geschäftsjahre (t) (alle Angaben in T€)	01	02	03	04
einzahlungswirksame Umsatzerlöse	6.000	6.200	6.400	6.500
auszahlungswirksame Herstellungskosten	-3.600	-3.720	-3.840	-3.900
auszahlungswirksame Vertriebs- und Verwaltungsaufwendungen	-600	-620	-640	-650
Abschreibungen auf das Anlagevermögen	-370	-390	-400	-410

Geschäftsjahre (t) (alle Angaben in T€)	01	02	03	04
Investitionen in das Anlagevermögen	-720	-740	-760	-500
Investitionen in das operative Nettoumlaufvermögen	-800	-600	-300	-200
Zinsaufwendungen	-150	-180	-190	-175
Tilgung (-), Aufnahme von verzinslichem Fremdkapital (+)	+375	+125	-250	-200

Es liegen folgende Informationen vor:

- Ab dem fünften Jahr wird bei den Free Cashflows und bei den Free Cashflows »netto« jeweils mit einem jährlichen Wachstum (w) von 1,0 % gerechnet.
- Der Marktwert des Fremdkapitals (FK_{Markt}) zum Zeitpunkt t_0 beträgt 2.000 T€.
- Der Anteil des Eigenkapitals am Gesamtkapital des Unternehmens beträgt immer 40 %.
- Der risikofreie Anlagezinssatz (r_f) beträgt 4 % p. a., die Marktrisikoprämie (MRP) liegt bei 5 % p. a. und der Betafaktor des verschuldeten Unternehmens (β_v) beträgt 1,4.
- Der Fremdkapitalkostensatz (i_{Fremd}) beträgt 8 % p. a. während der gesamten Lebensdauer des Unternehmens.
- Der Ertragsteuersatz (St_U) des Unternehmens liegt bei 30 %.

1. Ermitteln Sie zunächst den Eigenkapitalkostensatz des verschuldeten Unternehmens ($i_{Eigen,v}$) und den $WACC_{mit\,Tax\,Shield}$ für das Free-Cashflow-Verfahren.
2. Ermitteln Sie die Free Cashflows, die Total Cashflows und die Flows to Equity.
3. Berechnen Sie den Marktwert des Eigenkapitals nach dem Free-Cashflow-Verfahren.
4. Ermitteln Sie den Marktwert des Eigenkapitals nach dem Equity-Verfahren.

Aufgabe 7.5: Unternehmensbewertung nach dem Total-Cashflow-Verfahren (TCF)
Der Eigentümer der X AG möchte sein Unternehmen im Zuge einer Unternehmensübernahme mit dem TCF-Verfahren bewerten lassen. Er stellt folgende Informationen diesbezüglich zur Verfügung:

Entwicklung der Free Cashflows (FCF) der X AG, wobei die TCF ab Periode t = 06 mit einer Wachstumsrate von 3 % bewertet werden:

Jahre (t)	01	02	03	04	05	ab 06
FCF [T€]	500	535	540	580	610	650

- Anteil des Eigenkapitals am Gesamtkapital: 65 %
- Buchwert des verzinslichen Fremdkapitals: 1.500.000 € (konstant über alle Perioden hinweg)
- Eigenkapitalkostensatz des verschuldeten Unternehmens ($i_{Eigen,v}$): 9 %

- Fremdkapitalkostensatz (i_{Fremd}): 7 %
- Ertragsteuersatz des Unternehmens (St_U): 30 %
- Marktwert des nicht betriebsnotwendigen Vermögens (N_0): 275.000 €

Berechnen Sie den Marktwert des Eigenkapitals (EK_{Markt}) (= Nettounternehmenswert) der X AG mit dem TCF-Verfahren.

Aufgabe 7.6: Total-Cashflow-Verfahren (TCF)

Die Bestinvest AG soll im Zuge einer bevorstehenden Übernahme mit dem TCF-Verfahren bewertet werden. Sowohl die Finanzierungsstruktur als auch die zukünftigen Einzahlungsüberschüsse sind bereits prognostiziert. Ab Periode 06 wird von einer Wachstumsrate der Total Cashflows von 2,5 % ausgegangen.

Es stehen zusätzlich folgende Informationen bereit:

Jahre (t)	01	02	03	04	05	ab 06
FCF [T€]	700	640	750	730	650	700

- Anteil des Eigenkapitals am Gesamtkapital = 45 %
- Buchwert des verzinslichen Fremdkapitals =1.800.000 € (gleichbleibend)
- Eigenkapitalkostensatz des verschuldeten Unternehmens ($i_{Eigen,v}$) = 10 %
- Fremdkapitalkostensatz (i_{Fremd}) = 7 %
- Ertragsteuersatz des Unternehmens (St_U) = 30 %
- Marktwert des nicht betriebsnotwendigen Vermögens (N_0) = 450.000 €

Ermitteln Sie den Marktwert des Eigenkapitals (= Nettounternehmenswert) nach dem TCF-Verfahren.

Aufgabe 7.7: Berechnung der Zinssätze und des Marktwerts des Gesamtkapitals nach dem Total-Cashflow-Verfahren (TCF)

Die Karlsruhe AG ist in einem konjunktursensitiven Wirtschaftssektor tätig. Entsprechend hoch ist ihr verschuldeter Betafaktor (β_v) = 1,5. Wie hoch ist im Falle der Karlsruhe AG:

1. die gewünschte Fremdkapitalverzinsung (i_{Fremd})?
2. die gewünschte Eigenkapitalverzinsung ($i_{Eigen,v}$) des verschuldeten Unternehmens?
3. der gewogene durchschnittliche Kapitalkostensatz ohne Steuervorteil ($WACC_{ohne\ Tax\ Shield}$)?
4. der Marktwert des Gesamtkapitals nach dem TCF-Verfahren?

Annahmen:

- risikofreier Zinssatz (r_f) = 5 %
- unternehmensspezifischer Risikozuschlag für Fremdkapital (r_{zu}) = 2 %

- Zins des Marktportfolios $r_m = 9\,\%$
- Eigenkapitalquote = 50 %
- TCF der betrachteten Perioden

Planperiode (t)	01	02	03	04	05	ab 06
TCF (T€)	2.000	3.500	4.000	4.000	3.500	3.500

Aufgabe 7.8: Unternehmensbewertung mit dem APV-Verfahren
Von der ABC AG sind folgende Informationen bekannt:

Periode (t)	01	02	03	04	05	ab 06
FCF [T€]	190	220	180	200	250	280
FK-Zinsaufwand [T€]	80	100	95	100	130	120

Ab der Periode 06 soll von einer Wachstumsrate der Free Cashflows (FCF) von 2,0 % ausgegangen werden.

Des Weiteren stehen Ihnen folgende Informationen zur Verfügung:

- verzinsliches Fremdkapital zu Planungsbeginn: 1.150.000 €
- Eigenkapitalkostensatz ($i_{Eigen,uv}$): 10,0 %
- Fremdkapitalkostensatz (i_{Fremd}): 7,0 %
- Ertragsteuersatz des Unternehmens (St_U): 30,0 %
- Marktwert des nicht betriebsnotwendigen Vermögens (N_0): 420.000 €

Ermitteln Sie den Unternehmenswert der ABC AG mithilfe des APV-Verfahrens.

Aufgabe 7.9: Equity-Verfahren
Für die Fiktiv AG soll mithilfe des Equity-Verfahrens der Marktwert des Eigenkapitals (= Nettounternehmenswert) errechnet werden. Folgende Informationen liegen vor:

Periode (t)	01	02	03	04	05
FCF [T€]	200	220	300	270	310
Fremdkapitalaufwand [T€]	66,66	100	150	133,33	166,66
Tax Shield [T€]	20	30	45	40	50
Tilgung des verzinsl. FK [T€]	70	80	100	100	120
Aufnahme von verzinsl. FK [T€]	50	55	80	70	80

Ab der Periode t = 06 wird mit dem Free Cashflow netto (Flow to Equity) aus der Periode 05 gerechnet, wobei man zusätzlich eine Wachstumsrate von 2,0 % unterstellt. Der Ertragsteuersatz des Unternehmens beträgt 30 %, der Eigenkapitalkostensatz ($i_{Eigen,v}$) des verschuldeten Unternehmens beträgt 12 % und das nicht betriebsnotwendige Vermögen (N_0) hat einen Wert in Höhe von 470.000 €.

Berechnen Sie den Marktwert des Eigenkapitals (EK_{Markt}) (= Nettounternehmenswert) der Fiktiv AG.

Aufgabe 7.10: Equity-Verfahren

Die IMTB AG soll mithilfe des Equity-Verfahrens bewertet werden. Es sind folgende Informationen gegeben:

Periode (t)	01	02	03	04	05
FCF [T€]	900	850	950	820	900
durchschn. Fremdkapitalbestand [T€]	1.714,29	1.642,86	1.571,43	1.500	1.571,43
Tilgung des verzinslichen FK [T€]	100	140	180	160	150
Aufnahme von verzinslichem FK [T€]	100	90	130	60	250

Ab der Periode t > 05 wird mit dem Free Cashflow netto aus der Periode 05 gerechnet, wobei man zusätzlich eine Wachstumsrate (w) von 2 % unterstellt. Ferner ist Folgendes zu beachten:

- Ertragsteuersatz (St_U) = 30 %
- Eigenkapitalkostensatz des verschuldeten Unternehmens ($i_{Eigen,v}$) = 10 %
- Fremdkapitalkostensatz (i_{Fremd}) = 7 %

Der Marktwert des nicht betriebsnotwendigen Vermögens (N_0) beträgt 600.000 €.

Die künftigen Fremdkapitalzinsaufwendungen sowie die Tax Shields (TS) müssen berechnet werden. Ermitteln Sie zunächst die Fremdkapitalzinsaufwendungen und anschließend den Marktwert des Eigenkapitals.

Aufgabe 7.11: Unternehmensbewertung

Gegeben sind folgende Unternehmensdaten, die zur Unternehmensbewertung zusammengetragen wurden (Angaben in T€):

Jahre (t)	01	02	03	04
Umsatzerlöse [T€]	4.500	7.600	8.600	9.600
Herstellungskosten [T€]	2.000	3.000	3.300	3.600
Verwaltungs- und Vertriebskosten [T€]	480	800	800	900
Abschreibungen [T€]	200	226	301	519
Zuführungen zu langfristigen Rückstellungen [T€]	50	100	100	120
Fremdkapitalzinsaufwand [T€]	536	700	784	784
Aufbau des Fremdkapitals [T€]	3.220	1.475	185	0
Nettoinvestitionen in das Anlagevermögen und das Nettoumlaufvermögen [T€]	4.825	3.400	1.970	2.050
Steuern [T€]	687	1.144	1.280	1.369

Ermitteln Sie den Unternehmenswert nach

1. dem **Ertragswertverfahren**: Der Kapitalisierungszinssatz beträgt 12 % und der Fortführungswert ab dem fünften Jahr beträgt 15.000 T€;
2. dem **Mittelwertverfahren** unter Ansatz des unter 1. ermittelten Ertragswertes und eines Substanzwertes (Nettoreproduktionswert) in Höhe von 5.000 T€, die jeweils gleich gewichtet werden;
3. dem **Equity-Verfahren**: Dabei ist der Free Cashflow »netto« des Jahres 04 als konstante Größe für die über den Prognosezeitraum hinausgehenden Jahre anzusetzen und nach dem Konzept der ewigen Rente mit dem entsprechenden Kapitalisierungszinssatz (i) zu diskontieren, um den Fortführungswert zu erhalten. Der **Eigenkapitalkostensatz** ($i_{Eigen,v}$) beträgt **10 %**. Die Fremdkapitalzinsen sind steuerlich voll abzugsfähig. Der Ertragsteuersatz für den Steuervorteil der Fremdkapitalfinanzierung beträgt 30 %.
4. Worauf sind die unterschiedlichen Ergebnisse für die Unternehmensbewertung nach dem Ertragswertverfahren und dem Equity-Verfahren zurückzuführen?

Aufgabe 7.12: Adjusted-Present-Value-Verfahren – Unternehmensbewertung

Von der MTM AG stehen folgende Informationen aus der integrierten Planungsrechnung des Unternehmens zur Verfügung:

(alle Angaben in T€)	Ist 00	Plan 01	Plan 02	Plan 03	Plan 04	Plan 05	Plan Fortführungswert
EBIT	390.000	420.000	400.000	380.000	410.000	430.000	
adaptierte Steuern auf das EBIT							
NOPLAT							
Abschreibungen		125.000	140.000	160.000	160.000	180.000	182.700
Erhöhung der Rückstellungen		150	145	145	130	160	127,5
Brutto-Cashflow							
Investitionen in AV		–150.000	–150.000	-200.000	–130.000	–160.000	-182.700
Veränderung des Nettoumlaufvermögens		–15.000	30.000	20.000	–18.000	–2.000	3.045
Free Cashflow							
durchschn. verzinsl. FK	1.580.000	1.600.000	1.600.000	1.650.000	1.725.000	1.750.000	1.750.000
Zinsaufwand	118.500						
Tax Shield							

Der Marktwert des nicht betriebsnotwendigen Vermögens (N_0) zum 31.12.00 beträgt 150.000 T€. Es handelt sich dabei um Wertpapiere, die ausschließlich zu Spekulationszwecken gehalten werden.

Für die Ermittlung der Kapitalisierungszinssätze stehen folgende Informationen zur Verfügung:

- risikofreier Zinssatz (r_f) = 4,5 %
- Marktrisikoprämie ($r_m - r_f$) = 5,0 %
- Ertragsteuersatz des Unternehmens (St_U) = 30 %
- Fremdkapitalkostensatz (i_{Fremd}) = 7,5 %
- Betafaktor des unverschuldeten Unternehmens (β_{uv}) = 0,9 %
- Wachstumsrate (w) im Fortführungswert (Restwert, Terminal Value) = 1,5 %

1. Ermitteln Sie das EBIT des Fortführungswerts (Terminal Value).
2. Berechnen Sie die Free Cashflows. Nutzen Sie die obige Tabelle für die Berechnungen.
3. Ermitteln Sie die Renditeerwartungen der Eigenkapitalgeber für das unverschuldete Unternehmen.
4. Berechnen Sie den Marktwert des Gesamtkapitals des unverschuldeten Unternehmens.
5. Berechnen Sie den Zinsaufwand und die Tax Shields (Steuerersparnis).
6. Berechnen Sie den Barwert der Tax Shields.
7. Berechnen Sie den Marktwert des Eigenkapitals (= Nettounternehmenswert).

Aufgabe 7.13 Equity-Verfahren

Das Warenhaus, die Kaufhaus GmbH, soll von einem Wettbewerber aus der Branche übernommen werden. Die Kaufhaus GmbH soll als Tochterunternehmen vom übernehmenden Unternehmen, der Shopping Bay AG, geführt werden. Die deutschlandweit existierenden Filialen der Kaufhaus GmbH sind etwas in die Jahre gekommen, sollen jedoch weiterhin bestehen bleiben. Im Zuge der Übernahme sollen die Filialen modernisiert und der Hauptsitz der Kaufhaus GmbH mit dem Hauptsitz der Shopping Bay AG zusammengelegt werden. Ein Stellenabbau ist leider unumgänglich und es muss ein Sozialplan aufgestellt werden, der eine Erhöhung der Rückstellungen mit sich bringt. Durch den Zusammenschluss erhofft man sich Einsparungen, um gegen die starke Marktmacht der Online-Anbieter konkurrieren zu können.

Die Shopping Bay AG veranlasst eine Unternehmensbewertung zur Bestimmung des Marktwerts des Eigenkapitals (EK_{Markt}) (= Nettounternehmenswert) der Kaufhaus GmbH und bittet Sie, diese durchzuführen. Es liegen dafür folgende Plandaten der Kaufhaus GmbH aus der Gewinn-und-Verlust-Rechnung sowie der Bilanz vor:

GuV (alle Angaben in Mio. €) Jahr	Plan 01	Plan 02	Plan 03	Plan 04	Plan 05
EBIT	120,0	136,0	143,0	158,0	156,0
Abschreibung	20,0	23,0	25,0	20,0	20,0

Im Zuge der Modernisierung der bestehenden Filialen sollen je 20 Mio. € in den ersten zwei Jahren in das Anlagevermögen investiert werden. Es wird dafür bei der Bank ein Kredit in Höhe von jeweils zehn Millionen Euro im Jahr 01 und im Jahr 02 aufgenommen. Das Fremdkapital wird mit einem Zinssatz von 6,5 % verzinst. Ab dem Jahr 03 werden die Investitionen konstant auf zwei Millionen Euro pro Jahr gehalten. Dafür werden keine weiteren Kredite bei der Bank aufgenommen. Weitere Veränderungen des Fremdkapitalbestandes sowie Tilgungen des Fremdkapitals können aus den Passiva der Bilanz entnommen werden.

Bilanz-Passiva (Angaben in Mio. €) **Jahr**	**Plan** **01**	**Plan** **02**	**Plan** **03**	**Plan** **04**	**Plan** **05**
verzinsliches Fremdkapital Jahresanfang	290	300	306	298	313
verzinsliches Fremdkapital Jahresende	300	306	298	313	313
durchschn. verz. Fremdkapitalbestand im Jahr	295	303	302	305,5	313
Aufnahme Fremdkapital	10	10	0	0	0
Tilgung Fremdkapital	0	–4	–8	–15	0

Aufgrund von Personalfreisetzungen im Zuge der Fusion mit der Shopping Bay AG und der Aufstellung eines Sozialplans müssen die Rückstellungen erhöht werden. Das verursacht im Jahr 01 eine Erhöhung der Rückstellungen um 40 Mio. € und im Jahr 02 erhöhen sie sich um weitere neun Mio. €. In den Jahren 03 bis 05 können Rückstellungen in Höhe von je 20 Mio. € aufgelöst werden.

Das Nettoumlaufvermögen soll sich in den kommenden Jahren wie folgt ändern:

Nettoumlaufvermögen (Angaben in Mio. €) **Jahr**	**Plan** **01**	**Plan** **02**	**Plan** **03**	**Plan** **04**	**Plan** **05**
Veränderung des Nettoumlaufvermögens	+15,0	–13,0	+3,0	+8,5	+6,6

Zur Berechnung der Tax Shields wird ein Ertragsteuersatz in Höhe von 30 % angesetzt. Des Weiteren liegen die Renditeforderungen der Eigenkapitalgeber bei 10 %. Nach dem Jahr 05 wird davon ausgegangen, dass der Flow to Equity mit einer Wachstumsrate (w) von zwei Prozent wächst. Der Marktwert des nicht betriebsnotwendigen Vermögens (N_0) der Kaufhaus GmbH beläuft sich auf 5 Mio. €.

Bitte ermitteln Sie den Marktwert des Eigenkapitals (EK_{Markt}) (= Nettounternehmenswert) der Kaufhaus GmbH auf Basis des Equity-Verfahrens.

7.7 Zusammenfassung Discounted-Cashflow-Verfahren

Bei den Brutto- bzw. Entity-Verfahren wird zwischen dem Free-Cashflow-Verfahren, dem Total-Cashflow-Verfahren und dem Adjusted-Present-Value-Verfahren differenziert. Bei diesen drei Verfahren wird zunächst der Marktwert des Gesamtkapitals (GK_{Markt}) (= Bruttounternehmenswert) berechnet. Subtrahiert man vom Marktwert des Gesamtkapitals (GK_{Markt}) den Marktwert des Fremdkapitals (FK_{Markt}), so erhält man den Marktwert des Eigenkapitals (EK_{Markt}) (= Nettounternehmenswert).

Bei dem Netto- bzw. Equity-Verfahren wird der Marktwert des Eigenkapitals (EK_{Markt}) (= Nettounternehmenswert) direkt mithilfe des Flow to Equity bestimmt.

	Brutto- bzw. Entity-Verfahren			**Netto- bzw. Equity-Verfahren**
	Verfahren mit WACC-Ansatz		**Adjusted-Present-Value-Verfahren**	**Flow-to-Equity-Verfahren**
	Free-Cashflow-Verfahren	**Total-Cashflow-Verfahren**		
zu diskontierende zukünftige Cashflows	Free Cashflows vor Zinsen bei (fiktiver) vollständiger Eigenfinanzierung	Total Cashflows vor Zinsen bei tatsächlicher Kapitalstruktur mit Eigen- u. Fremdfinanzierung	Free Cashflows vor Zinsen bei (fiktiver) vollständiger Eigenfinanzierung	Free Cashflows **netto** (nach Zinsen) bei gemischter Finanzierung
Diskontierungssatz	gewogener Gesamtkapitalkostensatz (mit steuerlicher Korrektur des Fremdkapitalkostensatzes), d. h. WACC mit Tax Shield	gewogener Gesamtkapitalkostensatz (ohne steuerliche Korrektur des Fremdkapitalkostensatzes), d. h. WACC ohne Tax Shield	Eigenkapitalkostensatz (Renditeforderung der Eigenkapitalgeber) des unverschuldeten Unternehmens, d. h. $i_{Eigen,uv}$	Eigenkapitalkostensatz (Renditeforderung der Eigenkapitalgeber) für das verschuldete Unternehmen, d. h. $i_{Eigen,v}$
Abbildung der Tax Shield	Kapitalkostensatz (Berücksichtigung des Steuervorteils im „Nenner")	Total Cashflow (Berücksichtigung des Steuervorteils im „Zähler")	Barwert der Tax Shields (= Markterhöhung durch barwertigen Steuervorteil)	Free Cashflow netto
Zwischenergebnis			Unternehmenswert bei vollständiger Eigenfinanzierung	
adjustiert um			Barwert der Tax Shield	
Ergebnis	**Marktwert des Gesamtkapitals bei gemischter Finanzierung (= Bruttounternehmenswert)**			
abzüglich	Marktwert des Fremdkapitals			
Ergebnis	**Marktwert des Eigenkapitals (= Nettounternehmenswert)**			

Vorgehensweise bei den DCF-Verfahren zur Unternehmensbewertung[164]

164 Schierenbeck, H. & Wöhle, C., Grundzüge der Betriebswirtschaftslehre, 2012, S. 491 sowie Seppelfricke, P., Handbuch Aktien- und Unternehmensbewertung, 2012, S. 36.

8 Multiplikatorverfahren

8.1 Einführung

In der Praxis erfreuen sich die Multiplikatorverfahren *(multiplier methods)* großer Beliebtheit, da sie im Vergleich zu den anderen Unternehmensbewertungsverfahren relativ einfach sind und eine schnelle Wertindikation liefern. Sie werden deshalb gerne für erste Einschätzungen eingesetzt und sind in der Praxis weit verbreitet.

Die Multiplikatorverfahren ermitteln den Unternehmenswert anhand eines Vergleichs mit ähnlichen börsennotierten Unternehmen oder vergleichbaren Transaktionen in der Vergangenheit. Es wird angenommen, dass vergleichbare Unternehmen auch ähnliche Vermögenswerte aufweisen müssen.

Die Grundvoraussetzung zur Anwendung der Multiplikatorverfahren ist ein entsprechend passendes Vergleichsunternehmen *(comparable company)* oder mehrere merkmalgleiche Unternehmen. Anhand dieser wird der spätere Abgleich der Kennzahlen und die Berechnung der Multiplikatoren durchgeführt. Die Wahl besteht zwischen einem oder mehreren merkmalgleichen Unternehmen, der sogenannten Peer Group. Das zu bewertende Unternehmen wird vergleichbaren und oft auch bereits verkauften Unternehmen gegenübergestellt, um ihre Marktwerte miteinander zu vergleichen.

8.2 Comparative Company Approach (CCA)

Basis von Multiplikator- bzw. Preisfindungsverfahren sind die am Markt erzielten Preise vergleichbarer Unternehmen. Zur Ermittlung der Marktwerte des Eigenkapitals der Vergleichsunternehmen stehen im Rahmen der Comparable Company Analysis drei verschiedene Ansätze zur Verfügung, deren wesentlicher Unterschied in der abweichenden Art der Berechnung des potenziellen Marktpreises liegt:

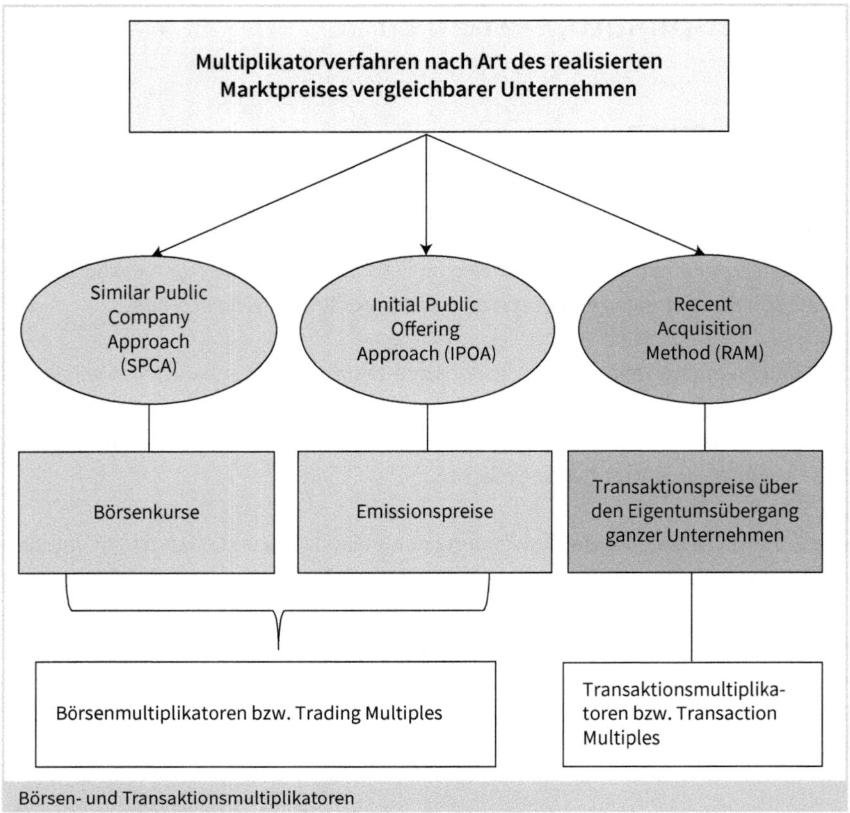

Börsen- und Transaktionsmultiplikatoren

Der **Similar Public Company Approach** dient zur Bewertung von Unternehmen, die nicht an der Börse gelistet sind. Beim Similar Public Company Approach orientiert sich der Bewertende an der Börsenkapitalisierung von Vergleichsunternehmen, um den Marktwert des Eigenkapitals zu ermitteln. Unterstellt werden branchentypische Gewinn- und Wachstumsentwicklungen, sodass als vergleichbare Unternehmen (Peer Group) auch Unternehmen der gleichen Branche ausgewählt werden müssen. Dabei sind die individuellen Rahmenbedingungen der Kapitalmärkte am Bewertungsstichtag zu hinterfragen. Die Kennzeichen dieses Verfahrens sind:

- Es werden Marktpreise von öffentlich notierten Unternehmen in Form der Marktkapitalisierung herangezogen
- vergleichbare(s) börsennotierte(s) Unternehmen dient/dienen als Referenzgröße (Marktpreis)
- Unternehmenswert ergibt sich als Produkt einer Bezugsgröße (z. B. EBIT, Cashflow, Eigenkapital, Umsatz) und eines Branchenmultiplikators

Der Unternehmenswert wird ermittelt aus dem Produkt von Wertindikator und Multiplikator, der aus dem Vergleichsmaterial der Peer Group ermittelt wurde. Mittels des Similar Public Company Approach wird eine Plausibilisierung von objektivierten Unternehmenswerten ermöglicht.

Der **Initial Public Offering Approach** leitet den Marktwert des Eigenkapitals aus dem Vergleich von Emissionspreisen für neu emittierte Anteile von vergleichbaren Unternehmen ab. Dieser Ansatz findet vor allem bei jungen Unternehmen ohne Historie Anwendung. Die Kennzeichen dieses Verfahrens sind:

- Der potenzielle Kaufpreis leitet sich aus den in jüngerer Vergangenheit erzielten Emissionspreisen von erstmals bzw. neu notierten Vergleichsunternehmen ab.
- Da Börsenkurse *(market price)* den Zusatzwert einer Mehrheitsbesitzposition nicht widerspiegeln, ist es problematisch, dass ein Rückschluss auf ein ganzes Unternehmen gezogen wird.

Bei der **Recent Acquisition Method** erfolgt die Bewertung anhand von Transaktionspreisen aus der jüngeren Vergangenheit, die für ähnliche Unternehmen real bezahlt wurden. Die Kennzeichen dieses Verfahren sind:

- Die Kaufpreise aktuell realisierter Unternehmenstransaktionen dienen als Referenzgröße.
- Der Referenzwert beinhaltet – im Gegensatz zum Similar Public Company Approach – meist einen Aufschlag auf den Kaufpreis für die Erlangung einer Stimmrechtsmehrheit (»Control Value«).
- Das Verfahren ist eine geeignete Alternative bei Mangel an börsennotierten Vergleichsunternehmen.

8.3 Bildung von Multiplikatoren

Die Multiplikatoren *(multipliers)* ergeben sich, indem der Wert eines Unternehmens zu einem bestimmten Zeitpunkt ins Verhältnis zu einer Bezugsgröße, wie z. B. Börsenwert, Umsatzerlöse, EBIT, EBITDA, Gewinn oder sonstige finanzielle Kennzahlen, gesetzt wird. In bestimmten Branchen können auch operative Kriterien wie Anzahl der Abonnenten bei Zeitungen, Verkaufsfläche in Quadratmetern im Einzelhandel oder Anzahl der Kunden bei Telekommunikationsunternehmen eingesetzt werden. Die Anwendbarkeit der jeweiligen Kennzahlen richtet sich nach der Art des Unternehmens. Sehr wichtig dabei ist, dass die beobachteten Multiplikatoren der Vergleichsunternehmen (Peer Group) auch auf das Bewertungsobjekt übertragbar sind.

Der Multiplikator drückt das Verhältnis einer bestimmten Unternehmenskennzahl als Bezugsgröße zum Marktwert des Unternehmens (= Unternehmenswert) aus.

$$\text{Multiplikator (M)} = \frac{\text{Marktwert}}{\text{Bezugsgröße}}$$

Unternehmenswert = Multiplikator × Bezugsgröße des Bewertungsobjekts

Bei der Anwendung dieses Verfahrens wird der Wert einer Bezugsgröße berechnet, indem man den Marktwert des Vergleichsunternehmens durch die Kennzahl dividiert. Dieses Ergebnis wiederum wird mit der Kennzahl des zu bewertenden Unternehmens multipliziert, um dessen Unternehmenswert im Vergleich zu berechnen. Das grundsätzliche Vorgehen bei der Bewertung mithilfe von Multiplikatoren ist in der folgenden Abbildung dargestellt.

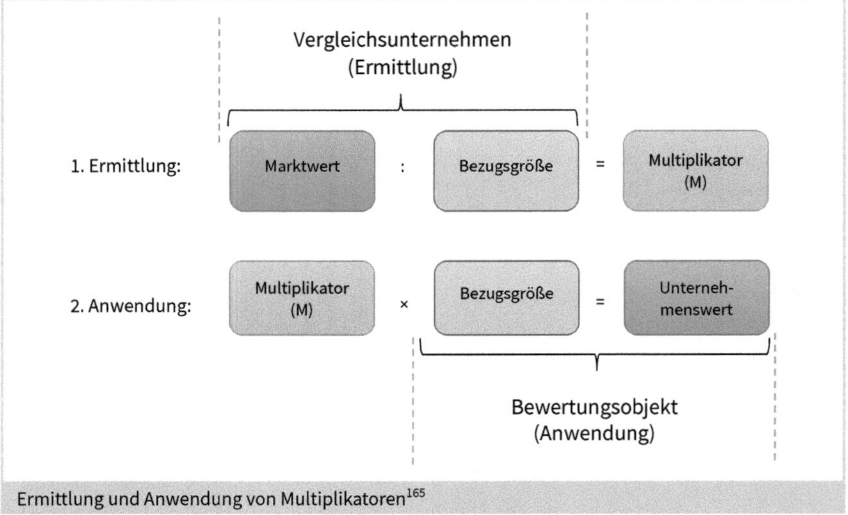

Ermittlung und Anwendung von Multiplikatoren[165]

Den Unternehmenswert des zu bewertenden Unternehmens berechnet man durch die Multiplikation der anhand von Vergleichsunternehmen ermittelten Multiplikatoren mit der entsprechenden Bezugsgröße des Bewertungsobjekts.

Zur Ermittlung des Multiplikators (M) werden Kennzahlenvergleiche mit anderen Unternehmen, der sogenannten **Peer Group**, durchgeführt. Dabei sollte es sich um ähnliche Unternehmen handeln. Da kein Unternehmen dem anderen gleicht, werden durch die Verwendung mehrerer Vergleichsunternehmen zufallsbedingte Ausreißer und unternehmensspezifische Besonderheiten kompensiert.

165 In Anlehnung an Ihlau, S. et al., Besonderheiten bei der Bewertung von KMU, 2013, S. 56.

Häufig werden der Mittelwert oder respektive der Median aus den Vergleichsdaten als Multiplikator für die Unternehmensbewertung verwendet.

Ein Multiplikator (M) wird auf Basis der Relation zwischen einer bestimmten Bezugsgröße wie z. B. dem Umsatz und dem bekannten Marktwert des Referenzunternehmens gebildet. Entspricht dieser bekannte Marktwert zum Beispiel dem doppelten Umsatz, so nimmt der Umsatz-Multiplikator den Wert 2 an. Schließlich kann der Marktwert des Zielunternehmens berechnet werden, indem das Produkt aus dem Umsatz des Zielunternehmens und dem Umsatz-Multiplikator gebildet wird.[166]

Der Unternehmenswert des zu bewertenden Zielunternehmens berechnet sich mithilfe des aus der Bewertungsrelation für das Vergleichsunternehmen abgeleiteten Multiplikators gemäß der folgenden Vorgehensweise:[167]

$$\frac{MW_{VU}}{BG_{VU}} = \frac{MW_{bU}}{BG_{bU}}$$

$$MW_{bU} = \frac{MW_{VU}}{BG_{VU}} \times BG_{bU} = M \times BG_{bU}$$

MW_{VU} = Marktwert des Vergleichsunternehmens
BG_{VU} = Bezugsgröße des Vergleichsunternehmens
M = Multiplikator bezogen auf die relevante Bezugsgröße
MW_{bU} = Unternehmenswert des zu bewertenden Unternehmens
BG_{bU} = Bezugsgröße des zu bewertenden Unternehmens

Beispiel: Multiplikatorverfahren

Bei einem gegeben Kurs-Umsatz-Multiplikator M = 1,8 und einem Umsatz von 50.000 T€ (Bezugsgröße des Bewertungsobjekts) erhält man einen Marktwert in Höhe von 90.000 T€. Die zugrundeliegende Rechnung lautet wie folgt:

Unternehmenswert = Multiplikator × Bezugsgröße = 1,8 × 50.000 T€ = 90.000 T€

166 Schacht, U. & Fackler, M., Praxishandbuch Unternehmensbewertung, 2009, S. 257.
167 Schierenbeck, H. & Wöhle, C., Grundzüge der Betriebswirtschaftslehre, 2012, S. 497.

Für den Fall, dass sich Faktoren wie die Stellung im Markt, die Qualität des vorhandenen Managements oder die Einschätzung der Zukunftsperspektive für das Bewertungsobjekt erheblich von denen der Vergleichsgruppe unterscheiden, ist es ratsam, über Ab- oder Zuschläge nachzudenken.[168]

8.4 Vorgehensweise beim Multiplikatorverfahren

Bei einer Unternehmensbewertung mithilfe von Multiplikatoren bietet sich folgende Vorgehensweise in fünf Schritten an:[169]

Schritt 1: Analyse des Bewertungsobjekts
Um vergleichbare Unternehmen identifizieren zu können, müssen zunächst die Charakteristika des Bewertungsobjekts *(valuation object)* sorgfältig herausgearbeitet werden. Dabei sollte insbesondere beim zu bewertenden Unternehmen eine[170]

- eingehende Analyse des Unternehmens (z. B. Geschäftsmodell, Unternehmensgröße, Wachstumsdynamik, Profitabilität etc.), der Branche, der Wettbewerber, der Wettbewerbsposition etc.,
- Analyse des makroökonomischen Umfelds (Konjunktur, Inflation, Demografie etc.),
- Branchenanalyse: Attraktivität der Branche (z. B. Porter's five forces),
- Strategieanalyse: Kostenführerschaft, Differenzierung, Nische etc.,
- Erfassung von Besonderheiten des Bewertungsobjekts (z. B. Anteilsbesitzverteilung etc.),
- Aufbereitung der Jahresabschlüsse und gegebenenfalls Bereinigung vergangener Finanzdaten,
- Finanzanalyse,
- Prognose künftiger Kosten- und Ertragsstrukturen sowie
- Auswahl geeigneter Multiplikatoren

vorgenommen werden.

Schritt 2: Auswahl geeigneter (börsennotierter) Vergleichsunternehmen (Peer Group)
Grundlage für die Auswahl der Vergleichsunternehmen bildet die Branchenzugehörigkeit, die mit der des zu bewertenden Unternehmens identisch sein sollte. Dabei wird unterstellt, dass Unternehmen der gleichen Branche auch bezüglich ihres Risikos vergleichbar sind.

Damit die Qualität bei der Auswahl der Vergleichsunternehmen innerhalb einer Branche weiter verbessert wird, sind weitere Kriterien wie geografische Abdeckung, Unter-

168 Vgl. Wiehle, U. et al., Unternehmensbewertung, 2010, S. 42.
169 Schacht, U. & Fackler, M., Praxishandbuch Unternehmensbewertung, 2009, S. 274.
170 Vgl. IDW, WP Handbuch 2014, 2014, S. 65.

nehmensgröße, Wachstum, Anlagenintensität, Kostenstruktur, Profitabilität und Vergleichbarkeit des Geschäftsmodells zu berücksichtigen.[171]

Um vergleichbare Unternehmen identifizieren zu können, müssen zunächst die Charakteristika des Bewertungsobjekts sorgfältig herausgearbeitet werden. Dabei sollte insbesondere das zu bewertende Unternehmen u. a. hinsichtlich der Kriterien Branche, Absatz, Wettbewerbssituation, Wachstumsaussichten sowie Kapitalstruktur *(capital structure)* analysiert werden.[172]

Kriterien zur Selektion vergleichbarer Unternehmen:

- Branchenzugehörigkeit
- vergleichbare börsennotierte Unternehmen
- vergleichbare Transaktionen (Mergers & Aquisitions, Börsengang)
- vergleichbare Wettbewerbsstrategie
- vergleichbare »Financials«: Unternehmensgröße, operative Profitabilität, Kapitalstruktur, Wachstum, Ausschüttungspolitik, Free Float etc.
- Peer Group: i. d. R. drei bis fünf Unternehmen

Schritt 3: Auswahl geeigneter Multiplikatoren der Peer Group
Grundsätzlich wird zwischen Equity- und Entity-Multiplikatoren differenziert.

Bei den **Equity-Multiplikatoren** wie z. B. dem Kurs-Gewinn-Verhältnis (KGV) *(price-to-earnings ratio)*, dem Kurs-Buchwert-Verhältnis (KBV) *(price-to-book ratio)*, dem Kurs-Cashflow-Verhältnis (KCFV) *(price-to-cash flow ratio)* oder dem Kurs-Umsatz-Verhältnis (KUV) *(price-to-sales ratio)* wird der Marktwert des Eigenkapitals als Referenzgröße festgelegt (bei börsennotierten Unternehmen handelt es sich dabei um die Marktkapitalisierung). Dieser Marktwert ergibt sich aus dem Produkt des Multiplikators der Peer Group und der Bezugsgröße des zu bewertenden Objekts (z. B. Gewinn).

Bei den **Entity-Multiplikatoren** dient der Marktwert des Eigenkapitals zuzüglich der Nettofinanzverbindlichkeiten *(net financial liabilities)* als Referenzgröße, was dem Marktwert des Gesamtkapitals (Enterprise Value) entspricht. Der Enterprise Value berechnet sich aus der Marktkapitalisierung zuzüglich der zinstragenden Verbindlichkeiten und abzüglich der liquiden Mittel und Wertpapiere.[173] Zu den Entity-Multiplikatoren zur Ermittlung des Marktwerts des Gesamtkapitals gehören:

- Enterprise-Value-basierte Multiplikatoren, z. B. Umsatz, EBIT, EBITDA etc.
- operative Multiplikatoren, z. B. Anzahl Kunden, registrierte Nutzer etc.

171 vgl. Kranebitter, G. & Maier, D., Unternehmensbewertung für Praktiker, 2017, S. 113.
172 Vgl. IDW, WP Handbuch 2014, 2014, S. 65.
173 Vgl. Stoltze, T.: Werttreiber- versus Branchenorientierte Auswahl von Vergleichsunternehmen, 2009, S. 22.

Schritt 4: Berechnung der Multiplikatoren

Die Multiplikatoren lassen sich für jedes einzelne Vergleichsunternehmen ermitteln, indem der Marktpreis bzw. der Wert eines Vergleichsunternehmens ins Verhältnis zu einer bestimmten Bezugsgröße des Unternehmens (z. B. EBIT, Umsatz, Gewinn etc.) gesetzt wird. Es sind folgende Arbeiten durchzuführen:

- Erhebung der Finanzdaten
- Bereinigung der Finanzdaten um Sondereinflüsse, z. B. außergewöhnliche Erträge/Aufwendungen etc.
- Berechnung der Multiplikatoren inkl. Durchschnittswert und Median (= Mittelwert einer Zahlenreihe – Hälfte der Zahlen sind kleiner bzw. größer als Median)

Schritt 5: Ermittlung des Unternehmenswerts

Der Unternehmenswert für das Bewertungsobjekt wird abgeleitet, indem die Multiplikatoren der Vergleichsunternehmen (Peer Group) auf die Ergebnisgrößen des Bewertungsobjekts angewandt werden:[174]

- Berechnung des Unternehmenswerts
- Adjustieren durch Schätzverfahren/Durchschnittsbildung
- Ermittlung der unterschiedlichen Unternehmenswerte aufgrund der Vielzahl der Vergleichsunternehmen und der Vielzahl der Multiplikatoren
- Ermittlung von Wertbandbreiten für den Unternehmenswert. Um die Anzahl der Unternehmenswerte und die Bandbreite, innerhalb derer sich die Werte bewegen, überschaubar zu halten, ist es üblich, die Bewertung zu glätten, und zwar durch die Berechnung
  - der Modalwerte (der häufigste vorkommende Wert) oder
  - der Mittelwerte oder
  - durch die Eliminierung von kleinsten und höchsten Werten.[175]
- Interpretation der Ergebnisse und gegebenenfalls nochmalige Durchsicht der einzelnen Schritte

Ähnlich wie bei den DCF-Verfahren kann auch bei den Multiplikatoren zwischen einem Brutto- und einem Nettounternehmenswert unterschieden werden. Somit kann bei der Ermittlung des Marktwertes von Vergleichsunternehmen zwischen Entity-Multiplikatoren und Equity-Multiplikatoren unterschieden werden. **Equity-Multiplikatoren** bilden im Zähler den Marktpreis des Eigenkapitals ab, wohingegen bei den **Entity-**

174 Berens, W. et al., Due Diligence bei Unternehmensakquisitionen, 2011, S. 162.
175 Berens, W. et al., Due Diligence bei Unternehmensakquisitionen, 2011, S. 162.

Multiplikatoren der Marktpreis des Gesamtkapitals, des Enterprise Value (= Bruttounternehmenswert), betrachtet wird. Die folgende Abbildung zeigt den Unterschied zwischen den Equity- und Entity-Multiplikatoren.

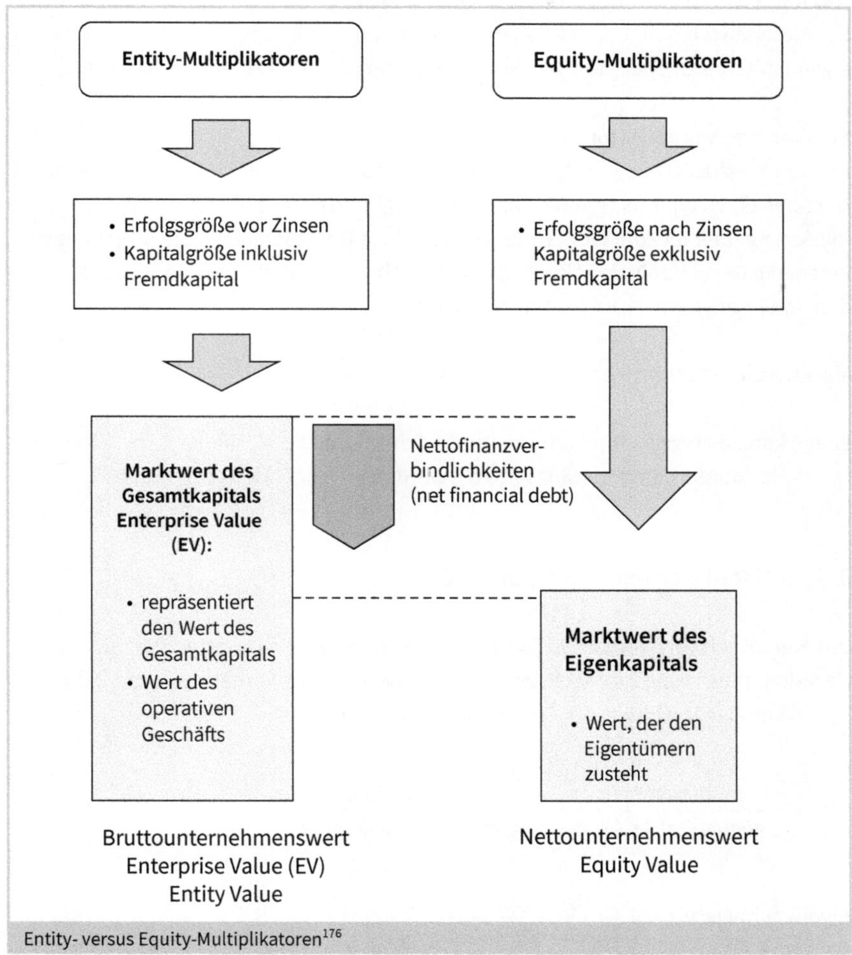

Entity- versus Equity-Multiplikatoren[176]

176 In Anlehnung an Seppelfricke, P., Handbuch Aktien- und Unternehmensbewertung, 2012, S. 152.

8.5 Equity-Multiplikatoren

Die Equity-Multiplikatoren bilden im Zähler den Marktwert des Eigenkapitals ab, was der aktuellen Marktkapitalisierung entspricht. Diese lässt sich aus dem Produkt der Aktienanzahl und dem Aktienkurs berechnen. Die Equity-Multiplikatoren setzen eigenkapitalbezogene Erfolgsgrößen mit der Marktkapitalisierung ins Verhältnis.

Kursbasierte Multiplikatoren
Bei den kursbasierten Multiplikatoren *(course-based multipliers)* wird nur der Marktwert des Eigenkapitals (= Marktkapitalisierung) in Betracht gezogen. Die Marktkapitalisierung *(market cap)* ist der Börsenwert eines Unternehmens. Sie errechnet sich, indem die Gesamtzahl der Aktien, die sich im Umlauf befinden bzw. ausgegeben wurden, mit ihrem Aktienkurs multipliziert wird:

Marktkapitalisierung = Anzahl der Aktien × Aktienkurs

Einige kursbasierte Multiplikatoren für die Ermittlung des Marktwerts des Eigenkapitals (= Nettounternehmenswerts (NUW)) werden im Folgenden vorgestellt.

8.5.1 Kurs-Buchwert-Verhältnis (KBV)

Das Kurs-Buchwert-Verhältnis *(price-to-book ratio)* lässt sich berechnen, indem die Marktkapitalisierung (= Marktwert des Eigenkapitals) ins Verhältnis zum bilanziellen Eigenkapital (= Buchwert des Eigenkapitals) gesetzt wird:

$$\text{KBV} = \frac{\text{Aktienkurs}}{\text{Eigenkapital je Aktie}} = \frac{\text{Marktkapitalisierung}}{\text{bilanziertes Eigenkapital}}$$

$$\text{Eigenkapital je Aktie} = \frac{\text{Eigenkapital}}{\text{Anzahl der Aktien}}$$

Kurs-Buchwert-Verhältnis (KBV)	
Vorteile	**Nachteile**
• anwendbar bei negativem Jahresergebnis • der Buchwert *(book value)* ist im Zeitablauf eine relativ stabile Größe • Aktienrückkaufprogramme von günstig bewerteten Unternehmen (Substanzwerte) sind Frühanzeiger für positive Wertentwicklungen • mitunter lässt sich ein höherer Verkaufserlös als der ermittelte Buchwert erzielen	• hohe Ausnutzung bilanzpolitischer Spielräume • Abhängigkeit von der Kapitalstruktur • keine Berücksichtigung der Ertragskraft • Unternehmen mit niedrigem KBV bieten nicht immer ein lohnendes Einstiegsniveau • Verluste reduzieren mittel- bis langfristig das Eigenkapital und damit auch den Buchwert • nicht immer lässt sich der Buchwert als Verkaufserlös erzielen • ungeeignet bei Unternehmen mit hohem Humankapital

Vor- und Nachteile des KBV-Multiplikators

8.5.2 Kurs-Gewinn-Verhältnis (KGV)

Das Kurs-Gewinn-Verhältnis (KGV), das auch als »Price Earnings Ratio« (PER) bezeichnet wird, gibt in einfachen Worten an, mit dem Wievielfachen des Periodengewinns die betreffende Aktie bewertet ist. Daraus folgt: Je niedriger das Kurs-Gewinn-Verhältnis, desto preisgünstiger erscheint die Aktie. Das KGV wird aufgrund seiner Einfachheit sehr oft benutzt. Es dient zur Bewertung der Ertragskraft und -entwicklung einer Aktie eines Unternehmens. Berechnet wird der KGV-Multiplikator, indem der Aktienkurs ins Verhältnis zum Gewinn je Aktie oder die Marktkapitalisierung ins Verhältnis zum Jahresüberschuss gesetzt wird.

$$\text{KGV} = \frac{\text{Aktienkurs}}{\text{Gewinn je Aktie}} = \frac{\text{Marktkapitalisierung}}{\text{Jahresüberschuss (= Gewinn nach Steuern)}}$$

Die Marktkapitalisierung entspricht dem Marktwert des Eigenkapitals. Die Höhe des Jahresüberschusses wird beeinflusst durch die Steuer- und Zinslast des Unternehmens. Hierbei sollten die nationalen Rahmenbedingungen wie z. B. Rechnungslegungssysteme (z. B. HGB, IFRS oder US-GAAP) und Steuersysteme berücksichtigt werden. Außerdem sollte analysiert werden, ob das Unternehmen eventuell keine Steuern bezahlen muss, z. B. aufgrund von Verlustvorträgen aus vergangenen Perioden. Das Ergebnis sollte um die Abweichungen bereinigt werden, um die Vergleichbarkeit zu verbessern.[177]

177 Ernst, D. et al., Unternehmensbewertungen erstellen und verstehen, 2018, S. 238 f.

Kurs-Gewinn-Verhältnis (KGV)	
Vorteile	**Nachteile**
• relativ häufig verwendeter Multiplikator • gute Datengrundlage bei börsennotierten Unternehmen • Berücksichtigung unternehmensindividueller Unterschiede bezüglich der Ertragskraft • weite Verbreitung, da verständlich und leicht anwendbar • Gewinnangaben aus Geschäftsberichten (z. B. Quartalsmeldungen) sind verlässlich und zeitnah zu erhalten • Berücksichtigung der Ertragskraft sowie unternehmensspezifischer Einflussfaktoren • einfache Ermittlung	• starke Beeinflussung durch bilanzpolitische Maßnahmen • kann Sondereffekte enthalten • Multiplikator berücksichtigt keine Synergieeffekte, wenn Unternehmen andere Unternehmen ganz oder teilweise kaufen, um Einfluss auf sie zu gewinnen • eingeschränkte Aussagekraft bei länderübergreifenden Vergleichen durch den starken Einfluss unterschiedlicher Rechnungslegungsvorschriften und bilanzpolitischer Maßnahmen • Wahl von Vergleichsunternehmen läuft auf subjektive Entscheidungen hinaus • Beeinflussung durch Verschuldungsgrad • nicht anwendbar, wenn kein Gewinn vorliegt • Unsicherheit, wenn das KGV auf Gewinnprognosen basiert • Wachstumspotenziale werden regelmäßig unterbewertet (siehe Google und Amazon) und konjunkturbedingte Hochphasen verleiten zu Überbewertungen (z. B. Bauindustrie und Automobilindustrie)

Vor- und Nachteile des KGV-Multiplikators

Der **Marktwert des Eigenkapitals** (= Nettounternehmenswert) ergibt sich, indem die Erfolgsgröße – der nachhaltig erzielbare oder erwartete Gewinn eines Unternehmens – mit dem Equity-Multiplikator »Kurs-Gewinn-Verhältnis« (KGV) multipliziert wird.

Marktwert des Eigenkapitals (EK_{Markt}) = Jahresüberschuss (Gewinn nach Steuern) × KGV-Multiplikator

Neben dem Kurs-Gewinn-Verhältnis (KGV) *(price-to-earnings ratio)* kann auch das Kurs-Cashflow-Verhältnis (in der Variante mit dem Cashflow to Equity, also dem Cashflow, der nur den Eigenkapitalgebern zusteht, zur Unternehmensbewertung mithilfe von Equity-Multiplikatoren herangezogen werden.

8.5.3 Kurs-Cashflow-Verhältnis (KCFV)

Das Kurs-Cashflow-Verhältnis *(price-to-cash flow ratio)* wird hauptsächlich als Ergänzung zum Kurs-Gewinn-Verhältnis eingesetzt, da der Cashflow nicht durch bilanzpolitische Maßnahmen beeinflussbar ist. Es ist auch bei Jahresfehlbeträgen (Verlusten) einsetzbar. Letztlich beziffert der Cashflow als Kenngröße die interne Finanzierungskraft eines Unternehmens wesentlich besser als das ausgewiesene Jahresergebnis. In einfachen Worten gesprochen sagt die Kennziffer KCFV aus, mit dem wievielfachen

Wert, gemessen am Cashflow, die Aktie eines Unternehmens aktuell bewertet worden ist. Das KCFV ergibt sich aus dem Verhältnis des aktuellen Börsenwerts zum Cashflow eines Jahres. Somit gibt es dem Investor Auskunft darüber, ob die Aktie »teuer« (hohes KCFV) oder »günstig« (niedriges KCFV) bewertet ist. Das KCFV wird wie folgt berechnet:

$$\text{KCFV} = \frac{\text{Marktkapitalisierung}}{\text{Cashflow to Equity}}$$

Kurs-Cashflow-Verhältnis (KCFV)	
Vorteile	**Nachteile**
• gute internationale Vergleichbarkeit • kann einfach ermittelt werden • der Cashflow ist bilanzpolitisch und durch unterschiedliche Rechnungslegungsvorschriften wenig beeinflussbar • dient dem relativen Vergleich von Unternehmen	• das zugrunde liegende Kapital wird nicht berücksichtigt • die Kapitalkosten werden nicht berücksichtigt • notwendige Investitionen werden nicht berücksichtigt • Beeinflussung durch Verschuldungsgrad

Vor- und Nachteile des KCFV-Multiplikators

8.5.4 Kurs-Umsatz-Verhältnis (KUV)

Für die Bewertung von jungen Unternehmen, die unter Umständen noch keine Gewinne erwirtschaften, bieten das Kurs-Buchwert-Verhältnis *(price-to-book ratio)* bzw. das Kurs-Gewinn-Verhältnis keine verlässliche Aussagekraft. Daher bietet sich das Kurs-Umsatz-Verhältnis *(price-to-sales ratio)* als Multiplikator an.

Das Kurs-Umsatz-Verhältnis (KUV) setzt die Marktkapitalisierung eines Unternehmens ins Verhältnis zu den Umsatzerlösen der Periode. Eine Alternative für die Berechnung ergibt sich, indem der Aktienkurs durch den erzielten Umsatz pro Aktie dividiert wird. Das KUV wird häufig zur Beurteilung von Unternehmen, die Verluste schreiben, genutzt, da die Profitabilität eines Unternehmens nicht direkt einfließt.

$$\text{KUV} = \frac{\text{Aktienkurs}}{\text{Umsatz je Aktie}} = \frac{\text{Marktkapitalisierung}}{\text{Jahresumsatz}}$$

Zur Berechnung des Umsatzes pro Aktie wird der Umsatz der Aktiengesellschaft ins Verhältnis zur Anzahl der in Umlauf befindlichen Aktien gesetzt.

$$\text{Umsatz je Aktie} = \frac{\text{Jahresumsatz der Aktiengesellschaft}}{\text{Anzahl der Aktien}}$$

Kurs-Umsatz-Verhältnis (KUV)	
Vorteile	**Nachteile**
• anwendbar unabhängig davon, ob das Unternehmen Gewinne erwirtschaftet • der Umsatz ist genau definiert, weitgehend frei von (legaler) Manipulation • der Umsatz ist vergleichsweise weniger volatil als der Gewinn bzw. das EBT	• keine Aussage darüber möglich, ob ein Unternehmen dauerhaft rentabel wirtschaftet und Wachstumschancen hat • Bewertung der Ertragskraft nur sehr eingeschränkt möglich • Investitionsentscheidung ausschließlich basierend auf diesem Börsenmultiplikator ist problematisch • Vergleichsunternehmen müssen gleiche Kostenstruktur und eine vergleichbare Gewinnmarge besitzen

Vor- und Nachteile des KUV-Multiplikators

8.6 Entity-Multiplikatoren

Die Entity-Multiplikatoren bilden den Enterprise Value (EV) (= Marktwert des Gesamtkapitals) ab. Sie zielen somit auf eine von der Finanzierung unabhängige Bewertung.[178] Zur Ermittlung von Entity-Multiplikatoren herangezogene Bezugsgrößen sind Erfolgsgrößen vor Bedienung der Fremdkapitalgeber.[179] Im Folgenden wird auf die verschiedenen Multiplikatoren und ihre Bezugsgrößen eingegangen und diese anhand von Beispielen veranschaulicht.

8.6.1 Operative Multiplikatoren

Berechnet werden die operativen Multiplikatoren gemäß folgender Formel:

$$\text{operativer Multiplikator} = \frac{\text{Enterprise Value (= Marktwert des Gesamtkapitals)}}{\text{Werttreiber}}$$

Als Wertetreiber *(value driver)* dienen Größen, die in einer unmittelbaren Relation zum operativen Geschäft des Unternehmens stehen und auf die man grundsätzlich den Umsatz des Unternehmens zurückführen kann. Beispiele für Wertetreiber sind:[180]

- Anzahl der Kunden
- Anzahl der Passagiere in der Luftfahrtindustrie
- Anzahl der Betten in einem Krankenhaus
- Anzahl der Zimmer in einem Hotel
- Anzahl Passagiere bei Flughäfen

178 Vgl. Krolle, S. et al., Multiplikatorverfahren in der Unternehmensbewertung, 2005, S. 20.

179 Vgl. Seppelfricke, P., Handbuch Aktien- und Unternehmensbewertung 2012, S. 300.

180 Peemöller, V. H. (Hrsg.), Praxishandbuch der Unternehmensbewertung, 2012, S. 689 und 2019, S. 852, sowie Aschauer, E. & Purtscher, V., Einführung in die Unternehmensbewertung, 2011, S. 207.

- Page views (website clicks)
- Anzahl der registrierten Nutzer einer Internetseite
- Anzahl der Vertragskunden von Mobilfunk- und Internetprovidern
- Mietfläche

Hierbei ist die Zugrundelegung von Größen, die als wesentliche Werttreiber der erwarteten Geschäftsentwicklung identifiziert wurden, sehr sinnvoll. Besonders bei jungen Wachstumsunternehmen ist eine Betrachtung mengenmäßig orientierter Multiplikatoren von Vorteil, da diese sich häufig noch in der Verlustzone bewegen und somit noch keine aussagekräftigen Multiplikatoren auf der Basis von Erfolgsgrößen gebildet werden können.

In der folgenden Tabelle sind die Vor- und Nachteile von operativen Multiplikatoren *(operating multipliers)* abgebildet:

Operative Multiplikatoren	
Vorteile	**Nachteile**
• Verwendung branchentypischer Werttreiber • bilanzpolitisch nicht beeinflussbar • Bewertung defizitärer Unternehmen möglich	• Ertragskraft bleibt unberücksichtigt • geringe Korrelation zwischen operativer Größe und »Wert des Unternehmens« • kann zu Fehleinschätzungen führen

Vor- und Nachteile operativer Multiplikatoren

8.6.2 Enterprise-Value(EV)-basierte Multiplikatoren

Im Vergleich zu den kursbasierten Multiplikatoren, die ausschließlich den Marktwert des Eigenkapitals in Betracht ziehen, beziehen sich Enterprise-Value-basierte Multiplikatoren auf den Enterprise Value (= Bruttounternehmenswert), der sich aus der Summe des Marktwertes des Eigenkapitals und der Nettofinanzverbindlichkeiten *(net financial liabilities)* zusammensetzt.

Die Enterprise-Value(EV)-basierten Multiplikatoren sind im Vergleich zu den kursbasierten Multiplikatoren unabhängig von der bestehenden Finanzstruktur eines Unternehmens.

Häufig benutzte Enterprise-Value-basierte Multiplikatoren für die Ermittlung des **Enterprise Value (EV)** sind z. B. der

- EV/Umsatz-Multiplikator
- EV/EBIT-Multiplikator
- EV/EBITDA-Multiplikator

8.6.2.1 EV/Umsatz-Multiplikator

Der EV/Umsatz-Multiplikator gehört zur Gruppe der Finanzmultiplikatoren. Der Einsatz des EV/Umsatz-Multiplikators bietet sich für Wachstumsunternehmen, vor allem aus Technologie, Biotech, Internet und Telekommunikation, während der unprofitablen Start-up-Phase an. Er berechnet sich wie folgt:

$$\text{EV/Umsatz-Multiplikator} = \frac{\text{Enterprise Value (= Bruttounternehmenswert)}}{\text{Umsatzerlöse}}$$

Bruttounternehmenswert = Umsatzerlöse × EV/Umsatz-Multiplikator

Der EV/Umsatz-Multiplikator bietet sich an, wenn die Peer Group und das zu bewertende Unternehmen vergleichbare Vermögens-, Finanz- und Ertragsverhältnisse sowie Wachstumsaussichten aufweisen.

Eine entscheidende Rolle bei diesem Multiplikator spielt der Nenner. Umsätze an sich werden unwesentlich durch verschiedene Rechnungslegungssysteme beeinflusst. Dennoch ergeben sich bilanzielle Spielräume und unterschiedliche Definitionen von Umsatz:

- Wann wird ein Umsatz realisiert? (Unterschiede nach HGB, IFRS und US-GAAP)
- Was definiere ich als Umsatzerlös? (Provisionserlös bei eBay Inc. im Vergleich zum kompletten Handelsvolumen von amazon.com)[181]

EV/Umsatz-Multiplikator	
Vorteile	**Nachteile**
• unwesentliche Beeinflussung durch unterschiedliche Rechnungslegungssysteme wie z. B. HGB, US-GAAP oder IFRS • einfache Datenbeschaffung durch gute Transparenz • Wertermittlung auch für Unternehmen, die (noch) keinen Gewinn erwirtschaften • Umsätze können nicht negativ werden • weitgehend unabhängig von der Bilanzpolitik	• unternehmensindividuelle Ertragskraft bleibt unberücksichtigt, da gleiche Margen unterstellt werden • abhängig von der Umsatzdefinition • Investoren sind ertragsorientiert, weniger am Umsatz interessiert • keine Konsistenz von Wert und Bezugsgröße

Vor- und Nachteile des EV/Umsatz-Multiplikators

181 Ernst, D. et al., Unternehmensbewertungen erstellen und verstehen, 2018, S. 234.

Beispiel: EV/Umsatz-Multiplikator

Ein nicht börsennotiertes Unternehmen rechnet in der Zukunft mit periodendurchschnittlichen Umsatzerlösen in Höhe von 200 Mio. € pro Jahr. Aus der Peer Group sind folgende Daten bekannt:

Unternehmen	Enterprise Value	Umsatzerlöse	EV/Umsatz-Multiplikator
A	2.000 Mio. €	200 Mio. €	10
B	8.000 Mio. €	1.000 Mio. €	8
C	6.000 Mio. €	600 Mio. €	10
D	4.000 Mio. €	500 Mio. €	8
E	2.700 Mio. €	300 Mio. €	9
F	3.300 Mio. €	300 Mio. €	11

$$\text{EV/Umsatz-Multiplikator} = \frac{\text{Enterprise Value (= Bruttounternehmenswert)}}{\text{Umsatzerlöse}}$$

Die anhand realisierter Preise gewonnenen Umsatz-Multiplikatoren liegen zwischen 8 und 11. Demnach ist das zu bewertende Unternehmen das 8- bis 11-fache des erwarteten periodendurchschnittlichen Umsatzes von 200 Mio. €, also 1,6 Mrd. € bis 2,2 Mrd. € wert.

Berechnung des EV/Umsatz-Multiplikators mit dem arithmetischen Mittel:

$$\text{EV/Umsatz-Multiplikator} = \frac{10+8+10+8+9+11}{6} = \frac{56}{6} = 9{,}33$$

Enterprise Value (= Bruttounternehmenswert) = 200 Mio. € × 9,33 = 1.866,67 Mio. €

8.6.2.2 EV/EBIT-/EBITDA-Multiplikator

Das EBIT/EBITDA kann nach mehreren Methoden berechnet werden, da diese Pro-forma-Kennzahlen nicht einheitlich definiert sind. Die unterschiedlichen Berechnungsarten führen auch zu unterschiedlichen Ergebnissen. Das EBIT kann nach der direkten Methode oder nach der indirekten Methode ermittelt werden.

Zunächst wird die **direkte Methode** für die EBIT/EBITDA-Ermittlung vorgestellt:[182]

	Umsatzerlöse *(revenues)*
+	sonstige betriebliche Erträge *(other operating income)*
–	Materialaufwand *(cost of materials)*
–	Personalaufwand *(personnel expenses)*
–	sonstige betriebliche Aufwendungen *(other operating expenses)*
+	Erträge aus Finanzanlagen *(income from financial investments)*
=	**EBITDA (Earnings Before Interest, Taxes, Depreciation and Amortization)**
–	Abschreibungen auf Sachanlagen *(depreciation)*
=	**EBITA (Earnings Before Interest, Taxes and Amortization)**
–	Abschreibungen auf immaterielle Vermögenswerte einschließlich der Geschäfts- und Firmenwerte *(amortization)*
=	**EBIT (Earnings Before Interest and Taxes)**

Berechnung der Kennzahlen EBITDA und EBIT nach der direkten Methode

Nach der **indirekten Methode** kann das EBIT/EBITDA wie folgt ermittelt werden:[183]

	EAT (Earnings After Taxes) *(Jahresüberschuss/-fehlbetrag)*
±	außergewöhnliche Ergebniseffekte *(extraordinary items, discontinued operations)*
±	Ertragsteuern/Steuererstattung *(income taxes/tax refund)*
=	**EBT** (Earnings before Taxes) *(Ergebnis vor Steuern)*
+	Zinsaufwand *(interest expenses)*
=	**EBIT** (Earnings Before Interest and Taxes) *(Ergebnis vor Zinsen und Steuern)*
+	Abschreibungen auf immaterielle Vermögenswerte einschließlich der Geschäfts- und Firmenwerte *(amortization)*
=	**EBITA** (Earnings Before Interest, Taxes and Amortization)
+	Abschreibungen auf Sachanlagen *(depreciation)*
=	**EBITDA** (Earnings Before Interest, Taxes, Depreciation and Amortization) *(Ergebnis vor Zinsen, Steuern und Abschreibungen)*

Berechnung für das EBITDA und EBIT nach der indirekten Methode

182 Wöhe, G. & Döring, U., Einführung in die Allgemeine Betriebswirtschaftslehre, 2013, S. 756.
183 Coenenberg, A. G. . et al., Jahresabschluss und Jahresabschlussanalyse, 2018, S. 1077.

8.6.2.3 EV/EBIT-Multiplikator

Der EV/EBIT-Multiplikator berücksichtigt die Ertragskraft des Unternehmens. Das EBIT kann durch Bilanzierungs- und Bewertungsmethoden bzw. Abschreibungsverfahren beeinflusst werden. Der EV/EBIT-Multiplikator ist in solchen Fällen von Vorteil, in denen die Peer Group und das zu bewertende Unternehmen unterschiedliche Vermögensstrukturen aufweisen. Problematisch ist jedoch die Vergleichbarkeit von Unternehmen, die versetzte Investitionsphasen und unterschiedliche Abschreibungsmodalitäten haben.

Der EBIT-Multiplikator hat im Zähler den Enterprise Value (EV), im Nenner das EBIT (Ergebnis vor Zinsen und Steuern). Dieser Multiplikator wird häufig bei M&A-Transaktionen verwendet.[184] Er berechnet sich wie folgt:

$$\text{EV/EBIT-Multiplikator} = \frac{\text{Enterprise Value } [\text{EV}] \text{ (=Bruttounternehmenswert)}}{\text{EBIT}}$$

Der Enterprise Value wird wie folgt berechnet:

Enterprise Value (= Bruttounternehmenswert) = EBIT × EV/EBIT-Multiplikator

EV/EBIT-Multiplikator	
Vorteile	**Nachteile**
• Berücksichtigung der Ertragskraft • Anwendung auch bei unterschiedlichen Anlagenintensitäten • Schätzungen i. d. R. vorhanden	• unterschiedliche Abschreibungen des Geschäfts- oder Firmenwerts nach HGB, US-GAAP und IFRS beeinflussen das Ergebnis vor Zinsen und Steuern • nicht sinnvoll bei negativem EBIT

Vor- und Nachteile eines EV/EBIT-Multiplikators

Beispiel: EV/EBIT-Multiplikator – Firmenübernahme

Herr Müller ist als Gesellschafter mit 40 % an der J & W Logistik GmbH beteiligt. Seine Mitgesellschafter möchten aus Altersgründen gerne aus der Gesellschaft ausscheiden und sich zur Ruhe setzen. Aus alter Freundschaft und um die Unternehmenskontinuität zu gewährleisten, bieten sie Herrn Müller ihre 60%igen GmbH-Anteile zum Kaufpreis von 5,0 Mio. € an.

184 Ernst, D. et al., Unternehmensbewertungen erstellen und verstehen, 2018, S. 238.

Die Ertragslage im Geschäftsjahr 01 können Sie der Gewinn-und-Verlust-Rechnung des Geschäftsjahres 01 entnehmen. Der Jahresabschluss für das Jahr 02 liegt noch nicht vor. Die EV/EBIT-Multiplikatoren für Unternehmen dieser Größenklasse bewegen sich zwischen 6,0 und 8,0.

Um beurteilen zu können, ob es sich um ein faires Angebot für Herrn Müller handelt, erfolgt die Unternehmensbewertung mithilfe des EV-EBIT-Multiplikators. Dazu wird zunächst das EBIT ermittelt und mit dem Multiplikator die Kaufpreisunter- und die Kaufpreisobergrenze ermittelt.

Gewinn-und-Verlust-Rechnung zum 31.12.01 der J & W Logistik GmbH:

	Umsatzerlöse	53.000.000 €
–	Materialaufwand	– 32.000.000 €
–	Personalaufwand	– 14.000.000 €
–	Abschreibungen	– 1.100.000 €
–	sonstige betriebliche Aufwendungen	– 4.700.000 €
+	Zinsertrag	+ 0 €
–	Zinsaufwand	– 300.000 €
–	Steuern	– 300.000 €
=	**Jahresüberschuss**	**= 600.000 €**

Schritt 1: Berechnung des EBIT

	Jahresüberschuss	600.000 €
–	Zinsertrag	– 0 €
+	Zinsaufwand	+ 300.000 €
+	Steuern	+ 300.000 €
=	**EBIT**	**= 1.200.000 €**

Schritt 2: Ermittlung des Kaufpreises mithilfe von Multiplikatoren

Kaufpreis = EBIT × GmbH-Anteile × EV/EBIT-Multiplikator

Kaufpreisuntergrenze = 1.200.000 € × 0,60 × 6,0 = 4.320.000 €

Kaufpreisobergrenze = 1.200.000 € × 0,60 × 8,0 = 5.760.000 €

Schritt 3: Vergleich mit dem angebotenen Kaufpreis
Der angebotene Kaufpreis liegt zwischen der Kaufpreisunter- und der Kaufpreisobergrenze. Es sollte jedoch bei der Kaufpreisfindung auf jeden Fall berücksichtigt werden, wie z. B. die Zukunftsfähigkeit des Unternehmens, die Produkt- und Anlagenausstattung, der Stand der Digitalisierung etc. ist.

8.6.2.4 EV/EBITDA-Multiplikator

Der EV/EBITDA-Multiplikator besteht im Zähler aus dem Enterprise Value (EV) und im Nenner aus dem Ergebnis vor Zinsen, Steuern und Abschreibungen (EBITDA).[185] »Das EBITDA-Ergebnis eignet sich insbesondere für grenzüberschreitende Bewertungsvergleiche, da alle wesentlichen Verzerrungen auf internationaler Ebene (Abschreibungspolitik, Goodwillbehandlung, Finanzierungspolitik) im EBITDA eliminiert sind.«[186] Er berechnet sich wie folgt:

$$\text{EV/EBITDA-Multiplikator} = \frac{\text{Enterprise Value [EV] (=Bruttounternehmenswert)}}{\text{EBITDA}}$$

Enterprise Value (= Bruttounternehmenswert) = EBITDA × EV/EBITDA-Multiplikator

Mit dem EV/EBITDA-Multiplikator soll die rein operative Ertragskraft des Unternehmens zum Ausdruck gebracht werden. Dabei werden die Wirkungen aus der Besteuerung, der Kapitalstruktur sowie dem Investitionszyklus aus der Betrachtung ausgeschlossen.[187]

EV/EBITDA-Multiplikator	
Vorteile	**Nachteile**
• bessere Vergleichbarkeit unterschiedlich finanzierter Unternehmen • Berücksichtigung der Ertragskraft, d. h. der Profitabilität eines Unternehmens • nicht durch Abschreibungen und Finanzierung des Anlagevermögens beeinflusst • unterschiedliche Wahlrechte bei Abschreibungen bleiben ohne Einfluss • Schätzungen i. d. R. vorhanden	• Datenbeschaffung bei kleinen Unternehmen ggf. schwierig • EBITDA-Berechnung bei den Unternehmen ist nicht identisch definiert • keine Aussagekraft bei unterschiedlicher Anlagenintensität • nicht sinnvoll bei negativem EBITDA • Unterstellung identischer Kapitalintensitäten und Abschreibungsquoten

Vor- und Nachteile eines EV/EBITDA-Multiplikators

185 Ernst, D. et al., Unternehmensbewertungen erstellen und verstehen, 2018, S. 236 ff.
186 Seppelfricke, P., Handbuch Aktien- und Unternehmensbewertung, 2012, S. 160.
187 Vgl. Krolle, S. et al., Multiplikatorverfahren in der Unternehmensbewertung, 2005, S. 47.

!

Bitte beachten Sie:

Bei den Multiplikatoren muss berücksichtigt werden, dass die möglichen Bezugsgrößen, wie z. B. EBITDA und EBIT, in den Geschäftsberichten von Unternehmen zu Unternehmen häufig unterschiedlich definiert sind, was die Vergleichbarkeit erschwert. Außerdem ist es im Rahmen der Unternehmensbewertung mittelständischer Unternehmen relativ schwierig, vergleichbare Referenzunternehmen mit dem benötigten Marktwert zu finden, da diese meist nicht börsennotiert sind.

8.6.3 Branchen-Multiplikatoren

Branchen-Multiplikatoren basieren auf dem EBIT (Earnings before Interest and Taxes), dem Umsatz oder ähnlich aussagekräftigen finanziellen Größen aus dem Rechnungswesen. Die benötigten Branchen-Multiplikatoren kann man teilweise kostenlos aus dem Internet abrufen (www.finance-magazin.de) oder über kostenpflichtigen Datenbanken von Spezialanbietern beziehen.

Das Produkt aus Umsatz – respektive EBIT oder EBITDA – und dem entsprechenden Branchen-Multiplikator von z. B. börsennotierten Unternehmen ergibt den Enterprise Value (EV) (= Bruttounternehmenswert). Zieht man vom Bruttounternehmenswert *(gross enterprise value)* die Nettofinanzverbindlichkeiten (= Finanzverbindlichkeiten abzüglich liquider Mittel) ab, erhält man den Marktwert des Eigenkapitals (EK_{Markt}) (= Nettounternehmenswert). Die Nettofinanzverbindlichkeiten *(net financial debts)* werden abgezogen, um den reinen Marktwert des Eigenkapitals des Unternehmens zu erhalten. Dieser gibt an, wie hoch der Verkaufserlös für die Gesellschaftsanteile des gesamten Unternehmens wäre.

Im Folgenden sehen Sie die zugehörigen Gleichungen:

EK_{Markt} = EBIT × Branchenmultiplikator – Nettofinanzverbindlichkeiten

oder

EK_{Markt} = Umsatz × Branchenmultiplikator – Nettofinanzverbindlichkeiten

Im ersten Schritt werden die notwendigen Größen anhand von Plandaten ermittelt. Berechnungsgrundlage für den EBIT-Multiplikator ist der geplante Gewinn vor Zinsen und Steuern, während der Umsatz-Multiplikator auf den geplanten jährlich angestrebten Absatzmengen und Absatzpreisen basiert. Der Umsatz wird wie folgt ermittelt:

	geplante Absatzmenge
×	Absatzpreis pro Stück
=	**Umsatz**

Anschließend werden die Nettofinanzverbindlichkeiten des Unternehmens aus der Summe der zu verzinsenden Verbindlichkeiten abzüglich der überschüssigen Barreserven ermittelt:

	Bankverbindlichkeiten *(bank liabilities)*
+	Anleihen *(bonds)*
+	Wechselverbindlichkeiten *(bills payable)*
+	Gesellschafterdarlehen *(shareholder loans)*
+	in den restlichen Schulden enthaltene verzinsliche Anteile (gewöhnlich ohne Pensionsrückstellungen)
–	liquide Mittel inkl. kurzfristige Wertpapiere *(cash and cash equivalents)*
=	**Nettofinanzverbindlichkeiten *(net financial debts)***

Die verschiedenen Multiplikatoren stammen aus Berechnungen von Banken oder Beratungsgesellschaften. Die folgende Tabelle beinhaltet die monatlich berechneten Börsenmultiplikatoren des FINANCE-Expertenpanels. In die Ermittlung fließen Börsen- und eigene Research-Daten ein.

Börsen-Multiples im September 2018[188]		
	EBIT-Multiple	**Umsatz-Multiple**
Software	12,1	2,56
Telekommunikation	13,0	1,61
Medien	10,1	1,43
Handel und E-Commerce	9,9	0,86
Transport, Logistik und Touristik	10,6	1,02
Elektrotechnik und Elektronik	14,9	2,67
Fahrzeugbau und Zubehör	9,4	0,83

188 Quelle: Finance – Das Magazin für Unternehmer, September 2018, https://www.finance-magazin.de/research/finance-multiples/archiv/2018/finance-multiples-052018-teure-pharmabranche-2034381/, abgerufen am 29.07.2020.

Börsen-Multiples im September 2018[188]		
	EBIT-Multiple	Umsatz-Multiple
Maschinen- und Anlagenbau	14,5	1,26
Chemie und Kosmetik	10,2	1,25
Pharma	9,8	1,74
Textil und Bekleidung	8,8	1,19
Nahrungs- und Genussmittel	6,8	0,42
Gas, Strom, Wasser	10,7	0,7
Bau und Handwerk	11,3	0,85

Beispiel: Ermittlung des Unternehmenswerts mittels finanzieller Multiplikatoren

Von der ABC GmbH liegen Ihnen folgende Informationen aus der Bilanz sowie der Gewinn-und-Verlust-Rechnung vor:

	Umsatz	6.000 T€
	EBT (Ergebnis vor Steuern)	880 T€
+	Zinsaufwand	+ 70 T€
=	**EBIT (Ergebnis vor Steuern und Zinsen)**	**950 T€**
	Bankverbindlichkeiten	800 T€
+	Gesellschafterdarlehen	+ 350 T€
–	liquide Mittel	– 50 T€
=	**Nettofinanzverbindlichkeiten**	**= 1.100 T€**

Es wird der Unternehmenswert auf Basis des EBIT-Multiplikators und auf Basis des Umsatz-Multiplikators berechnet. Die Multiplikatoren haben folgende Werte:

EV/EBIT-Multiplikator = 6,0

EV/Umsatz-Multiplikator = 0,7

	Berechnung des Unternehmenswerts:		auf EBIT-Basis		auf Umsatz-Basis
	Bezugsgröße (EBIT bzw. Umsatz) (T€)		950		6.000
×	Multiplikator	×	6,0	×	0,7
=	**Enterprise Value** (= Bruttounternehmenswert*) (T€)	=	**5.700**	=	**4.200**
-	Nettofinanzverbindlichkeiten (T€)	-	1.100	-	1.100
=	**Marktwert des Eigenkapitals (= Nettounternehmenswert)** ** **(T€)**	=	**4.600**	=	**3.300**

* Der höhere Unternehmenswert auf der EBIT-Basis deutet darauf hin, dass die ABC GmbH eine höhere Profitabilität hat als die Vergleichsunternehmen.

** Die Schulden der ABC GmbH sind vom Unternehmenskäufer zu übernehmen und müssen daher vom Bruttounternehmenswert abgezogen werden. Der Marktwert des Eigenkapitals (= Nettounternehmenswert) gibt somit den Wert für die Gesellschaftsanteile des gesamten Unternehmens an.

8.7 Fallbeispiel: Multiplikatorverfahren

Das folgende Beispiel soll die Vorgehensweise erläutern.

Beispiel: Multiplikatorverfahren[189]

Die Z AG, ein Hersteller von Verpackungsmaschinen, soll auf der Basis von verschiedenen Multiplikatoren bewertet werden.

Finanzdaten der Z AG im Geschäftsjahr 01:

Umsatz	EBIT	Jahresüberschuss	Eigenkapital	Nettofinanzverbindlichkeiten
320 Mio. €	28 Mio. €	13 Mio. €	100 Mio. €	90 Mio. €

189 In Anlehnung an Schacht, U. & Fackler, M., Praxishandbuch Unternehmensbewertung, 2009, S. 274 ff.

Im Rahmen dieses Beispiels konnten drei Referenzunternehmen (A, B und C) gefunden werden. Dabei handelt es sich um ähnliche, börsennotierte Unternehmen, deren Finanzdaten den jeweiligen Geschäftsberichten entnommen wurden und die in der folgenden Tabelle dargestellt sind.[190]

Finanzdaten der drei Vergleichsunternehmen (A, B und C) im Geschäftsjahr 01:

Vergleichsunternehmen (Angaben in Mio. €)	**A**	**B**	**C**
Umsatz	435	1.200	890
EBIT	37	111	63
EBIT-Marge (%)	8,5 %	9,3 %	7,1 %
Jahresüberschuss (Gewinn nach Steuern)	18	54	31
Buchwert Eigenkapital	150	430	280
Aktienkurs am 31.12.01 in EUR je Aktie	56,25	32,00	42,50
Aktien (Mio. Stück)	8	25	16
Marktkapitalisierung (= Marktwert des Eigenkapitals)	450	800	680
Nettofinanzverbindlichkeiten (31.12.01)	100	275	150
Marktwert des Gesamtkapitals (Enterprise Value)	550	1.075	830

Der Unternehmenswert der Vergleichsunternehmen wird aus der Marktkapitalisierung bzw. dem Börsenwert des Eigenkapitals, dem verzinslichen Fremdkapital und den Anteilen Dritter berechnet. Die Nettofinanzverbindlichkeiten umfassen die verzinslichen Anteile des Fremdkapitals (Verbindlichkeiten gegenüber Kreditinstituten, Anleihen, Gesellschafterdarlehen, Pensionsrückstellungen und sonstige zinstragende Verbindlichkeiten) abzüglich der Aktivposten, die der Finanzierung zuzurechnen sind (liquide Mittel wie Kasse, Bankguthaben und kurzfristig veräußerbare Wertpapiere).

Für die Unternehmenswertberechnung müssen geeignete Multiplikatoren ausgewählt werden. Dabei wird zwischen **Equity-** und **Entity-Multiplikatoren** unterschieden. Erstere vernachlässigen unterschiedliche Kapitalstrukturen von Ziel- und Referenzunternehmen. Im Rahmen dieses Beispiels werden folgende Multiplikatoren verwendet:

- die Enterprise-Value(EV)-basierten Multiplikatoren EV/Umsatz und EV/EBIT für die Ermittlung des Enterprise Value (EV) (= Bruttounternehmenswert)

190 Schacht, U. & Fackler, M., Praxishandbuch Unternehmensbewertung, 2009, S. 275.

- die kursbasierten Multiplikatoren Kurs-Buchwert-Verhältnis (KBV) sowie Kurs-Gewinn-Verhältnis (KGV) für die Ermittlung des Marktwerts des Eigenkapitals (= Nettounternehmenswert).

Der Enterprise Value (EV) bzw. der Aktienkurs steht im Zähler der Multiplikatorenformel und die Bezugsgröße im Nenner:

$$\text{Multiplikator} = \frac{\text{Enterprise Value}}{\text{Bezugsgröße (z.B. EBIT oder Umsatz)}} = \frac{\text{Aktienkurs}}{\text{Bezugsgröße (z.B. Gewinn je Aktie oder Umsatz je Aktie)}}$$

Die Entity-Multiplikatoren für den **Marktwert des Gesamtkapitals** (= Bruttounternehmenswert) werden wie folgt berechnet:

$$\text{EV/Umsatz-Multiplikator} = \frac{\text{Enterprise Value (= Bruttounternehmenswert)}}{\text{Umsatzerlöse}}$$

$$\text{EV/EBIT-Multiplikator} = \frac{\text{Enterprise Value (= Bruttounternehmenswert)}}{\text{EBIT}}$$

Die Equity-Multiplikatoren für den **Marktwert des Eigenkapitals** (= Nettounternehmenswert) werden wie folgt berechnet:

$$\text{Kurs-Buchwert-Verhältnis (KBV)} = \frac{\text{Marktkapitalisierung}}{\text{bilanzielles Eigenkapital}}$$

$$\text{Kurs-Gewinn-Verhältnis (KGV)} = \frac{\text{Marktkapitalisierung}}{\text{Jahresüberschuss}} = \frac{\text{Aktienkurs}}{\text{Gewinn je Aktie}}$$

Die ermittelten Multiplikatoren und deren Durchschnittwerte werden in der folgenden Tabelle dargestellt.

Multiplikatoren der Vergleichsunternehmen:

Vergleichsunternehmen	A	B	C	Durchschnitt
EV/Umsatz-Multiplikator (= Multiplikator für **Bruttounternehmenswert**)	1,26	0,90	0,93	1,03
EV/EBIT-Multiplikator (= Multiplikator für **Bruttounternehmenswert**)	14,86	9,68	13,17	12,57
Kurs-Buchwert-Verhältnis (KBV) (= Multiplikator für **Nettounternehmenswert**)	3,00	1,86	2,43	2,43
Kurs-Gewinn-Verhältnis (KGV) (= Multiplikator für **Nettounternehmenswert**)	25,00	14,81	21,94	20,59

Wie zu erkennen ist, unterscheiden sich die Multiplikatorenwerte der einzelnen Unternehmen verschieden stark. Daher werden aus Vereinfachungsgründen die Durchschnittswerte berechnet.

Im Folgenden werden die Nettounternehmenswerte mit den verschiedenen Multiplikatoren ermittelt:

Nettounternehmenswert = Bruttounternehmenswert – Nettofinanzverbindlichkeiten

Ermittlung des Nettounternehmenswertes (NUW) mit dem EV/Umsatz-Multiplikator

Indirekte Berechnung des Nettounternehmenswertes (NUW)			
Ermittlung des Nettounternehmenswertes (NUW) mit dem EV/Umsatz-Multiplikator			
	Bruttounternehmenswert (BUW) = Umsatz × EV/Umsatz-Multiplikator		
Nettounternehmenswert (NUW): NUW = Umsatz × EV/Umsatz-Multiplikator – Nettofinanzverbindlichkeiten		=	
NUW = 320 Mio. € × 1,03 – 90 Mio. €		=	240 Mio. €
Ermittlung des Nettounternehmenswertes (NUW) mit dem EV/EBIT-Multiplikator			
	Bruttounternehmenswert = EBIT × EV/EBIT-Multiplikator		
Nettounternehmenswert (NUW): NUW = EBIT × EV/EBIT-Multiplikator – Nettofinanzverbindlichkeiten		=	
NUW = 28 Mio. € × 12,57 – 90 Mio. €		=	262 Mio. €
Direkte Berechnung des Nettounternehmenswertes (NUW)			
Ermittlung des Nettounternehmenswertes (NUW) mit dem Kurs-Gewinn-Multiplikator			
NUW =	Jahresüberschuss × KGV	=	
NUW =	13 Mio. € × 20,59	=	268 Mio. €
Ermittlung des Nettounternehmenswertes (NUW) mit dem Kurs-Buchwert-Multiplikator			
NUW =	Eigenkapital × KBV	=	
NUW =	100 Mio. € × 2,43	=	243 Mio. €

Da alle Multiplikatoren spezifische Vor- und Nachteile aufweisen und ihre Verwendung jeweils zu abweichenden Ergebnissen führen kann, wird das Multiplikatorverfahren häufig unterstützend eingesetzt. Es kann Bewertungen auf der Basis der Gesamtbewertungsverfahren *(total valuation method)* plausibilisieren oder dann eingesetzt werden, wenn die vorhandenen Daten noch nicht ausreichen, um eine Orientierungsgröße zu haben. Ferner kann es auch als Instrument zur Durchsetzung und Verbesserung von Verhandlungspositionen eingesetzt werden.

8.8 Beurteilung der Multiplikatorverfahren

Eine Unternehmensbewertung mittels Multiplikatoren hat den Vorteil einer relativ geringen Komplexität und einer hohen Bewertungsgeschwindigkeit. Allerdings sollte beachtet werden, dass der Bewertende immer über einen gewissen subjektiven Spielraum verfügt, beispielsweise bei der Auswahl der Referenzunternehmen für die Peer Group, der Auswahl der Schätzungen sowie der Auswahl der Multiplikatoren. Man kann auch davon ausgehen, dass oft im Sinne des Auftraggebers bewertet wird.[191] Die Multiplikatorverfahren sind statische Verfahren und betrachten ausschließlich die Kennzahlen am Bewertungstag. Dynamische Einflüsse auf Märkte und Branchen bleiben unberücksichtigt. Des Weiteren sollten die nationalen und internationalen Rahmenbedingungen beachtet werden. Hierzu zählen beispielsweise[192]

- Unterschiede in den Rechnungslegungssystemen HGB, IFRS und US-GAAP,
- Unterschiede in den Steuersystemen,
- unterschiedliche Zinssätze und Bonitätszertifizierungen sowie
- Volatilität von Börsenkursen, unterschiedliche Stimmungen am Stichtag an den Kapitalmärkten.

Es sollte immer beachtet werden, dass die Multiplikatorverfahren auf Informationen beruhen, die am Markt generiert wurden. Man sollte die Multiplikatoren daher für folgende Zwecke verwenden:[193]

- Plausibilisierung von Unternehmenswerten aus anderen Verfahren (z. B. DCF-Verfahren),
- Vergleich mit anderen Unternehmen unter Beachtung von Umsatz- und Margenentwicklung,
- Unternehmensbewertung unter Beachtung der Hypothese, dass ähnliche Unternehmen ähnlich bewertet werden, aber es grundsätzlich keine gleichen Unternehmen gibt.

Ferner sollte man sich dessen bewusst sein, dass es sich teilweise problematisch gestaltet, geeignete Vergleichsunternehmen zu finden, da sich auch Unternehmen in derselben Branche hinsichtlich der Cashflows, der Chancen, der Risiken und der Wachstumsraten deutlich voneinander unterscheiden können. Die einfließenden Daten können aufgrund der Bilanzpolitik und der nationalen Rechnungslegungssysteme verzerrt sein.

191 Ernst, D., et al., Unternehmensbewertungen erstellen und verstehen, 2018, S. 298 ff.
192 Ernst, D., et al., Unternehmensbewertungen erstellen und verstehen, 2018, S. 298 ff.
193 Ernst, D.; et al., Unternehmensbewertungen erstellen und verstehen, 2018, S. 223.

Die Multiplikatorverfahren haben folgende Vor- und Nachteile:

Multiplikatorverfahren	
Vorteile	**Nachteile**
• Multiplikatoren liefern einfach und schnell erste Unternehmenswerte • einfache Vorgehensweise • gute Orientierungsgröße • Berücksichtigung von »objektiven« Marktwerten von Vergleichsunternehmen • hohe Bedeutung aufgrund starker Verbreitung • wenige Annahmen (Zahlen nur aus einem Geschäftsjahr und ausgewählte Multiplikatoren) • subjektive Interpretation ist aufgrund von Auf- und Abschlägen möglich • einfach und schnell anwendbar durch Komplexitätsreduktion	• die Vergleichbarkeit mit der Peer Group ist kritisch zu betrachten • es werden in einer Kennzahl alle individuellen Kennzeichen eines Unternehmens vermengt • viele Gestaltungsspielräume bzgl. Multiplikatorauswahl, Gewichtung und Vergleichsunternehmen • Multiplikatoren sind statisch und die Unternehmensentwicklung (Wachstum) wird nicht miteinbezogen • Auf- und Abschläge sind sehr subjektiv • die Auswahl der Peer Group ist subjektiv • die Auswahl des Basisjahres ist subjektiv • ungenaues Bewertungsergebnis

Vor- und Nachteile der Multiplikatorverfahren

In der folgenden Tabelle werden die Vor- und Nachteile von ausgewählten Multiplikatoren dargestellt:

Entity-Multiplikatoren		
	Vorteile	**Nachteile**
EV/Umsatz-Multiplikator	• bessere Vergleichbarkeit unterschiedlich finanzierter Unternehmen • Wertermittlung auch für ertraglose Unternehmen möglich • weitgehende Unabhängigkeit von Bilanzpolitik und unterschiedlichen Rechnungslegungsvorschriften	• eingeschränkte Aussagekraft, da die unternehmensindividuelle Ertragskraft bzw. Kostenstruktur nicht einfließen
EV/EBIT-Multiplikator	• bessere Vergleichbarkeit unterschiedlich finanzierter Unternehmen • Berücksichtigung der unternehmensindividuellen operativen Ertragskraft • Berücksichtigung des unterschiedlichen Investitionsbedarfs und der damit einhergehenden Kapitalintensität	• Bewertungszerrung durch bilanzpolitische Beeinflussung der Abschreibung möglich • Unterstellung vergleichbarer Zinsdeckungs- und Steuerquoten

Entity-Multiplikatoren		
	Vorteile	**Nachteile**
EV/EBITDA-Multiplikator	• bessere Vergleichbarkeit unterschiedlich finanzierter Unternehmen • Berücksichtigung der unternehmensindividuellen Ertragskraft • Eliminierung von buchhalterischen Unterschieden hinsichtlich der unternehmensindividuellen Abschreibungen	• Unterstellung von identischen Kapitalintensitäten bzw. Abschreibungsquoten • Unterstellung vergleichbarer Zinsdeckungs- und Steuerquoten
Equity-Multiplikatoren		
	Vorteile	**Nachteile**
KGV-Multiplikator	• Berücksichtigung unternehmensindividueller Unterschiede bzgl. der Ertragskraft • große Verbreitung	• eingeschränkte Aussagekraft durch den besonders starken Einfluss unterschiedlicher Rechnungslegungsvorschriften und bilanzpolitischer Maßnahmen • Beeinflussung durch Verschuldungsgrad
KCFV-Multiplikator	• bessere internationale Vergleichbarkeit • geringe Verzerrung durch unterschiedliche Rechnungslegungsvorschriften und bilanzpolitische Maßnahmen	• Beeinflussung durch Verschuldungsgrad

Vor- und Nachteile von ausgewählten Multiplikatoren[194]

8.9 Aufgaben zu den Multiplikatorverfahren

Aufgabe 8.1: Multiplikatorverfahren – Entity-Multiplikatoren
Die Rad AG ist auf die Herstellung von E-Bikes spezialisiert. Als Mitarbeiter einer Unternehmensberatung werden Sie im Rahmen der Verkaufsverhandlungen zur Bewertung des Unternehmens herangezogen. Damit alle Beteiligten eine Orientierung bzgl. eines möglichen Kaufpreises haben, soll das Multiplikatorverfahren angewandt werden.

Die Rad AG erzielte im aktuellen Geschäftsjahr einen Umsatz von 290.000 T€ und einen Gewinn von 35.000 T€. Der Wert des verzinslichen Fremdkapitals beläuft sich auf 180.000 T€.

194 In Anlehnung an IWW, Betriebswirtschaftliche Mandantenbetreuung – Ausgabe 09/2003, S. 248.

Es liegen Ihnen von börsennotierten Unternehmen aus dem Sektor Motorräder und Fahrräder folgende Informationen vor:

Unternehmen	Umsatz in T€	Gewinn in T€	Marktkapitalisierung in T€	Fremdkapitalquote	Umsatz-Multiplikator	Kurs-Gewinn-Verhältnis
AAA	320.000	28.000	390.000	35 %		
BBB	240.000	36.000	430.000	50 %		
CCC	1.500.000	60.000	1.550.000	80 %		
DDD	160.000	2.000	75.000	25 %		
EEE	500.000				1,35	16,50

Ermitteln Sie aus den gegebenen Daten die Umsatz- und Gewinn-Multiplikatoren für die Vergleichsunternehmen und wenden Sie jeweils die durchschnittlichen Multiplikatoren auf die Rad AG an. Nutzen Sie die vorgegebenen Tabellen.

Unternehmen	Marktkapitalisierung in T€	Fremdkapitalquote	Fremdkapital in T€	Enterprise Value in T€
AAA				
BBB				
CCC				
DDD				

Die nächste Tabelle dient zur Ermittlung der Umsatz-Multiplikatoren und der sich daraus ergebenden Durchschnittswerte.

Unternehmen	Enterprise Value in T€	Umsatz in T€	EV/Umsatz-Multiplikator
AAA			
BBB			
CCC			
DDD			
EEE			
Durchschnitt			

Für die Rad AG ergibt sich folgender Marktwert des Eigenkapitals (= Nettounternehmenswert (NUW)):

NUW = ____

Unternehmen	Marktkapitalisierung in T€	Erwarteter Gewinn in T€	Kurs-Gewinn-Verhältnis
AAA			
BBB			
CCC			
DDD			
EEE			
Durchschnitt			

Marktwert des Eigenkapitals (EK_{Markt}) (= Nettounternehmenswert (NUW)):

NUW = ____

Aufgabe 8.2: Multiplikatorverfahren

Ermitteln Sie den Nettounternehmenswert (NUW) mit dem Multiplikator »Kurs-Gewinn-Verhältnis« der IMTM AG. Es liegen Ihnen folgende Informationen vor:

- durchschnittlicher Börsenkurs der Peer Group: 45,50 €/Aktie
- durchschnittlicher Gewinn je Aktie der Peer Group: 3,50 €/Aktie
- Jahresüberschuss der IMTM AG: 300.000 €

Aufgabe 8.3: Branchen-Multiplikatorverfahren

Für eine Unternehmensbewertung der IMTM AG liegen Ihnen von den Branchen-Multiplikatoren folgende Informationen vor:

- EV/Umsatz-Multiplikator: 2,02
- EV/EBIT-Multiplikator: 12,5
- Jahresabschluss der IMTM AG mit GuV-Rechnung und Bilanz zum 31.12.01

Gewinn-und-Verlust-Rechnung:

Aufwendungen	GuV vom 01.01.01 bis 31.12.01		Erträge
betriebliche Aufwendungen	2.336,5 T€	Umsatzerlöse	2.500,0 T€
außergewöhnl. Aufwendungen	10,0 T€	betriebliche Erträge	250,0 T€
Zinsaufwendungen	30,0 T€	außergewöhnliche Erträge	20,0 T€
Steueraufwand	160,0 T€	Zinserträge	6,5 T€
Saldo Gewinn nach Steuern	**240,0 T€**		
	2.776,5 T€		2.776,5 T€

Bilanz:

Aktiva	Bilanz zum 31.12.01		Passiva
Anlagevermögen	**1.500 T€**	**Eigenkapital:**	**2.000 T€**
Umlaufvermögen	**1.500 T€**	gezeichnetes Kapital	(1.760 T€)
Vorräte	(1.350 T€)	Gewinn nach Steuern	(240 T€)
liquide Mittel	(150 T€)	**Verbindlichkeiten:**	**1.000 T€**
		Bankschulden	(300 T€)
		Gesellschafterdarlehen	(100 T€)
		sonstige Verbindlichkeiten	(600 T€)
Bilanzsumme	**3.000 T€**	**Bilanzsumme**	**3.000 T€**

Ermitteln Sie den Marktwert des Eigenkapitals (= Nettounternehmenswert (NUW)).

Aufgabe 8.4: Multiplikatorverfahren

Erklären Sie das Grundprinzip der Multiplikatorverfahren bei der Unternehmensbewertung.

Aufgabe 8.5: Multiplikatorverfahren

Nennen Sie die Verfahrensschritte bei der relativen Bewertung mithilfe der Multiplikatoren.

Aufgabe 8.6: Multiplikatorverfahren

1. Erklären Sie das Grundprinzip der Multiplikatorverfahren bei der Unternehmensbewertung und nennen Sie neben dem EV/Umsatz-Multiplikator noch zwei weitere Multiplikatoren.
2. Die IMTB GmbH hat im vergangenen Geschäftsjahr einen Gewinn von 1 Mio. € bei einem Umsatz von 8,5 Mio. € erzielt. Der Wert der Nettofinanzverbindlichkeiten beläuft sich auf 4,0 Mio. €. Es sind folgende Daten von vergleichbaren Unternehmen bekannt:

Unternehmen	Umsatz in T€	Enterprise Value in T€
AAA	11.200 T€	27.000 T€
BBB	7.800 T€	11.000 T€
CCC	9.800 T€	11.500 T€

Welcher Nettounternehmenswert (NUW) ergibt sich für die IMTB AG bei der Anwendung des durchschnittlichen EV/Umsatz-Multiplikators?

9 Lösungen Unternehmensbewertung

Lösung Aufgabe 3.1: Substanzwertverfahren

Berechnung des Substanzwerts als Teilreproduktionswert (TRW):

	Wiederbeschaffungswert des **betriebsnotwendigen** Vermögens *(12.000 T€ (Bilanzsumme) – 800 T€ (nicht betriebsnotwendige Wertpapiere) + 2.100 T€ (stille Reserven Sachanlagen) – 700 T€ (nicht betriebsnotwendige Grundstücke und Gebäude))*	12.600 T€
+	Verkehrswerte der isolierbaren, selbst erstellten immateriellen Vermögenswerte *(Patente)*	+ 600 T€
–	Fremdkapital *(3.000 T€ (Rückstellungen) + 5.000 T€ (Verbindlichkeiten))*	– 8.000 T€
+	Marktwert des **nicht betriebsnotwendigen** Vermögens *(700 T€ (nicht betriebsnotwendige Grundstücke und Gebäude) + 800 T€ (nicht betriebsnotwendige Wertpapiere) + 400 T€ (stille Reserven bei nicht betriebsnotwendigen Wertpapieren))*	+ 1.900 T€
=	**Substanzwert als Teilreproduktionswert (TRW)**	**= 7.100 T€**

Berechnung des originären (selbst geschaffenen) Geschäfts- oder Firmenwerts:

	Substanzwert als Vollreproduktionswert (VRW)	15.000 T€
–	Substanzwert als Teilreproduktionswert (TRW)	– 7.100 T€
=	**Originärer Geschäfts- oder Firmenwert**	**= 7.900 T€**

Lösung Aufgabe 3.2: Substanzwertverfahren

Berechnung des Teilreproduktionswerts nach dem Substanzwertverfahren (TRW):

(Angaben in T€)	Beschaffungs-marktwerte	Erforderliche Korrekturen	Teilreproduk-tionswerte
immaterielle Vermögensgegenstände	2.800	–	2.800
nicht aktivierte Entwicklungskosten		1.200	+ 1.200
Grundstücke	12.000	–	+ 12.000
Gebäude	22.000	–	+ 22.000
technische Anlage A *(wird nicht benötigt und kann veräußert werden)*	7.000	- 7.000	+ 0
technische Anlage B	4.500	- 600	+ 3.900
technische Anlage C	19.000	- 3.000	+ 16.000
Wertpapiere des AV	1.100	–	+ 1.100
Vorräte	1.500	–	+ 1.500
Wertpapiere des UV	400	–	+ 400
Bankguthaben	700	–	+ 700
Kasse	100		+ 100
Bruttowerte	**71.100**		**= 61.700**
Finanzkredite	- 15.000		- 15.000
Rückstellungen	- 9.000		- 9.000
Verbindlichkeiten aLuL	- 7.000		- 7.000
Nettowerte	**40.100**		**= 30.700**
Marktwert des nicht betriebsnotwendigen Vermögens *(technische Anlage A)*	7.000	- 1.000	+ 6.000
Substanzwert als Teilreproduktionswert			**= 36.700**

Der Substanzwert nach dem Teilreproduktionswertverfahren (TRW) beträgt 36.700 T€.

Lösung Aufgabe 3.3: Substanzwertverfahren

Berechnung des Substanzwerts als Teilreproduktionswert (TRW):

(alle Angabe in T€)	Buchwerte	Beschaffungsmarktwerte	Korrekturen	Teilreproduktionswerte
immaterielle Vermögenswerte	4.000	5.600	0	5.600
Grundstücke	9.000	11.000	+ 2.000	+ 11.000
Gebäude	10.000	18.000	+ 8.000	+ 18.000
Spezialmaschine A	3.000	5.600	+ 2.600	+ 5.600
Spezialmaschine B	1.000	1.700	+ 700	+ 1.700
Vorräte	600	300	- 300	+ 300
Bank	100	100	0	+ 100
nicht aktivierte Patente	0		+ 150	+ 150
nicht aktivierte Lizenzen	0		+ 100	+ 100
Bruttowerte	**27.700**	**= 42.300**	**11.250**	**= 42.550**
- Darlehen	- 17.000	- 17.000		- 17.000
- Verbindlichkeiten	- 4.000	- 4.000		- 4.000
Nettowerte	**= 6.700**	**= 21.300**		**21.550**
Liquidationswert Fuhrpark	+ 5.000	+ 4.500	- 500	+ 4.500
Liquidationswert Wertpapiere des UV	+ 300	+ 300	0	+ 300
Teilreproduktionswert (TRW)	**= 12.000**	**= 26.100**		**= 26.350**

Der Substanzwert auf der Basis des Teilreproduktionswertes (TRW) beträgt 26.350 T€. Er ergibt sich aus den Reproduktionswerten des betriebsnotwendigen Vermögens und dem Liquidationswert des nicht betriebsnotwendigen Vermögens (hier: Fuhrpark und Wertpapiere) abzüglich der Schulden (hier: Darlehen und Verbindlichkeiten). Da es sich um den Teilrekonstruktionswert handelt, fließt der Wert der Kundenbeziehungen nicht in die Bewertung mit ein. Nicht aktivierte Patente und Lizenzen sind einzeln bewertbar und damit einzurechnen. [195]

195 Aufgabe und Lösung sind angelehnt an Henselmann, K. und Kniest, W., Unternehmensbewertung, 2015, S. 448 - 451.

Lösung Aufgabe 3.4: Liquidationswertverfahren

Nachstehende Tabelle zeigt die Liquidationserlöse des Vermögens der Liquido GmbH:

(alle Angaben in T€)	Buchwert	Stille Reserven, stille Lasten	Liquidations-erlöse
immaterielle Vermögenswerte	400	+ 400	800
Grundstücke	1.300	0	+ 1.300
Maschinen	1.100	– 220	+ 880
Betriebs- u. Geschäftsausstattung	400	– 200	+ 200
Vorräte	2.500	– 1.250	+ 1.250
Forderungen aLuL	1.000	0	+ 1.000
Wertpapiere des UV	700	0	+ 700
Bank und Kasse	800	0	+ 800
aktive latente Steuern	80	– 80	+ 0
nicht aktivierte Patente	0	+ 100	+ 100
nicht aktivierte Software	0	+50	+ 50
Summe	**8.280**	**– 1.200**	**= 7.080**

In folgender Tabelle sind die Schulden der Liquido GmbH aufgelistet:

(alle Angaben in T€)	Buchwert	Stille Reserven, stille Lasten	Schulden
Rückstellungen	2.500	– 200	2.300
Bankkredite	800	0	800
Verbindlichkeiten aLuL	2.100	0	2.100
passiver RAP	180	– 180	0
Sozialplanverpflichtungen	0	+ 600	600
Summe	**5.580**	**220**	**5.800**

Im letzten Schritt müssen die Liquidationskosten einschließlich Ertragsteuern berechnet werden:

	(alle Angaben in T€)	
	Honorar des Liquidators	170
+	Anwalts- und Notarkosten	+ 80
+	sonstige Gebühren	+ 120
=	**Liquidationskosten**	**= 370**

Der steuerliche Liquidationsgewinn/-verlust wird folgendermaßen ermittelt:

	(alle Angaben in T€)	
	Liquidationserlös aller betrieblichen Vermögensgegenstände	7.080
-	Schulden	- 5.800
-	Liquidationskosten	- 370
=	**Liquidationsüberschuss**	**= 910**
-	steuerlicher Buchwert des Eigenkapitals	- 2.700
=	**steuerlicher Liquidationsgewinn/-verlust**	**= -1.790**

Da ein steuerlicher Liquidationsverlust resultiert, fallen keine Ertragsteuern an. Der endgültige Liquidationswert der Liquido GmbH entspricht damit dem Liquidationsüberschuss von 910 T€.[196]

Lösung Aufgabe 5.1: Bedeutung der Unternehmensbewertung

1. Der Substanzwert (SW) wird heute nicht mehr als der zutreffende (mögliche) Unternehmenswert betrachtet. Er wird eigentlich nur noch als Hilfs- oder Kontrollgröße berechnet bzw. verwendet.
2. Der Ertragswert (EW) wird meistens als der angemessene oder zutreffende Unternehmenswert angesehen. Der Ertragswert ist dann als der »richtige« Unternehmenswert anzusehen, wenn er aufgrund einer vorsichtigen Schätzung der Zukunftsgewinne (zukünftige Ertragsüberschüsse) ermittelt wurde.
3. Der Geschäfts- oder Firmenwert (Goodwill) kann nur indirekt als Differenz zwischen Substanzwert als Vollreproduktionswert und Substanzwert als Teilreproduktionswert ermittelt werden. Der Geschäfts- oder Firmenwert kann als der Wert der nicht aktivierten immateriellen Vermögenswerte, insbesondere des Know-hows im Unternehmen, aber auch der Kunden- und Geschäftspartnerbeziehungen des Unternehmens interpretiert werden.
4. Der Liquidationswert (LW) stellt die absolute Untergrenze des Unternehmenswertes dar. Er lässt sich auch noch im Falle der Auflösung und Zerschlagung des Unternehmens *(asset stripping)* durch die Veräußerung der einzelnen Unternehmensbestandteile erzielen.

196 Aufgabe und Lösung sind angelehnt an Peemöller, V. H. (Hrsg.), Praxishandbuch der Unternehmensbewertung, 2015, S. 821–825.

Lösung Aufgabe 5.2: Ertragswertverfahren

1. Anlässe für eine Unternehmensbewertung:
   - Kauf bzw. Verkauf von Unternehmen oder Unternehmensanteilen, Beteiligungen oder organisatorisch selbstständigen Unternehmenseinheiten
   - Zuführung von Eigenkapital durch Beteiligungsgesellschaften
   - Festsetzung des Emissionskurses (auch der Bookbuilding-Spanne) beim sogenannten Initial Public Offering (Börsengang)
   - Fusion von Unternehmen (einschließlich der Ermittlung von Entschädigungen für ausscheidende Minderheitsgesellschafter)
   - Entflechtung von Unternehmen (Spaltung bzw. Realteilung)
   - Management Buy-out (MBO)
   - Management Buy-in (MBI)
   - Börseneinführung (kleine AG)
   - Sanierung, Liquidation, Insolvenz eines Unternehmens
   - Enteignung von Unternehmensbesitz
   - vorweggenommene Erbfolge und Erbauseinandersetzungen
   - eherechtlicher Zugewinnausgleich
   - Ermittlung des Auseinandersetzungsguthabens bei Austritt und Eintritt von Gesellschaftern
   - Bewertung von gesellschaftsrechtlich vereinbarten Abfindungsklauseln
   - steuerliche Vorschriften
   - Steuerung des Unternehmenswertes im Rahmen der wertorientierten Unternehmensführung
   - Kreditwürdigkeitsprüfung
2. Ermittlung des Unternehmenswerts mit dem Ertragswertverfahren:

	(Angaben in T€)	Jahr 01	Jahr 02	Jahr 03	Jahr 04	Jahr 05
	Betriebsergebnis	390	395	440	440	525
-	kalkulatorischer Unternehmerlohn	- 100	- 100	- 100	- 100	- 100
-	zusätzliche Abschreibungen	- 20	- 22	- 23	- 25	- 26
-	zusätzliche Aufwendungen	- 40	- 40	- 40	- 40	- 40
+	Verringerung sonstige Aufwendungen	+ 35	+ 35	+ 35	+ 35	+ 35
=	**nachhaltiges Ergebnis**	**= 265**	**= 268**	**= 312**	**= 310**	**= 394**

Kapitalisierungszinssatz = 4 % + 8 % = 12 % = p   P/100 = 12/100 = 0,12 = i

Berechnung des Ertragswerts (EW) als Unternehmenswert:

$$EW = \frac{265.000\,€}{(1+0{,}12)^1} + \frac{268.000\,€}{(1+0{,}12)^2} + \frac{312.000\,€}{(1+0{,}12)^3} + \frac{310.000\,€}{(1+0{,}12)^4} + \frac{394.000\,€}{(1+0{,}12)^5}$$

$$+ \frac{394.000\,€}{0{,}12} \times \frac{1}{(1+0{,}12)^5} =$$

$$EW = 236.607{,}14\,€ + 213.647{,}96\,€ + 222.075{,}44\,€ + 197.010{,}60\,€ + 223.566{,}18\,€ + 1.863.051{,}51\,€$$

$$EW = 2.955.958{,}83\,€$$

Der Ertragswert (EW) als Unternehmenswert beträgt 2.955.598,83 €.

Lösung Aufgabe 5.3: Ertragswertverfahren

$$EW = \left(10.000\,T€ \times \frac{(1+0{,}1)^{10} - 1}{(1+0{,}1)^{10} \times 0{,}1}\right) + \left(8.000\,T€ \times \frac{(1+0{,}1)^5 - 1}{(1+0{,}1)^5 \times 0{,}1} \times \frac{1}{(1+0{,}1)^{10}}\right)$$

$$+ \frac{10.000\,T€}{(1+0{,}1)^{16}} + \frac{12.000\,T€}{(1+0{,}1)^{17}} + \frac{8.000\,T€ + 12.000\,T€}{(1+0{,}1)^{18}}$$

$$EW = 61.445{,}67\,T€ + 11.692{,}1\,T€ + 2.176{,}29\,T€ + 2.374{,}13\,T€ + 3.597{,}18\,T€$$

$$\text{Ertragswert (EW)} = 81.285{,}37\,T€$$

Lösung Aufgabe 5.4: Unternehmensbewertung – Ertragswertverfahren

$$EW = \frac{80.000\,€}{(1+0{,}12)^1} + \frac{90.000\,€}{(1+0{,}12)^2} + \frac{100.000\,€}{(1+0{,}12)^3} + \frac{110.000\,€}{(1+0{,}12)^4} + \frac{120.000\,€}{(1+0{,}12)^5}$$

$$+ \left[140.000\,€ \times \frac{(1{,}12^5 - 1)}{(1{,}12^5 \times 0{,}12)} \times \frac{1}{(1+0{,}12)^5}\right] + \frac{1.300.000}{(1+0{,}12)^{10}} =$$

$$EW = 71.428{,}57\,€ + 71.747{,}45\,€ + 71.178{,}02\,€ + 69.906{,}99\,€ + 68.091{,}22\,€ + 286.362{,}56\,€ + 418.565{,}21\,€ = 1.057.880{,}02\,€$$

Lösung Aufgabe 5.5: Unternehmensbewertung – Ertragswertverfahren

1. Anlässe der Unternehmensbewertung

Mit Eigentümerwechsel	Ohne Eigentümerwechsel
• Kauf/Verkauf • Fusion • Erbauseinandersetzung • Enteignung • Eintritt/Ausscheiden eines Gesellschafters (Personengesellschaft oder GmbH)	• Sanierung/Insolvenz • Kreditwürdigkeitsprüfung • steuerliche Bewertungen

2. Berechnung des Unternehmenswerts mit der unendlichen Rente:

$$\text{Ertragswert (EW)} = \frac{\text{Gewinn}}{\text{Kapitalisierungszinssatz}} = \frac{240.000\,€}{0{,}12} = 2.000.000\,€$$

3. Berechnung des Unternehmenswerts mit Liquidationserlös:

$$EW = 200.000\,€ \times \frac{(1+0{,}12)^8 - 1}{(1+0{,}12)^8 \times 0{,}12} + \frac{250.000\,€}{(1+0{,}12)^9} + \frac{(280.000\,€ + 720.000\,€)}{(1+0{,}12)^{10}}$$

$$EW = 993.527{,}95\,€ + 90.152{,}51\,€ + 321.973{,}24\,€ = 1.405.653{,}70\,€$$

Lösung Aufgabe 5.6: Ertragswertverfahren

$$EW = \frac{400.000\,€}{(1+0{,}16)^1} + \frac{425.000\,€}{(1+0{,}16)^2} + \frac{450.000\,€}{(1+0{,}16)^3} + \frac{475.000\,€}{(1+0{,}16)^4} + \frac{500.000\,€}{(1+0{,}16)^5}$$

$$+ \frac{500.000\,€ \times (1+0{,}03)}{0{,}16 - 0{,}03} \times \frac{1}{(1+0{,}16)^5} =$$

$$EW = 344.827{,}59\,€ + 315.844{,}23\,€ + 288.295{,}95\,€ + 262.338{,}27\,€ + 238.056{,}51\,€ + 1.886.140{,}02\,€$$

$$EW = 3.335.502{,}57\,€$$

Der Unternehmenswert als Ertragswert (EW) beträgt 3.335.502,57 €.

Lösung Aufgabe 5.7: Ertragswertverfahren

Der Unternehmenswert als Ertragswert (EW) berechnet sich durch die Diskontierung der Jahresüberschüsse. Die Perioden eins bis fünf stellen den Detailplanungszeitraum dar, für sie sind genaue Planwerte vorhanden. Ab der Periode sechs erfolgt die Planung mithilfe der ewigen Rente.

Der Kapitalisierungszinssatz (i) berechnet sich folgendermaßen:

$i = r_f + (\beta \times r_{zu}) = 3{,}00\,\% + (0{,}97 \times 5{,}4\,\%) = 8{,}238\,\%$

Damit lassen sich die Abzinsungsfaktoren (AbF) berechnen:

$$AbF_{Periode\,1} = \frac{1}{(1+0{,}08238)^1} = 0{,}92388994623$$

Für die Perioden eins bis fünf ergibt die Multiplikation aus Jahresüberschuss und Abzinsungsfaktor den jeweiligen Barwert. Ab der sechsten Periode muss anders gerechnet werden. Hier wird die ewige Rente (ER) berechnet:

$$\text{Ewige Rente (ER)} = \frac{\text{Gewinn in der Periode 05}}{i} = \frac{99.535\,€}{0{,}08238} = 1.208.242{,}29\,€$$

Die ewige Rente bezieht sich nun auf den Zeitpunkt in der Periode sechs und muss deshalb nochmals, nun mit dem berechneten Abzinsungsfaktor für Periode fünf, diskontiert werden. Damit ergibt sich der Barwert bezogen auf die Periode 00 in Höhe von 813.309 €. Die folgende Tabelle fasst all diese Rechnungen zusammen.

Unternehmenswertermittlung nach dem Ertragswertverfahren							
(alle Angaben in €)	**Ist**	**Plan**					
Periode	**00**	**01**	**02**	**03**	**04**	**05**	**06**
Jahresüberschuss		78.310	85.387	90.196	94.336	99.535	99.535
Kapitalisierungszinssatz							8,238 %
Endwert							1.208.244
Abzinsungsfaktor		0,9239	0,8536	0,7886	0,7286	0,6731	0,6731
Barwerte		72.350	72.884	71.129	68.732	67.000	813.309
Ertragswert (EW)	1.165.405						

Die Summe aller Barwerte stellt den Unternehmenswert nach dem Ertragswertverfahren (EW) dar. Dieser beträgt hier 1.165.405 €.

Alternativ lässt sich der Unternehmenswert auch in einem Schritt mit der folgenden Formel berechnen (hier wurden die Kommastellen auch bei den Barwerten berücksichtigt):

$$EW = \frac{78.310\,€}{(1+0{,}08238)^1} + \frac{85.387\,€}{(1+0{,}08238)^2} + \frac{90.196\,€}{(1+0{,}08238)^3} + \frac{94.336\,€}{(1+0{,}08238)^4} + \frac{99.535\,€}{(1+0{,}08238)^5}$$

$$+ \frac{99.535\,€}{0{,}08238} \times \frac{1}{(1+0{,}08238)^5} =$$

$$EW = 72.350{,}19\,€ + 72.884{,}35\,€ + 71.128{,}98\,€ + 68.731{,}55\,€ + 67.000{,}41\,€ + 813.309{,}18\,€$$

EW = 1.165.404,65 €

Lösung Aufgabe 5.8: Verfahren der Unternehmensbewertung

1. Ertragswertverfahren, Substanzwertverfahren und kombinierte Verfahren

Beim Ertragswertverfahren stehen die zukünftige Ertragsüberschüsse (Gewinne) im Vordergrund. Hierbei ist zu beachten, dass bei einer nicht vollständigen Gewinnausschüttung die einbehaltenen Gewinne »doppelt« in den Unternehmenswert eingehen, da einbehaltene Gewinne zukünftige Gewinne generieren.

Das Substanzwertverfahren orientiert sich an der vorhandenen Unternehmenssubstanz. Es stellt eine sinnvolle Anwendung zur Ermittlung des Unternehmenswertes im Liquidationsfall dar.

Mit den kombinierten Verfahren versucht man, die Differenzen zwischen dem Ertragswert- und dem Substanzwertverfahren auszugleichen.

2. Ermittlung des Ertragswerts

Ermittlung des Gewinns:

	Jahr	01	02	03	04
	Umsatzerlöse	756.000 €	697.000 €	725.000 €	763.000 €
-	Herstellungskosten	- 120.000 €	- 100.000 €	- 110.000 €	- 125.000 €
-	Vertriebskosten	- 25.000 €	- 45.000 €	- 45.000 €	- 40.000 €
-	Verwaltungskosten	- 10.000 €	- 10.000 €	- 10.000 €	- 10.000 €
-	sonstige Aufwendungen	- 50.000 €	- 55.000 €	- 65.000 €	- 50.000 €
-	Zinsen für Fremdkapital	- 198.000 €	- 224.000 €	- 235.000 €	- 220.000 €
-	Steuern	- 175.000 €	- 130.000 €	- 130.000 €	- 155.000 €
=	**Gewinn**	**= 178.000 €**	**= 133.000 €**	**= 130.000 €**	**= 163.000 €**

Ermittlung des Ertragswerts (EW):

$$EW = \sum_{t=1}^{n} \frac{G_t}{(1+i)^t} = \frac{178.000\,€}{(1+0{,}1)^1} + \frac{133.000\,€}{(1+0{,}1)^2} + \frac{130.000\,€}{(1+0{,}1)^3} + \frac{163.000\,€}{(1+0{,}1)^4}$$

EW = 161.818,18 € +109.917,36 € + 97.670,92 € + 111.331,19 € = **480.737,65 €**

Lösung Aufgabe 5.9: Unternehmensbewertung – Ertragswertverfahren
1. Erläutern der Konfliktsituation

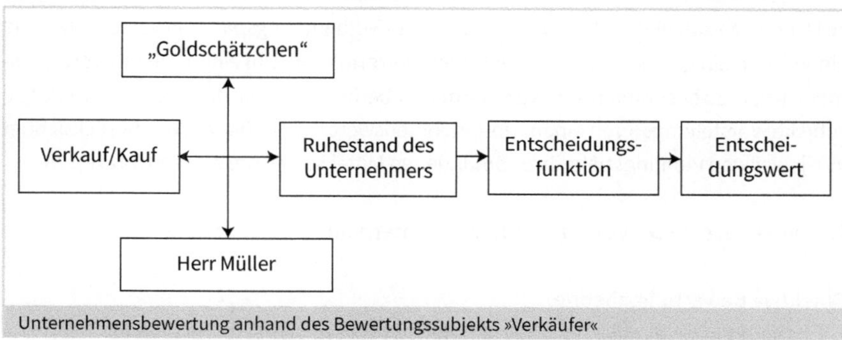

Unternehmensbewertung anhand des Bewertungssubjekts »Verkäufer«

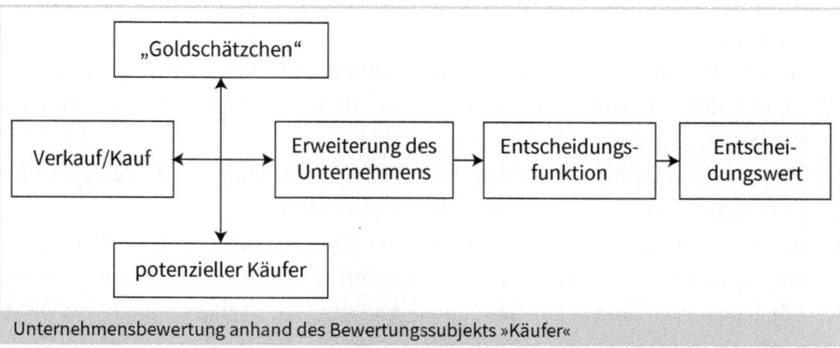

Unternehmensbewertung anhand des Bewertungssubjekts »Käufer«

Die beiden Abbildungen zeigen die Rahmenbedingungen für die Ermittlung des Wertes von »Goldschätzchen« in Abhängigkeit vom Bewertungssubjekt.

Der bevorstehende Verkauf des Unternehmens Goldschätzchen durch Herrn Müller an den potenziellen Käufer stellt den Anlass der Unternehmensbewertung dar. Das Bewertungsobjekt ist das zu verkaufende Unternehmen Goldschätzchen. Die Unternehmensbewertung soll im Auftrag der beiden Bewertungssubjekte – Herr Müller und der potenzielle Käufer – durchgeführt werden.

Da bei einem Verkauf eines Unternehmens die Eigentumsverhältnisse verändert werden, wird gemäß dem funktionalen Bewertungskonzept eine Hauptfunktion angewendet. In diesem Beispiel lassen beide Bewertungssubjekte eine Unternehmensbewertung im Sinne der Entscheidungsfunktion durchführen. Hierbei tritt der jeweilige Bewerter als Berater in der Entscheidungsfindung auf. Die Bewerter legen die Grenzpreise der jeweiligen Verhandlungspartei fest. Für Herrn Müller ist der Grenzpreis eine Preisuntergrenze für den Verkauf seines Unternehmens, um keine Verluste hinnehmen zu müssen. Für den potenziellen Käufer ist der Preis hingegen eine Obergrenze, die er für das Unternehmen zahlen kann, ohne dabei einen wirtschaftlichen Nachteil erleiden zu müssen.

Im nächsten Schritt kann ein unparteiischer Gutachter als Vermittler einen Kompromiss zwischen den subjektiven Wertvorstellungen der Verhandlungsparteien vorschlagen und einen fairen Einigungspreis für das Unternehmen ermitteln. Um einen Schiedswert *(arbitration value)* zu bestimmen, muss der Vermittler berücksichtigen, dass beide Bewertungssubjekte Vorstellungen von einem Unternehmenswert haben. Dieser Wert berücksichtigt ihre jeweiligen Planungsziele, ihre vorhandenen Mittel sowie ihre eigenen Interessen.

2. Objektive, subjektive und funktionale Unternehmensbewertung

Objektive Bewertungstheorie:

- Es wird ein objektivierter Unternehmenswert vom Bewerter festgelegt.
- Dieser Wert ist unabhängig von Personen, also unabhängig von den Bewertungssubjekten.
- Es wird ein Unternehmenswert für das »Goldschätzchen« ermittelt, der unabhängig von Herrn Müllers und unabhängig von den Vorstellungen des potenziellen Käufers ist.
- Dieser Wert entspricht meist dem Substanzwert, der durch die Einzelbewertung *(individual valuation)* der Vermögenswerte ermittelt wird.
- Der ermittelte Unternehmenswert wird vermutlich nachteilig für Herrn Müller sein, da bei der objektiven Bewertung tendenziell »vorsichtig« vorgegangen wird.
- Mögliche Auswirkungen auf die zukünftigen Ertragsüberschüsse durch den wachsenden Konkurrenzdruck sowie mögliche Synergieeffekte beim Eigentümerwechsel des Unternehmens bleiben unberücksichtigt.

Subjektive Bewertungstheorie:

- Für jedes Bewertungssubjekt wird ein subjektiver Unternehmenswert ermittelt.
- Der Unternehmenswert ist ein »Zukunftserfolgswert«, der aus der Sicht des Bewertungssubjekts die künftigen Unternehmenserfolge widerspiegelt.
- Es werden zwei unterschiedliche Unternehmenswerte ermittelt: ein Wert aus Sicht von Herrn Müller (Verkäufer) und ein Wert aus Sicht des potenziellen Käufers.
- Die Werte entsprechen einem Ertragswert, also dem Barwert zukünftiger erwarteten Ertragsüberschüsse. Der Substanzwert kann als mögliche Korrekturgröße herangezogen werden.

- Für den potenziellen Käufer würde z. B. der wachsende Konkurrenzdruck eine Rolle bei der Ermittlung des Ertragswerts spielen, da dieser Kostendruck mögliche Auswirkungen auf die zukünftigen Ertragsüberschüsse hat.

Funktionale Bewertungstheorie:

- Für jedes Bewertungssubjekt wird ein subjektiver Unternehmenswert ermittelt, der von der jeweiligen Aufgabenstellung der Bewertung und dem Bewertungszweck abhängig ist.
- Es wird jeweils ein Wert gemäß der Entscheidungsfunktion aus Sicht von Herrn Müller (Verkäufer) und ein Wert aus Sicht des potenziellen Käufers ermittelt.
- Die ermittelten Unternehmenswerte stellen die Grenzpreise *(marginal price)* der Bewertungssubjekte dar.
- In einem weiteren Schritt kann noch ein Unternehmenswert gemäß der Vermittlungsfunktion festgelegt werden. Dieser Wert soll ein fairer Kompromiss zwischen den Vorstellungen von Herrn Müller (Verkäufer) und denen des potenziellen Käufers sein.
- Außerdem können noch Argumentationswerte *(argument values)* für beide Verhandlungsparteien ermittelt werden. Diese können i. d. R. gezielt in den Verhandlungsprozess einfließen, um die Verhandlungen zu eigenen Gunsten zu beeinflussen.

3. Entscheidungsbeeinflussende Faktoren

- Der Wettbewerber ist ein potenzieller Käufer aus dem gleichen Geschäftsfeld und erwartet beim Kauf des Unternehmens Synergieeffekte.
- Der Investor orientiert sich eher am Wettbewerbsumfeld des Marktes. Bei einem Unternehmenswert aus seiner Sichtweise ist der starke Konkurrenzdruck durch chinesische Anbieter zu berücksichtigen. Der Wert wird daher mit größter Wahrscheinlichkeit niedriger ausfallen.

4. Berechnung der Preisunter- und -obergrenze

Preisuntergrenze des Verkäufers: Bei der Preisuntergrenze des Verkäufers handelt es sich um den Substanzwert als Teilreproduktionswert (TRW) des Unternehmens. Dieser berechnet sich wie folgt:

	Reproduktionswert des betriebsnotwendigen Vermögens
+	Marktwert des nicht betriebsnotwendigen Vermögens (N_0)
–	Schulden bei Fortführung des Unternehmens
=	**Substanzwert auf Basis des Teilreproduktionswerts (TRW)**[197]

197 Vgl. Peemöller, V. H. (Hrsg.), Praxishandbuch der Unternehmensbewertung, 2012, S. 82.

Aus Vereinfachungsgründen geht die Berechnung davon aus, dass die vorliegenden Werte des Anlage- und Umlaufvermögens aus der Bilanz dem Teilreproduktionswert entsprechen. Außerdem wird angenommen, dass kein nicht betriebsnotwendiges Vermögen vorhanden ist.

	Ermittlung des Substanzwertes als Teilreproduktionswert	
	Anlagevermögen	
	Grundstücke und Gebäude	4.511.000 €
+	technische Anlagen und Maschinen	+ 4.120.000 €
	Umlaufvermögen	
+	Roh-, Hilfs- und Betriebsstoffe	+ 7.400 €
+	unfertige Erzeugnisse	+ 8.120.000 €
+	fertige Erzeugnisse	+ 4.130.000 €
+	Forderungen aLuL	+ 1.176.000 €
	Fremdkapital	
–	langfristige Kredite	– 5.400.000 €
–	kurzfristige Kredite	– 2.800.160 e
–	Verbindlichkeiten aLuL	– 1.564.240 €
=	**Substanzwert als Teilreproduktionswert**	**= 12.300.000 €**

Preisobergrenze des Verkäufers: Bei der Preisobergrenze des Käufers handelt es sich um den Ertragswert des Unternehmens. Die Ermittlung des Ertragswerts (EW) erfolgt gemäß der folgenden Formel:

$$\text{Ertragswert (EW)} = \sum_{t=1}^{n} \frac{\text{Gewinn}_t}{(1+i)^t} + \frac{\text{Gewinn}_{n+1}}{(i-w) \times (1+i)^n}$$

EW = Ertragswert

G_t = Gewinn (Ertragsüberschuss) in Periode t

i = Kapitalisierungszinssatz

t = Periodenindex

n = Planungshorizont

Planungsjahre	**01**	**02**	**03**	**ab 04**
Jahresüberschuss	1.378.000 €	1.488.000 €	1.637.064 €	1.637.064
Fortführungswert				18.189.600
Kapitalisierungsfaktor	0,917431193	0,841679993	0,772183480	0,772183480
Barwert	1.264.220 €	1.252.420 €	1.264.114 €	14.045.709 €
Ertragswert (EW)	**17.826.462 €**			

Darstellung des Einigungsbereichs:

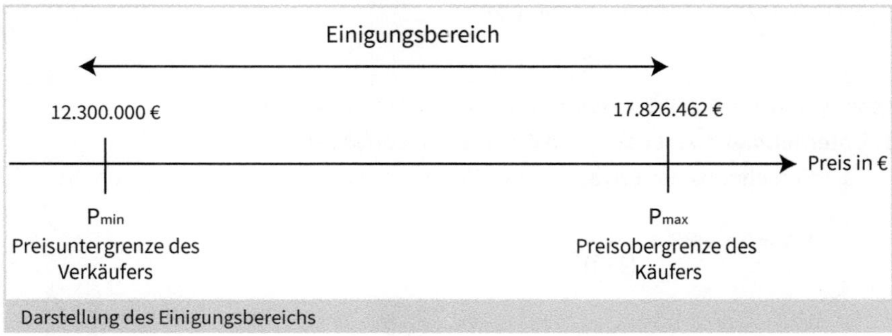

Darstellung des Einigungsbereichs

5. Vorteilhaftigkeit

Liegt ein möglicher Einigungsbereich in einer Konfliktsituation vor, kann der Bereich als gesamter verteilbarer Vorteil beschrieben werden. Dieser kann durch $V = P_{max} - P_{min}$ berechnet werden.

Allgemein lässt sich die Vorteilhaftigkeit einer Einigung für den Verkäufer mit $V_V = P - P_{min}$ berechnen und die des Käufers dementsprechend mit $V_K = P_{max} - P$.

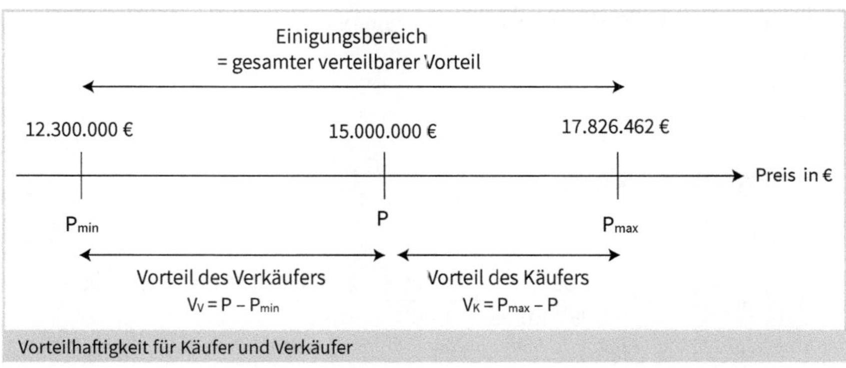

Vorteilhaftigkeit für Käufer und Verkäufer

Die Vorteilhaftigkeit der Konfliktsituation lässt sich wie folgt berechnen:

Gesamter verteilbarer Vorteil
V = 17.826.462 € – 12.300.000 € = 5.526.462 €
Vorteil des Verkäufers
V_V = 15.000.000 € – 12.300.000 € = 2.700.000 €
Vorteil des Käufers
V_K = 17.826.462 € – 15.000.000 € = 2.826.462 €

Lösung Aufgabe 6.1: Ertragswertverfahren und Mittelwertverfahren

1. Unternehmenswert nach dem Ertragswertverfahren

a) Berechnung des Ertragswerts (EW):

$$EW = G \times RBF_n^i + \frac{L_n}{(1+i)^n}$$

$$EW = 25.000\,€ \times \frac{1{,}08^{15} - 1}{1{,}08^{15} \times 0{,}08} + \frac{20.000\,€}{1{,}08^{15}} = 220.291{,}80\,€$$

b) Berechnung des Ertragswerts (EW):

$$EW = G_{(1\text{ bis }12)} \times RBF^i_{(n_1=n-3)} + G_{(13\text{ bis }15)} \times RBF^i_{(n_2=n-n_1)} \times \frac{1}{(1+i)^{(n_4=n-3)}} + \frac{L_n}{(1+i)^n}$$

$$EW = 25.000\,€ \times \frac{1{,}08^{12} - 1}{1{,}08^{12} \times 0{,}08} + 20.000\,€ \times \frac{1{,}08^{3} - 1}{1{,}08^{3} \times 0{,}08} \times \frac{1}{1{,}08^{12}} + \frac{15.000\,€}{1{,}08^{15}}$$

$$EW = 188.401{,}95\,€ + 20.468{,}01\,€ + 4.728{,}63\,€ = 213.598{,}59\,€$$

oder

$$EW = G_{(1\text{ bis }12)} \times RBF^i_{(n_1=n-3)} + \frac{G_{13}}{1{,}08^{13}} + \frac{G_{14}}{1{,}08^{14}} + \frac{G_{15}}{1{,}08^{15}} + \frac{Ln}{(1+i)^n}$$

$$EW = 25.000\,€ \times \frac{1{,}08^{12} - 1}{1{,}08^{12} \times 0{,}08} + \frac{20.000\,€}{1{,}08^{13}} + \frac{20.000\,€}{1{,}08^{14}} + \frac{20.000\,€}{1{,}08^{15}} + \frac{15.000\,€}{1{,}08^{15}}$$

$$EW = 188.401{,}95\,€ + 7.353{,}96\,€ + 6.809{,}22\,€ + 6.304{,}83\,€ + 4.728{,}63\,€ = 213.598{,}59\,€$$

c) Berechnung des Ertragswerts (EW):

$$EW = \frac{G}{i} = \frac{25.000\,€}{0{,}08} = 312.500\,€$$

2. Unternehmenswert nach dem Mittelwertverfahren

	Wiederbeschaffungswert des betriebsnotwendigen Vermögens *(300.000 € (Bilanzsumme) + 60.000 € (stille Reserven) – 5.000 € (uneinbringliche Forderungen aLuL))*	355.000 €
+	Verkehrswert der isolierbaren, selbst erstellten immateriellen Vermögensgegenstände *(Patente)*	+ 15.000 €
-	Schulden *(Fremdkapital)*	- 190.000 €
=	**Substanzwert als Teilreproduktionswert (TRW)**	**= 180.000 €**

Unternehmenswert nach dem Mittelwertverfahren:

$$\text{Unternehmenswert} = \frac{\text{Ertragswert} + \text{Substanzwert}}{2} = \frac{220.000\,€ + 180.000\,€}{2} = 200.000\,€$$

Lösung Aufgabe 7.1: DCF-Verfahren

Die Discounted-Cashflow-Verfahren, die sich an den Verfahren der dynamischen Investitionsrechnung orientieren, verwenden Cashflow-Größen, deren Barwerte den Unternehmenswert abbilden. Unter dem Free Cashflow wird der entnahmefähige Zahlungsüberschuss verstanden, der den Kapitalgebern zur Verfügung steht. Bei der Ermittlung des Kapitalisierungszinses wird zwischen den Verzinsungsansprüchen der Eigen- und der Fremdkapitalgeber unterschieden. Auf unterschiedliche Weise werden die Free Cashflows in die Unternehmensbewertung einbezogen.

Unter der Annahme, dass die Finanzierungsstruktur, d. h. das Verhältnis von Fremd- zu Eigenkapital, konstant bleibt, lässt sich der Unternehmenswert auf zwei verschiedene Arten ermitteln. Beim Equity-Verfahren ergibt sich der Unternehmenswert, also der Marktwert des Eigenkapitals, direkt durch die Abzinsung der Free Cashflows »netto«, die den Eigenkapitalgebern zustehen. Konsequenterweise muss zur Diskontierung ein Kapitalkostensatz verwendet werden, der den Verzinsungsansprüchen der Eigenkapitalgeber entspricht. Die Entity-Verfahren hingegen diskontieren zunächst die Free Cashflows »brutto«, sodass in einem zweiten Schritt der Marktwert des Fremdkapitals (FK_{Markt}) vom Marktwert des Gesamtkapital (GK_{Markt}) (= Bruttounternehmenswert (BUW)) abgezogen werden muss, um den Marktwert des Eigenkapitals (EK_{Markt}) (= Nettounternehmenswert (NUW)) zu erhalten.

Lösung Aufgabe 7.2: FCF-Verfahren
Schritt 1: Berechnung der Free Cashflows

Die Free Cashflows (FCF) ergeben sich als Differenz von geplanten Einzahlungen (E_t) und Auszahlungen (A_t).

Jahre (t)	01	02	03	04	05	> 05
E_t [T€]	120	125	130	130	140	135
A_t [T€]	- 80	- 85	- 75	- 85	- 90	- 90
FCF [T€]	**= 40**	**= 40**	**= 55**	**= 45**	**= 50**	**= 45**

Schritt 2: Berechnung des Eigenkapitalkostensatzes des verschuldeten Unternehmens ($i_{Eigen,v}$)

$i_{Eigen,v}$ = risikofreier Zinssatz + (Marktrisikoprämie × β_v)

$i_{Eigen,v} = 4\,\% + (4\,\% \times 1{,}5) = 10\,\%$

Schritt 3: Berechnung des $WACC_{mit\ Tax\ Shield}$

$WACC_{mit\ Tax\ Shield} = [0{,}4 \times 0{,}1 + 0{,}6 \times 0{,}07 \times (1 - 0{,}3)] \times 100 = 6{,}94\,\%$

Schritt 4: Berechnung des Marktwertes des Gesamtkapitals (= Bruttounternehmenswert (BUW))

$$\text{Fortführungswert}_{FCF,n} = \frac{45\,T€}{0{,}0694 - 0{,}02} = 910{,}93\,T€$$

$$GK_{Markt} = \sum_{t=1}^{5} \frac{40\,T€}{(1{,}0694)^1} + \frac{40\,T€}{(1{,}0694)^2} + \frac{55\,T€}{(1{,}0694)^3} + \frac{45\,T€}{(1{,}0694)^4} + \frac{50\,T€}{(1{,}0694)^5}$$

$$+ \frac{910{,}93\,T€}{(1{,}0694)^5} + 200\,T€ = 1.038.815{,}12\,€$$

Schritt 5: Berechnung des Marktwerts des Eigenkapitals (= Nettounternehmenswert (NUW))

$$EK_{Markt} = GK_{Markt} - FK_{Markt}$$

$$EK_{Markt} = 1.038.815{,}12\,€ - 400.000\,€ = 638.815{,}12\,€$$

Die Investmentbank ermittelt einen Marktwert des Eigenkapitals (= Nettounternehmenswert) in Höhe von 638.815,12 € für die IMTM AG.

Lösung Aufgabe 7.3: Unternehmensbewertung nach dem FCF-Verfahren und dem Equity-Verfahren

1. Ermittlung des $WACC_{mit\ Tax\ Shield}$

Zunächst wird der Eigenkapitalkostensatz ($i_{Eigen,v}$) eines verschuldeten Unternehmens ermittelt:

Eigenkapitalkostensatz ($i_{Eigen,v}$) = risikofreier Zinssatz + (Marktrisikoprämie × β_v)

Eigenkapitalkostensatz ($i_{Eigen,v}$) = 6 % + (5 % × 1,2) = 12 %

Der WACC für das FCF-Verfahren wird gemäß folgender Formel ermittelt:

$$WACC_{mit\ Tax\ Shield} = \frac{EK_{Markt}}{GK_{Markt}} \times i_{Eigen,v} + \frac{FK_{Markt}}{GK_{Markt}} \times i_{Fremd} \times (1 - St_U)$$

$$WACC = \left[\frac{1.200\ T€}{(1.200\ T€ + 500\ T€)} \times 0{,}12 + \frac{500\ T€}{(1.200\ T€ + 500\ T€)} \times 0{,}05 \times (1 - 0{,}3)\right] \times 100$$

$$= 9{,}5\,\%$$

Berechnung des Marktwertes des Gesamtkapitals (GK_{Markt}) (= Bruttounternehmenswertes)

$$GK_{Markt} = \frac{700\ T€}{(1{,}095)^1} + \frac{600\ T€}{(1{,}095)^2} + \frac{450\ T€}{(1{,}095)^3} + \frac{400\ T€}{(1{,}095)^4} + \frac{400\ T€ \times 1{,}015}{(0{,}095 - 0{,}015) \times (1{,}095)^4} =$$

$$GK_{Markt} = 639.269{,}41\,€ + 500.406{,}58\,€ + 342.744{,}23\,€ + 278.229{,}72\,€ + 3.530.039{,}54\,€$$

$$GK_{Markt} = 5.290.689{,}48\,€$$

Der Marktwert des Eigenkapitals (EK_{Markt}) entspricht dem Nettounternehmenswert (NUW). Der Marktwert des Eigenkapitals (EK_{Markt}) wird wie folgt berechnet:

Marktwert des Eigenkapitals = Marktwert des Gesamtkapitals – Marktwert des Fremdkapitals

Der Marktwert des Fremdkapitals (FK_{Markt}) entspricht dem verzinslichen Fremdkapital in der Periode t_0.

Marktwert des Eigenkapitals (EK_{Markt}) = 5.290.689 € – 500.000 € = 4.790.689 €

2. Equity-Verfahren

Zunächst wird der Free Cashflow netto (Flow to Equity) ermittelt.

Jahre (t)	01	02	03	04	ab 05
Free Cashflows	700.000 €	600.000 €	450.000 €	400.000 €	406.000 €
+ Tax Shield (= Fremdkapitalzinsen × Ertragsteuersatz)	+ 7.500 €	+ 7.500 €	+ 7.500 €	+ 7.500 €	
- Fremdkapitalzinsen	- 25.000 €	- 25.000 €	- 25.000 €	- 25.000 €	
- Fremdkapitaltilgung	0 €	0 €	0 €	- 500.000 €	
= Free Cashflow netto (Flow to Equity)	**= 682.500 €**	**= 582.500 €**	**= 432.500 €**	**= -117.500 €**	**= 406.000 €**

Im nächsten Schritt wird der Marktwert des Eigenkapitals (EK_{Markt}) (= Nettounternehmenswert (NUW)) berechnet, indem die Free Cashflows netto mit dem Eigenkapitalkostensatz ($i_{Eigen,v}$) von 12 % p. a. diskontiert werden.

$$EK_{Markt} = \frac{682{,}5\text{ T€}}{(1{,}12)^1} + \frac{582{,}5\text{ T€}}{(1{,}12)^2} + \frac{432{,}5\text{ T€}}{(1{,}12)^3} + \frac{-117{,}5\text{ T€}}{(1{,}12)^4} + \frac{406\text{ T€}}{(0{,}12 - 0{,}015) \times (1{,}12)^4} =$$

$$EK_{Markt} = 609{,}38\text{ T€} + 464{,}36\text{ T€} + 307{,}84\text{ T€} - 74{,}67\text{ T€} + 2.457{,}34\text{ T€} = 3.764{,}25\text{ T€}$$

Lösung Aufgabe 7.4: Unternehmensbewertung nach dem FCF-Verfahren und dem Equity-Verfahren

1. Ermittlung des $WACC_{mit\ Tax\ Shield}$

Zunächst wird der Eigenkapitalkostensatz ($i_{Eigen,v}$) ermittelt:

Eigenkapitalkostensatz ($i_{Eigen,v}$) = risikofreier Zinssatz + (Marktrisikoprämie × Betafaktor)

Eigenkapitalkostensatz ($i_{Eigen,v}$) = 4,0 % + (5,0 % × 1,4) = 11,0 %

Der WACC wird gemäß folgender Formel ermittelt:

$$WACC_{mit\ Tax\ Shield} = \frac{EK_{Markt}}{GK_{Markt}} \times i_{Eigen,v} + \frac{FK_{Markt}}{GK_{Markt}} \times i_{Fremd} \times (1 - St_U)$$

$$WACC_{mit\ Tax\ Shield} = \left[\frac{0,4}{1,0} \times 0,11 + \frac{0,6}{1,0} \times 0,08 \times (1 - 0,3)\right] \times 100 = 7,76\ \%$$

2. Ermittlung der Free Cashflows und der Flow to Equity

	Geschäftsjahre (t) (alle Angaben in T€)	01	02	03	04
	einzahlungswirksame Umsatzerlöse	6.000	6.200	6.400	6.500
-	auszahlungswirksame Herstellungskosten	- 3.600	- 3.720	- 3.840	- 3.900
-	auszahlungswirksame Vertriebs- und Verwaltungsaufwendungen	- 600	- 620	- 640	- 650
-	Abschreibungen auf das Anlagevermögen	- 370	- 390	- 400	- 410
=	**EBIT**	**= 1.430**	**= 1.470**	**= 1.520**	**= 1.540**
-	adaptive Steuern auf das EBIT (30 %)	- 429	- 441	- 456	- 462
=	**NOPLAT**	**= 1.001**	**= 1.029**	**= 1.064**	**= 1.078**
+	Abschreibungen auf das Anlagevermögen	+ 370	+ 390	+ 400	+ 410
-	Investitionen in das Anlagevermögen	- 720	- 740	- 760	- 500
-	Investitionen in das operative Nettoumlaufvermögen	- 800	- 600	- 300	- 200
=	**Free Cashflow**	**= -149**	**= 79**	**= 404**	**= 788**
+	Steuervorteil der verzinslichen Fremdkapitalfinanzierung (= Tax Shield) = Zinsaufwendungen × 30 %	+ 45	+ 54	+ 57	+ 53
=	**Total Cashflow**	**= -104**	**= 133**	**= 461**	**= 841**

-	Zinsaufwendungen	- 150	- 180	- 190	- 175
∓	Tilgung (–), Aufnahme (+) verzinsliches Fremdkapital	+ 375	+ 125	- 250	- 200
=	**Flow to Equity (Free Cashflow »netto«)**	**= 121**	**= 78**	**= 21**	**= 466**

3. Ermittlung des Marktwerts des Eigenkapitals (= Nettounternehmenswert) nach dem Free-Cashflow-Verfahren

Zunächst wird der Marktwert des Gesamtkapitals (= Bruttounternehmenswert) berechnet.

$$GK_{Markt} = \frac{-149\,T€}{(1{,}0776)^1} + \frac{79\,T€}{(1{,}0776)^2} + \frac{404\,T€}{(1{,}0776)^3} + \frac{788\,T€}{(1{,}0776)^4} + \frac{788\,T€ \times 1{,}01}{(0{,}0776-0{,}01) \times (1{,}0776)^4} =$$

$$GK_{Markt} = -138.270{,}23\,€ + 68.031{,}79\,€ + 322.855{,}82\,€ + 584.380{,}73\,€ + 8.731.132{,}21\,€$$

$$GK_{Markt} = 9.568.130{,}32\,€$$

Marktwert des Eigenkapitals = Marktwert des Gesamtkapitals – Marktwert des Fremdkapitals

Der **Marktwert des Fremdkapitals** entspricht dem verzinslichen Fremdkapital in der Periode t_0.

Marktwert des Eigenkapitals (EK_{Markt}) = 9.568.130,32 € – 2.000.000 € = 7.568.130,32 €

4. Ermittlung des Marktwerts des Eigenkapitals nach dem Equity-Verfahren

Im nächsten Schritt wird der Marktwert des Eigenkapitals (EK_{Markt}) berechnet, indem die Free Cashflows netto mit dem Eigenkapitalkostensatz ($i_{Eigen,v}$) von 11 % p. a. diskontiert werden.

$$EK_{Markt} = \frac{121\,T€}{(1{,}11)^1} + \frac{78\,T€}{(1{,}11)^2} + \frac{21\,T€}{(1{,}11)^3} + \frac{466\,T€}{(1{,}11)^4} + \frac{466\,T€ \times 1{,}01}{(0{,}11-0{,}01) \times (1{,}11)^4} =$$

$$EK_{Markt} = 109.009{,}01\,€ + 63.306{,}55\,€ + 15.355{,}02\,€ + 306.968{,}64\,€ + 3.100.383{,}20\,€$$

$$EK_{Markt} = 3.595.022{,}42\,€$$

Lösung Aufgabe 7.5: Unternehmensbewertung nach dem Total-Cashflow-Verfahren (TCF)
Schritt 1: Berechnung der Total Cashflows

Die Total Cashflows ergeben sich aus der Addition der Free Cashflows und des Steuervorteils (= Tax Shield) aufgrund der Fremdkapitalzinsen. Der Steuervorteil ist der fiktive Betrag, der sich dadurch ergibt, dass die Fremdkapitalzinsen den zu versteuernden Gewinn verringern. Es wird von einem gleichbleibenden verzinslichen Fremdkapitalbestand ausgegangen.

$\text{Tax Shield} = FK \times i_{Fremd} \times St_U$

$\text{Tax Shield} = 1.500.000\,€ \times 0{,}07 \times 0{,}3 = 31.500\,€$

$TCF_t = FCF_t + \text{Tax Shield}$

Jahre (t)	01	02	03	04	05	ab 06
FCF [T€]	500,0	535,0	540,0	580,0	610,0	650,0
Tax Shield [T€]	+ 31,5	+ 31,5	+ 31,5	+ 31,5	+ 31,5	+ 31,5
TCF [T€]	**= 531,5**	**= 566,5**	**= 571,5**	**= 611,5**	**= 641,5**	**= 681,5**

Schritt 2: Berechnung des $WACC_{\text{ohne Tax Shield}}$

$WACC_{\text{ohne Tax Shield}} = 0{,}65 \times 9\,\% + 0{,}35 \times 7\,\% = 8{,}3\,\%$

Schritt 3: Berechnung des Marktwerts des Gesamtkapitals (GK_{Markt}) (= Bruttounternehmenswerte (BUW))

$$\text{Fortführungswert}_{TCF,n} = \frac{681.500\,€}{0{,}083 - 0{,}03} = 12.858.490\,€$$

$$GK_{Markt} = \sum_{t=1}^{5} \frac{531.500\,€}{(1{,}083)^1} + \frac{566.500\,€}{(1{,}083)^2} + \frac{571.500\,€}{(1{,}083)^3} + \frac{611.500\,€}{(1{,}083)^4} + \frac{641.500\,€}{(1{,}083)^5}$$

$$+ \frac{12.858.490\,€}{(1{,}083)^5} + 275.000\,€ = 11.204.502\,€$$

Schritt 4: Berechnung des Marktwerts des Eigenkapitals (EK_{Markt}) (= Nettounternehmenswerte (NUW))

$EK_{Markt} = GK_{Markt} - FK_{Markt}$

$EK_{Markt} = 11.204.502\,€ - 1.500.000\,€ = 9.704.502\,€$

Der Marktwert des Eigenkapitals (EK_{Markt}) (= Nettounternehmenswert) der X AG beträgt 9.704.502 €.

Lösung Aufgabe 7.6: Berechnung des Unternehmenswerts mit dem Total-Cashflow-Verfahren (TCF)
Schritt 1: Berechnung der Total Cashflows

Die Total Cashflows ergeben sich als Summe der Free Cashflows und des Steuervorteils aufgrund der Fremdfinanzierung (= Tax Shield). Der Steuervorteil ist der fiktive Betrag, der sich dadurch ergibt, dass Fremdkapitalzinsen den zu versteuernden Gewinn verringern. In dieser Aufgabe wird von einem gleichbleibenden Fremdkapitalbestand ausgegangen.

$\text{Tax Shield} = FK \times i_{Fremd} \times St_U$

$\text{Tax Shield} = 1.800.000\,€ \times 0{,}07 \times 0{,}3 = 37.500\,€$

$TCF_t = FCF_t + \text{Tax Shield}$

Jahre (t)	01	02	03	04	05	ab 06
FCF [T€]	700,0	640,0	750,0	730,0	650,0	700,0
Tax Shield [T€]	+ 37,8	+ 37,8	+ 37,8	+ 37,8	+ 37,8	+ 37,8
TCF [T€]	**= 737,8**	**= 677,8**	**= 787,8**	**= 767,8**	**= 687,8**	**= 737,8**

Schritt 2: Berechnung des WACC

$WACC_{\text{ohne Tax Shield}} = 0{,}45 \times 10{,}0\,\% + 0{,}55 \times 7\,\% = 8{,}35\,\%$

Schritt 3: Berechnung des Marktwerts des Gesamtkapitals (GK_{Markt}) (= Bruttounternehmenswert (BUW))

$$\text{Fortführungswert}_{TCF,n} = \frac{737.800\,€}{0{,}0835 - 0{,}025} = 12.611.966\,€$$

$$GK_{Markt} = \sum_{t=1}^{5} \frac{737.800\,€}{(1{,}0835)^1} + \frac{677.800\,€}{(1{,}0835)^2} + \frac{787.800\,€}{(1{,}0835)^3} + \frac{767.800\,€}{(1{,}0835)^4} + \frac{687.800\,€}{(1{,}0835)^5}$$

$$+ \frac{12.611.966\,€}{(1{,}0835)^5} + 450.000\,€ = 11.791.080\,€$$

Schritt 4: Berechnung des Marktwerts des Eigenkapitals (EK_{Markt}) (= Nettounternehmenswerte (NUW))

$EK_{Markt} = GK_{Markt} - FK_{Markt}$

$EK_{Markt} = 11.791.080\,€ - 1.800.000\,€ = 9.991.080\,€$

Der Marktwert des Eigenkapitals (EK_{Markt}) (= Nettounternehmenswert) der Bestinvest AG beträgt 9.991.080 €.

Lösung Aufgabe 7.7: Berechnung der Zinssätze und des Marktwerts des Gesamtkapitals nach dem Total-Cashflow-Verfahren (TCF)

1. Fremdkapitalverzinsung

i_{Fremd} = risikofreier Zinssatz (r_f) + Risikozuschlag (r_{zu})

$i_{Fremd} = 5{,}0\,\% + 2{,}0\,\% = 7{,}0\,\%$

Der Fremdkapitalkostensatz (i_{Fremd}) beläuft sich auf 7,0 %.

2. Eigenkapitalverzinsung

$i_{Eigen,v}$ = risikofreier Zinssatz + β_v × Marktrisikoprämie (= $r_m - r_f$)

$i_{Eigen,v} = 5{,}0\,\% + (1{,}5 \times [9{,}0\,\% - 5{,}0\,\%]) = 11{,}00\,\%$

Die Mindestverzinsung des Eigenkapitals beläuft sich auf 11,00 %.

3. WACC

$$WACC_{ohne\ Tax\ Shield} = \frac{EK_{Markt}}{GK_{Markt}} \times i_{Eigen,\ v} + \frac{FK_{Markt}}{GK_{Markt}} \times i_{Fremd}$$

$$WACC_{ohne\ Tax\ Shield} = \left[\frac{1}{2} \times 0{,}11 + \frac{1}{2} \times 0{,}07\right] \times 100 = 9{,}00\ \%$$

Der gewogene durchschnittliche Kapitalkostensatz ohne Steuervorteil ($WACC_{ohne\ Tax\ Shield}$) beträgt 9,00 %. Zur Ermittlung des Marktwerts des Gesamtkapitals sind die Total Cashflows (TCF) mit dem gewogenen durchschnittlichen Kapitalkostensatz ohne Steuervorteil ($WACC_{ohne\ Tax\ Shield}$) zu diskontieren.

4. Marktwert des Gesamtkapitals

Bei einem Detailplanungszeitraum der ersten fünf Jahre und einem Fortführungswert ist der Marktwert des Gesamtkapitals (GK_{Markt}) beim TCF-Verfahren gemäß folgender Formel zu ermitteln:

$$GK_{Markt,\ TCF} = \sum_{t=1}^{5} \frac{TCF_t}{(1+WACC)^t} + \frac{TCF_{t+1}}{(1+WACC)^t \times WACC}$$

$$GK_{Markt} = \frac{2.000\ T€}{(1{,}09)^1} + \frac{3.500\ T€}{(1{,}09)^2} + \frac{4.000\ T€}{(1{,}09)^3} + \frac{4.000\ T€}{(1{,}09)^4} + \frac{3.500\ T€}{(1{,}09)^5} + \frac{3.500\ T€}{(1{,}09)^5 \times 0{,}09} =$$

$$GK_{Markt} = 1.834{,}86\ T€ + 2.945{,}88\ T€ + 3.088{,}73\ T€ + 2.833{,}70\ T€ + 2.274{,}76\ T€ + 25.275{,}11\ T€$$

$$GK_{Markt} = 38.253{,}05\ T€$$

Periode	01	02	03	04	05	ab 06
TCF (T€]	2.000	3.500	4.000	4.000	3.500	3.500
Barwerte [T€]	1.834,86	2.945,88	3.088,73	2.833,70	2.274,76	25.275,11

Der Marktwert des Gesamtkapitals (= Bruttounternehmenswert) ergibt sich aus der Summe aller Barwerte, also 38.253,05 T€.

Lösung Aufgabe 7.8: Unternehmensbewertung mit dem APV-Verfahren
Schritt 1: Berechnung des Restwerts

Die Ermittlung des Fortführungswertes erfolgt mithilfe des Eigenkapitalkostensatzes ($i_{Eigen,uv}$) des unverschuldeten Unternehmens, der hier vorgegeben ist, und der Wachstumsrate (w) von 2,0 %.

$i_{Eigen,uv} = 10{,}0\,\%$

$$\text{Fortführungswert}_{FCF,n} = \frac{FCF_{n+1}}{i_{Eigen,uv} - w} = \frac{280.000\,€}{0{,}10 - 0{,}02} = 3.500.000\,€$$

Schritt 2: Bestimmung des Marktwerts des Gesamtkapitals des unverschuldeten Unternehmens unter Berücksichtigung des Fortführungswertes

$$GK_{Markt,uv} = \sum_{t=1}^{n} \frac{FCF_t}{\left(1 + i_{Eigen,uv}\right)^t} + \frac{\text{Fortführungswert}_{FCF_n}}{\left(1 + i_{Eigen,uv}\right)^n} + N_0$$

$$GK_{Markt,uv} = \frac{190.000\,€}{(1{,}1)^1} + \frac{220.000\,€}{(1{,}1)^2} + \frac{180.000\,€}{(1{,}1)^3} + \frac{200.000\,€}{(1{,}1)^4} + \frac{250.000\,€}{(1{,}1)^5}$$

$$+ \frac{3.500.000\,€}{(1{,}1)^5} + 400.000\,€ =$$

$$GK_{Markt,uv} = 172.727{,}27\,€ + 181.818{,}18\,€ + 135.236{,}66\,€ + 136.602{,}69\,€ + 155.230{,}33\,€$$

$$+ 2.173.224{,}63\,€ + 420.000\,€ = 3.374.839{,}76\,€$$

Schritt 3: Ermittlung des Barwerts des Steuervorteils (TS_b) der Fremdfinanzierung

Um den Marktwert des Gesamtkapitals des verschuldeten Unternehmens oder den Marktwert des Eigenkapitals bestimmen zu können, werden zunächst die barwertigen Steuerersparnisse bestimmt.

$$\text{barwertige Tax Shield } (TS_b) = \sum_{t=1}^{n} \frac{i_{Fremd} \times FK_{Markt,t-1} \times St_U}{\left(1 + i_{Fremd}\right)^t} + \frac{i_{Fremd} \times FK_{Markt,n} \times St_U}{i_{Fremd} \times \left(1 + i_{Fremd}\right)^n}$$

$$TS_b = \frac{80.000\,€ \times 0{,}3}{(1{,}07)^1} + \frac{100.000\,€ \times 0{,}3}{(1{,}07)^2} + \frac{95.000\,€ \times 0{,}3}{(1{,}07)^3} + \frac{100.000\,€ \times 0{,}3}{(1{,}07)^4}$$

$$+ \frac{130.000\,€ \times 0{,}3}{(1{,}07)^5} + \frac{120.000\,€ \times 0{,}3}{(0{,}07) \times (1 + 0{,}07)^5} =$$

$$TS_b = 22.429{,}91\,€ + 26.203{,}16\,€ + 23.264{,}49\,€ + 22.886{,}86\,€ + 27.806{,}46\,€$$

$$+ 366.678{,}61\,€ = 489.269{,}49\,€$$

Schritt 4: Berechnung des Marktwerts des Gesamtkapitals des verschuldeten Unternehmens

$GK_{Markt,v} = GK_{Markt,uv} + TS_b$

$GK_{Markt,v} = 3.374.839,76\,€ + 489.269,49\,€ = 3.864.109,25\,€$

Schritt 5: Berechnung des Marktwerts des Eigenkapitals (= Nettounternehmenswert)

$EK_{Markt} = GK_{Markt,v} - FK_{Markt}$

$EK_{Markt} = 3.864.109,25\,€ - 1.150.000\,€ = 2.714.109,25\,€$

Der Marktwert des Eigenkapitals (= Nettounternehmenswert) der ABC AG beträgt 2.714.109,25 €.

Lösung Aufgabe 7.9: Equity-Verfahren
Schritt 1: Berechnung der Free Cashflows netto

	Periode (t)	01	02	03	04	05
	FCF [T€]	200,00	220,00	300,00	270,00	310,00
+	Tax Shield [T€]	+ 20,00	+ 30,00	+ 45,00	+ 40,00	+ 50,00
=	**TCF [T€]**	**= 220,00**	**= 250,00**	**= 345,00**	**= 310,00**	**= 360,00**
-	FK-Aufwand [T€]	- 66,66	- 100,00	- 150,00	- 133,33	- 166,66
-	Tilgung des verzinsl. FK [T€]	- 70,00	- 80,00	- 100,00	-100,00	- 120,00
+	Aufnahme von verzinsl. FK [T€]	+ 50,00	+ 55,00	+ 80,00	+ 70,00	+ 80,00
=	**Free Cashflow netto [T€]**	**= 133,33**	**= 125,00**	**= 175,00**	**= 146,66**	**= 153,33**

Schritt 2: Berechnung des Marktwerts des Eigenkapitals (EK_{Markt}) (= Nettounternehmenswert)

$$\text{Fortführungswert}_{FCF,n} = \frac{153{,}33\,T€ \times 1{,}02}{0{,}12 - 0{,}02} = 1.563{,}97\,T€$$

$$EK_{Markt} = \sum_{t=1}^{5} \frac{133{,}33\,T€}{(1{,}12)^1} + \frac{125{,}00\,T€}{(1{,}12)^2} + \frac{175{,}00\,T€}{(1{,}12)^3} + \frac{146{,}66\,T€}{(1{,}12)^4} + \frac{153{,}33\,T€}{(1{,}12)^5}$$

$$+ \frac{1.563{,}97\,T€}{(1{,}12)^5} + 470{,}00\,T€ = 1.880{,}90\,T€$$

Der Marktwert des Eigenkapitals (EK_{Markt}) (= Nettounternehmenswert) der Fiktiv AG beträgt 1.880,90 T€.

Lösung Aufgabe 7.10: Equity-Verfahren
Die IMTB AG soll anhand des Equity-Verfahrens bewertet werden.

Schritt 1: Bestimmung der Free Cashflows netto (Flow to Equity)

Periode (t)		01	02	03	04	05
	durchschn. Fremdkapitalbestand [T€]	1.714,29	1.642,86	1.571,43	1.500	1.571,43
	FK-Zinsaufwand [T€] = FK × i_{Fremd}	120,0	115,0	110,0	105,0	110,0
	operativer FCF [T€]	900,0	850,0	950,0	820,0	900,0
+	Tax Shield [T€]	+ 36,0	+ 34,5	+ 33,0	+ 31,5	+ 33,0
=	**TCF [T€]**	**= 936,0**	**= 884,5**	**= 983,0**	**= 851,5**	**= 933,0**
-	Fremdkapitalzinsaufwand [T€]	- 120,0	- 115,0	- 110,0	- 105,0	- 110,0
-	Tilgung des verzinslichen FK [T€]	- 100,0	- 140,0	- 180,0	- 160,0	- 150,0
+	Aufnahme von verzinslichem FK [T€]	+ 100,0	+ 90,0	+ 130,0	+ 60,0	+ 250,0
=	**Free Cashflow netto [T€]**	**= 816,0**	**= 719,5**	**= 823,0**	**= 646,5**	**= 923,0**

Schritt 2: Berechnung des Marktwerts des Eigenkapitals (EK_{Markt}) (= Nettounternehmenswert)

$$Fortführungswert_{nFCF,n} = \frac{923{,}0\,T€ \times 1{,}02}{0{,}1 - 0{,}02} = 11.768{,}25\ T€$$

$$EK_{Markt} = \sum_{t=1}^{5} \frac{816{,}0\,T€}{(1{,}1)^1} + \frac{719{,}5\,T€}{(1{,}1)^2} + \frac{823{,}0\,T€}{(1{,}1)^3} + \frac{645{,}5\,T€}{(1{,}1)^4} + \frac{923{,}0\,T€}{(1{,}1)^5}$$

$$+ \frac{11.768{,}25\,T€}{(1{,}1)^5} + 600{,}00\,T€ = 10.876.614{,}30\,T€$$

Der Marktwert des Eigenkapitals (EK_{Markt}) (= Nettounternehmenswert) der IMTB AG beträgt 10.876.614,30 €.

Lösung Aufgabe 7.11: Unternehmensbewertung

1. Ermittlung des Unternehmenswerts nach dem Ertragswertverfahren (EW)

Ermittlung des Gewinns nach Steuern:

	Jahre (t)	01	02	03	04
	Umsatzerlöse [T€]	4.500	7.600	8.600	9.600
-	Herstellungskosten [T€]	- 2.000	- 3.000	- 3.300	- 3.600
-	Verwaltungs- und Vertriebskosten [T€]	- 480	- 800	- 800	- 900
-	Abschreibungen [T€]	- 200	- 226	- 301	- 519
-	Zuführungen zu langfristigen Rückstellungen [T€]	- 50	- 100	- 100	- 120
-	Fremdkapitalzinsaufwand [T€]	- 536	- 700	- 784	- 784
-	Steuern [T€]	- 687	- 1.144	- 1.280	- 1.369
=	**Gewinn nach Steuern** [T€]	**= 547**	**= 1.630**	**= 2.035**	**= 2.308**

Ertragswert (EW) = 547 T€ × 0,892857 + 1.630 T€ × 0,797194 + 2.035 T€ × 0,711780 + 2.308 T€ × 0,635518 + 15.000 T€ × 0,635518 = **14.235,85 T€**

2. Ermittlung des Unternehmenswerts nach dem Mittelwertverfahren (MWV)

MWV = 0,5 × 14.236 T€ + 0,5 × 5.000 T€ = 9.618 T€

3. Ermittlung des Unternehmenswerts nach dem Equity-Verfahren

Jahre (t)	01	02	03	04
(Angaben in T€)				
Umsatzerlöse	4.500	7.600	8.600	9.600
Herstellungskosten	- 2.000	- 3.000	- 3.300	- 3.600
Verwaltungs- und Vertriebskosten	- 480	- 800	- 800	- 900
Abschreibungen	- 200	- 226	- 301	- 519
Zuführungen zu langfristigen Rückstellungen	- 50	- 100	- 100	- 120

EBIT	**= 1.770**	**= 3.474**	**= 4.099**	**= 4.461**
(adaptierte) Steuern aus EBIT (EBIT × 0,3)	- 531	- 1.042	- 1.230	- 1.338
Betriebsergebnis nach Steuern und vor Fremdkapitalzinsen (NOPLAT)	**= 1.239**	**= 2.432**	**= 2.869**	**= 3.123**
Abschreibungen	+ 200	+ 226	+ 301	+ 519
Zuführungen zu langfristigen Rückstellungen	+ 50	+ 100	+ 100	+ 120
operativer Brutto-Cashflow nach Steuern	**= 1.489**	**= 2.758**	**= 3.270**	**= 3.762**
Nettoinvestitionen in das Anlage- und Umlaufvermögen	- 4.825	- 3.400	- 1.970	- 2.050
operativer Free Cashflow »brutto«	**= -3.336**	**= -642**	**= 1.300**	**= 1.712**
Steuervorteil der Fremdfinanzierung (= Fremdkapitalzinsaufwand × Ertragsteuersatz)	+ 161	+ 210	+ 235	+ 235
Total Cashflow	**= -3.175**	**= -432**	**= 1.535**	**= 1.947**
Fremdkapitalzinsaufwand	- 536	- 700	- 784	- 784
Zunahme des Fremdkapitalbestands	+ 3.220	+ 1.475	+ 185	+ 0
Free Cashflow »netto« (Flow to Equity)	**= -491**	**= 343**	**= 936**	**= 1.163**

Die Jahre 01 bis 04 sind mit dem Eigenkapitalkostensatz ($i_{Eigen,v}$) des verschuldeten Unternehmens abzuzinsen. Für die weiteren Jahre ist über einen unendlichen Zeithorizont mit einem Free Cashflow »netto« in Höhe von 1.163 T€ (wie im Jahr 04) zu rechnen.

Berechnung des Unternehmenswerts nach dem Equity-Verfahren:

$$EK_{Markt} = \frac{-491\,T€}{(1+0{,}1)^1} + \frac{343\,T€}{(1+0{,}1)^2} + \frac{936\,T€}{(1+0{,}1)^3} + \frac{1.163\,T€}{(1+0{,}1)^4} + \frac{1.163\,T€}{(0{,}1)\times(1+0{,}1)^4} =$$

$$EK_{Markt} = -446{,}36\,T€ + 283{,}47\,T€ + 703{,}23\,T€ + 794{,}34\,T€ + 7.943{,}45\,T€ = 9.278{,}13\,T€$$

Anmerkung:

In der Aufgabe resultiert im Jahr 04 ein Barwert für den unendlich anfallenden Free Cashflow »netto« in Höhe von 1.163 T€ : 0,10 = 11.630 T€. Dieser Barwert muss noch über die ersten vier Jahre diskontiert werden, um den Free Cashflow auf den Zeitpunkt t = 0 zu beziehen, indem er durch $(1 + 0{,}10)^4$ dividiert wird.

4. Unterschiede zwischen dem Ertragswertverfahren und dem FTE-Verfahren

Der Unterschied in den barwertigen Beträgen ist wie folgt zu erklären: Der Gewinn ist in allen Perioden höher als der Free Cashflow »netto« (Flow to Equity), da er nicht die hohen Nettoinvestitionen in das Anlagevermögen und das Working Capital berücksichtigt. Dies schlägt sich trotz des höheren Kapitalisierungszinssatzes von 12 % für den Gewinn in einem höheren Barwert nieder, sodass der Ertragswert des Unternehmens wesentlich höher ist als der Unternehmenswert nach dem Equity-Verfahren.

Lösung Aufgabe 7.12: Adjusted-Present-Value-Verfahren – Unternehmensbewertung

1. EBIT des Fortführungswerts

Das EBIT im Fortführungswert (Terminal Value), auch Restwert genannt, bestimmt sich aus dem EBIT des letzten Planjahres 05 zuzüglich der Wachstumsrate (w) im Fortführungswert in Höhe von 1,5 %.

EBIT im Fortführungswert = 430.000 T€ × 1,015 = 436.450 T€

2. Free Cashflows

(alle Angaben in T€)	Ist 00	Plan 01	Plan 02	Plan 03	Plan 04	Plan 05	Plan Fortführungswert
EBIT	390.000	420.000	400.000	380.000	410.000	430.000	436.450
adaptierte Steuern auf EBIT		- 126.000	- 120.000	- 114.000	- 123.000	- 129.000	- 130.935
NOPLAT		**= 294.000**	**= 280.000**	**= 266.000**	**= 287.000**	**= 301.000**	**= 305.515**
Abschreibungen		+ 125.000	+ 140.000	+ 160.000	+ 160.000	+ 180.000	+ 182.700
Erhöhung der Rückstellungen		+ 150	+ 145	+ 145	+ 130	+ 160	+ 127,5
Brutto-Cashflow		**= 419.150**	**= 420.145**	**= 426.145**	**= 447.130**	**= 481.160**	**= 488.342,5**
Investitionen in AV		- 150.000	- 150.000	- 200.000	- 130.000	- 160.000	- 182.700
Veränderung des Nettoumlaufvermögens		- 15.000	+ 30.000	+ 20.000	- 18.000	- 2.000	+ 3.045

Free Cashflow		= 254.150	= 300.145	= 246.145	= 299.130	= 319.160	= 308.687,5
durchschn. verzinsl. FK	1.580.000	1.600.000	1.600.000	1.650.000	1.725.000	1.750.000	1.750.000
Zinsaufwand	118.500						
Tax Shield							

3. Renditeerwartungen der Eigenkapitalgeber für unverschuldetes Unternehmen

Der Eigenkapitalkostensatz ($i_{Eigen,uv}$) der Eigenkapitalgeber für das unverschuldete Unternehmen wird wie folgt berechnet:

$$i_{Eigen,uv} = r_f + (\beta_{uv} \times MRP) = 4{,}5\,\% + (0{,}9 \times 5{,}0\,\%) = 9{,}0\,\%$$

4. Marktwert des Gesamtkapitals des unverschuldeten Unternehmens

$$GK_{Markt,uv} = \sum_{t=1}^{n} \frac{FCF_t}{\left(1 + i_{Eigen,uv}\right)^t} + \frac{FCF_{t+1}}{\left(i_{Eigen,uv} - w\right) \times \left(1 + i_{Eigen,uv}\right)^n} + N_0$$

$$GK_{Markt,uv} = \sum_{t=1}^{5} \frac{254.150\,T€}{(1{,}09)^1} + \frac{300.145\,T€}{(1{,}09)^2} + \frac{246.145\,T€}{(1{,}09)^3} + \frac{299.130\,T€}{(1{,}09)^4} + \frac{319.160\,T€}{(1{,}09)^5}$$

$$+ \frac{308.687{,}5\,T€}{(0{,}09 - 0{,}015) \times (1{,}09)^5} + 150.000\,T€ = 3.920.212{,}88\,T€$$

5. Zinsaufwand und Tax Shields

Alle Angaben in T€	Ist 00	Plan 01	Plan 02	Plan 03	Plan 04	Plan 05	Plan Restwert
Free Cashflow		**= 254.150**	**= 300.145**	**= 246.145**	**= 299.130**	**= 319.160**	**= 308.687,5**
durchschn. verzinsl. FK	1.580.000	1.600.000	1.600.000	1.650.000	1.725.000	1.750.000	1.750.000
Zinsaufwand	118.500	120.000	120.000	123.750	129.375	131.250	131.250
Tax Shield	35.550	36.000	36.000	37.125	38.812,5	39.375	39.375

Die Tax Shields für die einzelnen Perioden (t) werden wie folgt berechnet:

$\text{Tax Shield}_t = \text{Zinsaufwand}_t \times St_U$

Der Wert der Tax Shields in 00 kann z. B. wie folgt errechnet werden:
118.500 T€ × 0,3 = 35.550 T€.

6. Barwert der Tax Shields

Der Barwert der Tax Shields (TS_b) wird ermittelt, indem die berechneten Tax Shields (TS) in t mit Fremdkapitalkostensatz (i_{Fremd}) diskontiert werden.

$$TS_b = \frac{36.000\,€}{(1+0{,}075)^1} + \frac{36.000\,€}{(1+0{,}075)^2} + \frac{37.125\,€}{(1+0{,}075)^3} + \frac{38.812{,}50\,€}{(1+0{,}075)^4} + \frac{39.375\,€}{(1+0{,}075)^5} + \frac{39.375\,€}{0{,}075 \times (1+0{,}075)^5} =$$

$$TS_b = 33.488{,}37\,€ + 31.151{,}97\,€ + 29.884{,}16\,€ + 29.062{,}82\,€ + 27.427{,}00\,€ + 365.693{,}28\,€ = 516.707{,}60\,€$$

7. Marktwert des Eigenkapitals

Berechnung des Marktwerts des Eigenkapitals (= Nettounternehmenswert)

	Marktwert des Gesamtkapitals des unverschuldeten Unternehmens	3.920.212,88 T€
+	Barwert der Tax Shields (= Steuervorteile)	+ 516.707,60 T€
=	**Marktwert des Gesamtkapitals des verschuldeten Unternehmens**	**= 4.436.920,48 T€**
-	Marktwert des Fremdkapitals in t_0	- 1.580.000,00 T€
=	**Marktwert des Eigenkapitals (Nettounternehmenswert)**	**= 2.856.920,48 T€**

Lösung Aufgabe 7.13: Equity-Verfahren

Zur Berechnung des Marktwerts des Eigenkapitals (EK_{Markt}) (= Nettounternehmenswert) der Kaufhaus GmbH müssen zunächst die Nettozahlungen an die Eigenkapitalgeber berechnet werden. Anschließend können die Flow to Equity im zweiten Schritt auf den Bewertungszeitpunkt diskontiert und damit der Marktwert des Eigenkapitals bestimmt werden.

Schritt 1: Ermittlung der Flows to Equity

Die aus der Aufgabenstellung hervorgehenden Plandaten können weitestgehend in die untenstehende Tabelle übernommen und eingetragen werden. Zur Berechnung der Fremdkapitalzinsen wird der **durchschnittliche Fremdkapitalbestand im Jahr X herangezogen** und mit dem Zinssatz für Fremdkapital (6,5 %) multipliziert. Nach Abzug der Fremdkapitalzinsen vom EBIT erhält man das Ergebnis vor Steuern (EBT). Auf Basis des EBT werden die Unternehmenssteuern durch Multiplikation des EBT mit dem Ertragsteuersatz in Höhe von 30 % berechnet. Eine Erhöhung des Nettoumlaufvermögens sowie Fremdkapitaltilgungen wirken sich negativ auf den Flow to Equity aus.

	(Angaben in Mio. €)	Plan	Plan	Plan	Plan	Plan
	Jahr	**01**	**02**	**03**	**04**	**05**
	EBIT	120,0	136,0	143,0	158,0	156,0
-	Fremdkapitalzinsen	- 19,2[A]	- 19,7	- 19,6	- 19,9	- 20,3
=	**EBT**	**= 100,8**	**= 116,3**	**= 123,4**	**= 138,1**	**= 135,7**
-	Unternehmenssteuer (30 % auf EBT)	- 30,2[B]	- 34,9	- 37,0	- 41,4	- 40,7
=	**EAT (Earnings After Taxes) (Gewinn nach Steuern)**	**= 70,6**	**= 81,4**	**= 86,4**	**= 96,7**	**= 95,0**
+	Abschreibung	+ 20,0	+ 23,0	+ 25,0	+ 20,0	+ 20,0
±	Erhöhung/Verminderung Rückstellungen	+ 40,0	+ 9,0	- 20,0	- 20,0	- 20,0
∓	Investitionen/Desinvestitionen ins Anlagevermögen	- 20,0	- 20,0	- 2,0	- 2,0	- 2,0
∓	Erhöhung/Verminderung Nettoumlaufvermögen	- 15,0	+ 13,0	- 3,0	- 8,5	- 6,6
∓	Tilgung/Aufnahme verzinsliches Fremdkapital	+ 10,0	+ 6,0[C]	+ 8,0	-15,0	+ 0,0
=	**Flow to Equity**	**= 105,6**	**= 112,4**	**= 94,4**	**= 71,2**	**= 86,4**

[A] 19,2 Mio. € = 295,0 Mio. € × 0,065 (∓ Fremdkapitalbestand im Jahr 01 × FK-Zins)
[B] 30,2 Mio. € = 100,8 Mio. € × 0,30 (EBT × Ertragsteuersatz)
[C] 6,0 Mio. € = 10,0 Mio. € – 4,0 Mio. € (FK-Aufnahme – FK-Tilgung)

Nach Berechnung der Flows to Equity (FTE) für die jeweilige Planungsperiode im Rahmen der Detailplanungsphase wird anschließend der Fortführungswert der FTE ermittelt. Es wird die Nettozahlung der letzten Periode fortgeschrieben unter Beachtung der Wachstumsrate (w) von zwei Prozent. Der Fortführungswert (Terminal Value) berechnet sich wie folgt:

$$\text{Fortführungswert}_{FtE,n} = \frac{FTE_{n+1}}{i_{Eigen,v} - w} = \frac{86,4 \text{ Mio. €} \times (1+0,02)}{0,1 - 0,02} = 1.101,60 \text{ Mio. €}$$

Der Fortführungswert der FTE beträgt 1.101,6 Mio. € bei unendlicher Lebensdauer bzw. Weiterführung der Kaufhaus GmbH. Zur Berechnung des Marktwerts des Eigenkapitals (EK_{Markt}) (= Nettounternehmenswert) zum heutigen Zeitpunkt müssen die Flows to Equity und der Fortführungswert (Terminal Value) der FTE abgezinst werden. Dies geschieht nun im folgenden Schritt:

Schritt 2: Berechnung des Marktwerts des Eigenkapitals

Die Flows to Equity der jeweiligen Periode der Kaufhaus GmbH werden mit den Renditeforderungen der Eigenkapitalgeber ($i_{Eigen,v}$ = 10,0 %) diskontiert, ebenso wie der zuvor ermittelte Fortführungswert. Anschließend wird der Marktwert des nicht betriebsnotwendigen Vermögens (N_0) addiert. Der Marktwert des Eigenkapitals (EK_{Markt}) der Kaufhaus GmbH berechnet sich wie folgt:

$$EK_{Markt} = \frac{105,6}{(1+0,1)^1} + \frac{112,4}{(1+0,1)^2} + \frac{78,4}{(1+0,1)^3} + \frac{101,2}{(1+0,1)^4} + \frac{86,4}{(1+0,1)^5} + \frac{1.101,6}{(1+0,1)^5} + 5,00$$

$$EK_{Markt} = 96,00 + 92,89 + 58,90 + 69,12 + 53,65 + 684,01 + 5,00 = 1.059,57 \text{ Mio. €}$$

Die Berechnung des Marktwerts des Eigenkapitals der Kaufhaus GmbH nach dem Equity-Verfahren ergibt einen Marktwert des Eigenkapitals (EK_{Markt}) (= Nettounternehmenswert) in Höhe von 1.059,57 Mio. €.

Lösung Aufgabe 8.1: Multiplikatorverfahren – Entity-Multiplikatoren

Aus den vorhandenen Daten werden zunächst der Enterprise Value (EV) für die Vergleichsunternehmen berechnet, die für die Ermittlung der EV/Umsatz-Multiplikatoren benötigt werden.

Unternehmen	Marktkapitalisierung in T€	Fremdkapitalquote	Fremdkapital in T€	Enterprise Value (EV) in T€
	(a)	(b)	(c) = [(a) : (1 – (b)] × (b)	(d) = (a) + (c)
AAA	390.000	35 %	210.000	600.000
BBB	430.000	50 %	430.000	860.000
CCC	1.550.000	80 %	6.200.000	7.750.000
DDD	75.000	25 %	25.000	100.000

Ermittlung des EV/Umsatz-Multiplikators:

$$\text{EV/Umsatzmultiplikator} = \frac{\text{Enterprise Value (Bruttounternehmenswert)}}{\text{Umsatz}}$$

Die nächste Tabelle zeigt die Ermittlung der Umsatz-Multiplikatoren und den sich daraus ergebenden Durchschnittswert.

Unternehmen	Enterprise Value (EV) in T€	Umsatz in T€	EV/Umsatz-Multiplikator
	(d) = (a) + (c)	(e)	(f) = (d) : (e)
AAA	600.000	320.000	1,875
BBB	860.000	240.000	3,583
CCC	7.750.000	1.500.000	5,17
DDD	100.000	160.000	0,625
EEE			1,35
Durchschnitt			**2,52**

Für die Rad AG ergibt sich mithilfe des EV/Umsatz-Multiplikators folgender Marktwert des Eigenkapitals (= Nettounternehmenswert (NUW)):

NUW = (Umsatz × EV/Umsatz-Multiplikator) – Nettofinanzverbindlichkeiten

NUW = (290.000 T€ × 2,52) – 180.000 T€ = 550.800 T€

Ermittlung des KGV-Multiplikators:

$$\text{KGV-Multiplikator} = \frac{\text{Marktkapitalisierung}}{\text{erwartete Gewinne}}$$

Die folgende Tabelle zeigt die Ermittlung der Multiplikatoren für das Kurs-Gewinn-Verhältnis und den sich daraus ergebenden Durchschnittswert.

Unternehmen	Marktkapitalisierung in T€	Erwarteter Gewinn in T€	Kurs-Gewinn-Verhältnis
	(a)	(g)	(h) = (a) : (g)
AAA	390.000	28.000	13,93
BBB	430.000	36.000	11,94
CCC	1.550.000	60.000	25,83
DDD	75.000	2.000	37,50
EEE		0	16,50
Durchschnitt			**21,14**

Für die Rad AG ergibt sich bei Anwendung des durchschnittlichen Kurs-Gewinn-Verhältnisses der folgende Marktwert des Eigenkapitals (= Nettounternehmenswert (NUW)):

Nettounternehmenswert (NUW) = (35.000 T€ × 21,14) = 739.900 T€

Lösung Aufgabe 8.2: Multiplikatorverfahren

Im ersten Schritt ist das Kurs-Gewinn-Verhältnis (KGV) zu berechnen.

$$\text{KGV} = \frac{\text{Marktkapitalisierung}}{\text{Gewinn}} = \frac{\text{Börsenkurs}}{\text{Gewinn je Aktie}}$$

Grundlage für die Berechnung sind folgende Daten:

- durchschnittlicher Börsenkurs der Peer Group: 45,50 €/Aktie
- durchschnittlicher Gewinn je Aktie der Peer Group: 3,50 €/Aktie
- Jahresüberschuss der IMTM AG: 300.000 €

$$\text{durchschnittliches KGV} = \frac{45{,}50\ \text{€/Aktie}}{3{,}50\ \text{€/Aktie}} = 13{,}0$$

Der Nettounternehmenswert (NUW) wird berechnet, indem das durchschnittliche KGV mit dem Jahresüberschuss multipliziert wird.

NUW = 300.000 € × 13,0 = 3.900.000 €

Der Nettounternehmenswert (NUW) beträgt 3.900.000 €.

Lösung Aufgabe 8.3: Branchenmultiplikator-Verfahren

Zunächst müssen die Berechnungsgrößen EBIT und Nettofinanzverbindlichkeiten ermittelt werden.

+	Gewinn nach Steuern	240.000 €
-	Steueraufwand	+ 160.000 €
+	Zinserträge	- 6.500 €
+	Zinsaufwendungen	+ 30.000 €
-	außergewöhnliche Aufwendungen	+ 10.000 €
	außergewöhnliche Erträge	- 20.000 €
=	**EBIT**	**= 413.500 €**

+	Bankschulden	300.000 €
-	Gesellschafterdarlehen	+ 100.000 €
	liquide Mittel	- 150.000 €
=	**Nettofinanzverbindlichkeiten**	**= 250.000 €**

Berechnung mit dem EV/EBIT-Multiplikator

$$\text{Nettounternehmenswert} = (\text{EBIT} \times \text{EV/EBIT-Multiplikator}) - \text{Nettofinanzverbindlichkeiten}$$

$$\text{NUW} = (413.500\,€ \times 12{,}5) - 250.000\,€ = 4.918.750\,€$$

Der Nettounternehmenswert (NUW) mit dem EV/EBIT-Multiplikator beträgt 4.918.750 €.

Berechnung mit dem EV/Umsatz-Multiplikator

$$\text{Nettounternehmenswert} = (\text{Umsatz} \times \text{EV/Umsatzmultiplikator}) - \text{Nettofinanzverbindlichkeiten}$$

$$\text{NUW} = (2.500.000\,€ \times 2{,}02) - 250.000\,€ = 4.800.000\,€$$

Der Nettounternehmenswert (NUW) mit dem EV/Umsatz-Multiplikator beträgt 4.800.000 €.

Lösung Aufgabe 8.4: Multiplikatorverfahren

Bei der Unternehmensbewertung mithilfe von Multiplikatoren wird folgendes Grundprinzip zugrunde gelegt: »Gleiche« Vermögenswerte müssen »gleiche« Preise aufweisen. Demnach muss sich der gesuchte Marktwert des zu bewertenden Unternehmens aus feststellbaren Marktpreisen vergleichbarer Unternehmen ableiten lassen. Die entscheidenden Werttreiber für den Unternehmenswert werden in einer Größe, dem sogenannten **Multiplikator**, abgebildet.

Lösung Aufgabe 8.5: Multiplikatorverfahren

Verfahrensschritte bei den Multiplikatorverfahren:

- Identifikation von Referenzunternehmen (= Peer Group), die mit dem zu bewertenden Unternehmen vergleichbar sind und für die Marktpreise festgestellt werden können (Börsennotierungen oder realisierte Transaktionspreise).
- Ableitung von Multiplikatoren, indem der Marktpreis eines Vergleichsunternehmens zu einer Bezugsgröße (finanzielle bzw. nicht finanzielle Größen wie z. B. EV/Umsatz, EV/EBIT, EV/EBITDA, KGV oder Anzahl der Kunden) dieses Unternehmens ins Verhältnis gesetzt wird.
- Anwendung der Multiplikatoren auf das zu bewertende Unternehmen, wobei dessen Besonderheiten berücksichtigt werden.

Lösung Aufgabe 8.6: Multiplikatorverfahren

1. Die Multiplikatorverfahren gehen davon aus, dass gleiche Vermögensgegenstände den gleichen Wert haben müssen. Für die Unternehmensbewertung werden festgestellte Transaktionspreise von Vergleichsunternehmen herangezogen. Diese Transaktionspreise werden in Beziehung zu einer Bezugsgröße gesetzt. Es wird davon ausgegangen, dass dieselbe Relation, die für das Vergleichsunternehmen festgestellt worden ist, auch für das zu bewertende Unternehmen gilt. Ziel ist die

Ableitung des Werts des zu bewertenden Unternehmens unter Heranziehung vergleichbarer Unternehmenswerte.
Bruttounternehmenswert-Multiplikatoren:
- Anzahl der Kunden
- registrierte Nutzer
- EV/Umsatz
- EV/EBITDA
- EV/EBIT

Nettounternehmenswert-Multiplikatoren:
- Kurs-Buchwert-Verhältnis *(price-to-book ratio)*
- Kurs-Gewinn-Verhältnis *(price-to-earnings ratio)*
- Kurs-Cashflow-Verhältnis *(price-to-cash flow ratio)*
- Kurs-Umsatz-Verhältnis *(price-to-sales ratio)*

2. EV/Umsatz-Multiplikator = Bruttounternehmenswert : Umsatz
   - AAA = 2,41
   - BBB = 1,41
   - CCC = 1,17
   - Durchschnittswert = 1,66

   Nettounternehmenswert der IMTB AG = (8,5 Mio. € × 1,66) – 4,0 Mio. € = 10,11 Mio. €

10 Fallbeispiel: Alle Verfahren

Von der iFACT GmbH liegt die vereinfachte Bilanz des Geschäftsjahres 00 vor. Diese stellt die Grunddaten für die verschiedenen Unternehmensbewertungsverfahren dar.

Aktiva		Bilanz 31.12.00			Passiva
A.	**Anlagevermögen**		**A.**	**Eigenkapital**	
I.	immaterielle Vermögensgegenstände		I.	gezeichnetes Kapital	1.200.000 T€
	Patente	60.000 T€			
II.	Sachanlagen				
	Grundstücke und Bauten	415.000 T€			
	Maschinen	297.500 T€			
	Betriebs- und Geschäftsausstattung	70.000 T€			
III.	Finanzanlagen		**B.**	**Rückstellungen**	
	Beteiligung	88.000 T€		Pensionsrückstellungen	346.000 T€
				sonstige Rückstellungen	56.000 T€
B.	**Umlaufvermögen**				
I.	Vorräte		**C.**	**Verbindlichkeiten**	
	Roh-, Hilfs- u. Betriebsstoffe	218.000 T€		Verbindlichkeiten geg. Kreditinstituten	600.000 T€
	unfertige und fertige Erzeugnisse	400.000 T€			
II.	Forderungen				
	Forderungen aLuL	642.500 T€		Verbindlichkeiten aLuL	98.000 T€
III.	Kassenbestand, Guthaben bei Kreditinstituten	109.000 T€			
	Bilanzsumme	**2.300.000 T€**		**Bilanzsumme**	**2.300.000 T€**

10.1 Substanzwertverfahren

Es soll der Unternehmenswert nach dem Substanzwertverfahren als Teilreproduktionswert (TRW) ermittelt werden. Folgende zusätzliche Informationen liegen vor:

- Zwei Patente im Wert von 150.000 T€ wurden nicht aktiviert und können veräußert werden.
- Die Grundstücke und die Bauten haben einen Marktwert von 750.000 T€. Davon sind 20 % nicht betriebsnotwendig und können mit einem Abschlag von 10 % veräußert werden.
- Von den Forderungen aLuL ist eine Forderung mit einem Wert in Höhe von 12.500 T€ uneinbringlich.
- Von den Roh-, Hilfs- und Betriebsstoffen sind 80 % betriebsnotwendig, der Überbestand ist nicht betriebsnotwendig und kann mit einem Abschlag von 30 % veräußert werden.
- Bei den Maschinen wird von stillen Reserven in Höhe von 120.000 T€ ausgegangen.
- Die sonstigen Rückstellungen sind um 24.000 T€ zu niedrig passiviert.

Der Substanzwert als Teilreproduktionswert (TRW) wird wie folgt ermittelt:

(alle Angaben in T€)	Buchwerte	Marktwerte	Korrekturen	Teilreproduktionswerte
Patente	60.000		+ 150.000	210.000
Grundstücke und Gebäude	415.000	750.000	- 150.000	+ 600.000
Maschinen	297.500		+ 120.000	+ 417.500
Betriebs- und Geschäftsausstattung	70.000			+ 70.000
Beteiligungen	88.000			+ 88.000
Roh-, Hilfs- u. Betriebsstoffe	218.000		- 43.600	+ 261.600
unfertige und fertige Erzeugnisse	400.000			+ 400.000
Forderungen aLuL	642.500		- 12.500	+ 630.000
Kasse und Bank	109.000			+ 109.000
Bruttowerte				**= 2.786.100**
Pensionsrückstellungen	- 346.000			- 346.000
sonstige Rückstellungen	- 56.000		- 24.000	- 80.000
Kreditverbindlichkeiten	- 600.000			- 600.000
Verbindlichkeiten aLuL	- 98.000			- 98.000
Nettowerte				**= 1.662.100**

Marktwert des nicht betriebsnotwendigen Vermögens (RHB-Stoffe)	43.600		- 13.080	+ 30.520
Marktwert des nicht betriebsnotwendigen Vermögens (Grundstücke und Gebäude)		150.000	- 15.000	+ 135.000
Substanzwert als Teilreproduktionswert (TRW)				**= 1.827.620**

Der Teilreproduktionswert als Substanzwert beträgt 1.827.620 €.

10.2 Ertragswertverfahren

Zusätzlich zur Bilanz liegen von der iFACT GmbH die folgenden Gewinn-und-Verlust-Rechnungen des aktuellen Geschäftsjahres 00 und der vergangenen zwei Geschäftsjahre vor:

Posten (alle Angaben in T€)	**Jahr -02**	**Jahr -01**	**Jahr 00**
Umsatzerlöse	1.400.000	1.442.000	1.514.100
sonstige betriebliche Erträge	87.000	82.000	90.000
Aufwendungen für Roh-, Hilfs- u. Betriebsstoffe	532.000	547.960	575.358
Löhne und Gehälter	280.000	287.000	295.610
soziale Abgaben	112.000	114.800	118.244
Abschreibungen auf Anlagevermögen	40.000	43.000	43.000
sonstige betriebliche Aufwendungen	242.000	248.000	255.000
Erträge aus Beteiligung	15.000	16.000	16.500
Zinsaufwendungen	30.000	32.000	35.000
Ergebnis vor Steuern	**266.000**	**267.240**	**298.388**
Steuern vom Einkommen und Ertrag	79.800	80.172	89.516
Gewinn nach Steuern (= Jahresüberschuss)	**186.200**	**187.068**	**208.872**

Für die Berechnung des Ertragswerts als Unternehmenswert sind die Plan-Gewinn-und-Verlust-Rechnungen für die Geschäftsjahre 01 bis einschließlich 05 zu erstellen. Hierfür werden die vergangenen Gewinn-und-Verlust-Rechnungen analysiert.

Zunächst erfolgt die **Analyse der Umsatzentwicklung**. Vom Geschäftsjahr -02 zum Geschäftsjahr -01 ergibt sich ein Umsatzzuwachs (in %):

$$\text{Ermittlung des Umsatzzuwachses} = \frac{1.442.000\,\text{T€} - 1.400.000\,\text{T€}}{1.400.000\,\text{T€}} \times 100 = 3{,}0\,\%$$

Der Umsatzzuwachs vom Geschäftsjahr -01 zum Geschäftsjahr 00 beträgt:

$$\text{Ermittlung des Umsatzzuwachses} = \frac{1.514.100\,\text{T€} - 1.442.000\,\text{T€}}{1.442.000\,\text{T€}} \times 100 = 5{,}0\,\%$$

Somit ergibt sich ein mittleres Wachstum der vergangenen zwei Jahre von 4,0 %. Für die Planrechnungen wird davon ausgegangen, dass der Umsatz jedes Jahr um 4,0 % zunimmt.

Bei den **sonstigen betrieblichen Erträgen** wird ab den Jahr 00 vereinfacht eine annähernde Konstanz unterstellt.

Der **prozentuale Anteil der RHB-Stoffaufwendungen an den Umsatzerlösen** beträgt 38 %.

$$\text{prozentualer Anteil} = \frac{532.000\,\text{T€} + 547.960\,\text{T€} + 575.358\,\text{T€}}{1.400.000\,\text{T€} + 1.442.000\,\text{T€} + 1.514.100\,\text{T€}} \times 100 = 38{,}0\,\%$$

Bei den **Löhnen und Gehältern** wird eine **Aufteilung in fixe und variable Kosten/Aufwendungen** vorgenommen. Die Aufteilung wird wie folgt berechnet:

variabler Anteil der Löhne und Gehälter

$$= \frac{\dfrac{\Delta\,\text{Löhne und Gehälter (Jahr 00 – Jahr –01)}}{\Delta\,\text{Umsatzerlöse (Jahr 00 – Jahr –01)}} \times \text{Umsatzerlöse (Jahr 00)}}{\text{Löhne und Gehälter (Jahr 00)}} \times 100$$

variabler Anteil der Löhne und Gehälter

$$= \frac{\dfrac{295.610\,\text{T€} - 287.000\,\text{T€}}{1.514.100\,\text{T€} - 1.442.000\,\text{T€}} \times 1.514.100\,\text{T€}}{295.610\,\text{T€}} \times 100 = 61{,}17\,\%$$

Aus Vereinfachungsgründen betragen im Jahr 00 die **variablen Kosten der Löhne und Gehälter 61 %** und die **fixen Kosten 39 %.**

Bei den **Sozialabgaben** wird ebenfalls eine **Aufteilung in fixe und variable Kosten/Aufwendungen** vorgenommen. Die Aufteilung wird wie folgt berechnet:

variabler Anteil der Sozialabgaben

$$= \frac{\frac{\Delta \text{ Sozialabgaben (Jahr00} - \text{Jahr} - 01)}{\Delta \text{ Umsatzerlöse (Jahr00} - \text{Jahr} - 01)} \times \text{Umsatzerlöse (Jahr 00)}}{\text{Sozialabgaben (Jahr 00)}} \times 100$$

variabler Anteil der Sozialabgaben

$$= \frac{\frac{118.244 \text{ T€} - 114.800 \text{ T€}}{1.514.100 \text{ T€} - 1.442.000 \text{ T€}} \times 1.514.100 \text{ T€}}{118.244 \text{ T€}} \times 100 = 61{,}17\,\%$$

Aus Vereinfachungsgründen betragen auch bei den Sozialabgaben im Jahr 00 **die variablen Kosten 61 %** und die **fixen Kosten 39 %**.

Bei den **sonstigen betrieblichen Aufwendungen** wird ebenfalls eine Aufteilung in **fixe und variable Kosten/Aufwendungen** vorgenommen. Die Aufteilung wird wie folgt berechnet:

variabler Anteil der sonstigen betrieblichen Aufwendungen

$$= \frac{\frac{\Delta \text{ sonstige betriebliche Aufwendungen (Jahr00} - \text{Jahr} - 01)}{\Delta \text{ Umsatzerlöse (Jahr00} - \text{Jahr} - 01)} \times \text{Umsatzerlöse (Jahr 00)}}{\text{sonstige betriebliche Aufwendungen (Jahr 00)}} \times 100$$

variabler Anteil der sonstigen betrieblichen Aufwendungen

$$= \frac{\frac{255.000 \text{ T€} - 248.000 \text{ T€}}{1.514.100 \text{ T€} - 1.442.000 \text{ T€}} \times 1.514.100 \text{ T€}}{255.000 \text{ T€}} \times 100 = 57{,}65\,\%$$

Aus Vereinfachungsgründen betragen bei den sonstigen betrieblichen Aufwendungen im Jahr 00 die **variablen Kosten 58 %** und die **fixen Kosten 42 %**.

Prämissen für die Plan-Gewinn-und-Verlust-Rechnung

Es wird von folgenden Annahmen für die Planung ausgegangen:

- Für die Detailplanungsphase wird ein Umsatzwachstum von durchschnittlich 4 % p. a. angenommen. Ab dem sechsten Jahr wird mit konstant bleibenden Ertragsüberschüssen des fünften Jahres weitergerechnet.

- Bei den sonstigen Erträgen wird der Wert vom Jahr 00, d. h. die 90.000 T€, für die folgenden Jahre fortgeschrieben. Die Zinsen und ähnliche Aufwendungen werden mit 35.000 T€ p. a. fortgeschrieben.
- Aufgrund des Umsatzwachstums ist für das Jahr 02 eine Erweiterungsinvestition geplant. Dadurch erhöhen sich die Abschreibungen auf Sachanlagen auf insgesamt 60.000 T€.
- Das Verhältnis zwischen den Aufwendungen der Roh-, Hilfs- und Betriebsstoffe und den Umsatzerlösen bleibt mit 38,0 % auch in den folgenden Jahren gleich.
- Von den Personalaufwendungen (Löhne und Gehälter sowie Sozialabgaben) sind 61 % variabel, d. h. umsatzabhängig, und 39 % fix.
- Die Abschreibungen auf das Anlagevermögen erhöhen sich ab dem Jahr 02 von 43.000 T€ auf jährlich 60.000 T€.
- Die sonstigen betrieblichen Aufwendungen sind zu 58 % variabel, d. h. umsatzabhängig, und zu 42 % fix.
- Die Erträge aus der Beteiligung werden mit 17.000 T€ p. a. konstant fortgeschrieben.
- Die Zinsenaufwendungen und sonstigen Aufwendungen werden mit 15.000 T€ p. a. konstant fortgeschrieben.
- Der Ertragsteuersatz des Unternehmens beträgt 30 %.
- Der Kapitalisierungszinssatz (i) beträgt 8,00 %.
- Der Marktwert des nicht betriebsnotwendigen Vermögens (N_0) beträgt 165.520 T€.

In der folgenden Tabelle ist die Plan-Gewinn-und-Verlust-Rechnung dargestellt.

Posten (alle Angaben in T€)	Jahr 01	Jahr 02	Jahr 03	Jahr 04	Jahr 05
Umsatzerlöse	1.574.664	1.637.651	1.703.157	1.771.283	1.842.134
sonstige betriebliche Erträge	+ 90.000	+ 90.000	+ 90.000	+ 90.000	+ 90.000
Aufwend. für Roh-, Hilfs- u. Betriebsstoffe	- 598.372	- 622.307	- 647.200	- 673.087	- 700.011
Löhne und Gehälter	- 302.823	- 310.324	- 318.126	- 326.239	- 334.677
soziale Abgaben	- 121.129	- 124.130	- 127.250	- 130.496	- 133.871
Abschreibungen auf Anlagevermögen	- 43.000	- 60.000	- 60.000	- 60.000	- 60.000
sonstige betriebliche Aufwendungen	- 260.916	- 267.069	- 273.467	- 280.122	- 287.043
Erträge aus Beteiligung	+ 17.000	+ 17.000	+ 17.000	+ 17.000	+ 17.000
Zinsaufwendungen	- 35.000	- 35.000	- 35.000	- 35.000	- 35.000
Ergebnis vor Steuern	**= 320.424**	**= 325.821**	**= 349.114**	**= 373.338**	**= 398.532**
Steuern vom Einkommen und Ertrag	- 96.127	- 97.746	- 104.734	- 112.001	- 119.560
Jahresüberschuss	**= 224.297**	**= 228.074**	**= 244.380**	**= 261.337**	**= 278.972**

Der Unternehmenswert nach dem Ertragswertverfahren wird auf der Basis der sich aus der Planung ergebenden Ertragsüberschüsse (Jahresüberschüsse) berechnet. Der Ertragswert (EW) wird gemäß der folgenden Formel berechnet:

$$\text{Ertragswert (EW)} = \sum_{t=1}^{n} \frac{\text{Gewinn}_t}{(1+i)^t} + \frac{\text{Gewinn}_{n+1}}{(1+i)^n} + N_0$$

t = laufende Periode (Periodenindex)

n = Anzahl der Jahre im Detailplanungszeitraum

N_0 = Marktwert des nicht betriebsnotwendigen Vermögens

$$EW = \frac{224.297\text{ T€}}{(1+0{,}08)^1} + \frac{228.074\text{ T€}}{(1+0{,}08)^2} + \frac{244.380\text{ T€}}{(1+0{,}08)^3} + \frac{261.337\text{ T€}}{(1+0{,}08)^4} + \frac{278.972\text{ T€}}{(1+0{,}08)^5}$$

$$+ \frac{278.972\text{ T€}}{0{,}08} \times \frac{1}{(1+0{,}08)^5} + 165.520\text{ T€} =$$

$$EW = 207.681{,}99\text{ T€} + 195.537{,}12\text{ T€} + 193.996{,}38\text{ T€} + 192.090{,}37\text{ T€}$$
$$+ 189.863{,}92\text{ T€} + 2.373.299{,}01\text{ T€} + 165.520{,}00\text{ T€}$$

$$\text{Ertragswert (EW)} = 3.517.988{,}79\text{ T€}$$

Der Unternehmenswert als Ertragswert (EW) beträgt 3.517.988,79 T€.

10.3 Free-Cashflow-Verfahren

Für die Berechnung des Unternehmenswerts der iFACT GmbH nach dem Free-Cashflow-Verfahren werden die Plan-Gewinn-und-Verlust-Rechnungen vom Ertragswertverfahren übernommen. Folgende Sachverhalte sind zu berücksichtigen:

- Die Investitionen in den Jahren 01 bis einschließlich 05 entsprechen den planmäßigen Abschreibungen auf das Anlagevermögen.
- In der Planperiode werden jedes Jahr die Pensionsrückstellungen um 7.000 T€ erhöht.
- Das Nettoumlaufvermögen (Net Working Capital) wird in der Planungsperiode jedes Jahr um 1.500 T€ erhöht.

Zunächst wird das EBIT und anschließend der Free Cashflow berechnet.

Berechnung des EBIT der Geschäftsjahre 01 bis einschließlich 05:

	Posten (alle Angaben in T€)	Jahr 01	Jahr 02	Jahr 03	Jahr 04	Jahr 05
	Jahresüberschuss	224.297	228.074	244.380	261.337	278.972
+	Steuern vom Einkommen u. Ertrag	+ 96.127[198]	+ 97.746	+ 104.734	+ 112.001	+ 119.560
+	Zinsaufwendungen	+ 35.000	+ 35.000	+ 35.000	+ 35.000	+ 35.000
-	Erträge aus Beteiligung	- 17.000	- 17.000	- 17.000	- 17.000	- 17.000
=	**EBIT**	**= 338.424**	**= 343.821**	**= 367.114**	**= 391.338**	**= 416.532**

Als Nächstes werden die Free Cashflows (FCF) berechnet.

	Posten (Angaben in T€)	Jahr 01	Jahr 02	Jahr 03	Jahr 04	Jahr 05
	EBIT	338.424	343.821	367.114	391.338	416.532
-	Steuern (30 %) vom EBIT	- 101.527	- 103.146	- 110.134	- 117.401	- 124.960
+	Abschreibungen	+ 43.000	+ 60.000	+ 60.000	+ 60.000	+ 60.000
+	Erhöhung Rückstellungen	+ 7.000	+ 7.000	+ 7.000	+ 7.000	+ 7.000
-	Investitionen in Anlagevermögen	- 43.000	- 60.000	- 60.000	- 60.000	- 60.000
-	Erhöhung Nettoumlaufvermögen	- 1.500	- 1.500	- 1.500	- 1.500	- 1.500
=	**Free Cashflows (FCF)**	**= 242.397**	**= 246.174**	**= 262.480**	**= 279.437**	**= 297.072**

Für die Diskontierung der Free Cashflows wird der gewogene durchschnittliche Kapitalkostensatz mit Steuervorteil $WACC_{mit\ Tax\ Shield}$ benötigt. Folgende Daten stehen zur Verfügung:

- Eigenkapitalkostensatz des verschuldeten Unternehmens ($i_{Eigen,v}$) = 8,00 %
- Eigenkapital (EK) = 1.200.000 T€
- Fremdkapitalkostensatz (i_{Fremd}) vor Steuern = 4,00 %
- Marktwert des (verzinsl.) Fremdkapitals = 946.000 T€ (= 600.000 T€ + 346.000 T€)

198 (224.297 T€ : 0,7) × 0,3 = 96.127 T€

Ertragsteuersatz des Unternehmens (St_U) = 30 % Berechnung des $WACC_{mit\ Tax\ Shield}$ im ersten Iterationsschritt:

$$WACC_{mit\,Tax\,Shield} = \frac{EK_{Markt}}{GK_{Markt}} \times i_{Eigen,v} + \frac{FK_{Markt}}{GK_{Markt}} \times i_{Fremd} \times (1 - St_U)$$

$$WACC_{mit\,Tax\,Shield} = \left[\frac{1.200.000\text{ T€}}{2.146.000\text{ T€}} \times 0{,}08 + \frac{946.000\text{ T€}}{2.146.000\text{ T€}} \times 0{,}04 \times (1 - 0{,}3)\right] \times 100$$

$$= 5{,}70773532\,\%$$

Ermittlung des Marktwerts des Eigenkapitals (= Nettounternehmenswert) nach dem Free-Cashflow-Verfahren

Zunächst wird der Marktwert des Gesamtkapitals (= Bruttounternehmenswert) berechnet:

$$GK_{Markt} = \frac{242.397\text{ T€}}{(1{,}0570773532)^1} + \frac{246.174\text{ T€}}{(1{,}0570773532)^2} + \frac{262.480\text{ T€}}{(1{,}0570773532)^3} + \frac{279.437\text{ T€}}{(1{,}0570773532)^4}$$

$$+ \frac{297.072\text{ T€}}{(1{,}0570773532)^5} + \frac{297.072\text{ T€}}{(0{,}0570773532) \times (1{,}0570773532)^5} + 165.200\text{ T€} =$$

$$GK_{Markt} = 229.308{,}24\text{ T€} + 220.307{,}62\text{ T€} + 222.215{,}93\text{ T€} + 223{,}798{,}19\text{ T€}$$

$$+ 225.075{,}62{,}56\text{ T€} + 3.943{,}343{,}63\text{ T€} + 165.520\text{ T€} = 5.229.569{,}23\text{ T€}$$

Marktwert des Eigenkapitals = Marktwert des Gesamtkapitals – Marktwert des Fremdkapitals

Der **Marktwert des Fremdkapitals** entspricht dem verzinslichen Fremdkapital in der Periode t_0 = 946.000 T€.

Marktwert des Eigenkapitals (EK_{Markt}) = 5.229.569,23 T€ – 946.000 T€ = **4.283.569,23 T€**

An diesem Ergebnis kann man das Problem des WACC-Ansatzes – das sogenannte Zirkularitätsproblem – erkennen. Denn der errechnete Marktwert des Eigenkapitals stellt den Ausgangspunkt und gleichzeitig das Ergebnis dar, wie die folgende Abbildung verdeutlicht.

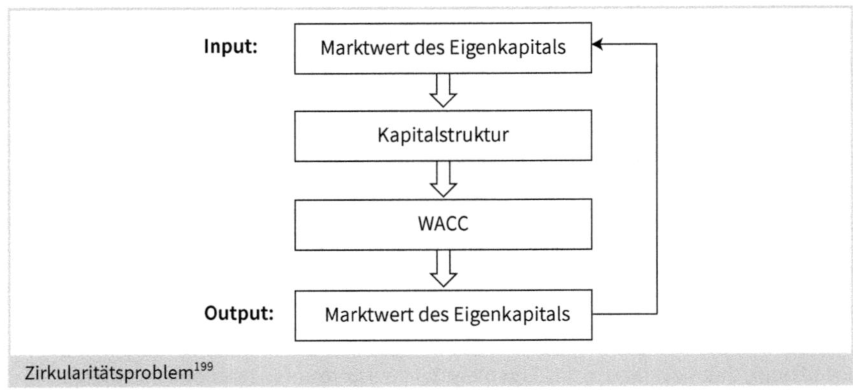

Zirkularitätsproblem[199]

Mithilfe der Iteration lässt sich das Problem lösen. Mit dem neu ermittelten Marktwert des Eigenkapitals kann der gewogene durchschnittliche Kapitalkostensatz (WACC) ermittelt werden.

Berechnung des $WACC_{\text{mit Tax Shield}}$ im zweiten Iterationsschritt:

$$WACC_{\text{mit Tax Shield}} = \left[\frac{4.283.569{,}23\ T€}{5.229.569{,}23\ T€} \times 0{,}08 + \frac{946.000\ T€}{5.229.569{,}23\ T€} \times 0{,}04 \times (1-0{,}3)\right] \times 100$$

$$WACC_{\text{mit Tax Shield}} = 7{,}05934891\,\%$$

Berechnung des Marktwerts des Eigenkapitals im zweiten Iterationsschritt:

Jahr	Free Cashflows	Abzinsungsfaktor	Barwerte der FCF
01	242.397 T€	0,934061350	226.413,25 T€
02	246.174 T€	0,872470606	+ 214.780,01 T€
03	262.480 T€	0,814941072	+ 213.905,38 T€
04	279.437 T€	0,761204958	+ 212.708,70 T€
05	297.072 T€	0,711012131	+ 211.222,07 T€
Fortführungswert	4.208.212 T€	0,711012131	+ 2.992.090,01 T€
+	Marktwert des nicht betriebsnotwendigen Vermögens		+ 165.520,00 T€
=	**Marktwert des Gesamtkapitals**		**= 4.236.639,42 T€**
–	Marktwert des Fremdkapitals		– 946.000,00 T€
=	**Marktwert des Eigenkapitals**		**= 3.290.639,42 T€**

199 In Anlehnung an Ernst, D. et al.: Unternehmensbewertungen erstellen und verstehen, 2018, S. 49.

Berechnung des $WACC_{mit\ Tax\ Shield}$ im dritten Iterationsschritt:

$$WACC_{mit\ Tax\ Shield} = \left[\frac{3.290.639{,}42\ T€}{4.236.639{,}42\ T€} \times 0{,}08 + \frac{946.000\ T€}{4.236.639{,}42\ T€} \times 0{,}04 \times (1 - 0{,}3)\right] \times 100$$

$$WACC_{mit\ Tax\ Shield} = 6{,}83889104\ \%$$

Berechnung des Marktwerts des Eigenkapitals im dritten Iterationsschritt:

Jahr	Free Cashflows	Abzinsungsfaktor	Barwerte der FCF
01	242.397 T€	0,935988749	226.880,44 T€
02	246.174 T€	0,876074939	+ 215.667,31 T€
03	262.480 T€	0,819996286	+ 215.232,27 T€
04	279.437 T€	0,767507298	+ 214.469,81 T€
05	297.072 T€	0,718378196	+ 213.410,33 T€
Fortführungswert	4.343.868 T€	0,718378196	+ 3.120.539,96 T€
+	Marktwert des nicht betriebsnotwendigen Vermögens		+ 165.520,00 T€
=	**Marktwert des Gesamtkapitals**		**= 4.371.720,11 T€**
–	Marktwert des Fremdkapitals		- 946.000,00 T€
=	**Marktwert des Eigenkapitals**		**= 3.425.720,11 T€**

Berechnung des $WACC_{mit\ Tax\ Shield}$ im vierten Iterationsschritt:

$$WACC_{mit\ Tax\ Shield} = \left[\frac{3.425.720{,}11\ T€}{4.371.720{,}11\ T€} \times 0{,}08 + \frac{946.000\ T€}{4.371.720{,}11\ T€} \times 0{,}04 \times (1 - 0{,}3)\right] \times 100$$

$$WACC_{mit\ Tax\ Shield} = 6{,}87476786\ \%$$

Berechnung des Marktwerts des Eigenkapitals im vierten Iterationsschritt:

Jahr	Free Cashflows	Abzinsungsfaktor	Barwerte der FCF
01	242.397 T€	0,935674547	226.804,28 T€
02	246.174 T€	0,875486858	+ 215.522,54 T€
03	262.480 T€	0,819170769	+ 215.015,59 T€
04	279.437 T€	0,765888641	+ 214.017,49 T€
05	297.072 T€	0,717173242	+ 213.052,37 T€
Fortführungswert	4.321.199 T€	0,717173243	+ 3.099.048,20 T€
+ Marktwert des nicht betriebsnotwendigen Vermögens			+ 165.520,00 T€
= Marktwert des Gesamtkapitals			**= 4.348.980,46 T€**
– Marktwert des Fremdkapitals			- 946.000,00 T€
= Marktwert des Eigenkapitals			**= 3.402.980,46 T€**

Berechnung des $WACC_{\text{mit Tax Shield}}$ im fünften Iterationsschritt:

$$WACC_{\text{mit Tax Shield}} = \left[\frac{3.402.980,42\ T€}{4.348.980,46\ T€} \times 0,08 + \frac{946.000\ T€}{4.348.980,46\ T€} \times 0,04 \times (1-0,3)\right] \times 100$$

$$WACC_{\text{mit Tax Shield}} = 6,86888432\,\%$$

Berechnung des Marktwerts des Eigenkapitals im fünften Iterationsschritt:

Jahr	Free Cashflows	Abzinsungsfaktor	Barwerte der FCF
01	242.397 T€	0,935726059	226.816,77 T€
02	246.174 T€	0,875583258	+ 215.546,27 T€
03	262.480 T€	0,819306072	+ 215.051,10 T€
04	279.437 T€	0,766646042	+ 214.229,14 T€
05	297.072 T€	0,71737068	+ 213.111,02 T€
Fortführungswert	4.324.900 T€	0,71737068	+ 3.102.556,58 T€
+ Marktwert des nicht betriebsnotwendigen Vermögens			+ 165.520,00 T€
= Marktwert des Gesamtkapitals			**= 4.352.830,88 T€**
– Marktwert des Fremdkapitals			- 946.000,00 T€
= Marktwert des Eigenkapitals			**= 3.406.830,88 T€**

Der Marktwert des Eigenkapitals (= Nettounternehmenswert) nach dem Free-Cashflow-Verfahren beträgt 3.406.830,88 T€.

10.4 Adjusted-Present-Value-Verfahren

Für die Berechnung des Unternehmenswerts der iFACT GmbH nach dem Adjusted-Present-Value-Verfahren werden die Plan-Gewinn-und-Verlust-Rechnungen vom Ertragswertverfahren und die Free Cashflows von Free-Cashflow-Verfahren übernommen.

Der Marktwert des Gesamtkapitals wird unter der Fiktion einer vollständigen Eigenfinanzierung ermittelt.

$$GK_{Markt,uv} = \sum_{t=1}^{n} \frac{FCF_t}{\left(1+i_{Eigen,uv}\right)^t} + \frac{Fortführungswert_{FCF_n}}{\left(1+i_{Eigen,uv}\right)^n} + N_0$$

$$\text{mit } Fortführungswert_{FCF_n} = \frac{FCF_{n+1}}{i_{Eigen,uv} - w} = \frac{FCF_n \times (1 + w)}{i_{Eigen,uv} - w}$$

Die unverschuldeten Eigenkapitalkosten ($i_{Eigen,uv}$) können wie folgt berechnet werden:

$$i_{Eigen,uv} = r_f + \beta_{uv} \times (r_m - r_f)$$

Um den Eigenkapitalkostensatz eines unverschuldeten Unternehmens zu berechnen, wird der unverschuldete Betafaktor (β_{uv}) benötigt.

$$\beta_{uv} = \frac{\beta_v}{1 + \frac{FK_{Markt}}{EK_{Markt}} \times \left(1 - St_U\right)}$$

Folgende Daten stehen zur Verfügung:

- risikofreier Basiszins (r_f) = 3,00 %
- Rendite des Marktportfolios (r_m) = 8,00 %
- Betafaktor verschuldet (β_v) = 1,0
- Marktwert des Fremdkapitals (FK_{Markt}) = 946.000 T€
- Marktwert des Eigenkapitals (EK_{Markt}) = 3.406.830,88 T€

Ertragsteuersatz des Unternehmens (St_U) = 30 % Berechnung des unverschuldeten Beta (β_{uv}):

$$\beta_{uv} = \frac{1,0}{1+\left[\frac{946.000\,T€}{3.406.830,88\;T€}\times(1-0,3)\right]} = 0,83725855$$

Berechnung der Eigenkapitalkosten des unverschuldeten Unternehmens ($i_{Eigen,uv}$):

$i_{Eigen,uv}$ = 3,00 % +[0,83725855 × (8,00 % – 3,00 %)] = 7,18629273

Die Free Cashflows können vom Free-Cashflow-Verfahren übernommen werden.

Posten (alle Angaben in T€)	Jahr 01	Jahr 02	Jahr 03	Jahr 04	Jahr 05
Free Cashflows (FCF)	242.397	246.174	262.480	279.437	297.072

Berechnung des barwertigen Steuervorteils (TS_b):

Tax Shields (TS) = St_U × Zinsaufwand

$$\text{barwertige Tax Shield } (TS_b) = \sum_{t=1}^{n} \frac{i_{Fremd}\times FK_{Markt,t-1}\times St_U}{(1+i_{Fremd})^t} + \frac{i_{Fremd}\times FK_{Markt,n}\times St_U}{i_{Fremd}\times(1+i_{Fremd})^n}$$

Der Ertragsteuersatz (St_U) beträgt 30 % und der Fremdkapitalkostensatz beträgt 4 %.

	Posten (alle Angaben in T€)	Jahr 01	Jahr 02	Jahr 03	Jahr 04	Jahr 05
	Zinsaufwendungen	35.000	35.000	35.000	35.000	35.000
×	Ertragsteuersatz	30 %	30 %	30 %	30 %	30 %
=	**Tax Shield**	**10.500**	**10.500**	**10.500**	**10.500**	**10.500**

Jahr	Tax Shield	Abzinsungsfaktor	barwertiger Tax Shield
01	10.500 T€	0,961538462	10.096,15 T€
02	10.500 T€	0,924556213	+ 9.707,84 T€
03	10.500 T€	0,888996359	+ 9.334,46 T€
04	10.500 T€	0,854804191	+ 8.975,44 T€
05	10.500 T€	0,821927107	+ 8.630,23 T€
Fortführungswert	262.500 T€	0,821927107	+ 215.755,87 T€
barwertiger Steuervorteil (TS_b)			**= 262.500,00 €**

Berechnung des Marktwerts des Eigenkapitals (EK_{Markt}) nach dem APV-Verfahren:

Jahr	Free Cashflows	Abzinsungsfaktor	Barwerte der FCF
01	242.397 T€	0,932955114	226.145,10 T€
02	246.174 T€	0,870405246	+ 214.271,57 T€
03	262.480 T€	0,812049025	+ 213.146,27 T€
04	279.437 T€	0,757605291	+ 211.702,82 T€
05	297.072 T€	0,706811731	+ 209.974,25 T€
Fortführungswert	4.133.875 T€	0,706811731	+ 2.921.871,66 T€
+	Marktwert des nicht betriebsnotwendigen Vermögens		+ 165.520,00 T€
=	**Marktwert des Gesamtkapitals des unverschuldeten Unternehmens**		**= 4.159.631,68 T€**
+	Barwert der Tax Shields (TS_b)		+ 262.500,00 T€
=	**Marktwert des Gesamtkapitals des verschuldeten Unternehmens**		**= 4.422.131,68 T€**
–	Marktwert des Fremdkapitals		- 946.000,00 T€
=	**Marktwert des Eigenkapitals**		**= 3.479.131,68 T€**

Der Marktwert des Eigenkapitals (= Nettounternehmenswert) nach dem Adjusted-Present-Value-Verfahren beträgt 3.479.131,68 T€.

10.5 Total-Cashflow-Verfahren

Es werden wieder die gleichen Ausgangsdaten verwendet.

Für die Diskontierung der Total Cashflows wird der gewogene durchschnittliche Kapitalkostensatz ohne Steuervorteil $WACC_{ohne\ Tax\ Shield}$ benötigt. Folgende Daten stehen zur Verfügung:

- Eigenkapitalkostensatz des verschuldeten Unternehmens ($i_{Eigen,v}$) = 8,00 %
- Eigenkapital (EK) = 1.200.000 T€
- Fremdkapitalkostensatz (i_{Fremd}) = 4,00 %

Marktwert des Fremdkapitals = 946.000 T€ Berechnung des $WACC_{ohne\ Tax\ Shield}$ im ersten Iterationsschritt:

$$WACC_{ohne\ Tax\ Shield} = \frac{EK_{Markt}}{GK_{Markt}} \times i_{Eigen,v} + \frac{FK_{Markt}}{GK_{Markt}} \times i_{Fremd}$$

$$WACC_{\text{ohne Tax Shield}} = \left[\frac{1.200.000\text{ T€}}{2.146.000\text{ T€}} \times 0{,}08 + \frac{946.000\text{ T€}}{2.146.000\text{ T€}} \times 0{,}04\right] \times 100 = 6{,}23671948\,\%$$

Im nächsten Schritt werden die Total Cashflows (TCF) ermittelt:

	Posten (alle Angaben in T€)	Jahr 01	Jahr 02	Jahr 03	Jahr 04	Jahr 05
	Zinsaufwendungen	35.000	35.000	35.000	35.000	35.000
×	Ertragsteuersatz	30 %	30 %	30 %	30 %	30 %
=	**Tax Shield**	**= 10.500**	**= 10.500**	**= 10.500**	**= 10.500**	**= 10.500**

	Posten (alle Angaben in T€)	Jahr 01	Jahr 02	Jahr 03	Jahr 04	Jahr 05
	Free Cashflows	242.397	246.174	262.480	279.437	297.072
+	Tax Shield	+ 10.500	+ 10.500	+ 10.500	+ 10.500	+ 10.500
=	**Total Cashflows**	**= 252.897**	**= 256.674**	**= 272.980**	**= 289.937**	**= 307.572**

Ermittlung des Marktwerts des Eigenkapitals (= Nettounternehmenswert) nach dem Total-Cashflow-Verfahren

Zunächst wird der Marktwert des Gesamtkapitals (GK_{Markt}) ermittelt:

$$GK_{Markt} = \sum_{t=1}^{n} \frac{\text{Total Cashflows}_t}{\left(1 + WACC_{\text{ohne Tax Shield}}\right)^t} + \frac{\text{Fortführungswert}_{TCF,n}}{\left(1 + WACC_{\text{ohne Tax Shield}}\right)^n} + N_0$$

$$\text{mit Fortführungswert}_{TCF,n} = \frac{\text{Total Cashflows}_{n+1}}{WACC_{\text{ohne Tax Shield}}}$$

$$GK_{Markt} = \frac{252.897\text{ T€}}{(1{,}0623671948)^1} + \frac{256.674\text{ T€}}{(1{,}0623671948)^2} + \frac{272.980\text{ T€}}{(1{,}0623671948)^3} + \frac{289.937\text{ T€}}{(1{,}0623671948)^4}$$

$$+ \frac{307.572\text{ T€}}{(1{,}0623671948)^5} + \frac{307.572\text{ T€}}{(1{,}0623671948) \times (1{,}0623671948)^5} + 165.520\text{ T€} =$$

$$GK_{Markt} = 238.050{,}04\text{ T€} + 227.422{,}49\text{ T€} + 227.670{,}20\text{ T€} + 227.617{,}05\text{ T€} + 227.286{,}73\text{ T€}$$

$$+ 3.644.331{,}54\text{ T€} + 165.520{,}00\text{ T€} = 4.957.898{,}04\text{ T€}$$

Marktwert des Eigenkapitals = Marktwert des Gesamtkapitals – Marktwert des Fremdkapitals

Der **Marktwert des Fremdkapitals** entspricht dem verzinslichen Fremdkapital in der Periode t_0 = 946.000 T€.

Marktwert des Eigenkapitals (EK_{Markt}) = 4.957.898,040 T€ – 946.000 T€ = **4.011.898,04 T€**

An diesem Ergebnis kann man ebenfalls das Problem des WACC-Ansatzes – das sogenannte Zirkularitätsproblem – erkennen.

Mithilfe der Iteration lässt sich das Problem lösen. Mit dem neu ermittelten Eigenkapital kann der gewogene durchschnittliche Kapitalkostensatz (WACC) ermittelt werden.

Berechnung des $WACC_{ohne\ Tax\ Shield}$ im zweiten Iterationsschritt:

$$WACC_{ohne\ Tax\ Shield} = \left[\frac{4.011.898{,}04\ T€}{4.957.898{,}04\ T€} \times 0{,}08 + \frac{946.000{,}00\ T€}{4.957.898{,}04\ T€} \times 0{,}04\right] \times 100$$

$$WACC_{ohne\ Tax\ Shield} = 7{,}23677333\ \%$$

Berechnung des Marktwerts des Eigenkapitals im zweiten Iterationsschritt:

Jahr	Total Cashflows	Abzinsungsfaktor	Barwerte der TCF
01	252.897 T€	0,932515935	235.830,06 T€
02	256.674 T€	0,86958597	+ 223.200,54 T€
03	272.980 T€	0,810902774	+ 221.359,88 T€
04	289.937 T€	0,756179759	+ 219.244,36 T€
05	307.572 T€	0,705149675	+ 216.884,57 T€
Fortführungswert	4.250.132 T€	0,705149675	+ 2.996.978,92 T€
+	Marktwert des nicht betriebsnotwendigen Vermögens		+ 165.520,00 T€
=	**Marktwert des Gesamtkapitals**		**= 4.279.018,34 T€**
–	Marktwert des Fremdkapitals		– 946.000,00 T€
=	**Marktwert des Eigenkapitals**		**= 3.333.018,34 T€**

Berechnung des $WACC_{\text{ohne Tax Shield}}$ im dritten Iterationsschritt:

$$WACC_{\text{ohne Tax Shield}} = \left[\frac{3.333.018,34\ T€}{4.279.018,34\ T€} \times 0,08 + \frac{946.000,00\ T€}{4.279.018,34\ T€} \times 0,04\right] \times 100$$

$$WACC_{\text{ohne Tax Shield}} = 7,11568502\ \%$$

Berechnung des Marktwerts des Eigenkapitals im dritten Iterationsschritt:

Jahr	Total Cashflows	Abzinsungsfaktor	Barwerte der TCF
01	252.897 T€	0,933570093	236.096,66 T€
02	256.674 T€	0,871553118	+ 223.705,46 T€
03	272.980 T€	0,813655925	+ 222.111,44 T€
04	289.937 T€	0,759604838	+ 220.237,42 T€
05	307.572 T€	0,709144359	+ 218.113,23 T€
Fortführungswert	4.322.457 T€	0,709144359	+ 3.065.245,65 T€
+	Marktwert des nicht betriebsnotwendigen Vermögens		+ 165.520,00 T€
=	**Marktwert des Gesamtkapitals**		**= 4.351.029,84 T€**
–	Marktwert des Fremdkapitals		– 946.000,00 T€
=	**Marktwert des Eigenkapitals**		**= 3.405.029,84 T€**

Berechnung des $WACC_{\text{ohne Tax Shield}}$ im vierten Iterationsschritt:

$$WACC_{\text{ohne Tax Shield}} = \left[\frac{3.405.029,84\ T€}{4.351.029,84\ T€} \times 0,08 + \frac{946.000,00\ T€}{4.351.029,84\ T€} \times 0,04\right] \times 100$$

$$WACC_{\text{ohne Tax Shield}} = 7,13032084\ \%$$

Berechnung des Marktwerts des Eigenkapitals im vierten Iterationsschritt:

Jahr	Total Cashflows	Abzinsungsfaktor	Barwerte der TCF
01	252.897 T€	0,933442551	236.064,40 T€
02	256.674 T€	0,871314996	+ 223.644,34 T€
03	272.980 T€	0,813322493	+ 222.020,42 T€
04	289.937 T€	0,759189823	+ 220.117,09 T€
05	307.572 T€	0,708660085	+ 217.964,28 T€
Fortführungswert	4.313.584 T€	0,708660085	+ 3.056.864,92 T€

+	Marktwert des nicht betriebsnotwendigen Vermögens	+ 165.520,00 T€
=	**Marktwert des Gesamtkapitals**	**= 4.342.195,44 T€**
-	Marktwert des Fremdkapitals	- 946.000,00 T€
=	**Marktwert des Eigenkapitals**	**= 3.396.195,44 T€**

Berechnung des $WACC_{\text{ohne Tax Shield}}$ im fünften Iterationsschritt:

$$WACC_{\text{ohne Tax Shield}} = \left[\frac{3.396.195{,}44\text{ T€}}{4.342.195{,}44\text{ T€}} \times 0{,}08 + \frac{946.000{,}00\text{ T€}}{4.342.195{,}44\text{ T€}} \times 0{,}04\right] \times 100$$

$$WACC_{\text{ohne Tax Shield}} = 7{,}12855143\,\%$$

Berechnung des Marktwerts des Eigenkapitals im fünften Iterationsschritt:

Jahr		Total Cashflows	Abzinsungsfaktor	Barwerte der TCF
01		252.897 T€	0,933457969	236.068,30 T€
02		256.674 T€	0,871343779	+ 223.651,73 T€
03		272.980 T€	0,813362794	+ 222.031,42 T€
04		289.937 T€	0,759239982	+ 220.131,63 T€
05		307.572 T€	0,708718611	+ 217.982,28 T€
Fortführungswert		4.314.655 T€	0,708718611	+ 3.057.876,19 T€
+	Marktwert des nicht betriebsnotwendigen Vermögens			+ 165.520,00 T€
=	**Marktwert des Gesamtkapitals**			**= 4.343.261,55 T€**
-	Marktwert des Fremdkapitals			- 946.000,00 T€
=	**Marktwert des Eigenkapitals**			**= 3.397.261,55 T€**

Der Marktwert des Eigenkapitals (= Nettounternehmenswert) beträgt nach dem Total-Cashflow-Verfahren insgesamt 3.397.261,55 T€.

10.6 Equity-Verfahren

Es werden wieder die Ausgangsdaten der vorhergehenden Beispiele benutzt. Es wird davon ausgegangen, dass die Tilgungen und die Aufnahme von Fremdkapital sich ausgleichen.

Zunächst müssen die Flow to Equity (FTE) ermittelt werden. Die Flow to Equity der Geschäftsjahre 01 bis einschließlich 05 werden wie folgt ermittelt:

	Posten (alle Angaben in T€)	Jahr 01	Jahr 02	Jahr 03	Jahr 04	Jahr 05
	Free Cashflows	242.397	246.174	262.480	279.437 €	297.072
–	Fremdkapitalzinsen	- 35.000	- 35.000	- 35.000	- 35.000	- 35.000
+	Tax Shield	+ 10.500	+ 10.500	+ 10.500	+ 10.500	+ 10.500
∓	Tilgung/Aufnahme von verzinslichem Fremdkapital	0	0	0	0	0
=	**Flow to Equity (Free Cashflows netto)**	**= 217.897**	**= 221.674**	**= 237.980**	**= 254.937**	**= 272.572**

Die Diskontierung der Flow to Equity erfolgt mit dem Eigenkapitalkostensatz des verschuldeten Unternehmens ($i_{Eigen,v}$).

- $i_{Eigen,v} = 8{,}00\,\%$

Ermittlung des Marktwerts des Eigenkapitals (= Nettounternehmenswert) nach dem Equity-Verfahren

Die Formel zur Berechnung des Marktwerts des Eigenkapitals (EK_{Markt}) lautet:

$$EK_{Markt} = \sum_{t=1}^{n} \frac{FTE_t}{\left(1+ i_{Eigen,v}\right)^t} + \frac{Fortführungswert_{FTE,n}}{\left(1+ i_{Eigen,v}\right)^n} + N_0$$

$$\text{mit } Fortführungswert_{FTE,n} = \frac{FTE_{n+1}}{i_{Eigen,v} - w} = \frac{FTE_n \times (1+w)}{i_{Eigen,v} - w}$$

$$EK_{Markt} = \frac{217.897\text{ T€}}{(1{,}08)^1} + \frac{221.674\text{ T€}}{(1{,}08)^2} + \frac{237.980\text{ T€}}{(1{,}08)^3} + \frac{254.937\text{ T€}}{(1{,}08)^4}$$

$$+ \frac{272.572\text{ T€}}{(1{,}08)^5} + \frac{272.572\text{ T€}}{(1{,}08)\times(1{,}08)^5} + 165.520\text{ T€} =$$

$$EK_{Markt} = 201.756{,}06\text{ T€} + 190.050{,}15\text{ T€} + 188.915{,}85\text{ T€} + 187.386{,}18\text{ T€} + 185.508{,}19\text{ T€}$$

$$+ 2.318.852{,}36\text{ T€} + 165.520\text{ T€} = 3.437.988{,}79\text{ T€}$$

Der **Marktwert des Eigenkapitals** (= Nettounternehmenswert) nach dem Equity-Verfahren beträgt 3.437.988,79 T€.

10.7 Multiplikatorverfahren

Der Multiplikator drückt das Verhältnis einer bestimmten Unternehmenskennzahl als Bezugsgröße zum Unternehmenswert aus.

$$\text{Multiplikator} = \frac{\text{Unternehmenswert}}{\text{Bezugsgröße}}$$

Der Unternehmenswert soll mithilfe des Kurs-Gewinn-Verhältnisses (KGV) *(price-to-earnings ratio)* ermittelt werden. Das KGV setzt die Marktkapitalisierung eines Unternehmens ins Verhältnis zu dem Gewinn nach Steuern (= Jahresüberschuss) der Periode.

$$\text{KGV} = \frac{\text{Aktienkurs}}{\text{Gewinn je Aktie}} = \frac{\text{Marktkapitalisierung}}{\text{Jahresüberschuss (=Gewinn nach Steuern)}}$$

Als Peer Group stehen der iFACT GmbH fünf börsennotierte Vergleichsunternehmen zur Verfügung, bei denen folgende Werte ermittelt wurden:

Unternehmen	Aktienkurs	Anzahl Aktien	Jahresüberschuss
A	11,00 €/Aktie	1.465.000.000	920.857 T€
B	14,00 €/Aktie	820.000.000	717.500 T€
C	45,00 €/Aktie	490.000.000	1.102.500 T€
D	6,80 €/Aktie	3.150.000.000	2.380.000 T€
E	23,30 €/Aktie	724.300.000	803.628 T€

Ermittlung des **Kurs-Gewinn-Verhältnisses (KGV)** der Peer Group und des Mittelwerts:

Unternehmen	Aktienkurs	Anzahl Aktien	Marktkapitali-sierung	Jahresüberschuss	KGV
A	11,00 €/Aktie	1.465.000.000	16.115.000 T€	920.857 T€	17,50
B	14,00 €/Aktie	820.000.000	11.480.000 T€	717.500 T€	16,00
C	45,00 €/Aktie	490.000.000	22.050.000 T€	1.102.500 T€	20,00
D	6,80 €/Aktie	3.150.000.00	21.420.000 T€	2.380.000 T€	9,00
E	23,30 €/Aktie	724.300.000	16.876.190 T€	803.628 T€	21,00
Mittelwert			**87.941.190 T€**	**5.924,485 T€**	**16,70**

Berechnung des Nettounternehmenswerts (NUW) mit dem KGV-Multiplikator:

Nettounternehmenswert (NUW) = 208.872 T€ × 16,70 = 3.488.162,40 T€

Der Nettounternehmenswert nach dem Multiplikatorverfahren beträgt 3.488.162,70 T€.

11 Formeln für die Unternehmensbewertung

Abzinsungsfaktor (AbF)

$$\text{AbF} = \frac{1}{q^n} = \frac{1}{(1+i)^n}$$

Rentenbarwertfaktor (RBF)

$$\text{RBF} = \frac{q^n - 1}{q^n \times i} = \frac{(1+i)^n - 1}{(1+i)^n \times i}$$

Barwert einer ewigen Rente (ER)

$$\text{Ewige Rente (ER)} = \frac{R}{i}$$

Barwert einer ewigen Rente (ER) mit Wachstumsrate (w)

$$\text{Ewige Rente (ER)} = \frac{R}{i - w}$$

Fremdkapitalkostensatz (i_{Fremd})

i_{Fremd} = risikofreier Zinssatz (r_f) + Credit Spread (CS)

Risikoadjustierte Eigenkapitalkosten eines verschuldeten Unternehmens ($i_{Eigen,v}$)

$i_{Eigen,v} = r_f + \beta_v \times (r_m - r_f)$

Risikoadjustierte Eigenkapitalkosten eines unverschuldeten Unternehmens ($i_{Eigen,uv}$)

$i_{Eigen,uv} = r_f + \beta_{uv} \times (r_m - r_f)$

Betafaktoren unverschuldeter (β_{uv}) und verschuldeter (β_v) Unternehmen

$$\beta_{uv} = \frac{\beta_v}{1 + \frac{FK_{Markt}}{EK_{Markt}} \times (1 - St_U)} \quad \text{bzw.} \quad \beta_v = \beta_{uv} \times \left[1 + \frac{FK_{Markt}}{EK_{Markt}} \times (1 - St_U)\right]$$

Marktrisikoprämie (MRP)

Marktrisikoprämie (MRP) = Gesamtmarktrendite (r_m) – risikofreier Zinssatz (r_f)

Gewogener durchschnittlicher Kapitalkostensatz mit Steuervorteil ($WACC_{mit\ Tax\ Shield}$)

$$WACC_{mit\ Tax\ Shield} = \frac{EK_{Markt}}{GK_{Markt}} \times i_{Eigen,v} + \frac{FK_{Markt}}{GK_{Markt}} \times i_{Fremd} \times \left(1 - St_U\right)$$

Gewogener durchschnittlicher Kapitalkostensatz ohne Steuervorteil ($WACC_{ohne\ Tax\ Shield}$)

$$WACC_{ohne\ Tax\ Shield} = \frac{EK_{Markt}}{GK_{Markt}} \times i_{Eigen,v} + \frac{FK_{Markt}}{GK_{Markt}} \times i_{Fremd}$$

Unternehmenswert nach dem Ertragswertverfahren (EW)

$$\text{Ertragswert (EW)} = \sum_{t=1}^{n} \frac{Gewinn_t}{(1+i)^t} + \frac{Gewinn_{n+1}}{(i-w)\times(1+i)^n} + N_0$$

Unternehmenswert nach dem Substanzwertverfahren als Teilreproduktionswert (TRW)

$TRW = W_{BNV} + N_0$ – Wert der Schulden

Unternehmenswert nach dem Liquidationswertverfahren (LW)

$LW = L_V$ – Verb. – K_L

Ermittlung der Free Cashflows, Total Cashflows und Flow to Equity

	EBIT (operatives Ergebnis vor Zinsen und Steuern)
–	adjustierte (angepasste bzw. fiktive) Steuern auf das EBIT
=	**NOPLAT (operatives Ergebnis vor Zinsen und nach adaptierten Steuern)**
±	Abschreibungen/Zuschreibungen
±	Erhöhung/Verminderung Rückstellungen
=	**Brutto-Cashflow**
∓	Investitionen/Desinvestitionen im Anlagevermögen
∓	Verminderung/Erhöhung des Nettoumlaufvermögens (Net Working Capital)
=	**(operativer) Free Cashflow (FCF)**
+	Tax Shield (= Steuerersparnis aufgrund der Abzugsfähigkeit der FK-Zinsen)
=	**Total Cashflow (TCF)**
–	Fremdkapitalzinsaufwendungen
–	Tilgung von verzinslichem Fremdkapital
+	Aufnahme von verzinslichem Fremdkapital
=	**Flow to Equity (FTE)** (Nettozahlungen an die Eigenkapitalgeber bei gemischter Finanzierung = Gewinnausschüttung + Kapitalherabsetzung – Kapitalerhöhung)

Berechnung der Tax Shields (= Steuervorteile)

Tax Shield (TS) = $FK_{t-1} \times i \times St_U$

Ermittlung des Unternehmenswerts nach dem Free-Cashflow-Verfahren = Ermittlung des Marktwerts des Eigenkapitals nach dem Free-Cashflow-Verfahren

$$EK_{Markt} = \sum_{t=1}^{n} \frac{\text{Free Cashflows}_t}{\left(1+WACC_{\text{mit Tax Shield}}\right)^t} + \frac{\text{Fortführungswert}_{FCF,n}}{\left(1+WACC_{\text{mit Tax Shield}}\right)^n} + N_0 - FK_{Markt}$$

$$\text{mit Fortführungswert}_{FCF,n} = \frac{\text{Free Cashflows}_{n+1}}{WACC_{\text{mit Tax Shield}} - w} \text{ oder } = \frac{\text{Free Cashflows}_n \times (1+w)}{WACC_{\text{mit Tax Shield}} - w}$$

Ermittlung des Unternehmenswerts nach dem Total-Cashflow-Verfahren = Ermittlung des Marktwerts des Eigenkapitals nach dem Total-Cashflow-Verfahren

$$EK_{Markt} = \sum_{t=1}^{n} \frac{\text{Free Cashflows}_t}{\left(1+WACC_{\text{ohne Tax Shield}}\right)^t} + \frac{\text{Fortführungswert}_{TCF,n}}{\left(1+WACC_{\text{ohne Tax Shield}}\right)^n} + N_0 - FK_{Markt}$$

$$\text{mit Fortführungswert}_{TCF,n} = \frac{\text{Free Cashflows}_{n+1}}{WACC_{\text{ohne Tax Shield}} - w} \text{ oder } = \frac{\text{Free Cashflows}_n \times (1+w)}{WACC_{\text{ohne Tax Shield}} - w}$$

Ermittlung des Unternehmenswerts nach dem Adjusted-Present-Value-Verfahren = Ermittlung des Marktwerts des Eigenkapitals nach dem Adjusted-Present-Value-Verfahren

$$EK_{Markt} = \sum_{t=1}^{n} \frac{FCF_t}{\left(1+i_{Eigen,uv}\right)^t} + \frac{\text{Fortführungswert}_{FCF,n}}{\left(1+i_{Eigen,uv}\right)^n} + N_0 + \sum_{t=1}^{n} \frac{i_{Fremd} \times FK_{Markt,\varnothing t} \times St_U}{\left(1+i_{Fremd}\right)^t}$$

$$+ \frac{i_{Fremd} \times FK_{Markt,n} \times St_U}{i_{Fremd} \times \left(1+i_{Fremd}\right)^n} - FK_{Markt}$$

Der $\text{Fortführungswert}_{FCF,n}$ auch Terminal Value (TV) genannt, wird wie folgt berechnet:

$$\text{mit Fortführungswert}_{FCF,n} = \frac{FCF_{n+1}}{i_{Eigen,uv} - w} \text{ oder } = \frac{FCF_n \times (1+w)}{i_{Eigen,uv} - w}$$

	Berechnung des Marktwerts des Eigenkapitals beim APV-Verfahren
	Barwert der Free Cashflows bei Kapitalisierung mit einem Eigenkapitalkostensatz für unverschuldete Unternehmen ($i_{Eigen,uv}$) zuzüglich des Barwerts des Fortführungswerts
+	Marktwert des nicht betriebsnotwendigen Vermögens (N_0)
=	**Marktwert des Gesamtkapitals des unverschuldeten Unternehmens**
+	Barwert der Tax Shields (= Marktwerterhöhung durch Steuervorteile)
=	**Marktwert des Gesamtkapitals des verschuldeten Unternehmens**
–	Marktwert des Fremdkapitals
=	**Marktwert des Eigenkapitals (= Nettounternehmenswert)**

Ermittlung des Unternehmenswerts nach dem Equity-Verfahren = Ermittlung des Marktwerts des Eigenkapitals nach dem Equity-Verfahren

$$EK_{Markt} = \sum_{t=1}^{n} \frac{FTF_t}{\left(1+i_{Eigen,v}\right)^t} + \frac{Fortführungswert_{FTE,n}}{\left(1+i_{Eigen,v}\right)^n} + N_0$$

$$\text{mit } Fortführungswert_{FTE,n} = \frac{FTE_{n+1}}{i_{Eigen,v} - w} \text{ oder } = \frac{FTE_n \times \left(1+w\right)}{i_{Eigen,v} - w}$$

Multiplikatorverfahren

$$\frac{MW_{VU}}{BG_{VU}} = \frac{MW_{bU}}{BG_{bU}}$$

$$MW_{bU} = \frac{MW_{VU}}{BG_{VU}} \times BG_{bU} = M \times BG_{bU}$$

Beispiele für typische Multiplikatoren

$$KGV = \frac{\text{Aktienkurs}}{\text{Gewinn je Aktie}} = \frac{\text{Marktkapitalisierung}}{\text{Jahresüberschuss (= Gewinn nach Steuern)}}$$

$$KUV = \frac{\text{Aktienkurs}}{\text{Umsatz je Aktie}} = \frac{\text{Marktkapitalisierung}}{\text{Jahresumsatz}}$$

$$\text{EV/EBIT-Multiplikator} = \frac{\text{Enterprise Value } [EV] \text{ (= Bruttounternehmenswert)}}{EBIT}$$

Teil 2: Finanzkennzahlen

Summary

In diesem Teil des Buchs erhalten Sie einen Überblick über bedeutende Finanzkennzahlen *(financial key figures)*. Mithilfe dieser Kennzahlen können Sie z. B. Abweichungen zu den Planzahlen bzw. Entwicklungstendenzen im Unternehmen feststellen, damit Sie entsprechende Maßnahmen einleiten und gegensteuern können. Die Finanzkennzahlen dienen als Entscheidungsgrundlage und als Frühwarnindikatoren. Sie erfahren mehr über:

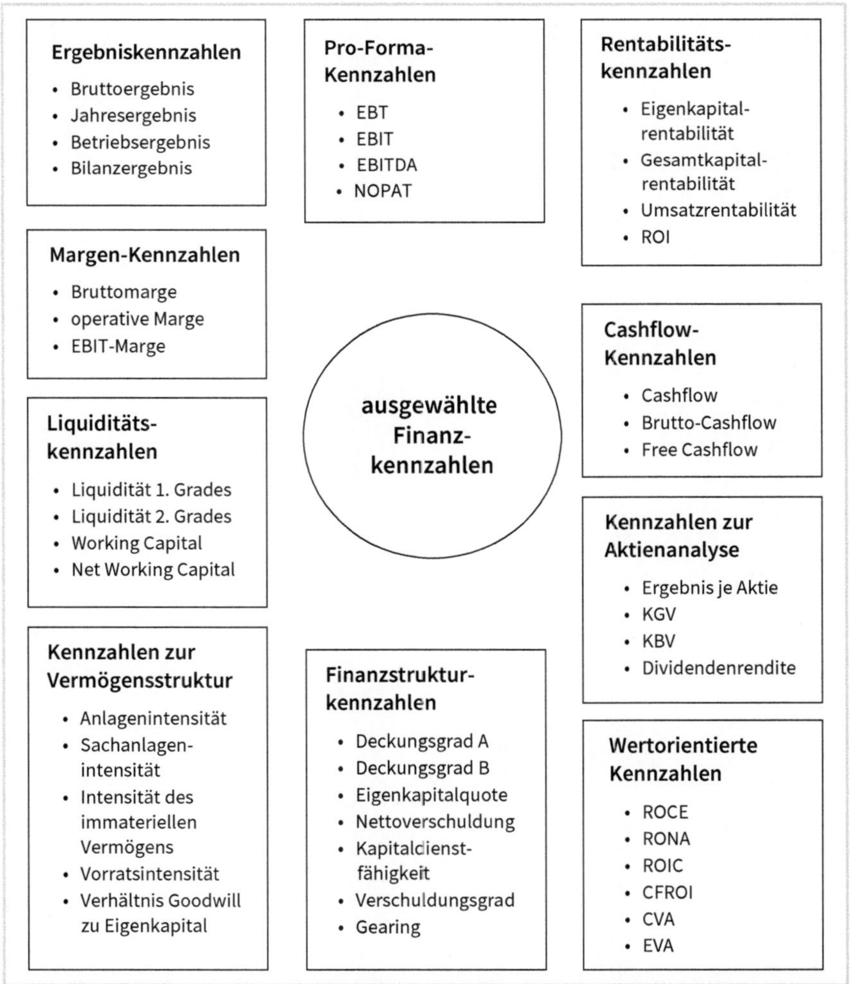

ausgewählte Finanzkennzahlen

Ergebniskennzahlen
- Bruttoergebnis
- Jahresergebnis
- Betriebsergebnis
- Bilanzergebnis

Pro-Forma-Kennzahlen
- EBT
- EBIT
- EBITDA
- NOPAT

Rentabilitätskennzahlen
- Eigenkapitalrentabilität
- Gesamtkapitalrentabilität
- Umsatzrentabilität
- ROI

Margen-Kennzahlen
- Bruttomarge
- operative Marge
- EBIT-Marge

Cashflow-Kennzahlen
- Cashflow
- Brutto-Cashflow
- Free Cashflow

Liquiditätskennzahlen
- Liquidität 1. Grades
- Liquidität 2. Grades
- Working Capital
- Net Working Capital

Kennzahlen zur Aktienanalyse
- Ergebnis je Aktie
- KGV
- KBV
- Dividendenrendite

Kennzahlen zur Vermögensstruktur
- Anlagenintensität
- Sachanlagenintensität
- Intensität des immateriellen Vermögens
- Vorratsintensität
- Verhältnis Goodwill zu Eigenkapital

Finanzstrukturkennzahlen
- Deckungsgrad A
- Deckungsgrad B
- Eigenkapitalquote
- Nettoverschuldung
- Kapitaldienstfähigkeit
- Verschuldungsgrad
- Gearing

Wertorientierte Kennzahlen
- ROCE
- RONA
- ROIC
- CFROI
- CVA
- EVA

Finanzkennzahlen auf einen Blick

12 Finanz- und Erfolgskennzahlen

Finanz- und Erfolgskennzahlen *(financial and performance indicators)* haben die Aufgabe, betriebswirtschaftliche Tatbestände zu beschreiben oder Entwicklungen in einem Unternehmen oder Geschäftsbereich aufzuzeigen. Sie dienen dem Management zur Entscheidungsvorbereitung, Planung, Kontrolle und Steuerung des Unternehmens. Sie werden häufig bei der externen oder internen Jahresabschlussanalyse eingesetzt. Kennzahlen können z. B. neben einem Branchenvergleich *(industry comparison)* auch für einen Zeitvergleich eingesetzt werden. Dort wird der aktuelle Kennzahlenwert eines Unternehmens mit den Werten der gleichen Kennzahl in früheren Perioden verglichen, um auf Entwicklungsmöglichkeiten in der Zukunft zu schließen. Die Kennzahlen können aber auch für einen Betriebsvergleich *(intercompany comparison)* mit anderen Unternehmen genutzt werden.

12.1 Ergebniskennzahlen

Für die Beurteilung des Erfolgs eines Unternehmens gibt es verschiedene Ergebnisgrößen. Daher werden zunächst die Ergebniskennzahlen *(key earnings figures)* erläutert, damit diese eindeutig unterschieden werden können. Des Weiteren wird die Ermittlung der einzelnen Ergebniskennzahlen beispielhaft anhand von börsennotierten Unternehmen dargestellt.

12.1.1 Bruttoergebnis

Die Differenz zwischen den »Umsatzerlösen« und den »Herstellungskosten der zur Erzielung der Umsatzerlöse erbrachten Leistungen« (Umsatzkosten) beim Umsatzkostenverfahren ergeben das **Bruttoergebnis** *(gross result)*.

Bruttoergebnis = Umsatzerlöse – Herstellungskosten der zur Erzielung der Umsatzerlöse erbrachten Leistungen

Beispiel: Das Bruttoergebnis des Volkswagen-Konzerns aus der Gewinn-und-Verlust-Rechnung[200]

	Volkswagen AG (Angaben in Mio. €)	2019	2018
	Umsatzerlöse	252.632	235.849
–	Kosten der Umsatzerlöse	– 203.490	– 189.500
=	**Bruttoergebnis**	**= 49.142**	**= 46.350**

Das Bruttoergebnis hat sich um 6,02 % verbessert, da die Umsatzerlöse um 7,12 % gesteigert werden konnten.

12.1.2 Ordentliches Betriebsergebnis

Ein wichtiger Anhaltspunkt für die Ertragskraft eines Unternehmens ist das **ordentliche Betriebsergebnis** *(ordinary operating result)*, da es nur die betrieblichen Erträge und die betrieblichen Aufwendungen darstellt und somit den betrieblichen Erfolg sehr gut abbildet. Das ordentliche Betriebsergebnis zeigt den nachhaltigen Erfolg eines Unternehmens in Abhängigkeit von der betriebsbedingten Umsatztätigkeit. Es umfasst die regelmäßig anfallenden Erträge und Aufwendungen der im Rahmen der betrieblichen Tätigkeit erzeugten und vertriebenen Produkte bzw. Dienstleistungen. Einige Unternehmen bezeichnen das Betriebsergebnis auch als **EBIT** (Earnings before Interest and Taxes).

Um aus den Ergebnissen der Gewinn-und-Verlust-Rechnung (GuV-Rechnung) ein ordentliches Betriebsergebnis zu ermitteln, wird zwischen der Anwendung des Gesamtkostenverfahrens (GKV) *(total cost method)* und des Umsatzkostenverfahrens (UKV) *(cost of sales method)* unterschieden.

12.1.2.1 Berechnung des ordentlichen Betriebsergebnisses nach dem Umsatzkostenverfahren

	Posten der Gewinn-und-Verlust-Rechnung *(profit and loss statement)* gemäß § 275 Abs. 3 HGB	GuV-Posten nach UKV
	Umsatzerlöse *(revenues)*	1.
–	Herstellungskosten der zur Erzielung der Umsatzerlöse erbrachten Leistungen *(cost of sales)*	2.
=	**Bruttoergebnis vom Umsatz *(gross profit on sales)***	**3.**

200 Volkswagen AG, Geschäftsbericht 2019, 2020, S. 195.

-	Vertriebskosten *(distribution costs)*	4.
-	allgemeine Verwaltungskosten *(general administration expenses)*	5.
+	sonstige betriebliche Erträge *(other operating income)*	6.
-	sonstige betriebliche Aufwendungen *(other operating expenses)*	7.
-	sonstige Steuern *(other taxes)*	15.
=	**ordentliches Betriebsergebnis *(ordinary operating result)***	

Beispiele für »sonstige Erträge«: Erlöse aus Nebengeschäften, Erträge aus dem Abgang abgeschriebener Forderungen oder der Auflösung von nicht mehr benötigten Rückstellungen.

12.1.2.2 Berechnung des ordentlichen Betriebsergebnisses nach dem Gesamtkostenverfahren

	Posten der Gewinn-und-Verlust-Rechnung *(profit and loss statement)* gemäß § 275 Abs. 2 HGB	**GuV-Posten nach GKV**
	Umsatzerlöse *(revenues)*	1.
±	Erhöhung oder Verminderung des Bestands an fertigen und unfertigen Erzeugnissen *(increase or decrease in inventories of finished and unfinished goods)*	2.
+	andere aktivierte Eigenleistungen *(other own work capitalized)*	3.
=	**Gesamtleistung**	
+	sonstige betriebliche Erträge *(other operating income)*	4.
-	Aufwendungen für Roh-, Hilfs- u. Betriebsstoffe u. für bezogene Waren *(cost of raw materials, consumables and supplies and of purchased goods)*	5.a)
-	Aufwendungen für bezogene Leistungen *(cost of purchased services)*	5.b)
-	Löhne und Gehälter *(wages and salaries)*	6.a)
-	soziale Abgaben und Aufwendungen für Altersversorgung und für Unterstützung, davon für Altersversorgung *(social security contributions and expenses for pensions and other employee benefits, thereof for pensions)*	6.b)
-	Abschreibungen auf immaterielle Vermögensgegenstände des Anlagevermögens und Sachanlagen *(depreciation and amortisation of intangible and tangible fixed assets)*	7.a)
-	sonstige betriebliche Aufwendungen *(other operating expenses)*	8.
-	sonstige Steuern *(other taxes)*	16.
=	**ordentliches Betriebsergebnis *(ordinary operating result)***	

Beispiel: Betriebsergebnis der Beiersdorf AG

Die Berechnung des Betriebsergebnisses *(operating result)* mithilfe des Gesamtkostenverfahrens *(total cost method)* wird beispielhaft für die Beiersdorf AG dargestellt:[201]

	Beiersdorf AG, GuV nach HGB (Angaben in Mio. €)	2018	2019
	Umsatzerlöse	1.262	1.336
+	sonstige betriebliche Erträge	+ 38	+ 40
–	Materialaufwand	- 290	- 296
–	Personalaufwand	- 276	- 307
–	Abschreibungen auf immaterielle Vermögensgegenstände des Anlagevermögens und Sachanlagen	- 11	- 21
–	sonstige betriebliche Aufwendungen	- 575	- 669
=	**Betriebsergebnis**	**= 148**	**= 83**

Das Betriebsergebnis verschlechterte sich aufgrund der höheren Personalaufwendungen, der höheren planmäßigen Abschreibungen und der gestiegenen sonstigen betrieblichen Aufwendungen, obwohl die Umsatzerlöse um 74 Mio. € gesteigert werden konnten. Das Unternehmen sollte den Umsatz mit seinen ertragsstarken Produkten fördern, um das Betriebsergebnis zu verbessern.

12.1.3 Jahresergebnis (Jahresüberschuss/-fehlbetrag)

Der Jahresüberschuss/-fehlbetrag (= Jahresergebnis) *(annual result)* stellt den Gewinn/Verlust nach Steuern eines Unternehmens dar. Im Folgenden werden die bisher beschriebenen Ergebnisvarianten beispielhaft anhand des Gesamtkostenverfahrens bei der Deutsche Post DHL Group dargestellt:[202]

201 Beiersdorf AG, Geschäftsbericht 2019, 2020, S. 53.
202 Deutsche Post DHL Group, Geschäftsbericht 2019, 2020, S. 88.

Beispiel: Jahresergebnis der Deutsche Post DHL Group

	Deutsche Post DHL Group (Angaben in Mio. €)	2019	2018
	Umsatzerlöse	63.341	61.550
+	Bestandsveränderungen und aktivierte Eigenleistungen	+ 239	+ 87
+	sonstige betriebliche Erträge	+ 2.351	+ 1.914
-	Materialaufwand	- 32.070	- 31.673
-	Personalaufwand	- 21.610	- 20.825
-	Abschreibungen	- 3.684	- 3.292
-	sonstige betriebliche Aufwendungen	- 4.431	- 4.597
±	Ergebnis aus nach der Equity-Methode bilanzierten Unternehmen	- 8	- 2
=	**Ergebnis der betrieblichen Tätigkeit (EBIT) (a)**	**= 4.128**	**= 3.162**
	Finanzerträge	194	201
-	Finanzaufwendungen	- 846	- 750
±	Fremdwährungsergebnis	- 2	- 27
=	**Finanzergebnis (b)**	**= -654**	**= -576**
	Ergebnis vor Ertragsteuern [= (a) + (b)]	**3.474**	**= 2.586**
-	Ertragsteuern	- 698	- 362
=	**Konzernjahresergebnis (Jahresüberschuss)**	**= 2.776**	**= 2.075**

Das Konzernjahresergebnis konnte im Vergleich zum Vorjahr um 26,4 % gesteigert werden.

12.1.4 Bilanzergebnis (Bilanzgewinn/-verlust)

Viele Unternehmen berichten über den Bilanzgewinn/-verlust *(balance sheet profit/ loss)*, wenn der Jahresabschluss unter teilweiser Gewinnverwendung aufgestellt wird. Der Bilanzgewinn/-verlust darf keinesfalls mit dem Jahresüberschuss/-fehlbetrag *(net profit/loss for the year)* gleichgesetzt werden. Hier gibt es große Unterschiede. Erfolgt die Aufstellung der Bilanz unter Berücksichtigung einer vollständigen oder teilweisen Verwendung des Jahresergebnisses, so sind gemäß § 268 Abs. 1 Satz 2 HGB die Posten »Gewinnvortrag/Verlustvortrag« *(profit/loss carried forward)* und »Jahresüberschuss/ Jahresfehlbetrag« durch den Posten »Bilanzgewinn/Bilanzverlust« zu ersetzen.

Das Bilanzergebnis (Bilanzgewinn/-verlust) stellt eine Weiterführung des Jahresergebnisses unter Berücksichtigung eines Ergebnisvortrags (Gewinn- oder Verlustvortrag) aus dem Vorjahr und den Rücklagenentnahmen und/oder Rücklageneinstellungen dar. Der Bilanzgewinn/-verlust wird bei teilweiser Verwendung wie folgt ermittelt:

	Jahresüberschuss/-fehlbetrag *(net profit/loss for the year)*
±	Gewinnvortrag/Verlustvortrag *(profit/loss carried forward)*
+	Entnahmen aus der Kapitalrücklage *(withdrawals from the capital reserve)*
+	Entnahmen aus Gewinnrücklagen *(withdrawals from revenue reserves)*
–	Einstellungen in Gewinnrücklagen *(transfer to revenue reserves)*
=	**Bilanzgewinn/Bilanzverlust** ***(balance sheet profit/loss)***

Beispiel: Entwicklung des Bilanzgewinns bei der ElringKlinger AG[203]

	ElringKlinger AG (Angaben in T€)	2017
	Bilanzgewinn am 31.12.2016	31.680
–	Gewinnausschüttung für 2016	- 31.680
+	Gewinnvortrag	+ 0
+	Jahresüberschuss 2017	+ 60.219
–	Einstellung in andere Gewinnrücklagen	- 28.539
=	**Bilanzgewinn am 31. Dezember 2017**	**= 31.680**

Nachdem vom Jahresüberschuss 28,5 Mio. € in die anderen Gewinnrücklagen eingestellt worden sind, belief sich der für die Dividendenausschüttung zur Verfügung stehende Bilanzgewinn auf 31,68 Mio. €.

Steuerquote

Die Steuerquote *(tax rate)* spiegelt das Verhältnis der Ertragsteuern zum Jahresergebnis vor Steuern wider. Sie kann mithilfe des EBT und der in der GuV-Rechnung ausgewiesenen Steuern von Einkommen und Ertrag ermittelt werden. Die Steuerquote wird wie folgt berechnet:

$$\text{Steuerquote} = \frac{\text{Steuern vom Einkommen und vom Ertrag}}{\text{Ergebnis vor Ertragsteuern (EBT)}} \times 100$$

203 ElringKlinger AG, Jahresabschluss 2017, 2018, S. 17.

Beispiel: Berechnung der Steuerquote des Geschäftsjahres 2019 der BASF SE[204]

$$\text{Steuerquote} = \frac{\text{Steuern}}{\text{EBT}} = \frac{756\,\text{Mio. €}}{3.302\,\text{Mio. €}} \times 100 = 22{,}9\,\%$$

Beispiel: Überleitungsrechnung auf den effektiven Steueraufwand und die Steuerquote bei der BASF SE

	BASF SE: Berechnung der Steuerquote	2019	
		Mio. €	%
	Ergebnis vor Ertragsteuern (EBT)	3.302	
	erwartete Körperschaftsteuer in Deutschland (15 %)	495	15,0 %
+	Solidaritätszuschlag	+ 2	+ 0,1 %
+	Gewerbeertragsteuer	+ 12	+ 0,4 %
±	Einfluss abweichender Steuersätze für Einkommen ausländischer Gruppengesellschaften	+ 257	+ 7,8 %
-	steuerfreie Erträge	- 41	- 1,2 %
+	steuerlich nicht abzugsfähige Aufwendungen	+ 61	+ 1,8 %
±	Ergebnis von nach dem Equity-Verfahren bilanzierten Beteiligungen (Nach-Steuer-Ergebnis)	- 17	- 0,5 %
+	Steuern für Vorjahre	+ 10	+ 0,3 %
-	latente Steuerschulden für zukünftig umkehrbare temporäre Differenzen auf Anteile an Beteiligungen	- 6	- 0,2 %
-	Steuerersatzleistungen	- 26	- 0,8 %
±	Sonstiges	+ 9	+ 0,2 %
=	**effektive Ertragsteuern/Steuerquote**	**= 756**	**= 22,9 %**

Die durchschnittliche Steuerquote liegt in Deutschland bei ca. 30 %. Da die BASF SE ein international tätiges Unternehmen ist und die Steuerquote in vielen Ländern niedriger ist als in Deutschland, konnte die BASF SE eine niedrigere Steuerquote ausweisen. Ziel der Unternehmen ist es, die Steuerquote zu minimieren.

204 BASF SE, Geschäftsbericht 2019, 2020, S. 234.

12.2 Pro-forma-Kennzahlen

Aus der GuV-Rechnung erhält man als Ergebnis den Jahresüberschuss bzw. den Jahresfehlbetrag. Um die Betriebsergebnisse der in verschiedenen Ländern ansässigen Unternehmen miteinander vergleichen zu können, werden die gezahlten Steuern hinzuaddiert, um die unterschiedlichen Steuerbelastungen zu neutralisieren.

Ziel der Before-Kennzahlen ist es, international vergleichbare Erfolgskennzahlen zu schaffen.[205] Dabei wird das Jahresergebnis entweder nach HGB oder IFRS um bestimmte Aufwendungen bereinigt und damit als jeweilige Kennzahl vor Abzug der Aufwendungen *(earnings before)* ausgewiesen. Die verschiedenen Rechnungslegungssysteme weisen keine Vorschriften aus, wie diese Kennzahlen zu berechnen sind, daher werden sie auch als »Pro-forma-Ergebnisse« bezeichnet.[206]

Es kann zwischen den Earnings Before Taxes (EBT), den Earnings Before Interest and Taxes (EBIT) und den Earnings Before Interest, Taxes, Depreciation and Amortization (EBITDA) unterschieden werden. Diese Kennzahlen haben sich vor allem aus der internationalen Rechnungslegung nach IFRS herauskristallisiert. Sämtliche Earnings-Before-Kennzahlen haben als Grundlage das Ergebnis der jeweiligen Rechnungslegung und bereinigen dieses Ergebnis entsprechend. Diese Pro-forma-Kennzahlen bilden Zwischenergebnisse ab, die das Unternehmensergebnis aus einer bestimmten Perspektive beleuchten. Durch die Bereinigung des Jahresergebnisses kann einerseits die Vergleichbarkeit zwischen den Unternehmen erhöht werden, andererseits kann es jedoch auch zu Intransparenz und Ergebnisverzerrungen des Jahresabschlusses kommen.

Es muss jedoch daraufhin gewiesen werden, dass es keine einheitliche EBIT- und damit auch EBITDA-Berechnung gibt, wie aus der folgenden Abbildung hervorgeht.

205 Vgl. Antonakopoulos, N.: Gewinnkonzeptionen und Erfolgsdarstellung nach IFRS, 2007, S. 41.
206 Vgl. Gräfer, H. & Wengel, T.: Bilanzanalyse, 2019, S. 57.

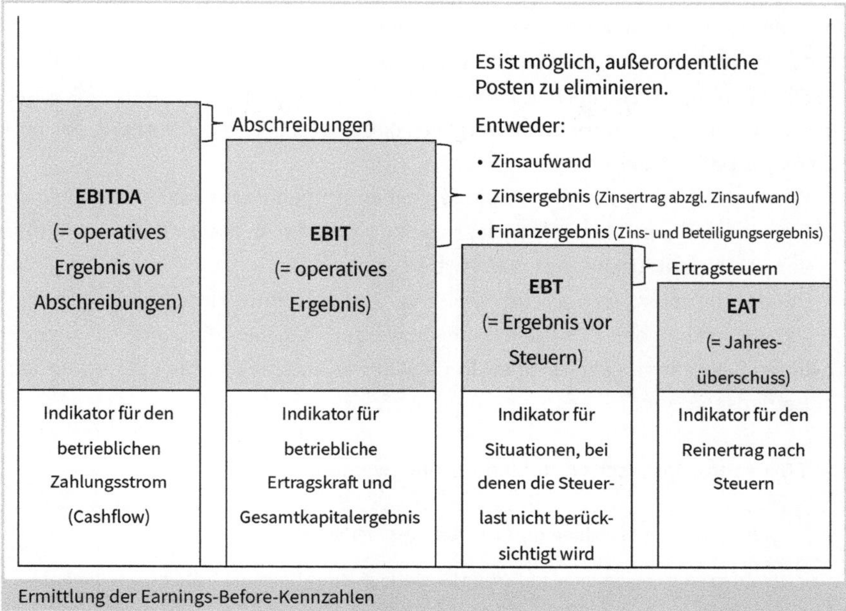

Ermittlung der Earnings-Before-Kennzahlen

12.2.1 EBT (Earnings Before Taxes)

Das EBT stellt das Ergebnis vor Steuern dar. Um die Vor-Steuer-Größe EBT zu ermitteln, werden zum Jahresergebnis, das eine Nach-Steuer-Größe ist, die angefallenen Steuern vom Einkommen und Ertrag (EE-Steuern) addiert. Somit wird das Jahresergebnis um die territorial unterschiedlich hoch anfallenden Steuerzahlungen neutralisiert und Unternehmen können unabhängig von ihren steuerlichen Belastungen miteinander verglichen werden. Die Kennzahl »EBT« wird folgendermaßen berechnet:

	Jahresüberschuss oder -fehlbetrag aus der Gewinn-und-Verlust-Rechnung
±	Steuern vom Einkommen und Ertrag/Steuererstattung
=	**EBT (Earnings Before Taxes)**

12.2.2 EBIT (Earnings Before Interest and Taxes)

Das EBIT (Ergebnis vor Zinsen und Steuern) ist eine wichtige Kennzahl zur Beurteilung der operativen Ertragskraft eines Unternehmens. Um die Ergebnis-Kenngröße EBIT zu berechnen, wird neben dem Steueraufwand die Zinsbelastung des Unternehmens zum Jahresergebnis addiert. Das EBIT repräsentiert die Ertragskraft des Unternehmens, unabhängig von Steuerbelastung und Kapitalstruktur *(capital structure)*. Durch die Eliminierung des Zinsaufwandes werden Finanzierungseffekte, wie Fremdkapitalzinsen, nicht in den Unternehmensvergleich einbezogen. Für die Ermittlung des EBIT gibt es zwei Möglichkeiten:

- Die meisten Unternehmen addieren zum Jahresergebnis vor Steuern lediglich die Zinsaufwendungen hinzu, um diese zu neutralisieren. In diesem Fall spricht man von der imparitätischen Vorgehensweise.
- Bei der paritätischen Vorgehensweise wird das gesamte Zinsergebnis gegengerechnet. Neben den Zinsaufwendungen werden in diesem Fall auch die angefallenen Zinserträge eingerechnet. In diesem Fall entspräche das EBIT quasi dem Betriebsergebnis.

Das EBIT kann paritätisch wie folgt berechnet werden:

	Jahresüberschuss/-fehlbetrag *(net profit/loss for the year)*
±	Steuern vom Einkommen und Ertrag/Steuererstattung (*taxes on income and earnings/ tax refund)*
=	**EBT (Earnings Before Taxes)**
+	Zinsaufwand und sonstiger Finanzaufwand *(interest expense and other financial expenses)*
[–]	[Zinsertrag] (nur bei paritätischer Berechnung) und sonstige Finanzerträge *(interest income and other financial income*)
=	**EBIT (Earnings Before Interest and Taxes)**

Neben der Kennzahl »EBIT« geben viele Unternehmen auch sehr gerne die Kennzahl »Adjusted EBIT« an. Beim Adjusted EBIT handelt es sich um bereinigte Ergebniseffekte z. B. aus der Bewertung von Vermögenswerten, Ergebniseffekte aus der Veräußerung von Vermögenswerten sowie Bewertungseffekte von Pensionsrückstellungen *(pension provisions)*.[207]

207 Deutsche Lufthansa AG, Geschäftsbericht 2019, 2020, S. 250.

Beispiel: Berechnung des EBIT und des Adjusted EBIT bei der Deutschen Lufthansa AG[208]

	Deutsche Lufthansa AG (Angaben in Mio. €)	2018		2019	
		GuV	Überleitung Adjusted EBIT	GuV	Überleitung Adjusted EBIT
	Umsatzerlöse	35.844		36.424	
±	Bestandsveränderungen	+ 531		+ 685	
+	sonstige betriebliche Erträge	+ 1.818		+ 1.889	
	davon Erträge aus Buchgewinnen		–51		–20
	davon Zuschreibungen Anlagevermögen		–15		–38
=	**Summe betriebliche Erträge (1)**	**= 37.891**	**= –66**	**= 38.998**	**= –58**
–	Materialaufwand	– 18.669		– 19.827	
–	Personalaufwand	– 8.811		– 9.121	
	davon nach zu verrechnender Dienstzeitaufwand-/Planabgeltung		– 113		+ 10
–	Abschreibungen	– 2.205			
	davon außerplanmäßige Abschreibungen		+ 24		+ 84
–	sonstige betriebliche Aufwendungen	– 5.708			
	davon außerplanmäßige Abschreibungen auf Vermögen zum Verkauf		0		+ 51
	davon Aufwendungen aus Buchverlusten		+ 17		+ 39
=	**Summe betriebliche Aufwendungen (2)**	**= –35.091**	**= –72**	**=–37.309**	**= 184**
=	**Ergebnis der betrieblichen Tätigkeit = (1) + (2)**	**= 2.800**	**–**	**= 1.689**	**–**
+	Beteiligungsergebnis	+ 174		+ 168	
	außerplanmäßige Abschreibungen auf At-Equity-Beteiligungsbuchwerte		–		+ 43

208 Deutsche Lufthansa AG, Geschäftsbericht 2019, 2020, S. 36.

=	**EBIT**	**= 2.974**	**–**	**= 1.857**	**= 43**
±	Überleitung Adjusted EBIT	–	–138	–	+169
=	**Adjusted EBIT**		**= 2.836**		**= 2.026**
+	planmäßige Abschreibungen		+ 2.180		+ 2.692
=	**Adjusted EBITDA**		**= 5.016**		**= 4.718**

Mittlerweile spielt das EBIT auch bei der Kreditvergabe eine wichtige Rolle. Kreditkonditionen sind zum Teil abhängig vom EBIT, dies wird in den Kreditklauseln vereinbart, z. B. die Financial Convenants (z. B. Net Debt / EBITDA = Nettofinanzschulden / EBITDA = Net Financial Debt (NFD) / EBITDA).

12.2.3 EBITDA (Earnings Before Interest, Taxes, Depreciation and Amortization)

Beim EBITDA liegt der Fokus auf der zahlungswirksamen Ertragskraft eines Unternehmens. Neben den Steuer- und Zinsaufwendungen werden auch die Abschreibungen auf immaterielle Vermögenswerte *(intangible assets)* einschließlich der Geschäfts- oder Firmenwerte *(goodwill)* und die Abschreibungen auf das Sachanlagevermögen zum Jahresergebnis addiert. Der EBITDA wird bevorzugt von Unternehmen angewendet, wenn hohe Abschreibungen zu einer deutlichen Verringerung des EBIT-Ergebnisses führen. Der EBITDA ermöglicht den direkten Vergleich zweier Unternehmen unabhängig von der Steuerbelastung und der Kapitalstruktur ebenso wie beim EBIT. Zusätzlich wird die Abschreibungspolitik aus dem Unternehmensvergleich eliminiert. Der EBITDA ähnelt dem vereinfachten Cashflow. Allerdings werden im Vergleich zum Cashflow die Zuführung zu den langfristigen Rückstellungen oder andere zahlungsunwirksame Aufwendungen/Erträge nicht neutralisiert. Die folgende Darstellung zeigt, wie der EBITDA auf der Basis der handelsrechtlichen GuV-Rechnung nach der imparitätischen Vorgehensweise berechnet wird:

	Jahresüberschuss/-fehlbetrag *(annual surplus/loss)*
±	Steuern vom Einkommen und Ertrag/Steuererstattung *(taxes on income and profit/tax refund)*
±	außergewöhnliches Ergebnis *(exceptional result)*
=	**EBT (Earnings Before Taxes)**
+	Zinsaufwand *(interest expense)*
=	**EBIT (Earnings Before Interest and Taxes)**

+	Abschreibungen immaterielle Vermögenswerte *(amortization)*
=	**EBITA (Earnings Before Interest, Taxes and Amortization)**
+	Abschreibungen auf Sachanlagen *(depreciation)*
=	**EBITDA (Earnings Before Interest, Taxes, Depreciation and Amortization)**

Beispiel: Berechnung des EBITDA auf der Grundlage des EBIT bei der Deutschen Lufthansa AG im Geschäftsjahr 2018[209]

	Deutsche Lufthansa AG (Angaben in Mio. €)	2018	2017
	EBIT	2.974	3.297
+	Abschreibungen aus betrieblichem Ergebnis	+ 2.205	+ 2.382
+	Abschreibungen auf Finanzanlagen, Wertpapiere und Vermögenswerte zum Verkauf	0	0
=	**EBITDA**	**= 5.179**	**= 5.679**

Im Geschäftsjahr 2019 wies die Lufthansa AG nur noch den Adjusted EBITDA aus.

Die Pro-forma-Kennzahlen *(pro forma figures)* sollen international bessere Vergleichbarkeit schaffen. Jedoch gibt es keine einheitlichen Definitionen und die Kennzahlen können von jedem Unternehmen individuell berechnet werden. Dies widerlegt den Vorteil internationaler Vergleichbarkeit.[210] Des Weiteren wird die tatsächliche Lage des Unternehmens durch die Pro-forma-Kennzahlen verschönert[211] und die Gewinnkraft verzerrt.[212]

12.2.4 NOPAT (Net Operating Profit After Taxes)

Der NOPAT stellt das operative Ergebnis nach Steuern dar. Er wird berechnet, indem die Steuern vom Einkommen und Ertrag vom EBIT subtrahiert bzw. eine Steuererstattung hinzuaddiert werden.

	EBIT
±	Steuern vom Einkommen und Ertrag/Steuererstattung
=	**NOPAT**

209 Deutsche Lufthansa AG, Geschäftsbericht 2018, 2019, S. 32.
210 Vgl. Lachnit, L. & Müller, S.: Bilanzanalyse, 2017, S. 209.
211 Vgl. Gräfer, H. & Wengel, T.: Bilanzanalyse, 2019, S. 60.
212 Vgl. Lachnit, L. & Müller, S.: Bilanzanalyse, 2017, S. 209.

In der Praxis findet man für die Berechnung des NOPAT verschiedene Erweiterungen und Vorgehensweisen. Es können beispielsweise die Abschreibungen auf immaterielle Vermögenswerte *(intangible assets)*, die Veränderungen der Rückstellungen und die Zinsen auf Leasingverträge in die Berechnung miteingehen. Bei einem Unternehmensvergleich muss daher zunächst unbedingt die genaue Zusammensetzung des NOPAT bei der Berechnung überprüft werden.

Beispiel: Berechnung des NOPAT bei der Deutschen Telekom AG[213]

	Deutsche Telekom AG (Angaben in Mio. €)	2019	2018
	Net Operating Profit (NOP)	9.544	8.103
–	Steuer (kalkulatorischer Steuersatz 2019 und 2018: 27,8 %)	– (2.653)	– (2.253)
=	**Net Operating Profit After Taxes (NOPAT)**	**= 6.891**	**= 5.850**

12.3 Rentabilitätskennzahlen

Unter der Rentabilität *(profitability)* versteht man die Erfassung des finanziellen Erfolgs eines Unternehmens, gemessen am eingesetzten Kapital. Die Rentabilität dient zur Beurteilung der erwirtschafteten Kapitalverzinsung in einer Periode und ist somit ein wichtiger Maßstab zur Erfolgsmessung, Analyse, Planung und Kontrolle.

Im Controlling und Rechnungswesen gibt es eine Reihe von Rentabilitätskenngrößen, die Informationen über den wirtschaftlichen Erfolg des Unternehmens geben. Zur Berechnung der Rentabilitätskennzahlen können die

- Eigenkapitalrentabilität *(Return on Equity [ROE])*,
- Gesamtkapitalrentabilität *(Return on Assets [ROA])*,
- Umsatzrentabilität *(Return on Sales [ROS])* und
- Return on Investment (ROI)

als Periodenergebnisse entweder als Vor-Steuer-Größen oder als Nach-Steuer-Größen verwendet werden. Die Verwendung der entsprechenden Gewinngröße ist abhängig von der Sichtweise des Betrachters. Die Nach-Steuer-Größen sind in der Regel für betriebsexterne Interessenten, wie z. B. Aktionäre, von größerer Bedeutung. Die Vor-Steuer-Größen werden herangezogen, um betriebsinterne unternehmenspolitische Entscheidungen zu treffen. Die in den Unternehmen eingesetzten Rentabilitätskennziffern sollten quartalsweise ermittelt werden.

213 Deutsche Telekom AG, Geschäftsbericht 2019, 2020, S. 63.

Die folgende Tabelle gibt einen Überblick über die verwendeten Eingangsgrößen bei den Rentabilitätskennzahlen.

Kennzahl	Zähler	Nenner
Eigenkapitalrentabilität (Return on Equity [ROE])	**Vor-Steuer-Größe:** Jahresergebnis vor Steuern **Nach-Steuer-Größe:** Jahresergebnis	durchschnittliches Eigenkapital
Gesamtkapitalrentabilität (Return on Assets [ROA])	**Vor-Steuer-Größe:** EBIT **Nach-Steuer-Größe:** Jahresergebnis + FK-Zinsen	durchschnittliches Gesamtkapital
Umsatzrentabilität (Return on Sales [ROS])	**Vor-Steuer-Größe:** Jahresergebnis vor Steuern **Nach-Steuer-Größe:** Jahresergebnis **EBIT-Marge:** EBIT	Umsatzerlöse
Kapitalrentabilität (Return on Investment [ROI])	**Nach-Steuer-Größe:** Jahresergebnis	Investiertes Kapital (betriebsnotwendiges Kapital)

Eingangsgrößen der Rentabilitätskennzahlen

12.3.1 Eigenkapitalrentabilität

Die Eigenkapitalrentabilität *(Return on Equity [ROE])* zeigt die Verzinsung des Eigenkapitals der Anteilseigner. Die Ergebnisgröße kann entweder das Jahresergebnis vor oder nach Steuern vom Einkommen und Ertrag sein. Für den überbetrieblichen Vergleich eignet sich das Ergebnis vor Steuern eher, da so unterschiedliche Steuerbelastungen außer Acht gelassen werden.[214] Bei der Berechnung der Eigenkapitalrentabilität wird der aus der GuV-Rechnung zu entnehmende Jahresüberschuss/-fehlbetrag bzw. eine äquivalente Vor-Steuer-Größe wie beispielsweise der EBT mit dem durchschnittlichen Eigenkapital ins Verhältnis gesetzt. Die Eigenkapitalrentabilität stellt die Verzinsung des Eigenkapitals dar und ist daher aus Sicht der Investoren und der Aktionäre von großer Relevanz. Um sie zu steigern, kann entweder der Gewinn erhöht oder das Eigenkapital verringert werden. Es sollte auf jeden Fall eine Eigenkapitalrentabilität, die über dem am Kapitalmarkt liegenden Zinssatz für risikolose festverzinsliche Anlagen liegt, angestrebt werden, weil es andernfalls für die Eigenkapitalgeber vorteilhafter ist, in den risikofreien Rentenmarkt zu investieren. Außerdem sollte die Eigenkapitalrentabilität über dem Eigenkapitalkostensatz des Unternehmens liegen. Die Eigenkapitalrentabilität kann folgendermaßen berechnet werden:

214 Vgl. Breitenstein, J., Die Adaption der Bilanzanalyse nach den Anforderungen kommunaler Jahresabschlüsse, 2017, S. 96.

Die Eigenkapitalrentabilität mit einer Nach-Steuer-Größe:

$$\text{Eigenkapitalrentabilität}_{\text{nach Steuern}} = \frac{\text{Jahresüberschuss bzw. -fehlbetrag}}{\text{durchschnittliches Eigenkapital}} \times 100$$

mit

$$\text{durchschnittliches Eigenkapital (EK)} = \frac{\text{EK Jahresanfang} + \text{EK Jahresende}}{2}$$

Beispiel: Eigenkapitalrentabilität als Nach-Steuer-Größe bei der Adidas AG[215]

	Adidas AG (Angaben in Mio. €)	2019	2018
	Jahresüberschuss (Gewinn nach Steuern)	1.977	1.704
:	Eigenkapital (auf Anteilseigner entfallendes Kapital)	6.796	6.377
=	**Eigenkapitalrentabilität nach Steuern**	**29,1 %**	**26,7 %**

Die angegebene Berechnung ermittelt die Eigenkapitalrentabilität nach Steuern. Alternativ kann die Eigenkapitalrentabilität auch als Vor-Steuer-Größe berechnet werden. Der so errechnete Wert liegt über der Eigenkapitalrentabilität nach Steuern. Dazu wird im Zähler der Formel der Jahresüberschuss bzw. -fehlbetrag vor Steuern *(profit or loss before taxes)* eingesetzt.

Die Eigenkapitalrentabilität mit einer Vor-Steuer-Größe:

$$\text{Eigenkapitalrentabilität}_{\text{vor Steuern}} = \frac{\text{EBT}}{\text{durchschnittliches Eigenkapital}} \times 100$$

Beispiel: Eigenkapitalrentabilität als Vor-Steuer-Größe bei der Adidas AG[216]

	Adidas AG (Angaben in Mio. €)	2019	2018
	Jahresüberschuss vor Steuern (Gewinn vor Steuern)	2.588	2.378
:	Eigenkapital	6.796	6.377
=	**Eigenkapitalrentabilität vor Steuern**	**38,1 %**	**37,3 %**

215 Adidas AG, Geschäftsbericht 2019, 2020, S. 148 ff., 243.
216 Adidas AG, Geschäftsbericht 2019, 2020, S. 148 f.

Da sich die Eigenkapitalrentabilität ausschließlich auf das Eigenkapital bezieht, sollte sie immer unter Berücksichtigung der Kapitalstruktur des betrachteten Unternehmens interpretiert werden. Der sogenannte Leverage-Effekt beschreibt die Hebelwirkung des Verschuldungsgrads (= Verhältnis von Fremdkapital zu Eigenkapital) auf die Eigenkapitalrentabilität. Der verstärkte Einsatz von Fremdkapital anstelle von Eigenkapital führt zu einer Erhöhung der Eigenkapitalrentabilität. Durch eine steigende Verschuldung werden jedoch auch die Abhängigkeit des Unternehmens von Fremdkapitalgebern und das Risiko der Überschuldung erhöht.[217]

12.3.2 Gesamtkapitalrentabilität

Die Gesamtkapitalrentabilität *(Return on Asset [ROA])* ist für alle Kapitalgeber eine relevante Kennzahl. Sie zeigt die Rendite auf das während des Geschäftsjahrs durchschnittlich eingesetzte Kapital. Sie wird berechnet, indem zum Ergebnis die Fremdkapitalzinsen addiert werden und ins Verhältnis zum durchschnittlichen Gesamtkapital gesetzt werden. Diese Kenngröße zeigt die Erfolgskraft eines Unternehmens, und zwar losgelöst von der jeweiligen Kapitalstruktur. Die Gesamtkapitalrentabilität ermöglicht einen Vergleich mit der Leistungskraft anderer Unternehmen unabhängig von der Kapitalstruktur und umgeht somit die Schwachstelle der Eigenkapitalrentabilität. Die Gesamtkapitalrentabilität (GKR) kann ebenfalls als Nach-Steuer-Größe oder als Vor-Steuer-Größe berechnet werden.

Die Gesamtkapitalrentabilität als Nach-Steuer-Größe:

$$GKR_{\text{nach Steuern}} = \frac{\text{Jahresüberschuss bzw.-fehlbetrag + Fremdkapitalzinsen}}{\text{durchschnittliches Gesamtkapital}} \times 100$$

Die Gesamtkapitalrentabilität kann als Vor-Steuer-Größe berechnet werden. Dies ist insofern sinnvoll, als der Steueraufwand unter anderem vom Verschuldungsgrad abhängt.[218] Analog zur Eigenkapitalrentabilität ist das Ergebnis in diesem Fall höher als die Nach-Steuer-Größe. Zur Ermittlung der Gesamtkapitalrentabilität vor Steuern werden im Zähler die Earnings Before Interest and Taxes (EBIT) anstelle des Jahresüberschusses eingesetzt:[219]

$$GKR_{\text{vor Steuern}} = \frac{\text{EBIT}}{\text{durchschnittliches Gesamtkapital}} \times 100$$

217 Weber, J. & Schäffer, U., Einführung in das Controlling, 2020, S. 182.
218 Coenenberg, A. G.. et al., Jahresabschluss und Jahresabschlussanalyse, 2018, S. 1193.
219 Wöltje, J., Bilanzen lesen, verstehen und gestalten, 2018, S. 440.

Beispiel: Berechnung der Gesamtkapitalrentabilität bei der ElringKlinger AG[220]

	ElringKlinger AG (Angaben in T€)	2018	2019
	Jahresüberschuss (Periodenergebnis)	47.903	5.012
+	Zinsaufwendungen	+ 15.569	+ 21.730
	Jahresüberschuss + Zinsaufwendungen	= 63.472	= 26.742
:	durchschnittliches Gesamtkapital (Bilanzsumme)	2.051.040	2.113.098
=	**Gesamtkapitalrentabilität nach Steuern**	**= 3,1 %**	**= 1,2 %**
	EBIT (operatives Ergebnis)	96.180	61.233
:	durchschnittliches Gesamtkapital	2.051.040	2.113.098
=	**Gesamtkapitalrentabilität vor Steuern**	**= 4,7 %**	**= 2,9 %**

Die ElringKlinger AG ist ein weltweit aufgestellter Zulieferer der Automobilindustrie. Die Rentabilität des Unternehmens hat sich verschlechtert.

12.3.3 Umsatzrentabilität

Die Umsatzrentabilität *(Return on Sales [ROS])* zeigt die Relation zwischen einer Gewinngröße und dem Umsatz und ist ein Indikator für den wirtschaftlichen Erfolg eines Unternehmens. Sie gibt Klarheit über die relative Erfolgslage und kann für den Branchenvergleich genutzt werden.[221] Besonders der Zeitvergleich, der zwischenbetriebliche und überbetriebliche Vergleich, gibt Aufschluss über die Rentabilitätsentwicklung des Unternehmens im Vergleich zur Konkurrenz bzw. zur Branche. Je höher die Umsatzrentabilität ist, desto größer ist der Spielraum für ein Unternehmen, um z. B. Verkaufspreisrückgänge und Kostensteigerungen kompensieren zu können.

Die Umsatzrentabilität nach Steuern wird wie folgt berechnet:

$$\text{Umsatzrentabilität}_{\text{nach Steuern}} = \frac{\text{Jahresüberschuss bzw. -fehlbetrag}}{\text{Umsatzerlöse}} \times 100$$

220 ElringKlinger AG, Geschäftsbericht 2019, 2020, S. 80, 82, 116, 152, 177.
221 Vgl. Gräfer, H. & Wengel, T.: Bilanzanalyse, 2019, S. 66.

Beispiel: Umsatzrentabilität$_{\text{nach Steuern}}$ des Volkswagen-Konzerns[222]

	Volkswagen-Konzern (Angaben in Mio. €)	2019	2018
	Jahresüberschuss (Ergebnis nach Steuern)	14.029	12.153
:	Umsatzerlöse	252.632	235.849
=	**Umsatzrentabilität nach Steuern**	**5,6%**	**5,1%**

Zum Vergleich sehen Sie die Umsatzrenditen ausgewählter europäischer Automobilhersteller im Jahr 2018:[223]

	Umsatz (Mrd. US-Dollar)	Gewinn (Mrd. US-Dollar)	Umsatzrendite
Volkswagen	278,34	14,32	5,14%
Daimler	197,52	8,56	4,33%
BMW	115,04	8,4	7,30%
Peugeot	87,36	3,34	3,82%
Renault	67,76	3,9	5,76%

Umsatzrenditen ausgewählter europäischer Automobilhersteller im Jahr 2018

Die Umsatzrentabilität vor Steuern wird wie folgt berechnet:

$$\text{Umsatzrentabilität}_{\text{vor Steuern}} = \frac{\text{Jahresüberschuss bzw. -fehlbetrag vor Steuern}}{\text{Umsatzerlöse}} \times 100$$

Beispiel: Umsatzrentabilität$_{\text{vor Steuern}}$ des Volkswagen-Konzerns[224]

	Volkswagen-Konzern (Angaben in Mio. €)	2019	2018
	Jahresüberschuss vor Steuern (Ergebnis vor Steuern)	18.356	15.643
:	Umsatzerlöse	252.632	235.849
=	**Umsatzrentabilität vor Steuern**	**7,3%**	**6,6%**

222 Volkswagen AG, Geschäftsbericht 2019, 2020, S. 114, 195, 346, 347.
223 https://de.statista.com/statistik/daten/studie/200306/umfrage/kennzahlen-europaeischer-automobilhersteller/abgerufenam 18.10.2020
224 Volkswagen AG, Geschäftsbericht 2019, 2020, S. 114, 195, 346, 347.

12.3.4 Return on Investment (ROI)

Der ROI zeigt die Verzinsung des eingesetzten Kapitals und stellt den Oberbegriff für die Kapitalrentabilität dar. Die Berechnung dieser Kennzahl geht auf das von Du Pont[225] entwickelte Kennzahlensystem zurück. Es verbindet die in einem Unternehmen vorkommenden Kennzahlen zur Unternehmenssteuerung auf einfachste mathematische Weise. Der ROI ist das Produkt aus Umsatzrentabilität *(return on sales)* und Kapitalumschlag *(capital turnover)*. Die Umsatzrentabilität gibt die Verzinsung des Umsatzes an. Der Kapitalumschlag misst, wie häufig das im Unternehmen eingesetzte Kapital genutzt wird, und informiert über die Produktivität des eingesetzten Kapitals. Hauptziel eines Unternehmens sollte es immer sein, den ROI zu erhöhen. Dies ist entweder durch die Erhöhung der Umsatzrentabilität oder des Kapitalumschlags möglich. Bei der Berechnung des ROI können unterschiedliche Erfolgsgrößen wie z. B. der Jahresüberschuss oder der Betriebsgewinn im Zähler eingesetzt werden. Ferner wird das investierte Kapital mit einer Vielzahl unterschiedlicher Verfahren ermittelt, wodurch die Vergleichbarkeit des ROI stark eingeschränkt wird.[226]

Der ROI ergibt sich als Produkt aus Umsatzrendite und Kapitalumschlag:[227]

$$\text{ROI} = \text{Umsatzrendite} \times \text{Kapitalumschlag} \times 100$$

$$\text{ROI} = \frac{\text{Gewinn}}{\text{Umsatzerlöse}} \times \frac{\text{Umsatzerlöse}}{\text{investiertes Kapitel}} \times 100$$

$$\text{ROI} = \frac{\text{Gewinn}}{\text{investiertes Kapitel}} \times 100$$

Im Controlling wird der ROI nach dem von Reichmann und Lachnit entworfenen RL-Kennzahlensystem[228] als Relation aus Betriebsergebnis zu betriebsbedingtem Gesamtkapital ermittelt. Er zeigt, wie viel Eigenkapitalzuwachs aus betriebsbedingter Tätigkeit durch das eingesetzte Kapital (überlassenes Vermögen) erwirtschaftet werden konnte. Der ROI wird wie folgt berechnet:[229]

$$\text{ROI} = \frac{\text{Betriebsergebnis}}{\text{Gesamtkapital (betriebsbedingt)}} \times 100$$

225 Staehle, W. H., Kennzahlen und Kennzahlensysteme als Mittel der Organisation und Führung von Unternehmen, 1969, S. 69 ff.

226 Rappaport, A., Shareholder Value, 1999, S. 26.

227 Horváth, P. et al., Controlling, 2015, S. 292 und Preißler, P., Betriebswirtschaftliche Kennzahlen, 2008, S. 49.

228 Reichmann, T. et al., Controlling mit Kennzahlen, 2017, S. 86 f.

229 Reichmann, T. et al., Controlling mit Kennzahlen, 2017, S. 112.

Das betriebsbedingte Gesamtkapital entspricht dem betriebsbedingten Vermögen. Das betriebsbedingte Vermögen kann wie folgt ermittelt werden:

	Anlagevermögen *(fixed assets)*
–	Finanzanlagen *(financial assets)*
+	Umlaufvermögen *(current assets)*
–	sonstige Vermögensgegenstände *(other assets)*
–	Wertpapiere des Umlaufvermögens *(marketable securities)*
–	weiteres nicht betriebsnotwendiges Vermögen *(other non-operative assets)*
=	**betriebsbedingtes Vermögen *(operating assets)***

Ermittlung des betriebsbedingten Vermögens

Der Volkswagen-Konzern berechnet den ROI (Kapitalrendite) nach der folgenden Formel:

$$\text{ROI (Kapitalrendite)} = \frac{\text{operatives Ergebnis nach Steuern}}{\text{durchschnittlich investiertes Vermögen}} \times 100$$

Beispiel: Berechnung des ROI beim Volkswagen-Konzern[230]

	Volkswagen-Konzern (Angaben in Mio. €)	**2019**	**2018**
	operatives Ergebnis nach Steuern	13.019	11.438
:	durchschnittliches investiertes Vermögen	116.016	104.424
=	**ROI (Kapitalrendite)**	**11,2 %**	**11,0 %**

Dies ist ein sehr gutes Ergebnis, da das eingesetzte Kapital mit ca. zehn Prozent verzinst wird.

12.4 Margen-Kennzahlen

Bei den **Margen** *(margins)* wird das Verhältnis von einer Erfolgsgröße zu den Umsatzerlösen dargestellt. Daraus lässt sich ableiten, wie hoch der prozentuale Anteil des Ergebnisses am Umsatzerlös eines Unternehmens ist.

230 Volkswagen AG, Geschäftsbericht 2019, 2020, S. 315.

12.4.1 Bruttomarge

Die Bruttomarge *(gross margin)* stellt das Bruttoergebnis *(gross profit)* (nach dem Umsatzkostenverfahren) im Verhältnis zu den Umsatzerlösen dar. Sie ist eine typische Kennzahl für Produktionsunternehmen und gibt Auskunft, welcher Anteil von den Umsatzerlösen nach Abzug der Herstellungskosten des Umsatzes zur Deckung aller weiteren Kosten noch übrig bleibt. Die Bruttomarge wird wie folgt berechnet:

$$\text{Bruttomarge} = \frac{\text{Bruttoergebnis}}{\text{Umsatzerlöse}} \times 100$$

Beispiel: Bruttomarge des Volkswagen-Konzerns:[231]

	Volkswagen-Konzern (Angaben in Mio. €)	2019	2018
	Umsatzerlöse	252.632	235.849
–	Herstellungskosten der Umsatzerlöse	– 203.490	– 189.500
=	**Bruttoergebnis**	**= 49.142**	**= 46.350**
:	Umsatzerlöse	252.632	235.849
=	**Bruttomarge**	**19,5 %**	**19,7 %**

Die Bruttomarge von 19,5 % im Jahr 2019 bedeutet, dass auf die Herstellungskosten 24,15 % (49.142 Mio. € : 203.490 Mio. €) als Gewinn aufgeschlagen werden, um auf die Umsatzerlöse (bzw. den Verkaufspreis) zu kommen.

Die Bruttomarge kann beispielsweise gesteigert werden durch: Optimierung des Produktmixes entsprechend den Deckungsbeiträgen, Kostensenkung in der Produktion, Verbesserung der Vertriebsqualität, effizientere Beschaffungs- und Logistikketten sowie Minimierung von Sonderverkaufsaktivitäten.

12.4.2 Operative Marge

Die operative Marge *(operating margin)* bewertet die nachhaltige betriebliche Ertragskraft. Sie stellt vor allem in einem Mehrjahresvergleich sowie bei Vergleichen mit direkten Wettbewerbern eine wichtige Kennziffer dar. Sie misst die Qualität der

231 Volkswagen AG, Geschäftsbericht 2019, 2020, S. 114, 195, 346, 347.

Umsatzentwicklung und zeigt, wie effizient das operative Geschäft eines Unternehmens gesteuert wird.

$$\text{Operative Marge} = \frac{\text{Betriebsergebnis}}{\text{Umsatzerlöse}} \times 100$$

Beispiel: Operative Marge bei der Adidas AG[232]

	Adidas AG (Angaben in Mio. €)	2019	2018
	Betriebsergebnis	2.260	2.368
:	Umsatzerlöse	23.640	21.915
=	**operative Marge**	**11,3 %**	**10,8 %**

Die operative Marge ist für die adidas AG eine der bedeutendsten Kennzahlen.[233]

12.4.3 EBIT-Marge

Die EBIT-Marge *(EBIT Margin)* wird auch als »Brutto-Umsatzrentabilität« *(profitability of sales)* bezeichnet. Sie zeigt, wie viel Prozent des operativen Gewinns, d. h. des Ergebnisses vor Zinsen und Steuern, im Verhältnis zu den Umsatzerlösen ein Unternehmen erwirtschaftet, und lässt somit Finanzierungs- und Steuereffekte außer Betracht. Diese Kennzahl macht eine Aussage über die nachhaltige Ertragskraft eines Unternehmens.

Mit der EBIT-Marge lassen sich Unternehmen mit unterschiedlicher Finanzierungsstruktur und Steuerbelastung besser vergleichen bzw. operative Verbesserungen im Unternehmen messen. Die EBIT-Marge wird folgendermaßen berechnet:

$$\text{EBIT-Marge} = \frac{\text{EBIT}}{\text{Umsatzerlöse}} \times 100$$

Die EBIT-Marge als eine Vor-Steuer-Größe lässt Aussagen über die Rentabilität eines Unternehmens zu.[234] Aufgrund der Unabhängigkeit dieser Kennzahl von der Kapitalstruktur *(capital structure)* eines Unternehmens eignet sie sich auch für einen Vergleich zwischen verschiedenen Unternehmen. Die Höhe der EBIT-Marge ist stark branchenabhängig. Generell bedeutet ein hoher Wert eine bessere auf den Umsatz zurückzuführende Ergebnissituation.

232 Adidas AG, Geschäftsbericht 2019, 2020, S. 4.
233 Adidas AG, Geschäftsbericht 2019, 2020, S. 101.
234 Vgl. von Berkstein, G., Wirtschaftshandbuch der Formeln und Kennzahlen, 2011, S. 22.

Beispiel: EBIT-Marge der Deutschen Post DHL Group[235]

	Deutsche Post DHL Group (Angaben in Mio. €)	2019	2018
	EBIT (Ergebnis der betrieblichen Tätigkeit)	4.128	3.162
:	Umsatzerlöse	63.341	61.550
=	**EBIT-Marge**	**6,5 %**	**5,1 %**

EBITDA-Marge

Die EBITDA-Marge (EBITDA-Umsatzrentabilität) zeigt, wie viel Prozent des operativen Gewinns vor Zinsen, Steuern und Abschreibungen im Verhältnis zu den Umsatzerlösen ein Unternehmen erwirtschaftete. Die Kennzahl eignet sich besonders für junge Unternehmen, die noch keinen Gewinn erwirtschaften, aber auch für Gesellschaften, die z. B. nach einer Unternehmensübernahme einen hohen Abschreibungsbedarf haben. Eine positive EBITDA-Marge *(EBITDA Margin)* ist ein Indikator dafür, dass das Geschäftsmodell eines Unternehmens funktioniert. Die EBITDA-Marge wird wie folgt berechnet:

$$\text{EBITDA-Marge} = \frac{\text{EBITDA}}{\text{Umsatzerlöse}} \times 100$$

Beispiel: EBITDA-Marge der Adidas AG[236]

	Adidas AG (Angaben in Mio. €)	2019	2018
	EBITDA	3.845	2.882
:	Umsatzerlöse	23.640	21.915
=	**EBITDA-Marge**	**16,3 %**	**13,2 %**

Die Kennzahl EBITDA nähert sich durch die Addition der Abschreibungen zum EBIT dem Cashflow an und stellt daher eher eine Liquiditätskennzahl als eine Kennzahl für das Ergebnis dar.[237]

235 Deutsche Post DHL Group, Geschäftsbericht 2019, 2020, S. 164.
236 Adidas AG, Geschäftsbericht 2019, 2020, S. 242.
237 Vgl. Brösel, G., Bilanzanalyse, 2017, S. 198 f.

12.5 Cashflow-Kennzahlen

12.5.1 Cashflow

Der Cashflow ist als Überschuss der betrieblichen Einzahlungen über die betrieblichen Auszahlungen einer Periode definiert. Er ist eine der wichtigsten Kennzahlen zur Analyse der Finanz- und Erfolgskraft eines Unternehmens. Er wird wie folgt berechnet:

Cashflow = Einzahlungen – Auszahlungen (Cash in/Cash out) (direkte Methode)

Er dient einerseits zur Beurteilung, inwieweit ein Unternehmen seine Investitionen aus eigener Kraft finanzieren kann, und andererseits zeigt der Cashflow, wie viele Finanzmittel zur Schuldentilgung bzw. für die Dividendenzahlungen und für die Aufstockung der Liquiditätsbestände verwendet werden können. Er ist ein Indiz für die Schuldentilgungskraft und eine zentrale Größe für die Liquiditätsplanung und Liquiditätsbeurteilung. Es gibt keine einheitliche Definition für die Berechnung dieser Kennzahl. Im Folgenden sehen Sie ein vereinfachtes Berechnungsschema (sogenannte vereinfachte Praktikerformel) für die **indirekte Ermittlung des Cashflows.**

	Bilanzgewinn/Bilanzverlust *(balance sheet profit/loss)*
+	Zuführung zu den Rücklagen *(allocation to reserves)*
–	Auflösung von Rücklagen *(release of reserves)*
∓	Gewinnvortrag/Verlustvortrag *(profit/loss carried forward)*
=	**Jahresergebnis (Jahresüberschuss oder Jahresfehlbetrag)** ***(annual result)***
±	Abschreibungen/Zuschreibungen auf Vermögenswerte des Anlagevermögens *(depreciation/appreciation on fixed assets)*
±	Erhöhungen/Minderungen der langfristigen Rückstellungen *(increases/decreases in long-term provisions)*
±	andere nicht zahlungswirksame Aufwendungen/Erträge von wesentlicher Bedeutung *(other non-cash expenses/income of material significance)*
=	**Cashflow**

Indirekte Ermittlung des Cashflows

Der Cashflow sollte monatlich ermittelt und mit den Planzahlen verglichen werden, damit die Liquidität der laufenden Geschäftstätigkeit des Unternehmens gesichert ist. Es gibt verschiedene Cashflow-Arten, die im nächsten Schaubild dargestellt sind:

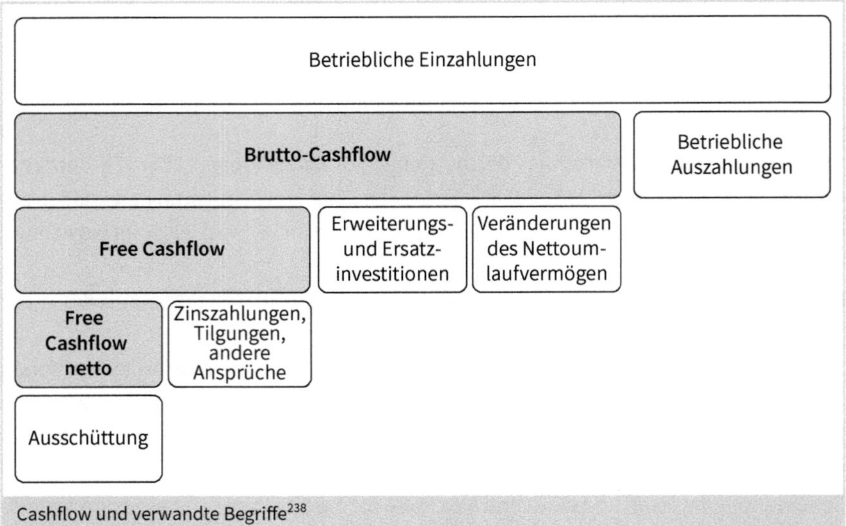

Cashflow und verwandte Begriffe[238]

In vielen Geschäftsberichten *(annual reports)* werden die Cashflows aus der laufenden (operativen) Geschäfts-, der Investitions- und der Finanzierungstätigkeit im Rahmen der Kapitalflussrechnung *(cash flow statement)* veröffentlicht.

12.5.2 Kapitalflussrechnung

Alle konzernrechnungslegungspflichtigen und kapitalmarktorientierten Unternehmen müssen ihren Jahresabschluss um eine Kapitalflussrechnung ergänzen.[239] Unternehmen, die nach HGB verpflichtet sind, eine Kapitalflussrechnung aufzustellen, müssen sich an den *Deutschen Rechnungslegungsstandard Nr. 21* (DRS 21) halten. Unternehmen, die ihren Jahresabschluss nach den *International Financial Reporting Standards* (IFRS) erstellen, müssen verpflichtend den *International Accounting Standard* (IAS 7) anwenden und eine Kapitalflussrechnung *(cash flow statement)* aufstellen.[240]

Die Kapitalflussrechnung beinhaltet als Ursachenrechnung alle Liquiditätsbeschaffungs- und Liquiditätsverwendungsvorgänge. Mit der Kapitalflussrechnung können die Innenfinanzierungskraft *(internal financing power)* eines Unternehmens, die Quellen der Außenfinanzierung *(external financing)*, Desinvestitionsvorgänge, Investitionen und Definanzierungen sowie deren Auswirkung auf die Liquidität des Unternehmens analysiert werden. Um die Veränderungen der liquiden Mittel eines gesamten Unternehmens zu bestimmen, werden die Cashflows, aus denen sich das

238 In Anlehnung an Eiselt, A. & Müller, S., Kapitalflussrechnung nach IFRS und DRS 21, 2014, S. 50.
239 Eiselt, A. & Müller, S., Kapitalflussrechnung nach IFRS und DRS 21, 2014, S. 18 f.
240 Eiselt, A. & Müller, S., Kapitalflussrechnung nach IFRS und DRS 21, 2014, S. 17.

Gesamtergebnis *(statement of comprehensive income)* zusammensetzt, in drei Bereiche kategorisiert:

- Cashflow aus operativer (laufender) Geschäftstätigkeit *(operating CF)*,
- Cashflow aus der Investitionstätigkeit *(investing CF)* und
- Cashflow aus der Finanzierungstätigkeit *(financing CF)*.

Durch Aufsummierung dieser drei Größen ergibt sich die Veränderung der liquiden Mittel eines Unternehmens. Der Zahlungsmittelendbestand kann wie folgt dargestellt werden:

Anfangsbestand an Zahlungsmitteln (1)		
		Jahresüberschuss/-fehlbetrag *(net profit/loss for the year)*
	±	Abschreibungen/Zuschreibungen auf langfristige Vermögenswerte *(depreciation/ write-ups on non-current assets)*
	±	Zunahme/Abnahme der Rückstellungen *(increase/decrease in provisions)*
	∓	Zunahme/Abnahme des Working Capital *(increase/decrease in working capital)*
	±	Ergebnis aus dem Abgang langfristiger Vermögenswerte *(result from the disposal of non-current assets)*
	±	sonstige zahlungsunwirksame Aufwendungen/Erträge *(other non-cash expenses/ income)*
+	=	**Cashflow aus operativer (laufender) Geschäftstätigkeit (2)**
	–	Auszahlungen für Investitionen in das Anlagevermögen *(payments made for investments in fixed assets)*
	+	Einzahlungen aus Anlagenabgängen *(proceeds from disposal of assets)*
	±	sonstige Aus- und Einzahlungen aus Investitionstätigkeit *(other payments and receipts from investment activities)*
+	=	**Cashflow aus Investitionstätigkeit (3)**
		Einzahlungen aus Eigenkapitalzuführungen *(proceeds from equity injections)*
	–	Auszahlungen an Anteilseigner *(payments to shareholders)*
	+	Einzahlungen aus Kreditaufnahmen und Anleiheemission *(proceeds from borrowings and bond issue)*
	–	Auszahlungen für Tilgung von Krediten und Anleihen *(payments for repayment of loans and bonds)*
	–	Zinsaufwendungen und andere Finanzierungskosten *(interest expenses and other financing cost)*
+	=	**Cashflow aus Finanzierungstätigkeit (4)**
+	=	Veränderung der Zahlungsmittel *(change in cash and cash equivalents)*
=		**Endbestand an Zahlungsmitteln = (1 + 2 + 3 + 4)**

Aufbau der Kapitalflussrechnung

Das Ergebnis der Kapitalflussrechnung ist ein Fonds, in den die Einzahlungen während einer Periode einfließen und aus dem die Auszahlungen entnommen werden.

Beispiel: Verkürzte Kapitalflussrechnung der Deutschen Lufthansa AG[241]

Verkürzte Kapitalflussrechnung der Lufthansa Group (Angaben in Mio. €)	2019	2018
Zahlungsmittel und Zahlungsmittel-Äquivalente 01.01. (1)	**1.434**	**1.218**
Ergebnis vor Ertragsteuern	1.860	2.784
Abschreibungen/Zuschreibungen	+ 2.837	+ 2.201
Ergebnis aus dem Abgang von Anlagevermögen	+ 20	- 34
Zinsergebnis/Beteiligungsergebnis	+ 147	- 30
gezahlte Ertragsteuer	- 1.009	- 670
wesentliche nicht zahlungswirksame Aufwendungen/Erträge	- 134	- 276
Veränderung des Trade Working Capitals	+ 490	+ 410
Veränderung übrige Aktiva/Passiva	- 181	- 276
Operativer Cashflow (2)	**= 4.030**	**= 4.109**
Investitionen und Zugänge reparaturfähige Ersatzteile	- 3.897	- 4.205
Einnahmen aus Verkäufen von Anteilen/Abgang von Anlagevermögen	+ 136	+ 152
Zinseinnahmen und Dividenden	+ 313	+ 194
Für Investitionstätigkeit eingesetzte Nettozahlungsmittel (3)	**= -3.448**	**= -3.859**
Free Cashflow = (2) + (3)	**= 582**	**= 250**
Erwerb/Veräußerung von Wertpapieren/Geldanlagen in Fonds (4)	**- 419**	**590**
Kapitalerhöhung	0	0
Transaktionen durch Minderheiten	+ 1	+ 1
Aufnahme/Rückführung langfristiger Finanzschulden	+ 430	- 209
Dividenden	- 414	- 349
Zinsausgaben	- 178	- 69
Für Finanzierungstätigkeit eingesetzte Nettozahlungsmittel (5)	**= -161**	**= -626**

241 Deutsche Lufthansa AG, Geschäftsbericht 2019, 2020, S. 40.

Veränderung Zahlungsmittel aus Wechselkursänderungen (6)	- 5	+ 2
Zahlungsmittel und Zahlungsmittel-Äquivalente 31.12. (7) = (1) + (2) + (3) +(4) + (5) + (6)	**1.431**	**1.434**
abzüglich Zahlungsmittel und Zahlungsmittel-Äquivalente von Gesellschaften, die am 31.12. zum Verkauf stehen (8)	- 16	0
Zahlungsmittel und Zahlungsmittel-Äquivalente von Gesellschaften, die am 31.12. nicht zum Verkauf stehen = (7) + (8)	**1.415**	**1.434**

12.5.3 Brutto-Cashflow

Der Brutto-Cashflow kann direkt aus der Kapitalflussrechnung abgeleitet werden. Er stellt den Überschuss der operativen Einnahmen über die operativen Ausgaben vor Mittelverwendung dar. Der Brutto-Cashflow kann vereinfacht gemäß folgendem Schema berechnet werden:[242]

	Jahresüberschuss/-fehlbetrag *(net profit/loss for the year)*
±	außergewöhnliche Aufwendungen/Erträge (± Tax Shield) *(exceptional expenses/income (± tax shield))*
±	ungewöhnliche Aufwendungen/Erträge (± Tax Shield) *(unusual expenses/income (± tax shield))*
+	Zinsaufwendungen (– Tax Shield) *(interest expenses (– tax shield))*
+	Abschreibungen auf das Anlagevermögen *(depreciation on fixed assets)*
+	Zuführungen zu langfristigen Rückstellungen *(allocations to long-term provisions)*
-	Auflösungen von langfristigen Rückstellungen *(release of long-term provisions)*
±	latente Steueraufwendungen bzw. -erträge *(deferred tax expenses or income)*
+	Miet-/Leasingaufwendungen *(rental/lease expenses)*
±	Inflationsgewinn/-verlust auf Nettoliquidität *(inflation gain/loss on net liquidity)*
=	**Brutto-Cashflow**

Ermittlung des Brutto-Cashflows

242 Britzelmaier, B., Wertorientierte Unternehmensführung, 2009, S. 152.

Es werden zwei in der Praxis übliche Berechnungsvarianten für den Brutto-Cashflow dargestellt.

Beispiel: Die Beiersdorf AG berechnete den Brutto-Cashflow aus der Kapitalflussrechnung wie folgt[243]

	Beiersdorf AG (Angaben in Mio. €)	2018	2019
	Jahresüberschuss	745	736
+	Ertragsteuern	+ 303	+ 301
±	Finanzergebnis	+ 49	– 5
–	Auszahlungen für Ertragsteuern	– 292	– 395
+	Abschreibungen auf das immaterielle Vermögen u. Sachanlagevermögen	+ 165	+ 239
±	Veränderungen der langfristigen Rückstellungen (ohne Zinsanteil und erfolgsneutrale Veränderungen)	– 11	– 35
±	Ergebnis aus dem Abgang von immateriellem Vermögen und Sachanlagen	– 26	+ 1
=	**Brutto-Cashflow**	**= 933**	**= 842**

Beispiel: Der Volkswagen Konzern berechnete den Brutto-Cashflow aus der Kapitalflussrechnung wie folgt[244]

	Volkswagen Konzern (Angaben in Mio. €)	2019	2018
	Ergebnis vor Steuern	18.356	15.643
–	Ertragsteuerzahlungen	– 2.914	– 3.804
+	Abschreibungen	+ 24.439	+ 22.561
±	Veränderungen Pensionen	+ 342	+ 524
±	Ergebnis aus der At-Equity-Bewertung	+ 460	+ 244
±	sonstige zahlungsunwirksame Aufwendungen und Erträge sowie Umgliederungen	– 734	+ 445
=	**Brutto-Cashflow**	**= 39.950**	**= 35.613**

243 Beiersdorf AG, Geschäftsbericht 2019, 2020, S. 74.
244 Volkswagen AG, Geschäftsbericht 2019, 2020, S. 119.

12.5.4 Free Cashflow

Der Free Cashflow ist ebenfalls eine Messgröße für die Finanzkraft und die finanzielle Flexibilität eines Unternehmens. Er berechnet sich aus dem Cashflow der laufenden Geschäftstätigkeit zuzüglich der Nettozahlungen für Investitionen in Sachanlagen und immaterielle Vermögenswerte (ohne Goodwill). Der Free Cashflow kann durch eine nachhaltige Ergebnisverbesserung erhöht werden. Im Gegensatz dazu führt eine Veränderung und Einflussnahme auf die Investitionspolitik lediglich zu einer kurzfristigen Verbesserung des Free Cashflows. Der Free Cashflow wird aus der Kapitalflussrechnung wie folgt abgeleitet:

	Cashflow aus der laufenden (operativen) Geschäftstätigkeit
+	Cashflow aus der Investitionstätigkeit (ohne Finanzinvestitionen)
=	**Free Cashflow**

Ermittlung Free Cashflow (Variante I)

Der Free Cashflow kann aber auch gemäß folgendem Schema berechnet werden:

	EBIT (Ergebnis vor Zinsen und Steuern)
–	adaptierte Unternehmenssteuern bezogen auf den EBIT
=	**NOPAT (Ergebnis nach Steuern)**
±	Abschreibungen/Zuschreibungen
±	Zuführung/Verminderung Rückstellungen
=	**Brutto-Cashflow**
∓	Investitionen/Desinvestitionen Anlagevermögen
∓	Erhöhung/Verminderung Nettoumlaufvermögen *(Net Working Capital)*
=	**Free Cashflow**

Ermittlung Free Cashflow (Variante II)

Der Free Cashflow stellt die entnahmefähigen Zahlungsüberschüsse dar, die zur Befriedigung der Zahlungsansprüche (Fremdkapitalzinsen und Gewinnausschüttungen) an die Fremd- und Eigenkapitalgeber gezahlt werden können. Nach Abzug der Nettozahlungen an die Fremdkapitalgeber verbleibt der Free Cashflow für die Eigenkapitalgeber.

Beispiel: Berechnung des Free Cashflow bei der Deutschen Lufthansa AG[245]

	Lufthansa AG (Angaben in Mio. €)	2019	2018
	Operativer Cashflow (1)	**4.030**	**4.109**
-	Investitionen und Zugänge reparaturfähige Ersatzteile	- 3.897	- 4.205
+	Entnahmen aus Verkäufen von Anteilen/Abgang von Anlagevermögen	+ 136	+ 152
+	Zinseinnahmen und Dividenden	+ 313	+ 194
=	**für Investitionstätigkeit eingesetzte Nettomittel (2)**	**= -3.448**	**= -3.859**
=	**Free Cashflow = (1) + (2)**	**= 582**	**= 250**

12.5.5 Cashflow-Umsatzrentabilität

Die Cashflow-Umsatzrentabilität *(cash flow margin)* wird auch als »Cashflow-Marge« bezeichnet. Sie ist ein guter Indikator für die operative Ertrags- und Finanzierungskraft eines Unternehmens, da der Cashflow weniger der Bilanzpolitik unterliegt als der Gewinn. Die Cashflow-Umsatzrentabilität gibt an, welcher Anteil des Umsatzes zu einem Liquiditätszufluss geführt hat. Sie wird wie folgt berechnet:

$$\text{Cashflow-Umsatzrentabilität} = \frac{\text{operativer Cashflow}}{\text{Umsatzerlöse}} \times 100$$

Beispiel: Berechnung der Cashflow-Umsatzrentabilität bei der Deutschen Lufthansa AG[246]

	Deutsche Lufthansa AG (Angaben in Mio. €)	2019	2018
	operativer Cashflow	4.030	4.109
:	Umsatzerlöse	36.424	35.542
=	**Umsatzeffektivität (= Cashflow-Umsatzrentabilität)**	**11,1 %**	**11,6 %**

245 Deutsche Lufthansa AG, Geschäftsbericht 2019, 2020, S. 40.
246 Deutsche Lufthansa AG, Geschäftsbericht 2019, 2020, S. 246 u. 248.

12.5.6 Cashflow-Gesamtkapitalrentabilität

Die Cashflow-Gesamtkapitalrentabilität zeigt, welchen Liquiditätszufluss der Kapitalstock eines Unternehmens aus dem operativen Geschäft erzielt. Sie wird wie folgt berechnet:

$$\text{Cashflow-Gesamtkapitalrentabilität} = \frac{\text{operativer Cashflow}}{\text{Gesamtkapital}} \times 100$$

Beispiel: Berechnung der Cashflow-Gesamtkapitalrentabilität bei der Deutschen Lufthansa AG[247]

	Deutsche Lufthansa AG (Angaben in Mio. €)	2019	2018
	operativer Cashflow	4.030	4.109
:	Gesamtkapital (Bilanzsumme)	42.659	38.213
=	**Cashflow-Gesamtkapitalrentabilität**	**9,5 %**	**10,8 %**

12.5.7 Cash Conversion Rate

Die Cash Conversion Rate (CCR) zeigt, welcher Teil des Ergebnisses in Free Cashflow gewandelt wurde. Sie stellt den Quotienten aus dem Free Cashflow und dem Ergebnis nach Steuern dar. Eine CCR > 1 bedeutet, dass Geldmittel für Investitionen vorhanden sind. Für Anleger ist die CCR außerdem ein Instrument, um den zu erwartenden Gewinn eines Unternehmens einzuschätzen. Je höher die CCR ist, desto wahrscheinlicher können hohe Gewinnausschüttungen erreicht werden. Sie wird wie folgt berechnet:

$$\text{Cash Conversion Rate (CCR)} = \frac{\text{Free Cashflow}}{\text{Gewinn nach Steuern}}$$

Sinnvoll ist es, die Cash Conversion Rate in Bezug auf die fortgeführten Aktivitäten eines Unternehmens zu berechnen. Bei der Siemens AG beispielsweise liegt der Zielwert der Cash Conversion Rate bei 1.[248] Beträgt das Umsatzwachstumsziel beispielsweise 10 %, ergibt sich bei Anwendung der Formel »CCR = 1 – Wachstum« eine Ziel-Cash-Conversion-Rate von 0,9.

247 Deutsche Lufthansa AG, Geschäftsbericht 2019, 2020, S. 246 u. 141.
248 Siemens AG, Geschäftsbericht 2010, 2011, S. 59.

Beispiel: Berechnung der Cash Conversion Rate bei der Siemens AG[249]

	Siemens AG (Angaben in Mio. €)	2010	2009
	Free Cashflow aus fortgeführten Tätigkeiten	7.111	3.786
:	Gewinn aus fortgeführten Tätigkeiten	4.112	2.457
=	**Cash Conversion Rate**	**1,73**	**1,54**

12.6 Kennzahlen zur Vermögensstruktur

Die Vermögensstrukturanalyse *(analysis of asset structure)* untersucht die Verwendung des eingesetzten Kapitals. In der Bilanz werden das Anlagevermögen (langfristiges Vermögen) *(fixed assets)* und das Umlaufvermögen (kurzfristiges Vermögen) *(current assets)* ausgewiesen.

12.6.1 Anlagenintensität

Die Anlagenintensität *(intensity of investment)* beschreibt die Struktur des Vermögens eines Unternehmens. Sie zeigt, wie viel Prozent des Gesamtvermögens langfristig im Unternehmen gebunden sind. Je höher die Anlagenintensität ist, desto höher ist die Fixkostenbelastung (Abschreibung, Fremdkapitalzinsen etc.) des Unternehmens. Unternehmen mit einer hohen Anlagenintensität fällt es i. d. R. schwerer, ihre Kapazitäten bei einem Konjunkturabschwung anzupassen.

$$\text{Anlagenintensität} = \frac{\begin{array}{c}\text{Anlagevermögen}\\ \text{(langfristige Vermögenswerte)}\end{array}}{\text{Gesamtvermögen (Bilanzsumme)}} \times 100$$

Beispiel: Berechnung der Anlagenintensität bei der Adidas AG[250]

	Adidas AG (Angaben in Mio. €)	2019	2018
	langfristige Vermögenswerte	9.746	5.799
:	Gesamtvermögen	20.680	15.612
=	**Anlagenintensität**	**47,1 %**	**37,1 %**

249 Siemens AG, Geschäftsbericht 2010, 2011, Eckdaten.
250 Adidas AG, Geschäftsbericht 2019, 2020, S. 147 u. 243.

Zusätzlich sollte neben der Anlagenintensität auch die Produktivität des eingesetzten Vermögens in Form der Kapazitätsausnutzung überprüft werden. Nur eine hohe Kapazitätsauslastung schafft die Voraussetzung, das die Fixkosten, die das Anlagevermögen verursacht, gedeckt werden können.

$$\text{Kapazitätsauslastung} = \frac{\text{tatsächlich genutzte Kapazität}}{\text{Gesamtkapazität}} \times 100$$

12.6.2 Sachanlagenintensität

Speziell auf das Sachanlagevermögen eines Unternehmens wird die Sachanlagenintensität *(property, plant and equipment intensity)* bezogen. Besonders anlagenintensive Unternehmen wie z. B. in der Stahlindustrie oder im Maschinenbau weisen in der Regel eine hohe Sachanlagenintensität aus.

$$\text{Sachanlagenintensität} = \frac{\text{Sachanlagevermögen}}{\text{Gesamtvermögen (Bilanzsumme)}} \times 100$$

Beispiel: Berechnung der Anlagenintensität bei der thyssenkrupp AG[251]

	thyssenkrupp AG (Angaben in Mio. €)	**2018/19**	**2017/18**
	Sachanlagevermögen	8.144	7.730
:	Gesamtvermögen	36.475	34.426
=	**Sachanlagenintensität**	**22,3 %**	**22,4 %**

12.6.3 Intensität des immateriellen Vermögens

Speziell auf die immateriellen Vermögenswerte *(intangible assets)*, insbesondere auf den Goodwill eines Unternehmens, wird die Intensität des immateriellen Vermögens bezogen. Sie wird zukünftig eine höhere Relevanz haben, da sie Auskunft darüber gibt, wie stark ein Unternehmen auf seine immateriellen Vermögenswerte angewiesen ist.

$$\text{Intensität des immateriellen Vermögens} = \frac{\text{immaterielle Vermögenswerte}}{\text{Gesamtvermögen (Bilanzsumme)}} \times 100$$

251 thyssenkrupp AG, Geschäftsbericht 2018/19, 2019, S. 146.

Beispiel: Berechnung der Intensität des immateriellen Vermögens *(intensity of intangible assets)* bei der ProSiebenSat1 AG[252]

	ProSiebenSat1 Media SE (Angaben in Mio. €)	2019	2018
	immaterielle Vermögenswerte inklusive Goodwill	2.944	2.786
:	Gesamtvermögen (Bilanzsumme)	6.618	6.468
=	**Intensität des immateriellen Vermögens**	**44,5 %**	**43,1 %**

12.6.4 Verhältnis Goodwill zu Eigenkapital

Eine sehr interessante Kennzahl ist das Verhältnis Goodwill (Geschäfts- oder Firmenwert) zu Eigenkapital *(equity)*. Die Quote des Goodwills im Verhältnis zum Eigenkapital kann sehr sinnvoll sein, um überhöhte Geschäfts- oder Firmenwerte zu identifizieren. In den Bilanzen der Dax-Unternehmen wurden im Jahr 2019 ein Gesamtgoodwill in Höhe von 317 Milliarden Euro ausgewiesen. Bei einigen Dax-Unternehmen (wie z. B. EON, Fresenius Medical Care, Fresenius) übersteigt der derivative (entgeltlich erworbene) Geschäfts- oder Firmenwert das Eigenkapital.[253]

$$\text{Verhältnis Goodwill zu Eigenkapital} = \frac{\text{Geschäfts- oder Firmenwert}}{\text{Eigenkapital}} \times 100$$

Beispiel: Verhältnis von Firmenwert zu Eigenkapital *(ratio of goodwill to equity)* bei der ProSiebenSat.1 Media SE[254]

	ProSiebenSat1 Media SE (Angaben in Mio. €)	2019	2018
	Geschäfts- oder Firmenwert (Goodwill)	2.109	1.962
:	Eigenkapital	1.288	1.070
=	**Goodwill zu Eigenkapital**	**163,4 %**	**183,4 %**

Die Kennzahl in diesem Beispiel zeigt, dass das Eigenkapital bei Weitem nicht den immateriellen Vermögenswert »Geschäfts- oder Firmenwert« deckt. Positiv zu beurteilen ist jedoch, dass das Eigenkapital des Unternehmens im Vergleich zum Vorjahr erhöht wurde.

252 ProSiebenSat.1 Media SE, Geschäftsbericht 2019, S. 127.
253 Handelsblatt, Die 317-Milliarden-Euro-Blase, 18.05.2020.
254 ProSiebenSat.1 Media SE, Geschäftsbericht 2019, 2020, S. 127.

12.6.5 Umlaufintensität

Die Umlaufintensität *(current assets to total assets)*, auch »Arbeitsintensität« genannt, zeigt das Verhältnis zwischen Umlaufvermögen (kurzfristigem Vermögen) und Gesamtvermögen. Sie vermittelt einen ersten Eindruck, in welchem Umfang kurzfristig gebundene Vermögensteile im Unternehmen vorhanden sind.

$$\text{Umlaufintensität} = \frac{\begin{matrix}\text{Umlaufvermögen}\\ \text{(kurzfristige Vermögenswerte)}\end{matrix}}{\text{Gesamtvermögen (Bilanzsumme)}} \times 100$$

Beispiel: Berechnung der Umlaufintensität bei der Adidas AG[255]

	Adidas AG (Angaben in Mio. €)	2019	2018
	kurzfristige Vermögenswerte (kurzfristige Aktiva)	10.934	9.813
:	Gesamtvermögen	20.680	15.612
=	**Umlaufintensität**	**52,9 %**	**62,9 %**

Eine hohe Umlaufintensität lässt sich korrespondierend zur Anlagenintensität dahin gehend interpretieren, dass Unternehmen hinsichtlich der Anpassung an Veränderungen des Beschäftigungsgrades eine hohe Flexibilität aufweisen. Die Höhe der Umlaufintensität ist von der Branche abhängig. Beispielsweise wird ein Handelsunternehmen aufgrund hoher Vorratsbestände im Vergleich zu einem Maschinenbauunternehmen eine höhere Umlaufintensität aufweisen. Die Adidas AG hat eine hohe Umlaufintensität und damit verbunden eine kurzfristige Kapitalbindung, da Kundenforderungen und Vorräte verhältnismäßig schnell in liquide Mittel gewandelt werden können. Außerdem besteht ein geringerer Kapitalbedarf für Ersatzinvestitionen und die Fixkosten sind geringer aufgrund der fehlenden planmäßigen Abschreibungen des abnutzbaren Anlagevermögens.

Aufgrund der erstmaligen Anwendung des IFRS 16 hat Adidas in Bezug auf Leasingverträge, die bisher als Operating-Leasing klassifiziert waren, Nutzungsrechte in Höhe von 2,9 Mrd. € bilanziert[256], dadurch stieg das Anlagevermögen im Jahr 2019 im Vergleich zum Jahr 2018 an und die Umlaufintensität verringerte sich bei Adidas.

255 Adidas AG, Geschäftsbericht 2019, 2020, S. 147 u. 243.
256 Adidas AG, Geschäftsbericht 2019, 2020, S. 175.

12.6.6 Vorratsintensität

Die Vorratsintensität *(inventory intensity)* weist das in den Vorräten gebundene Kapital aus, das sich auf die Rentabilität und Liquidität auswirkt. Mit der Vorratsintensität kann die Wirtschaftlichkeit der Lagerhaltung überprüft werden. Eine hohe Vorratsintensität bedeutet ein großes Lagerrisiko, da die Gefahr des Preisverfalls, der Veralterung und des Schwundes besteht.

$$\text{Vorratsintensität} = \frac{\text{durchschnittlicher Bestand an Vorräten}}{\text{Gesamtvermögen (Bilanzsumme)}} \times 100$$

Beispiel: Berechnung der Vorratsintensität bei der Adidas AG[257]

	Adidas AG (Angaben in Mio. €)	2019	2018	2017
	Vorräte	4.085	3.445	3.692
	durchschnittlicher Vorratsbestand	3.765	3.568,5	
:	Gesamtvermögen	20.680	15.612	
=	**Vorratsintensität**	**18,2 %**	**22,9 %**	

12.7 Liquiditätskennzahlen

Der Liquidität *(liquidity)* lassen sich unter anderem folgende drei Kennzahlen zuordnen: die Liquidität ersten Grades, zweiten Grades und dritten Grades. Durch ihre Berechnung lässt sich feststellen, wie gut ein Unternehmen seinen kurzfristigen Zahlungsverpflichtungen nachkommen kann. Die Liquiditätsgrade *(degrees of liquidity)* geben Auskunft darüber, inwieweit die kurzfristigen Zahlungsverpflichtungen durch flüssige Mittel, kurzfristige Forderungen bzw. die kurzfristigen Vermögenswerte gedeckt sind. Nur wenn die Liquidität eines Unternehmens gesichert ist, ist auch die Existenz gesichert.

12.7.1 Liquidität 1. Grades

Die Liquidität 1. Grades *(cash ratio)*, auch als »Barliquidität« bezeichnet, gibt das Verhältnis der liquiden Mittel zum kurzfristigen Fremdkapital an. Je höher die Liquidität 1. Grades, desto besser kann das Unternehmen seinen kurzfristigen Zahlungsver-

257 Adidas AG, Geschäftsbericht 2019, 2020, S. 147, 148 u. 243.

pflichtungen nachkommen. Die Liquidität 1. Grades sollte einen Wert von ca. 20 % aufweisen. Sie macht jedoch keine Aussage über das finanzielle Gleichgewicht im Unternehmen, da die noch nicht ausgeschöpften Kreditlinien unberücksichtigt bleiben. Die Liquidität 1. Grades wird wie folgt berechnet:

$$\text{Liquidität 1. Grades} = \frac{\text{liquide Mittel}}{\text{kurzfristiges Fremdkapital}} \times 100$$

Die liquiden Mittel umfassen die Positionen Kasse, Bundesbankguthaben, Guthaben bei Kreditinstituten, diskontfähige Wechsel, Schecks und ggf. auch Wertpapiere des Umlaufvermögens. Das kurzfristige Fremdkapital hat eine Laufzeit bis zu einem Jahr.

Beispiel: Berechnung der Liquidität 1. Grades bei der Adidas AG[258]

	Adidas AG (Angaben in Mio. €)	**2019**	**2018**
	flüssige Mittel	2.220	2.629
+	kurzfristige Finanzanlagen	+ 292	+ 6
=	**liquide Mittel**	**2.512**	**2.635**
:	kurzfristiges Fremdkapital (kurzfristige Passiva)	8.754	6.834
=	**Liquidität 1. Grades**	**28,7 %**	**38,6 %**

12.7.2 Liquidität 2. Grades

Bei der Liquidität 2. Grades *(quick ratio)* werden die liquiden Mittel um die kurzfristigen Forderungen ergänzt. Der Quick Ratio sollte den Wert von 100 % nicht unterschreiten, weil dann die liquiden Mittel und die kurzfristigen Forderungen nicht zur Tilgung der kurzfristigen Schulden ausreichen.

$$\text{Liquidität 2. Grades} = \frac{\begin{array}{c}\text{liquide Mittel + kurzfristige Forderungen}\\ \text{(= monetäres Umlaufvermögen)}\end{array}}{\text{kurzfristiges Fremdkapital}} \times 100$$

Kurzfristige Forderungen sind Forderungen, die innerhalb von drei Monaten fällig werden.

258 Adidas AG, Geschäftsbericht 2019, 2020, S. 147, 148 u. 243.

Beispiel: Berechnung der Liquidität 2. Grades bei der Adidas AG[259]

	Adidas AG (Angaben in Mio. €)	2019	2018
	flüssige Mittel	2.220	2.629
+	kurzfristige Finanzanlagen	+ 292	+ 6
+	Forderungen aus Lieferungen und Leistungen	+ 2.625	+ 2.418
=	**monetäres Umlaufvermögen**	**= 5.137**	**= 5.053**
:	kurzfristiges Fremdkapital	8.754	6.834
=	**Liquidität 2. Grades**	**58,7 %**	**73,9 %**

Hier sollte die Liquidität 2. Grades erhöht werden, da diese mindestens 100 % betragen sollte.

12.7.3 Liquidität 3. Grades

Die Liquidität 3. Grades *(current ratio)* zeigt an, ob auf mittlere Sicht die kurzfristigen Schulden durch Zahlungsmittel, kurzfristige Forderungen und Vorräte abgesichert sind. Die Liquidierbarkeit der Vorräte ist in der Regel allerdings geringer als die der Forderungen. Somit dauert es länger, bis alle kurzfristigen Vermögenswerte tatsächlich in flüssige Mittel umgewandelt werden können. Die Liquidität 3. Grades sollte je nach Branche zwischen 120 % und 150 % liegen.

$$\text{Liquidität 3. Grades} = \frac{\text{monetäres Umlaufvermögen} + \text{Vorräte}}{\text{kurzfristiges Fremdkapital}} \times 100$$

Vorräte sind die Bestände an Roh-, Hilfs- und Betriebsstoffen, unfertigen und fertigen Erzeugnissen, Waren sowie geleistete Anzahlungen.

259 Adidas AG, Geschäftsbericht 2019, 2020, S. 147, 148 u. 243.

Beispiel: Berechnung der Liquidität 3. Grades bei der Adidas AG[260]

	Adidas AG (Angaben in Mio. €)	2019	2018
	flüssige Mittel	2.220	2.629
+	kurzfristige Finanzanlagen	+ 292	+ 6
+	Forderungen aus Lieferungen und Leistungen	+ 2.625	+ 2.418
+	Vorräte	+ 4.085	+ 3.445
=	**monetäres Umlaufvermögen + Vorräte**	**= 9.222**	**= 8.498**
:	kurzfristiges Fremdkapital	8.754	6.834
=	**Liquidität 3. Grades**	**105,3 %**	**124,4 %**

Hier ist die Liquidität 3. Grades im Geschäftsjahr 2018 erfüllt.

12.7.4 Working Capital

Das Working Capital dient zur Beurteilung der Liquidität eines Unternehmens. Es stellt die Differenz zwischen dem Umlaufvermögen *(current assets)* und dem kurzfristigen Fremdkapital *(short-term liabilities)* dar und entspricht dem Anteil des Umlaufvermögens, das langfristig finanziert ist. Diese absolute Kennzahl dient ebenfalls zur Beurteilung der Liquidität. Sie sollte positiv sein. Je höher das Working Capital, desto sicherer ist die Liquidität des Unternehmens. Es wird allgemein wie folgt berechnet:

Working Capital = Umlaufvermögen – kurzfristiges Fremdkapital

oder

Working Capital = Vorräte + Forderungen aLuL – Verbindlichkeiten aLuL

Beispiel: Berechnung des Working Capital bei der DEUTZ AG[261]

	DEUTZ AG (Angaben in Mio. €)	2019	2018
	Vorräte	321,7	333,5
+	Forderungen aus Lieferungen und Leistungen	+ 152,1	+ 157,3
–	Verbindlichkeiten aus Lieferungen und Leistungen	– 180,6	– 214,6
=	**Working Capital**	**= 293,2**	**= 276,2**

260 Adidas AG, Geschäftsbericht 2019, 2020, S. 147, 148 u. 243.
261 DEUTZ AG, Geschäftsbericht 2019, 2020, S. 56. u. 101.

12.7.5 Net Working Capital

Das Net Working Capital stellt das Nettoumlaufvermögen dar. Es wird wie folgt berechnet:

Net Working Capital = Umlaufvermögen – (liquide Mittel + kurzfristige unverzinsliche Verbindlichkeiten)

In der Regel berechnet sich das Net Working Capital aus der Summe der Vorräte *(inventories)* zuzüglich der Forderungen aus Lieferungen und Leistungen *(trade receivables)* abzüglich der Verbindlichkeiten aus Lieferungen und Leistungen *(trade payables)* sowie der erhaltenen Anzahlungen *(advance payments)*. Eine Verringerung des Net Working Capital führt in der Regel zu einer Verbesserung der Ergebnis- und Finanzlage.

Beispiel: Berechnung des Net Working Capital bei der Heidelberger Druckmaschinen AG[262]

	Heidelberger Druckmaschinen AG (Angaben in T€)	**2017/18**	**2018/19**
	Vorräte	622.434	684.857
+	Forderungen aus Lieferungen und Leistungen	+ 369.808	+ 359.706
-	Verbindlichkeiten aus Lieferungen und Leistungen	- 237.454	- 245.389
-	erhaltene Anzahlungen auf Bestellungen (ab 2018/19 noch nicht erfüllte als Vertragsverbindlichkeiten ausgewiesene Vertragsverpflichtungen)	- 144.725	- 115.199
=	**Net Working Capital**	**= 610.063**	**= 683.975**

12.8 Finanzstrukturkennzahlen

Die Finanzstrukturkennzahlen *(financial structure key figures)* informieren über die Kapitalaufbringung (Finanzierungsanalyse) und die Beziehung zwischen Kapitalverwendung und Kapitalaufbringung.

Bei der Finanzierungsanalyse *(financing analysis)* werden die Deckungsrelationen innerhalb der Bilanz ermittelt. Mithilfe der Finanzstrukturkennzahlen erhält man Informationen über das finanzielle Gleichgewicht, d. h. die Zahlungsfähigkeit und die Liquidität. Das finanzielle Gleichgewicht eines Unternehmens hängt nicht nur vom

262 Heidelberger Druckmaschinen AG, Geschäftsbericht 2018/19, 2019, S. 68, 69, 119, 163 und Geschäftsbericht 2017/18, 2018, S. 68, 69, 119, 161.

Verhältnis zwischen Eigen- und Fremdkapital, sondern auch von der Fristenentsprechung von Vermögen und Kapital ab.

12.8.1 Deckungsgrad A

Der Deckungsgrad A (= Anlagendeckung I) *(coverage ratio A)* gibt den durch Eigenkapital finanzierten Anteil des Anlagevermögens (HGB) bzw. der langfristigen Vermögenswerte (IFRS) an. Bei einem Deckungsgrad A von über 100 % ist die »Goldene Finanzierungsregel« erfüllt. Sie besagt, dass das langfristige Vermögen mit Eigenkapital finanziert sein sollte, damit es über die Laufzeit zu keinen Finanzierungsproblemen kommen kann, somit sollte das Eigenkapital ≥ dem langfristigen Vermögen sein. Die Formel lautet:

$$\text{Goldene Finanzierungsregel} = \frac{\text{langfristiges Vermögen}}{\text{Eigenkapital}} \leq 1$$

Der Zielkorridor liegt beim Deckungsgrad A zwischen 40 % und 70 %.[263]

$$\text{Deckungsgrad A} = \frac{\text{Eigenkapital}}{\text{Anlagevermögen (langfristiges Vermögen)}} \times 100$$

Beispiel: Berechnung des Deckungsgrades A bei der Adidas AG[264]

	Adidas AG (Angaben in Mio. €)	2019	2018
	Eigenkapital (auf Anteilseigner entfallendes Kapital)	6.796	6.377
:	langfristiges Vermögen	9.746	5.799
=	**Deckungsgrad A**	**69,7 %**	**110,0 %**

Der Deckungsgrad A liegt in beiden Jahren im Zielbereich.

12.8.2 Deckungsgrad B

Der Deckungsgrad B (= Anlagendeckung II) *(coverage ratio B)* wird auch als »Vermögensdeckungsgrad« (z. B. bei der Adidas AG) bezeichnet. Er stellt das Verhältnis des langfristigen Kapitals (Eigenkapital und langfristiges Fremdkapital) zum langfristigen Vermögen dar. Mit dem Deckungsgrad B untersucht man, inwieweit das Prinzip der fristenkongruenten Finanzierung eingehalten wurde. Die Fristenkongruenz ist erfüllt,

263 Heesen, B., Basiswissen Bilanzanalyse, 2020, S. 92.
264 Adidas AG, Geschäftsbericht 2019, 2020, S. 147 f.

wenn das langfristige Vermögen mindestens in voller Höhe durch das langfristige Kapital gedeckt ist. Der Deckungsgrad B sollte mindestens 100 % betragen.

Ein Deckungsgrad B unter 100 % bedeutet, dass Teile des Anlagevermögens mit kurzfristigem Fremdkapital finanziert wurden. In einem solchen Fall besteht die Gefahr, dass das Unternehmen erforderliche Rückzahlungen (z. B. wenn kurzfristige Kredite nicht verlängert oder unerwartete Rückrufaktionen durchgeführt werden) nicht so schnell aus dem betrieblichen Prozess erwirtschaften kann.

$$\text{Deckungsgrad B} = \frac{\text{Eigenkapital} + \text{langfristiges Fremdkapital}}{\text{Anlagevermögen (langfristiges Vermögen)}} \times 100$$

Beispiel: Berechnung des Deckungsgrades B bei der Adidas AG[265]

	Adidas AG (Angaben in Mio. €)	2019	2018
	Eigenkapital (auf Anteilseigner entfallendes Kapital)	6.796	6.377
+	langfristiges Fremdkapital	+ 4.868	+ 2.414
=	**langfristiges Kapital**	**= 11.664**	**= 8.791**
:	langfristiges Vermögen	9.746	5.799
=	**Deckungsgrad B**	**119,7 %**	**151,6 %**

Bei der Adidas AG ist die fristenkongruente Finanzierung erfüllt.

12.8.3 Eigenkapitalquote

Das Eigenkapital dient einem Unternehmen als Risikopuffer und löst auch keine Finanzierungsaufwendungen aus.

Die Eigenkapitalquote *(equity ratio)* stellt den Anteil des Eigenkapitals am Gesamtkapital *(total capital)* (Bilanzsumme) dar. Das Eigenkapital steht dem Unternehmen langfristig zur Verfügung; es ist das Beteiligungskapital der Eigentümer. Die Eigenkapitalquote zeigt die Kapitalkraft des Unternehmens und gibt somit Auskunft über die finanzielle Stabilität eines Unternehmens. Je höher die Eigenkapitalquote, desto geringer der Verschuldungsgrad und desto höher die finanzielle Sicherheit und Unabhängigkeit des Unternehmens. Des Weiteren gilt die Eigenkapitalquote als Indikator für die Kreditwürdigkeit *(creditworthiness)* und Widerstandsfähigkeit eines Unternehmens in kritischen Zeiten. Je höher die Eigenkapitalquote eines Unternehmens ist,

265 Adidas AG, Geschäftsbericht 2019, 2020, S. 147 f. u. 243.

desto besser ist es für das Rating eines Unternehmens, d. h. die Einstufung der Bonität durch ein Kreditinstitut oder eine Ratingagentur.

$$\text{Eigenkapitalquote} = \frac{\text{Eigenkapital}}{\text{Gesamtkapital (Bilanzsumme)}} \times 100$$

Beispiel: Berechnung der Eigenkapitalquote bei der Adidas AG[266]

	Adidas AG (Angaben in Mio. €)	2019	2018
	Eigenkapital (auf Anteilseigner entfallendes Kapital)	6.796	6.377
:	Gesamtkapital (Bilanzsumme)	20.680	15.612
=	**Eigenkapitalquote**	**32,9 %**	**40,8 %**

12.8.4 Fremdkapitalquote

Die Fremdkapitalquote *(debt ratio)* gibt den Anteil des Fremdkapitals (= Rückstellungen + Verbindlichkeiten) am Gesamtkapital (= Eigenkapital + Fremdkapital) an und zeigt den Grad der Abhängigkeit eines Unternehmens von fremden Kapitalgebern an. Je höher die Fremdkapitalquote, desto abhängiger ist ein Unternehmen von fremden Geldgebern. Im Zeitverlauf sollte auf jeden Fall überprüft werden, ob die Fremdkapitalquote zu- oder abgenommen hat. Sie wird wie folgt berechnet:

$$\text{Fremdkapitalquote} = \frac{\text{Fremdkapital}}{\text{Gesamtkapital (Bilanzsumme)}} \times 100$$

Beispiel: Berechnung der Fremdkapitalquote bei der Adidas AG[267]

	Adidas AG (Angaben in Mio. €)	2019	2018
	Fremdkapital	13.622	9.248
:	Gesamtkapital (Bilanzsumme)	20.680	15.612
=	**Fremdkapitalquote**	**65,9 %**	**59,2 %**

Die Fremdkapitalquote bei der Adidas AG hat sich im Vergleich zum Vorjahr aufgrund der Aktivierungspflicht des Nutzungsrechts von Leasingverträgen mit

266 Adidas AG, Geschäftsbericht 2019, 2020, S. 148. u. 243.
267 Adidas AG, Geschäftsbericht 2019, 2020, S. 148. u. 243.

einer Laufzeit von mehr als zwölf Monaten gemäß IFRS 16 und der damit verbundenen Passivierungspflicht der Leasingverbindlichkeiten erhöht. Dies führte zu einer Bilanzverlängerung und damit zu einer Verschlechterung der Eigenkapitalquote und einer Erhöhung der Fremdkapitalquote.

12.8.5 Nettoverschuldung

Die Nettoverschuldung *(net debt)* ist auch unter der Bezeichnung »Nettoschulden« bekannt. Sie errechnet sich als Bestand aus dem Fremdkapital (= Verbindlichkeiten + Rückstellungen) abzüglich der bilanziell ausgewiesenen flüssigen Mittel, kurzfristig veräußerbarer Wertpapiere und anderer in das Liquiditätsmanagement einbezogener Geldanlagen. Gemäß Baetge wird die Nettoverschuldung (Effektivverschuldung) wie folgt berechnet:[268]

	Verbindlichkeiten *(liabilities)*
+	Rückstellungen *(provisions)*
–	Wertpapiere des Umlaufvermögens *(marketable securities)*
–	flüssige Mittel (Kasse, Sichtguthaben, Schecks etc.) *(liquid assets (cash, sight deposits, cheques etc.))*
=	**Nettoverschuldung (Effektivverschuldung)** ***(net debt (effective debt))***

Ermittlung der Nettoverschuldung

Für den Kreditbedarf *(credit need)* spielt die Nettoverschuldung eine wichtige Rolle. Bei den Banken erfolgt die Bonitätsprüfung im Fall eines weiteres Kreditbedarfs eines Unternehmens auf der Basis der Nettoverschuldung.

Beispiel: Berechnung der Nettoverschuldung bei der RWE AG[269]

	RWE AG (Angaben in Mio. €)	2019	2018
	flüssige Mittel	3.192	3.523
+	Wertpapiere	+ 3.523	+ 3.863
+	sonstiges Finanzvermögen	+ 4.983	+ 2.809
=	**Finanzvermögen (a)**	**= 11.698**	**= 10.195**

268 Baetge, J. et al., Bilanzanalyse, 2004, S. 275.
269 RWE AG, Geschäftsbericht 2019, 2020, S. 64.

	Anleihen, Schuldscheindarlehen, Verbindlichkeiten gegenüber Kreditinstituten, Commercial Paper	2.466	1.657
+	Währungskurssicherung von Anleihen	+ 7	+ 12
+	sonstige Finanzverbindlichkeiten	+ 3.268	+ 1.107
=	**Finanzverbindlichkeiten (b)**	**= 5.741**	**= 2.776**
	Korrektur Hybridkapital (c)	–562	–88
	zzgl. 50 % des als Eigenkapital ausgewiesenen Hybridkapitals	*(–)*	*(470)*
	abzgl. 50 % des als Fremdkapital ausgewiesenen Hybridkapitals	*(–562)*	*(–558)*
=	**Nettofinanzvermögen (inkl. Korrektur beim Hybridkapital) [(b) – (c) – (a)]**	**= 6.519**	**= 7.507**
	Rückstellungen für Pensionen und ähnliche Verpflichtungen	3.446	3.287
	aktivisch ausgewiesene Nettovermögen bei fondsgedeckten Pensionsverpflichtungen	–153	–213
	Rückstellungen für Entsorgung im Kernenergiebereich	6.723	5.944
	bergbaubedingte Rückstellungen	4.618	2.516
	Rückstellungen für den Rückbau von Windparks	951	362
	Nettoschulden fortgeführter Aktivitäten	**= 9.066**	**= 4.389**
+	**Nettoschulden nicht fortgeführter Aktivitäten**	**+ 232**	**+ 14.950**
=	**Nettoschulden**	**= 9.298**	**= 19.339**

Die Entkonsolidierung der Netz- und Vertriebsaktivitäten von innogy war ausschlaggebend dafür, dass sich die Nettoschulden 2019 um mehr als die Hälfte auf 9,3 Mrd. € verringert haben.[270]

12.8.6 Nettofinanzverbindlichkeiten

Die Nettofinanzverbindlichkeiten *(net financial liabilities)* sind eine wichtige Kenngröße für Analysten, Investoren und Ratingagenturen. Sie stellen den Teil des verzinslichen Fremdkapitals dar, der nicht durch flüssige Mittel und kurzfristige Finanzanlagen abgedeckt ist. Die Nettofinanzverbindlichkeiten werden wie folgt berechnet:

270 RWE AG, Geschäftsbericht 2019, 2020, S. 62.

	Finanzverbindlichkeiten *(financial liabilities)*
–	flüssige Mittel *(liquid assets)*
–	kurzfristige Finanzanlagen (Wertpapiere) *(short-term financial assets (securities))*
=	**Nettofinanzverbindlichkeiten *(net financial liabilities)***

Berechnung der Nettofinanzverbindlichkeiten

Beispiel: Ermittlung der Nettofinanzverbindlichkeiten bei der Deutschen Telekom AG[271]

	Deutsche Telekom AG (Angaben in Mio. €)	2019	2018
	finanzielle Verbindlichkeiten (kurzfristig)	11.463	10.527
+	finanzielle Verbindlichkeiten (langfristig)	+ 54.886	+ 51.748
+	Leasingverbindlichkeiten	+ 19.835	n. a.[272]
=	**finanzielle Verbindlichkeiten und Leasingverbindlichkeiten**	**= 86.184**	**= 62.275**
(–)	Zinsabgrenzungen	– (748)	
(–)	Sonstige	– (739)	
=	**Brutto-Finanzverbindlichkeiten**	**= 84.697**	**= 60.628**
–	Zahlungsmittel und Zahlungsmitteläquivalente	– 5.393	– 3.679
–	derivative finanzielle Vermögenswerte	– 2.333	– 870
–	andere finanzielle Vermögenswerte	– 940	– 654
=	**Nettofinanzverbindlichkeiten**	**= 76.031**	**= 55.425**

12.8.7 Fiktive Verschuldungsdauer

Die fiktive Verschuldungsdauer zeigt, wie viele Jahre es dauert, d. h. wie oft der Cashflow des entsprechenden Jahres eingesetzt werden muss, um die Schulden des Unternehmens zurückzahlen zu können.

$$\text{Fiktive Verschuldungsdauer} = \frac{\text{Fremdkapital} - \text{liquide Mittel}}{\text{Cashflow}}$$

271 Deutsche Telekom, Geschäftsbericht 2019, 2020, S. 61.

272 Erst ab dem Jahr 2019 mussten gemäß dem Standard »IFRS 16« auch für Operating-Leasing-Verträge Leasingverbindlichkeiten passiviert werden, daher wurden diese für das Jahr 2018 nicht angegeben.

Beispiel: Berechnung der fiktiven Verschuldungsdauer

Fremdkapital	66.000 T€
liquide Mittel	6.000 T€
Cashflow	12.000 T€

$$\text{Fiktive Verschuldungsdauer} = \frac{66.000\,\text{T€} - 6.000\,\text{T€}}{12.000\,\text{T€ / Jahr}} = 5\,\text{Jahre}$$

12.8.8 Relative Verschuldung

Bei der relativen Verschuldung *(relative debt)* werden die Nettofinanzverbindlichkeiten ins Verhältnis zum EBITDA bzw. zum bereinigten EBITDA gesetzt. Sie wird wie folgt berechnet:

$$\text{Relative Verschuldung} = \frac{\text{Nettofinanzverbindlichkeiten}}{\text{(bereinigter) EBITDA}}$$

Beispiel: Berechnung der relativen Verschuldung bei der Deutschen Telekom AG[273]

	Deutsche Telekom AG (Angaben in Mrd. €)	2019	2018
	Nettofinanzverbindlichkeiten	76,0	55,4
:	EBITDA (bereinigt um Sondereinflüsse)	28,7	23,3
=	**relative Verschuldung**	**2,65**	**2,4**

Zur Finanzstrategie der Deutschen Telekom AG gehört, dass die relative Verschuldung in den Jahren 2020 und 2021 innerhalb des Zielkorridors von 2,25 bis 2,75 bleibt. Die relative Verschuldung beschreibt, wie viele Jahre es dauert, bis ein Unternehmen seine Schulden zurückzahlen kann. Je schneller ein Unternehmen seine Schulden zurückzahlen kann, desto besser.

12.8.9 Kapitaldienstdeckungsgrad

Bei der Kreditvergabe ist im Rahmen der Jahresabschlussanalyse der Nachweis der Kapitaldienstfähigkeit *(debt service capacity)* eines Unternehmens das entscheidende Bonitätskriterium. Es wird untersucht, ob die Cashflows des Schuldners

273 Deutsche Telekom AG, Geschäftsbericht 2019, 2020, S. 2.

ausreichen, um die Kapitaldienste, d.h. Zins und Tilgung für die aufgenommenen Kredite, aufzubringen. Der Kapitaldienstdeckungsgrad *(debt service coverage ratio)*, auch »Schuldendienstdeckungsgrad« genannt, ist definiert als Relation von laufendem Zahlungsüberschuss zu Tilgung und Zinsen.

$$\text{Kapitaldienstdeckungsgrad} = \frac{\text{laufender Zahlungsüberschuss (Cashflow)}}{\text{Tilgung} + \text{Fremdkapitalzinsen}} \times 100$$

Er zeigt, inwiefern die betrieblichen Nettoeinnahmen die Zinsen und Tilgung abdecken können.

Beispiel: Berechnung des Kapitaldienstdeckungsgrads

Cashflow	145 Mio. €
Tilgung	54 Mio. €
Fremdkapitalzinsen	34 Mio. €

$$\text{Kapitaldienstdeckungsgrad} = \frac{145 \text{ Mio.} €}{56 \text{ Mio.} € + 34 \text{ Mio.} €} \times 100 = 161{,}11\%$$

Die Kapitaldienstfähigkeit ist gegeben.

Beispiel: Überprüfung der Kapitaldienstfähigkeit eines Unternehmens mithilfe des folgenden Ermittlungsschemas

	(Angaben in Mio. €)	
	Betriebsergebnis	88
+	Abschreibungen	+ 23
=	**Cashflow**	**= 111**
+	Zinsaufwendungen	+ 34
=	**erweiterter Cashflow**	**= 145**
-	regelmäßige Ausschüttungen	- 15
=	**Kapitaldienstgrenze**	**= 130**
-	Zinsen	- 34
-	Tilgungen	- 56
=	**Liquiditätsüberschuss**	**= 40**

In diesem Fall ist die Kapitaldienstfähigkeit gewährleistet, da das Unternehmen die Zinsen und Tilgungsraten eines Kredits bezahlen kann.

12.8.10 Verschuldungsfaktor

Der Verschuldungsfaktor ist eine Kennzahl, die das Verhältnis der Nettoverschuldung zum EBITDA angibt.

$$\text{Verschuldungsfaktor} = \frac{\text{Nettoverschuldung}}{\text{EBITDA}}$$

Beispiel: Berechnung des Verschuldungsfaktors *(debt factor)* bei der ElringKlinger AG

Die Nettoverschuldung wird bei der ElringKlinger AG wie folgt berechnet: Nettoverschuldung = langfristige + kurzfristige Finanzverbindlichkeiten abzüglich Zahlungsmittel.[274]

	ElringKlinger AG (Angaben in Mio. €)	2019	2018
	Nettoverschuldung	595,3	723,5
:	EBITDA	181,0	196,6
=	**Verschuldungsfaktor**	**3,3**	**3,7**

Der Verschuldungsfaktor konnte trotz der Effekte der Erstanwendung des IFRS 16 (Aktivierung der Leasinggegenstände und Passivierung der Leasingverbindlichkeiten – dadurch erhöhten sich die Finanzverbindlichkeiten um die passivierten Leasingverbindlichkeiten) von 3,7 im Jahr 2018 auf 3,3 im Jahr 2019 verbessert werden. Der Verschuldungsfaktor gibt an, wie oft (Anzahl der Jahre) der letzte EBITDA generiert werden müsste, bis die Nettoverschuldung vollständig abbezahlt ist.

12.8.11 Verschuldungsgrad

Beim Verschuldungsgrad *(debt-equity ratio)* werden die Nettofinanzverbindlichkeiten *(net financial liabilities)* ins Verhältnis zum auf Anteilseigner entfallenden Kapital gesetzt. Nettofinanzverbindlichkeiten = Finanzverbindlichkeiten – (flüssige Mittel + kurzfristige Finanzanlagen).

274 ElringKlinger AG, Geschäftsbericht 2019, 2020, S. 178.

Er wird wie folgt berechnet:

$$\text{Verschuldungsgrad} = \frac{\text{Nettofinanzverbindlichkeiten}}{\text{auf Anteilseigner entfallendes Kapital}} \times 100$$

Beispiel: Berechnung des Verschuldungsgrads bei der Adidas AG[275]

	Adidas AG (Angaben in Mio. €)	2019	2018
	Nettofinanzverbindlichkeiten	–873	–959
:	auf Anteilseigner entfallendes Kapital	6.796	6.377
=	**Verschuldungsgrad**	**–12,8 %**	**–15,0 %**

Das Verhältnis von Nettofinanzverbindlichkeiten zum auf Anteilseigner entfallenden Kapital beträgt im Jahr 2019 –12,8 %. Dies ist ein sehr guter Wert, da die Adidas AG keine Nettofinanzverbindlichkeiten hat, sondern über eine Netto-Cash-Position in Höhe von 873 Mio. € im Jahr 2019 verfügt, da die liquiden Mittel höher sind als die Finanzverbindlichkeiten. Der Verschuldungsgrad sollte nicht höher als 200 % sein.

12.8.12 Statischer Verschuldungsgrad

Der statische Verschuldungsgrad *(debt-to-equity-ratio)*, auch als »Kreditanspannung« bezeichnet, zeigt die Inanspruchnahme von Fremdkapital im Verhältnis zum Eigenkapital. Er liefert eine Aussage über die Kreditwürdigkeit eines Unternehmens und gibt an, inwieweit das Unternehmen von außenstehenden Dritten im Vergleich zu den Anteilseignern finanziert wurde. Mit einem steigenden Verschuldungsgrad wächst die Abhängigkeit von Fremdkapitalgebern und die Möglichkeit einer weiteren Kreditaufnahme sinkt.

$$\text{Statischer Verschuldungsgrad} = \frac{\text{Fremdkapital}}{\text{Eigenkapital}}$$

275 Adidas AG, Geschäftsbericht 2019, 2020, S. 193.

Beispiel: Berechnung des statischen Verschuldungsgrades bei der RWE AG[276]

	RWE AG (Angaben in Mio. €)	2019	2018
	Fremdkapital	46.744	65.851
:	Eigenkapital	17.448	14.257
=	**statischer Verschuldungsgrad**	**2,68**	**4,62**

Der statische Verschuldungsgrad ist im Zeitablauf gesunken. Je niedriger der statische Verschuldungsgrad, desto geringer ist die Abhängigkeit des Unternehmens von Fremdkapitalgebern.

12.8.13 Dynamischer Verschuldungsgrad

Der dynamische Verschuldungsgrad *(debt-to-cash ratio)* zeigt, in wie viel Jahren die Nettofinanzschulden (Effektivverschuldung) aus dem operativen Cashflow zurückbezahlt werden können. Er ist ein Maßstab für die Schuldendeckungsfähigkeit *(capability to cover debts)*. Insbesondere im Zeitvergleich bietet diese Kennzahl einen ersten Einblick in die Finanzlage des Unternehmens.

$$\text{Dynamischer Verschuldungsgrad} = \frac{\text{Nettofinanzschulden bzw. Effektivverschuldung}}{\text{(operativer) Cashflow}}$$

Die Nettofinanzschulden werden wie folgt berechnet:[277]

	Anleihen *(bonds)*
+	Verbindlichkeiten gegenüber Kreditinstituten *(liabilities to banks)*
+	Akzeptverbindlichkeiten *(bills of exchange)*
+	in den restlichen Schulden enthaltene verzinsliche Anteile (gewöhnlich ohne Pensionsrückstellungen) *(interest-bearing components included in other liabilities (usually excluding pension provisions))*
=	**Finanzschulden** ***(financial liabilities)***
–	liquide Mittel *(liquid assets)*
–	Wertpapiere des Umlaufvermögens *(marketable securities)*
=	**Nettofinanzschulden** ***(net financial debt)***

Ermittlung der Nettofinanzschulden

276 RWE AG, Geschäftsbericht 2019, 2020, S. 221.
277 Coenenberg A. G. . et al., Jahresabschluss und Jahresabschlussanalyse, 2018, S. 1113.

Beispiel: Berechnung des dynamischen Verschuldungsgrades bei der thyssenkrupp AG[278]

	thyssenkrupp AG (Angaben in Mio. €)	2019	2018
	Nettofinanzschulden	3.703	3.012
:	operativer Cashflow (aus operativer Geschäftstätigkeit)	72	1.184
=	**dynamischer Verschuldungsgrad**	**51,5**	**2,0**

Die Nettofinanzschulden erhöhten sich zum Jahresende 2019. Dieser Anstieg ist im Wesentlichen auf den Anstieg der Leasingverbindlichkeiten zurückzuführen. Der Standard IFRS 16 ist seit 2019 verpflichtend anzuwenden. Dies bedeutet, dass alle Leasingverhältnisse in der Bilanz abgebildet werden und damit zu einem Anstieg der Nettofinanzschulden führten. Der erzielte positive Mittelzufluss aus der operativen Geschäftstätigkeit hat sich gegenüber dem Vorjahreswert massiv verringert. Ursache hierfür war insbesondere der Jahresfehlbetrag in Höhe von –260 Mio. € im Jahr 2019.

Interpretation des dynamischen Verschuldungsgrads:
- dynamischer Verschuldungsgrad 0 bis 3 = sehr gut
- dynamischer Verschuldungsgrad 3 bis 5 = gut
- dynamischer Verschuldungsgrad 5 bis 11 = durchschnittlich
- dynamischer Verschuldungsgrad über 11 = schlecht

Der dynamische Verschuldungsgrad im Jahr 2019 bei der thyssenkrupp AG ist sehr schlecht, es würde 51,5 Jahre dauern, bis die Verbindlichkeiten beglichen werden könnten.

12.8.14 Zinsdeckungsgrad

Der Zinsdeckungsgrad *(interest coverage ratio)* gibt an, ob ein Unternehmen aus dem EBIT (operatives Ergebnis) seine Zinszahlungen für Kredite bedienen kann. Er gibt Aufschluss über das Verschuldungspotenzial und ist ein Risikomaß für den Verschuldungsgrad. Je höher der Kennzahlenwert, desto geringer ist das Risiko, dass das Unternehmen seine Zinszahlungen nicht mehr aufbringen kann. Bei einem Zinsdeckungsgrad unter 1

278 thyssenkrupp AG, Geschäftsbericht 2018/2019, 2019, S. 248.

kann das Unternehmen seine Zinsaufwendungen nicht aus dem operativen Geschäft bezahlen. In einem solchen Fall befindet sich das Unternehmen in einer kritischen Lage. Der Zinsdeckungsgrad kann auf zwei Arten berechnet werden:

$$\text{Zinsdeckungsgrad} = \frac{\text{Ergebnis vor Steuern} + \text{Nettozinsaufwendungen}}{\text{Nettozinsaufwendungen}}$$

oder

$$\text{Zinsdeckungsgrad} = \frac{\text{EBIT}}{\text{Zinsaufwendungen}}$$

Beispiel: Berechnung des Zinsdeckungsgrades bei der Adidas AG[279]

	Adidas AG (Angaben in Mio. €)	2019	2018
	Gewinn vor Steuern	2.558	2.378
+	Nettozinsaufwendungen (Zinsaufwendungen – Zinserträge)	+ 110	+ 18
=	**Ergebnis vor Steuern und Nettozinsaufwand (EBIT)**	**= 2.668**	**= 2.396**
:	Nettozinsaufwendungen	110	18
=	**Zinsdeckungsgrad**	**24,3**	**131,6**

Das Unternehmen kann Zinsaufwendungen problemlos aus dem operativen Geschäft bezahlen. Adidas war 2019 in der Lage, mit dem EBIT den Zinsaufwand 24,3 Mal abzudecken. Kritisch wird es für Unternehmen, wenn der Zinsdeckungsgrad < 1 ist.

12.8.15 Gearing

Eine Kennzahl zur Steuerung der Verschuldung stellt das Gearing (Nettoverschuldungsgrad) dar. Das Gearing zeigt das Verhältnis von Nettofinanzverbindlichkeiten *(net financial liabilities)* zum Eigenkapital. Je geringer die Kennzahl, desto höher ist der Eigenkapitalanteil am eingesetzten verzinslichen Kapital. Bei einem hohen Gearing wächst die Abhängigkeit des Unternehmens von seinen Kreditgebern und umso schwieriger wird es, zusätzliches Fremdkapital aufzunehmen. Andererseits kann sich ein niedriges Gearing negativ auf die Rentabilität auswirken, da das Eigenkapital in

279 Adidas AG, Geschäftsbericht 2019, 2020, S. 217, 242.

der Regel teurer ist als das Fremdkapital. Branchenbedingt können die Nettofinanzverbindlichkeiten auch negativ sein, z. B. im Großanlagenbau, wo erhaltene Anzahlungen zwischenzeitlich zu hohen Beständen an liquiden Mitteln führen können. Das Gearing wird wie folgt berechnet:

$$\text{Gearing} = \frac{\text{Nettofinanzverbindlichkeiten}}{\text{Eigenkapital}} \times 100$$

bzw.

$$\text{Gearing} = \frac{\text{verzinsliches Fremdkapital} - \text{liquide Mittel}}{\text{Eigenkapital}} \times 100$$

Beispiel: Ermittlung des Gearings am Beispiel der Deutschen Bahn AG

Zunächst erfolgt die Berechnung der Nettofinanzverbindlichkeiten bei der Deutschen Bahn AG:[280]

	Deutschen Bahn AG (Angaben in Mio. €)	2019	2018
	Senioranleihen	20.966	20.712
+	Leasingverbindlichkeiten	+ 5.015	+ 562
+	Commercial Paper	+ 890	0
+	zinslose Darlehen	+ 707	+ 851
+	sonstige Finanzschulden	+ 1.115	+ 1.119
=	**Finanzverbindlichkeiten**	**= 28.693**	**= 23.244**
–	flüssige Mittel und Finanzforderungen	- 4.397	- 3.718
±	Effekte aus Währungssicherungen	- 121	+ 23
=	**Nettofinanzverbindlichkeiten**	**= 24.175**	**= 19.549**
	davon IFRS-16-Effekt (Leasing)	4.487	0
	Nettofinanzverbindlichkeiten	24.175	19.549
:	Eigenkapital	14.927	13.592
=	**Gearing**	**162,0 %**	**143,8 %**

Das Gearing bei der Deutschen Bahn AG ist relativ hoch.

Es folgt ein weiteres Beispiel.

280 Deutsche Bahn AG, Geschäftsbericht 2019, 2020, S. 111.

Beispiel: Berechnung des Gearings bei der HeidelbergCement AG[281]

	HeidelbergCement AG (Angaben in Mio. €)	2019	2018
	verzinsliche Verbindlichkeiten	12.027,7	10.980,6
-	liquide Mittel, derivative Finanzinstrumente und kurzfristige Finanzinvestitionen	- 3.617,4	- 2.657,4
=	**Nettofinanzverbindlichkeiten**	**= 8.410,4**	**= 8.323,3**
:	Eigenkapital inkl. Minderheitenanteile	18.504,4	16.821,7
=	**Gearing**	**45,5 %**	**49,5 %**

Das Verhältnis von Nettofinanzverbindlichkeiten zu Eigenkapital (Gearing) hat sich im Berichtsjahr um 4,0 Prozentpunkte auf 45,5 % (im Vorjahr: 49,5 %) verbessert. Ein Gearing von 45,5 % sagt aus, dass die Nettofinanzverbindlichkeiten 45,5 % des Eigenkapitals betragen. Werte zwischen 20 % und 50 % sind als gut zu beurteilen. Kritisch sind Werte ab 70 % zu betrachten. Bei Werten über 100 % sollte über eine Kapitalerhöhung oder eine Entschuldung nachgedacht werden.[282]

281 HeidelbergCement AG, Geschäftsbericht 2019, 2020, S. 2, 103 und 164.
282 vgl. Schmidlin, N.: Unternehmensbewertung & Kennzahlenanalyse, 2011, S. 68.

13 Kennzahlen zur wertorientierten Unternehmenssteuerung

Mithilfe der wertorientierten Kennzahlen *(value-based performance indicators)* werden die Steuerungsinstrumente eines Unternehmens darauf ausgerichtet, dass der Marktwert des Unternehmens gesteigert werden kann (Shareholder-Value-Ansatz).

In diesem Kapitel lesen Sie mehr über

- das Shareholder-Value-Konzept,
- Kapitalkosten,
- wertorientierte Kennzahlen und
- Kennzahlen zu absoluten Wertbeiträgen.

13.1 Überblick

Die interne Steuerung des Unternehmens, insbesondere durch die Entscheidungsunterstützungsfunktion des Rechnungswesens bzw. des Controllings, ist auf Werterzielung bzw. Wertschaffung ausgerichtet. Für das wertorientierte Management stehen folgende Kennzahlen zur Verfügung:

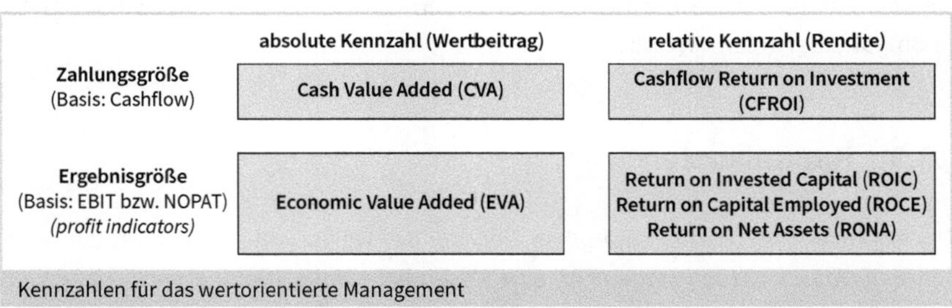

Kennzahlen für das wertorientierte Management

Kennzahlen *(figures)* lassen sich einteilen in absolute (Einzelzahlen, Summen, Differenzen oder Mittelwerte) und relative Zahlen (d. h. zwei betriebswirtschaftliche Werte werden zueinander in Beziehung gesetzt, um eine genauere wirtschaftliche Aussage über einen Sachverhalt treffen zu können). Bei Zahlungsgrößen werden nur die Ein- und Auszahlungen betrachtet. Dagegen ergeben sich die Ergebnisgrößen aus Erträgen abzüglich der Aufwendungen.

13.2 Die Grundlagen des Shareholder-Value-Konzepts

Der Shareholder-Value-Gedanke kam in den Achtzigerjahren in den USA auf. Rappaports »Creating Shareholder Value«[283] gilt als die grundlegende Veröffentlichung, in der der amerikanische Universitätsprofessor das Konzept als »The New Standard for Business Performance« begründet und die Interessen der Shareholder in den Mittelpunkt der Unternehmensführungsstrategie stellt.[284] Der Shareholder Value (SV) stellt den Marktwert des Eigenkapitals der Unternehmung dar und soll im Sinne der Shareholder maximiert werden[285], da dieser die finanzielle Nutzenhaftigkeit (bzw. Rendite) einer Investition für die Shareholder und somit das Kriterium für die Aufrechterhaltung dieser Investition darstellt.[286] Der Marktwert des Eigenkapitals (EK_{Markt}) kann im Allgemeinen durch den Marktwert des Gesamtkapitals (GK_{Markt}) und den Marktwert des Fremdkapitals (FK_{Markt}) berechnet werden[287]:

Shareholder Value (SV) = $EK_{Markt} = GK_{Markt} - FK_{Markt}$

Der Shareholder Value stellt einen wichtigen Faktor für die Beurteilung des Unternehmenserfolgs dar, ist anderseits aber auch die Folge des zunehmenden Wettbewerbs um Kapital in einer globalisierten Weltwirtschaft. Das Risiko eines Abzugs des Eigenkapitals der Shareholder aus einem Unternehmen soll minimiert werden.[288] Dies bedeutet für die Unternehmung, dass ein Handeln zuungunsten der Shareholder die Gefahr birgt, dass diese ihre Investitionen andernorts tätigen und die Gewinnung neuer Shareholder erschwert wird.[289]

13.3 Kapitalkosten

Die Kapitalkosten *(cost of capital)* spielen bei der wertorientierten Unternehmensführung *(value-based management)* eine wesentliche Rolle. Die zu erwirtschaftenden Kapitalkosten berechnen sich, indem das investierte Vermögen mit dem Kapitalkostensatz multipliziert wird. Gemäß der Annahme der Wertsteigerungskonzeption müs-

283 Vgl. Rappaport, A., Creating Shareholder Value, 1986, o. S.

284 Vgl. Poeschl, H., Strategische Unternehmensführung zwischen Shareholder-Value und Stakeholder-Value, 2013, S. 79.

285 Vgl. Stephan, J., Finanzielle Kennzahlen für Industrie- und Handelsunternehmen, 2006, S. 39.

286 Vgl. Poeschl, H., Strategische Unternehmensführung zwischen Shareholder-Value und Stakeholder-Value, 2013, S. 79.

287 Vgl. Stührenberg, L. et al., Wertorientierte Unternehmensführung, 2003, S. 2.

288 Vgl. Poeschl, H., Strategische Unternehmensführung zwischen Shareholder-Value und Stakeholder-Value, 2013, S. 80.

289 Vgl. Bantz, A., Konvergenz von wertorientierten Kennzahlen und Informationen der IFRS-Finanzberichterstattung, 2019, S. 19.

sen die eingesetzten Mittel eine höhere Rendite erwirtschaften als die verursachten Kapitalkosten.[290]

Gewogener durchschnittlicher Kapitalkostensatz (Weighted Average Cost of Capital)
Der gewogene durchschnittliche Kapitalkostensatz WACC gibt Auskunft über die erforderliche Mindestverzinsung (generelle Zielvorgabe für die Verzinsung des investierten Vermögens) in einem Unternehmen, damit sich der Kapitaleinsatz für die Investoren lohnt. Der gewogene durchschnittliche Kapitalkostensatz stellt den kapitalmarktorientierten Mindestverzinsungsanspruch (Mindestzielrendite) dar.

Der gewogene durchschnittliche Kapitalkostensatz wird durch drei Größen bestimmt:

- Kapitalstruktur *(capital structure)*,
- Kosten des Fremdkapitals nach Steuern *(cost of debt after taxes)* und
- Kosten des Eigenkapitals *(cost of equity)*.

Der WACC wird gemäß folgendem Schema berechnet:

1. Bestimmung Marktwert des Eigenkapitals (EK_{Markt}):
   EK_{Markt} = Anzahl der Aktien × Aktienkurs
2. Bestimmung Marktwert des Fremdkapitals (FK_{Markt}):
   FK_{Markt} = gesamtes Fremdkapital – kurzfristiges nicht zinstragendes Fremdkapital (= zinstragendes Fremdkapital)
3. Bestimmung des Gesamtkapitals (GK_{Markt}):
   $GK_{Markt} = EK_{Markt} + FK_{Markt}$
4. Bestimmung des Fremdkapitalkostensatzes (i_{Fremd})
5. Bestimmung des Eigenkapitalkostensatzes (i_{Eigen})

Der gewogene durchschnittliche Kapitalkostensatz »Weighted Average Cost of Capital« (WACC) ergibt sich aus der »Gewichtung des Eigenkapitalkostensatzes mit der Eigenkapitalquote zu Marktwerten und dem Fremdkapitalkostensatz nach Steuern mit der Fremdkapitalquote zu Marktwerten«[291] und beschreibt, »welche Rendite ein Unternehmen erzielen muss, um seinen Kapitaleinsatz zu rechtfertigen«[292] bzw. den Rendite- bzw. Zinserwartungen der Eigen- und Fremdkapitalgeber gerecht zu werden:

$$WACC = \frac{EK_{Markt}}{GK_{Markt}} \times i_{Eigen} + \frac{FK_{Markt}}{GK_{Markt}} \times i_{Fremd}$$

290 Vgl. Poeschl, H., Strategische Unternehmensführung zwischen Shareholder-Value und Stakeholder-Value, 2013, S. 96.

291 KPMG AG, Cost of Capital Study 2017, S. 27.

292 Stührenberg, L. et al., Wertorientierte Unternehmensführung, 2003, S. 24.

Zu 4. und 5: Bestimmung des Fremd- und des Eigenkapitalkostensatzes

Die Eigenkapitalkosten *(cost of equity)* korrelieren mit den Renditeerwartungen der Anteilseigner und den Fremdkapitalkosten *(borrowing costs)*. Die Fremdkapitalkosten stellen den Verzinsungsanspruch der Fremdkapitalgeber für das investierte Kapital, vermindert um die steuerliche Abzugsfähigkeit der Fremdkapitalzinsen, dar. Die Renditeforderung der Fremdkapitalgeber setzt sich additiv aus dem risikofreien Zinssatz (r_f) und dem Risikozuschlag *(credit spread)* zusammen. Die Höhe des Risikozuschlags (r_{zu}) ist abhängig vom Ratingergebnis eines Unternehmens. Hier sehen Sie, wie der Fremdkapitalkostensatz (i_{Fremd}) ermittelt wird:

$$i_{Fremd} = (\text{risikofreier Zinssatz } (r_f) + \text{Risikozuschlag } (r_{zu})) \times (1 - St_U)$$

St_U = Ertragsteuersatz des Unternehmens

Der Eigenkapitalkostensatz (i_{Eigen}) wird mithilfe des Capital Asset Pricing Model (CAPM) bestimmt. Das CAPM ermittelt die Höhe des Eigenkapitalkostensatzes unter Verwendung des Zinssatzes für risikofreie Alternativanlagen und eines entsprechenden Risikozuschlags. Dieser Risikozuschlag ergibt sich aus dem Marktrisiko und dem unternehmensspezifischen Risiko. Das Marktrisiko besteht darin, dass in Aktien investiert wird, deren zukünftige Entwicklung nicht vorhersagbar ist. Alternativ dazu könnte der Eigenkapitalgeber in den Rentenmarkt investieren und somit sein Kapital festverzinslich und risikofrei anlegen. Das unternehmensspezifische Risiko wird als Betafaktor (β) in die Berechnung aufgenommen. Der Betafaktor zeigt die Volatilität des Aktienkurses eines Unternehmens gegenüber den Marktschwankungen auf und wird in die folgenden drei Gruppen klassifiziert:

- $\beta = 1$: Die Volatilität der Aktie entspricht der Volatilität des Marktes.
- $\beta < 1$: Die Volatilität der Aktie ist geringer als die des Marktes.
- $\beta > 1$: Die Volatilität der Aktie ist größer als die des Marktes, d. h., die Aktie ist risikobehafteter als der Gesamtmarkt.

Der Eigenkapitalkostensatz (i_{Eigen}) eines Unternehmens wird mithilfe des Capital Asset Pricing Models (CAPM) wie folgt berechnet:

$$i_{Eigen} = r_f + (MRP \times \beta)$$

i_{Eigen} = Renditeforderung der Eigenkapitalgeber
r_f = risikofreier Zinssatz
r_m = erwartete Rendite des Marktportfolios
MRP = Marktrisikoprämie = $(r_m - r_f)$
β = unternehmensspezifischer Betafaktor

Gemäß der letztjährigen Kapitalkostenstudie *(Cost of Capital Study)* der KPMG AG[293] liegt der durchschnittlich verwendete WACC aller Branchen nach den Unternehmenssteuern in den letzten vier Jahren bei circa 6,9 %.[294] Besonders hohe durchschnittliche WACC weisen demnach im Jahr 2019 die Branchen »Automotive« mit 8,2 % und »Technology« mit 8,1 % auf, während sehr niedrige WACC in den Sektoren »Transport & Leisure« mit 6,1 %, »Energy & Natural Resources« mit 5,2 % und »Real Estate« mit 5,4 % beobachtet werden konnten.

Beispiel: Ermittlung des gewogenen durchschnittlichen Kapitalkostensatzes nach Steuern (WACC) beim Volkswagen-Konzern[295]

Volkswagen-Konzern	**2019**	**2018**
Zinssatz für risikofreie Anlagen	0,0 %	0,8 %
Marktrisikoprämie	7,5 %	6,5 %
spezifische Risikoprämie Volkswagen	1,3 %	1,1 %
Betafaktor (Volkswagen)	1,17	1,17
Eigenkapitalkostensatz nach Steuern	**8,8 %**	**8,4 %**
Fremdkapitalkostensatz	1,9 %	2,5 %
Steuervorteil	-0,6 %	-0,8 %
Fremdkapitalkostensatz nach Steuern	**1,3 %**	**1,8 %**
Anteil Eigenkapital	66,7 %	66,7 %
Anteil Fremdkapital	33,3 %	33,3 %
Kapitalkostensatz nach Steuern (WACC)	**6,3 %**	**6,2 %**

Der gewogene durchschnittliche Kapitalkostensatz ist mit 6,3 % sehr gering. Dies ist maßgeblich auf den günstigen Fremdkapitalkostensatz zurückzuführen. Generell gibt es für den WACC keinen allgemeinen Zielwert, da der Betafaktor für jedes Unternehmen jeweils individuell unterschiedlich ist.

293 KPMG AG, Cost of Capital Study, 2019, S. 19 f.

294 Studienteilnehmer waren 312 Unternehmen mit Sitz in Deutschland, Österreich und der Schweiz, davon 25 der DAX-30-Unternehmen und 68 % der MDAX-Unternehmen.

295 Volkswagen AG, Geschäftsbericht 2019, 2020, S. 125.

13.4 Wertorientierte Renditekennzahlen

Für die periodische Erfolgsbeurteilung eines Unternehmens oder von Unternehmensteilen können seitens des Controllings verschiedene wertorientierte Kennzahlen eingesetzt werden.

13.4.1 Return on Capital Employed (ROCE)

Der ROCE ist als eine modifizierte Kennzahl der Gesamtkapitalrentabilität zu verstehen, die die Verzinsung des eingesetzten betriebsnotwendigen kostenpflichtigen Kapitals (Capital Employed) misst. Sie ist in angelsächsischen Ländern und auch bei den DAX-Unternehmen eine viel benutzte Rentabilitätskennzahl. Im Rahmen der Shareholder-Value-Orientierung spielt der ROCE besonders bei börsennotierten Aktiengesellschaften eine große Rolle. Er ist bei den DAX-Unternehmen eine der am häufigsten veröffentlichten Rentabilitätskennzahlen. Der ROCE zeigt finanzierungs- und steuersystemunabhängig die Verzinsung des investierten Kapitals innerhalb einer Periode. Er setzt den EBIT (Ergebnis vor Zinsen und Steuern) mit dem durchschnittlichen Capital Employed ins Verhältnis. Der ROCE wird wie folgt berechnet:

$$\text{ROCE} = \frac{\text{EBIT}}{\text{durchschnittliches Capital Employed}} \times 100$$

Unternehmen mit einem hohen ROCE haben ihr gebundenes Kapital wirtschaftlich eingesetzt und erfolgreich agiert. Einen zu erreichenden Mindest-ROCE gibt es nicht, da diese Rentabilitätskenngröße branchenabhängig ist. Das Capital Employed ist die Summe aus dem Eigenkapital, den Finanzschulden und den Pensionsrückstellungen. Es wird wie folgt berechnet werden:

	durchschnittliches Eigenkapital *(average equity)*
+	durchschnittliche Finanzschulden *(average financial liabilities)*
+	durchschnittliche Pensionsrückstellungen *(average pension provisions)*
=	**durchschnittliches Capital Employed *(average capital employed)***

Ermittlung des durchschnittlichen Capital Employed (von der Passivseite der Bilanz)

Das Capital Employed kann betragsmäßig auch von der Aktivseite der Bilanz wie folgt berechnet werden:

	durchschnittliches Anlagevermögen *(non-current assets)*
+	durchschnittliches Umlaufvermögen *(current assets)*
–	durchschnittliches unverzinsliches Fremdkapital *(non-interest-bearing debt capital)* (z. B. Verbindlichkeiten aLuL, erhaltene Anzahlungen, passiver Rechnungsabgrenzungsposten, sonstige Rückstellungen und Steuerrückstellungen)
=	**durchschnittliches Capital Employed (Berechnung von der Aktivseite der Bilanz)**

Ermittlung des durchschnittlichen Capital Employed (von der Aktivseite der Bilanz)

Die Deutsche Bahn AG setzt den ROCE als Wertmanagementkennziffer ein und steuert die Geschäftsfelder über diese Kennzahl.

Beispiel: Ermittlung des Capital Employed bei der Deutschen Bahn AG[296]

	Deutsche Bahn AG (Angaben in Mio. €)	**2018**	**2019**
	Sachanlagen	40.757	46.591
+	immaterielle Vermögenswerte inkl. Goodwill	+ 3730	+ 3.894
+	Vorräte	+ 1.369	+ 1.520
+	Forderungen aus Lieferungen und Leistungen	+ 4.962	+ 4.871
+	Forderungen und sonstige Vermögenswerte	+ 2.250	+ 2.792
–	Finanzforderungen und zweckgebundene Bankguthaben	– 174	– 404
+	Forderungen aus Ertragsteuern	+ 62	+ 60
+	zur Veräußerung gehaltene Vermögenswerte	+ 26	0
–	Verbindlichkeiten aus Lieferungen und Leistungen	– 5.491	– 5.789
–	übrige und sonstige Verbindlichkeiten	– 3.918	– 3.770
–	Ertragsteuerschulden	– 195	– 190
–	sonstige Rückstellungen	– 5.068	– 5.098
–	passive Abgrenzungen	– 1.648	– 1.478
–	zur Veräußerung gehaltene Vermögenswerte	– 5	0
=	**Capital Employed**	**= 36.657**	**= 42.999**
	davon IFRS 16-Effekt *(langfristige Leasinggegenstände müssen seit 2019 in der Bilanz ausgewiesen werden)*	4.487	0

296 Deutsche Bahn AG, Geschäftsbericht 2019, 2020, S. 104.

Beispiel: Berechnung des ROCE bei der Deutschen Bahn AG[297]

	Deutsche Bahn AG (Angaben in Mio. €)	2018	2019
	EBIT bereinigt	2.111	1.837
:	Capital Employed	36.657	42.999
=	**ROCE**	**5,8 %**	**4,3 %**

Der ROCE verschlechterte sich um 1,5 Prozentpunkte infolge eines Rückgangs des bereinigten EBIT bei gleichzeitigem Anstieg des Capital Employed. Der deutliche Zuwachs des Capital Employed resultierte ganz überwiegend aus der erstmaligen Anwendung des IFRS 16, da die Leasinggegenstände aktiviert und gleichzeitig Leasingverbindlichkeiten ausgewiesen werden müssen. Dadurch verschiebt sich der ROCE grundsätzlich auf ein niedrigeres Niveau. Liegt der ROCE höher als der WACC, dann wird ein positiver Wertbeitrag erzielt.

Der ROCE-Spread ergibt sich aus der Differenz des ROCE und des WACC und gibt Auskunft darüber, ob während des Betrachtungszeitraums Wert geschaffen werden konnte.[298] Dies ist erst dann der Fall, wenn höhere Gewinne *(profits)* erzielt werden konnten als diejenigen, die gemäß dem WACC mindestens erzielt werden müssen, um die Verzinsungsansprüche der Investoren zu treffen.[299] Der ROCE-Spread wird wie folgt berechnet:

ROCE-Spread = ROCE – WACC

Die ROCE-Ziele der Deutschen Bahn AG werden mindestens auf dem Niveau des gewogenen durchschnittlichen Kapitalkostensatzes vor Steuer (WACC vor Steuern) festgelegt. Der gewogene durchschnittliche Kapitalkostensatz (WACC vor Steuern) der Deutschen Bahn AG betrug 7,0 % im Jahr 2018 und der Zielwert für das Jahr 2019 wurde auf 6,4 % festgelegt. Das ROCE-Ziel konnte im Geschäftsjahr 2019 nicht erreicht werden. Da die gewogenen durchschnittlichen Kapitalkostensätze höher sind als der ROCE, fand keine Wertsteigerung statt, in diesem Fall wurden Werte vernichtet.

297 Deutsche Bahn AG, Geschäftsbericht 2019, 2020, S. 108.

298 Vgl. Poeschl, H., Strategische Unternehmensführung zwischen Shareholde-Value und Stakeholder-Value, 2013, S. 108.

299 Vgl. Poeschl, H., Strategische Unternehmensführung zwischen Shareholde-Value und Stakeholder-Value, 2013, S. 108.

13.4.2 Return on Net Assets (RONA)

Der RONA ist eine weitere Variante der Gesamtkapitalrentabilität. Es ist eine Kennzahl, die die durchschnittliche Verzinsung des betriebsnotwendigen Vermögens in einer Periode angibt. Der RONA wird gemäß den folgenden Formeln ermittelt:

$$\text{RONA} = \frac{\text{EBIT}}{\text{durchschnittliche Net Assets}} \times 100 \text{ oder}$$

$$\text{RONA} = \frac{\text{Net Operating Profit (NOP)}}{\text{durchschnittliche Net Assets}} \times 100$$

Der Net Operating Profit (NOP) wird wie folgt berechnet:

	EBIT
-	Ertragsteuern
=	**Net Operating Profit (NOP)**

Berechnung des Net Operating Profit (NOP)

Über die Positionen der Aktivseite können die Net Assets (gebundene Nettovermögen) wie folgt ermittelt werden:

	durchschnittliches Umlaufvermögen *(average current assets)*
-	durchschnittliches unverzinsliches Fremdkapital (Lieferantenverbindlichkeiten, erhaltene Anzahlungen, passive Rechnungsabgrenzungsposten und Rückstellungen) *(average non-interest-bearing liabilities (trade payables, advance payments received, deferred income and provisions))*
=	**Nettoumlaufvermögen *(net working capital)***
+	durchschnittliches Anlagevermögen *(average fixed assets)*
=	**durchschnittliche Net Assets *(average net assets)***

Ermittlung der durchschnittlichen Net Assets

Beispiel: Berechnung des RONA bei der Daimler AG[300]

	Daimler AG (Angaben in Mio. €)	2019	2018
	Net Operating Profit	3.068	7.963
:	durchschnittliche Net Assets	63.746	53.809
=	**RONA**	**4,8 %**	**14,8 %**

Der gewogene durchschnittliche Kapitalkostensatz nach Steuern der Daimler AG lag im Geschäftsjahr 2019 bei 8 %.[301] Die erreichte Rentabilität des RONA lag im Geschäftsjahr 2019 unter dem Kapitalkostensatz, im Vorjahr war der RONA höher als der Kapitalkostensatz. Die Entwicklung ist negativ zu beurteilen, da der RONA niedriger ist als die geforderte Mindestverzinsung, der Kapitalkostensatz.

13.4.3 Return on Invested Capital (ROIC)

Der ROIC ist ein Maß für die operative Rentabilität und gibt die Höhe der Verzinsung des eingesetzten Kapitals an. Diese Kenngröße wird als Verhältnis des NOPAT zum durchschnittlich investierten Kapital definiert. Der ROIC besagt, dass ein Unternehmen nur Werte für die Shareholder schafft, wenn der ROIC höher als der gewogene durchschnittliche Kapitalkostensatz (WACC) ist. Das »investierte Kapital« wird folgendermaßen berechnet:

	durchschnittliches Eigenkapital *(average equity)*
+	durchschnittliche langfristige Rückstellungen *(average long-term provisions)*
+	durchschnittliches zinstragendes Fremdkapital *(average interest-bearing debt)*
=	**durchschnittliches investiertes Kapital *(average invested capital)***

Ermittlung des durchschnittlich investierten Kapitals

Der NOPAT wird wie folgt berechnet:

	EBIT (Ergebnis vor Zinsen und Steuern)
–	adaptierte Unternehmenssteuern bezogen auf das EBIT
=	**NOPAT (Net Operating Profit After Taxes)**

Ermittlung des Net Operating Profit After Taxes (NOPAT)

300 Daimler AG, Geschäftsbericht 2019, 2020, S. 340.
301 Daimler AG, Geschäftsbericht 2019, 2020, S. 63.

Die Berechnung des ROIC ist folgendermaßen definiert:

$$\text{Return on Invested Capital (ROIC)} = \frac{\text{NOPAT}}{\text{investiertes Kapital}} \times 100$$

Beispiel: Berechnung des ROIC bei der HeidelbergCement[302]

	HeidelbergCement AG (Angaben in Mio. €)	2019	2018
	Ergebnis des laufenden Geschäftsbetriebs	2.186,3	2.009,6
–	gezahlte Ertragsteuern	- 294,1	- 260,8
=	**NOPAT (operatives Ergebnis nach Steuern)**	**= 1.892,2**	**= 1.748,8**
	Eigenkapital und Minderheitsanteile	18.504,4	16.821,7
+	Nettofinanzschulden	+ 8.410,4	+ 8.323,3
–	Verbindlichkeiten aus Minderheitsanteilen mit Verkaufsoptionen	- 63,7	- 83,4
=	**investiertes Kapital**	**= 26.851,1**	**= 25.061,7**
	Durchschnitt des investierten Kapitals (über die letzten vier Quartale)	**27.455,5**	**25.481,2**
	NOPAT	1.892,2	1.748,8
:	durchschnittlich investiertes Kapital	27.455,5	25.061,7
=	**Return on Invested Capital (ROIC)**	**= 6,9 %**	**= 6,9 %**

Der ROIC lag 2019 mit 6,9 % auf dem Niveau des Vorjahres und damit über den relevanten gewichteten Kapitalkosten von 6,6 % (im Vorjahr 6,3 %) bei der HeidelbergCement AG.[303]

13.4.4 EBIT after Cost of Capital (EBITAC)

Das Ergebnis der Betriebstätigkeit nach Kapitalkosten (EBITAC) verbindet die im EBIT zusammengefasste wirtschaftliche Lage einer Unternehmung mit den Kosten für das Kapital, das die Investoren zur Verfügung stellen.[304] Für die Berechnung des EBITAC wird das EBIT um Sonderfaktoren und -aktivitäten bereinigt und anschließend um die

302 HeidelbergCement AG, Geschäftsbericht 2019, 2020, S. 39.
303 HeidelbergCement AG, Geschäftsbericht 2019, 2020, S. 39.
304 Vgl. BASF SE, Bericht 2017, 2018, S. 28.

Kapitalkosten reduziert, die sich aus dem Geschäftsvermögen und dem gewogenen durchschnittlichen Kapitalkostensatz ergeben:[305]

EBITAC = EBIT – Kapitalkosten = EBIT – (Geschäftsvermögen × WACC)

Beispiel: Berechnung des EBITAC bei der BASF SE

Die Kennzahl war bis zum Jahr 2018 die bedeutsamste operative Ziel- und Steuerungsgröße für die BASF-Gruppe, sie wurde allerdings ab dem Jahr 2019 durch den ROCE ersetzt.[306]

Die BASF SE berechnete das EBITAC im Geschäftsjahr 2018 wie folgt:[307]

	BASF SE (Angaben in Mio. €)	2018	2017
	EBIT	6.524	8.278
–	Kapitalkosten (der WACC betrug 10 %)	– 5.699	– 5.376
=	**EBIT after Cost of Capital**	**= 825**	**= 2.902**

Es wurde ein positiver Wertbeitrag erzielt, da das Ergebnis vor Zinsen und Steuern über den Kapitalkosten liegt, die für die Finanzierung des durchschnittlich gebundenen Geschäftsvermögens erforderlich sind.

13.4.5 Cashflow Return on Investment (CFROI)

Der CFROI stellt die Verzinsung des eingesetzten Kapitals einer Periode dar, d. h., es handelt sich um eine Renditekennzahl, mit der die Performance eines Unternehmens oder Geschäftsbereichs gemessen wird. Das von der Boston Consulting Group entwickelte Konzept ermittelt, in welcher Höhe das investierte Kapital verzinst wurde.

Ausgangspunkt des CFROI ist der Brutto-Cashflow (BCF), der um die sogenannte ökonomische Abschreibung (ÖA) vermindert wird. Die Differenz ergibt die Periodenerfolgsgröße, die anschließend ins Verhältnis zum eingesetzten Kapital, der Bruttoinvestitionsbasis (BIB) *(gross investment base)*, gesetzt wird.[308] Die folgende Formel verdeutlicht die Zusammenhänge:

305 Vgl. BASF SE, Bericht 2017, 2018, S. 28.
306 Vgl. BASF SE, Bericht 2018, 2019, S. 29.
307 vgl. BASF SE, Bericht 2018, 2019, S. 47.
308 Die angegebene Formel zeigt die Berechnung des CFROI auf Basis der ökonomischen Abschreibung (auch »statischer CFROI« genannt). Daneben ist auch eine Berechnung auf der Grundlage der internen Zinsfußmethode möglich (dynamischer CFROI). Diese wird jedoch aufgrund von Prämissen und

$$CFROI_t = \frac{BCF_t - ÖA_t}{BIB_{t-1}}$$

BCF_t = Brutto-Cashflow in der Periode t
$ÖA_t$ = Ökonomische Abschreibung in der Periode t
BIB_{t-1} = Bruttoinvestitionsbasis zu Beginn der Periode t

Brutto-Cashflow

Der CFROI-Ansatz geht von konstanten Brutto-Cashflows aus. Der für die vergangene Periode ermittelte Brutto-Cashflow wird folglich für alle künftigen Perioden während der Nutzungsdauer unterstellt. Der Brutto-Cashflow ist der Zahlungsüberschuss nach Steuern, der für Ausschüttungen oder Investitionen verfügbar ist. Er beruht auf dem Jahresüberschuss der Gewinn-und-Verlust-Rechnung.[309] Der Brutto-Cashflow ist weitgehend frei von Bewertungseinflüssen sowie von Einflüssen des Alters des Anlagevermögens.[310]

Der Brutto-Cashflows kann mithilfe des folgenden Schemas ermittelt werden:[311]

	Jahresüberschuss/-fehlbetrag gemäß GuV
±	außerordentliche bzw. aperiodische Aufwendungen/Erträge
∓	Steuermehr-/-minderaufwand aufgrund Korrektur außerordentlicher bzw. aperiodischer Aufwendungen/Erträge
±	zusätzliche/geringere Zinserträge aufgrund der Anpassung und daraus folgende steuerliche Wirkungen außerordentlicher bzw. aperiodischer Aufwendungen und Erträge
=	**bereinigtes operatives Ergebnis (nach Steuern und Zinsauszahlungen)**
+	Aufwendungen für Fremdkapitalzinsen
-	Steuermehraufwand wegen fehlendem Tax Shield des Fremdkapitalaufwands
=	**bereinigtes operatives Ergebnis (nach Steuern und vor Zinsauszahlungen)**
+	Abschreibungen
-	Steuerwirkung der Abschreibungen auf nicht betriebsnotwendiges Vermögen
+	Zinserträge aus der Korrektur der Finanzierung des nicht betriebsnotwendigen Vermögens
-	Steuerwirkung der Zinserträge aus der Anpassung der Finanzierung des nicht betriebsnotwendigen Vermögens

Schwierigkeiten bei der Ermittlung im vorliegenden Buch ausgeklammert (Weber, J. et al., Wertorientierte Unternehmenssteuerung, 2017, S. 61 f.).

309 Weber, J. et al., Wertorientierte Unternehmenssteuerung, 2017, S. 59 ff.

310 Küting, K. & Weber, C.-P., Die Bilanzanalyse, 2015, S. 484.

311 Weber, J. et al., Wertorientierte Unternehmenssteuerung, 2017, S. 64.

+	Aufwendungen mit Investitionscharakter
–	Steuerwirkung der Aufwendungen mit Investitionscharakter
+	Steuerwirkung der Abschreibungen auf die aktivierten Aufwendungen mit Investitionscharakter
±	Bildung/Minderung Rückstellungen
+	Miet-/Leasingaufwendungen
–	Steuerwirkung der Miet-/Leasingaufwendungen
+	Steuerwirkung der Abschreibungen auf die aktivierten Miet-/Leasingobjekte
±	Veränderung der Zinserträge aus der geänderten Behandlung der Miet-/Leasingobjekte
∓	Steuerwirkung der Veränderung der Zinserträge aufgrund der Miet-/Leasingobjekte
+	Zinsen aus der Berücksichtigung verdeckter Zinszahlungen im Rahmen des Lieferantenkredits
–	Steuerwirkungen der Zinsen des Lieferantenkredits
=	**Brutto-Cashflow (nach Steuern und vor Zinsauszahlungen)**

Anpassungen bei der Ermittlung des Brutto-Cashflows

Ökonomische Abschreibung (ÖA)

Die ökonomische Abschreibung (ÖA) *(economic depreciation)* ist der konstante Betrag, der jährlich bis zum Ablauf der Nutzungsdauer *(useful life)* bei einer Verzinsung in Höhe des WACC angelegt werden müsste, um am Ende der Nutzungsdauer das abschreibbare Anlagevermögen zu historischen Anschaffungskosten *(historical acquisition costs)* ersetzen zu können, also eine Investition in Höhe der Anfangsinvestition zu tätigen.[312] Die ökonomische Abschreibung dient der Glättung der Auszahlungen über die gesamte Zeitspanne.[313] Sie wird wie folgt berechnet:

$$ÖA_t = \frac{WACC}{(1+WACC)^n - 1} \times AA_{t-1}$$

$ÖA_t$	= Ökonomische Abschreibung in der Periode t
WACC	= Weighted Average Cost of Capital
AA_{t-1}	= abschreibbare Aktiva zu Beginn der Periode t
n	= Nutzungsdauer von Vermögenswerten (abnutzbares Anlagevermögen)

312 Gladen, W., Performance Measurement, 2011, S. 149.

313 Laier, R., Value Reporting, 2011, S. 137.

Die Nutzungsdauer (n) der abschreibbaren Vermögenswerte berechnet sich wie folgt:

$$\text{Nutzungsdauer}(n) = \frac{\text{historische Anschaffungs- oder Herstellungskosten}}{\text{jährliche Abschreibungen}} \times AA$$

Die abschreibbaren Aktiva (AA) *(depreciable assets)* werden im ersten Schritt als Summe aus dem Buchwert der abschreibbaren immateriellen Vermögenswerte und dem Buchwert der abschreibbaren Sachanlagen ermittelt. Dazu werden die kumulierten Abschreibungen *(cumulated depreciations)* der immateriellen Vermögenswerte und die kumulierten Abschreibungen der Sachanlagen hinzuaddiert:[314]

	Buchwert der abschreibbaren immateriellen Vermögenswerte
+	Buchwert der abschreibbaren Sachanlagen
+	kumulierte Abschreibungen auf immaterielle Vermögenswerte
+	kumulierte Abschreibungen auf Sachanlagen
=	**abschreibbare Aktiva**

Berechnungsschema für die abschreibbaren Aktiva

Bruttoinvestitionsbasis (BIB)

Die Bruttoinvestitionsbasis *(gross investment base)* stellt das im Unternehmen investierte Kapital im CFROI-Konzept dar, das zur Erzielung des Brutto-Cashflows eingesetzt wird. In der Literatur werden unterschiedliche Ermittlungsweisen der Bruttoinvestitionsbasis empfohlen.

Die Bruttoinvestitionsbasis (BIB) kann mit folgendem Berechnungsschema ermittelt werden:[315]

	Bilanzsumme (buchmäßige Aktiva) *(balance sheet total (book assets))*
+	kumulierte Abschreibungen auf immaterielle Vermögenswerte *(accumulated amortisation on intangible assets)*
+	kumulierte Abschreibungen auf Sachanlagen *(accumulated depreciation on property, plant and equipment)*
-	unverzinsliches Fremdkapital (Abzugskapital) *(non-interest-bearing debt capital (deductible capital))*
-	erworbene Geschäfts- oder Firmenwerte *(acquired goodwill)*
+	kapitalisierte Miet- und Leasingaufwendungen *(capitalised rental and leasing expenses)*
=	**Bruttoinvestitionsbasis (BIB)** ***(gross investment base)***

Berechnungsschema für die Bruttoinvestitionsbasis

314 Vgl. Steger, J., Kennzahlen und Kennzahlensysteme, 2014, S. 157.
315 Vgl. Steger, J., Kennzahlen und Kennzahlensysteme, 2014, S. 156.

Der CFROI hat sich aufgrund seiner Komplexität in der Praxis nicht durchgesetzt. In den Geschäftsberichten 2018 und 2019 der DAX-30-Unternehmen wurde diese Kennzahl nicht verwendet. Die Wienerberger AG in Österreich setzte zur Unternehmenssteuerung bis 2016 den CFROI ein. Inzwischen nimmt die Wienerberger AG die Kennzahl »ROCE«.

Beispiel: Die Wienerberger AG berechnete den CFROI im Geschäftsjahr 2016 wie folgt[316]

	Wienerberger AG (Angaben in Mio. €)	2016	2015
	EBITDA	404,3	369,7
:	Bruttoinvestitionsbasis (BIB)	5.599,8	5.522,2
=	**CFROI**	**= 7,2 %**	**= 6,7 %**

Der CFROI liefert im Vergleich mit dem gewogenen durchschnittlichen Kapitalkostensatz (WACC) Aussagen darüber, ob in der Unternehmung während der Betrachtungsperiode Wert geschaffen oder vernichtet wurde.[317]

Da die Wienerberger AG im Jahr 2015 einen WACC nach Steuern von 7,24 % auswies, wurden mit einem geringeren CFROI von 6,7 % Werte vernichtet. Im Jahr 2016 lag der WACC allerdings bei 6,69 %, was bedeutet, dass in diesem Berichtsjahr die Rentabilität höher als die Kapitalkosten waren und somit Werte geschaffen wurden.[318]

13.5 Kennzahlen zu absoluten Wertbeiträgen

In den vergangenen Jahren haben sich in der Praxis drei wertorientierte Übergewinnverfahren, der Cash Value Added (CVA), der Value Added und der Economic Value Added (EVA®), etabliert.

13.5.1 Cash Value Added (CVA)

Der Cash Value Added ist eine absolute, periodenbezogene Kennzahl zur wertorientierten Unternehmenssteuerung. Sie misst den absoluten Wertbeitrag nach Abzug der Gesamtkosten, den ein Unternehmen in einer Periode erwirtschaftet, und stellt

316 Wienerberger AG, Geschäftsbericht 2016, 2017, S. 80.
317 Wöltje, J., Bilanzen lesen, verstehen und gestalten, 2018, S. 469.
318 Wienerberger AG, Geschäftsbericht 2016, 2017, S. 80.

somit den Residualgewinn dar.[319] Um den CVA zu ermitteln, wird der Cashflow Return on Investment (CFROI) dem gewogenen durchschnittlichen Kapitalkostensatz (WACC) gegenübergestellt. Zur Ermittlung des CVA wird die Spanne (Spread) zwischen dem CFROI und dem WACC mit der Bruttoinvestitionsbasis (BIB) multipliziert:

$$CVA_t = (CFROI_t - WACC_t) \times BIB_{t-1}$$

$$CFROI_t = \frac{BCF_t - ÖA_t}{BIB_{t-1}}$$

Durch mathematische Gleichsetzung und Umformung kann der CVA wie folgt berechnet werden:

$$CVA_t = \left(\frac{BCF_t - ÖA_t}{BIB_{t-1}} - WACC \right) \times BIB_{t-1}$$

$$CVA_t = BCF_t - ÖA_t - (WACC \times BIB_{t-1})$$

BCF_t = Brutto-Cashflow in der Periode t

ÖA = ökonomische Abschreibung

BIB_{t-1} = Bruttoinvestitionsbasis zu Beginn der Periode t

WACC = Weighted Average Cost of Capital

Es lassen sich folgende Entscheidungsregeln auf der Basis des Verhältnisses von CFROI und WACC ableiten:[320]

CFROI > WACC	CVA > 0	Investition ist wertsteigernd
CFROI = WACC	CVA = 0	Investition deckt genau die Kapitalkosten
CFROI < WACC	CVA < 0	Investition ist wertvernichtend

Entscheidungsregeln beim CVA im Zusammenhang mit CFROI und WACC

Das Ergebnis des CVA zeigt den in einer Periode erwirtschafteten Wertezuwachs. Der CVA kann für einzelne Geschäftsbereiche oder für das ganze Unternehmen berechnet werden. Für die nachhaltige Steigerung des Unternehmenswerts setzen z. B. der Bayer-Konzern und der Lufthansa-Konzern als wertorientierte Steuerungsgröße den Cash Value Added ein.

319 Vgl. Stührenberg, L. et al., Wertorientierte Unternehmensführung, 2003, S. 47.

320 Steger J., Kennzahlen und Kennzahlensysteme, 2014, S. 159.

Die Bayer AG gehörte bis zum Jahr 2016 zu den Anwendern der CFROI- und CVA-Konzepte. Der Einsatz der beiden Kennzahlen wurde jedoch zum Jahr 2016 aufgegeben und durch den ROCE ersetzt. Als Gründe führt Bayer die Komplexität und die mangelnde Bekanntheit der Konzepte auf.[321] Auch die Lufthansa AG, die den CVA bis zum Jahr 2014 einsetzte, löste den CVA aufgrund der komplexen Berechnung und der schweren Nachvollziehbarkeit durch eine andere wertorientierte Kennzahl ab.[322]

Beispiel: Bayer AG aus dem Geschäftsbericht des Jahre 2015

Die Bayer AG nutzte im Geschäftsjahr 2015 das letzte Mal zur wertorientierten Unternehmenssteuerung die beiden Kennzahlen »CFROI« und »CVA«. Die beiden Kennzahlen wurden bei der Bayer AG wie folgt berechnet:[323]

$$\text{CFROI} = \frac{(\text{Brutto-Cashflow}) - \begin{pmatrix}\text{Reproduktionswert des} \\ \text{abnutzbaren Anlagevermögens}\end{pmatrix}}{\begin{matrix}\text{durchschnittlicher Investitionswert} \\ (= \text{durchschnittlich eingesetztes Kapital})\end{matrix}}$$

CVA = Brutto-Cashflow – Brutto-Cashflow-Hurdle

Wird bei der Bayer AG die Brutto-Cashflow-Hurdle übertroffen, ist der CVA positiv und die Kapitalkosten sowie die Reproduktionskosten konnten vollständig verdient werden.[324] In der folgenden Tabelle werden die beiden Kennzahlen CFROI und CVA des Bayer-Konzerns dargestellt.[325]

Bayer AG (alle Angaben in Mio. €)	2014	2015
Brutto-Cashflow (BCF)	6.707	6.999
Brutto-Cashflow-Hurdle	4.421	5.714
Cash Value Added (CVA)	2.286	1.285
Cashflow Return on Investment (CFROI)	11,7 %	9,6 %
WACC	7,6 %	7,6 %
durchschnittlicher Investitionswert	48.784	61.699

Wertmanagement-Kennzahlen[326]

321 Bayer AG, Geschäftsbericht 2015, 2016, S. 152.
322 Lufthansa AG, Geschäftsbericht 2014, 2015, S. 30 f.
323 Bayer AG, Geschäftsbericht 2015, 2016, S. 362.
324 Bayer AG, Geschäftsbericht 2015, 2016, S. 172.
325 Die Reproduktionskosten der Kapitalgeber waren im Geschäftsbericht nicht angegeben.
326 Bayer AG, Geschäftsbericht 2015, 2016, S. 173.

In beiden Geschäftsjahren hat die Bayer AG einen positiven CVA, das bedeutet, dass die Bayer AG die Mindestanforderungen an Verzinsung und Reproduktion übertroffen und einen Wertezuwachs geschaffen hat. Auch der CFROI ist in beiden Jahren höher als der WACC, d. h., die geforderte Mindestverzinsung wurde übertroffen.

13.5.2 Economic Value Added (EVA®)

Das Konzept des Economic Value Added (EVA®) ist ein von der Unternehmensberatung Stern Steward & Co. entwickeltes Geschäftssteuerungsmodell. Das Konzept verfolgt das Shareholder-Value-Ziel, den Wert des Unternehmens zu steigern.

Der EVA® stellt die Differenz zwischen dem operativen Ergebnis (NOPAT) und dem gewogenen durchschnittlichen Kapitalkostensatz (WACC), dem sogenannten Spread, multipliziert mit dem investierten Vermögen dar. Das investierte Vermögen entspricht dem zu verzinsenden eingesetzten Kapital. Ein positiver EVA® ergibt sich, wenn die erwirtschaftete Kapitalrendite über dem gewogenen durchschnittlichen Kapitalkostensatz (WACC) liegt. Der EVA® geht davon aus, dass nur dann wirtschaftlicher Wert geschaffen wird, wenn über die Kapitalkosten hinaus Gewinn erzielt wird. Anderenfalls wird Wert vernichtet. Er sollte daher positiv sein und wird auch als »Wertbeitrag« oder »Residualgewinn«, also Übergewinn, bezeichnet.[327] Die Kosten des Kapitaleinsatzes werden mithilfe des WACC als Opportunitätskosten für Eigen- und Fremdkapital bestimmt.[328] Der EVA® wird wie folgt berechnet:

EVA® = NOPAT – (investiertes Vermögen × WACC) oder

EVA® = NOPAT – (Capital Employed × WACC)

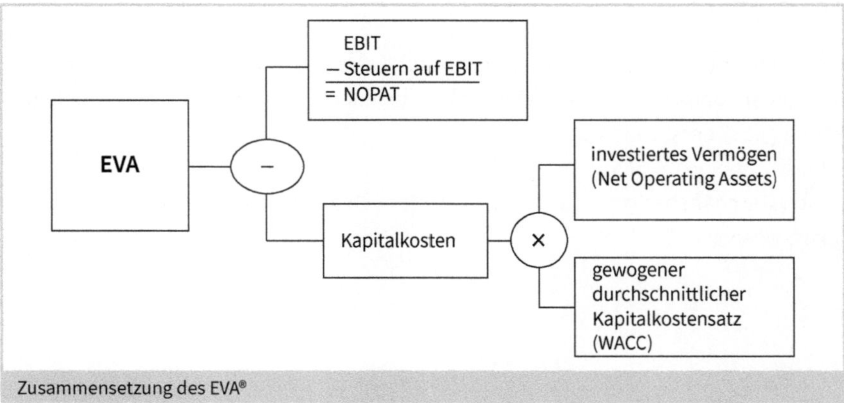

Zusammensetzung des EVA®

327 Gladen, W., Performance Measurement, 2014, S. 139ff.
328 Siegwart et al., Kennzahlen für die Unternehmensführung, 2010, S. 79.

Die Kapitalkosten ergeben sich durch die Multiplikation des gewogenen durchschnittlichen Kapitalkostensatzes (WACC)[329] mit dem investierten Vermögen. Das investierte Vermögen, auch als »Net Operating Asset« (NOA) bezeichnet, setzt sich aus den für den eigentlichen Betriebszweck dienenden Vermögenspositionen, vermindert um das Abzugskapital, zusammen.

Die Net Operating Assets (NOA) können nach dem folgenden Schema berechnet werden:

	Immaterielle Vermögenswerte *(intangible assets)*	
+	Sachanlagevermögen *(property, plant and equipment)*	
+	Vorräte *(inventories)*	
+	Forderungen aLuL *(trade receivables)*	
+	liquide Mittel *(liquid assets)*	
–	Steuerrückstellungen *(provisions for taxes)*	Abzugskapital *(non interest-bearing liabilities)* (unverzinsliches Fremdkapital)
–	sonstige zinsfreie Rückstellungen *(other interest-free provisions)*	
–	erhaltene Anzahlungen *(payments received)*	
–	Verbindlichkeiten aLuL *(trade payables)*	
–	sonstige Verbindlichkeiten *(other liabilities)*	
–	Sonstiges (z. B. Dividendenausschüttung) *(other (dividend distribution))*	
–	passivische Abgrenzungsposten *(deferred income)*	
=	**Net Operating Assets (NOA)**	

Ermittlungsschema der Net Operating Assets (NOA)

Ein positiver EVA® bedeutet, dass die geforderte Verzinsung der Eigen- und Fremdkapitalgeber übererfüllt wurde und somit ein absoluter Übergewinn aus Sicht der Eigenkapitalgeber entstanden ist.[330]

In den Geschäftsberichten wird der EVA® oft auch als Wertbeitrag oder Value Added ausgewiesen.

329 WACC = Weighted Average Cost of Capital (gewogener durchschnittlicher Kapitalkostensatz, dieser stellt die Mindestrendite auf das investierte Kapital dar).

330 Weber, J. & Schäffer, U., Einführung in das Controlling, 2016, S. 189.

Beispiel: EVA® bei Volkswagen

Beim Volkswagen-Konzern entspricht der EVA® dem Wertbeitrag. Er wurde im Konzernbereich Automobile wie folgt ermittelt:[331]

		Volkswagen Konzern 2019 (Angaben in Mio. €)	2019	2018
		operatives Ergebnis nach Steuern (NOPAT) (a)	13.019	11.438
	:	durchschnittlich investiertes Vermögen	116.016	104.424
	=	**Kapitalrendite (ROI)**	**11,2 %**	**11,0 %**
	operatives Ergebnis nach Steuern (NOPAT) (a)		13.019	11.438
		durchschnittlich investiertes Vermögen	116.016	104.424
	×	Kapitalkostensatz (WACC)	6,3 %	6,2 %
–	=	Kapitalkosten des investierten Vermögens (b)	7.328	6.474
=	**Wertbeitrag (EVA®) = (a) – (b)**		**5.691**	**4.964**

Der Volkswagen-Konzern konnte im Konzernbereich Automobile in den Geschäftsjahren 2018 und 2019 einen positiven Wertbeitrag (EVA®) vorweisen und hat somit Werte generiert, da der NOPAT höher war als die Kapitalkosten des investierten Vermögens. Somit war auch die Kapitalrendite höher als die geforderte Mindestrendite (WACC).

13.5.3 Wertorientierte Kennzahlen in den DAX-30-Unternehmen

Die folgende Tabelle zeigt die DAX-30-Unternehmen[332] in der linken Spalte und eine Kategorisierung in Branchen, absolute Wertbeiträge, relative Wertbeiträge und Cashflow-orientierte Kennzahlen in der oberen Zeile. Die Spalte »Andere Kennzahlen« zeigt entweder im weiteren Sinne mit dem wertorientierten Verständnis zusammenhängende Kennzahlen oder andere Steuerungskennzahlen, die die Unternehmen zur Unternehmensführung heranziehen, falls keine wertorientierten Kennzahlen verankert sind:

331 Volkswagen AG, Geschäftsbericht 2019, 2020, S. 127.
332 Stand März 2020, entnommen aus den Geschäftsberichten 2018 und 2019 der 30 DAX-Unternehmen.

DAX30	Branche	Absolute Wertbeiträge	Relative Wertbeiträge	Cashflow orientierte Kennzahlen	Andere Kennzahlen
Adidas	Bekleidung			operativer Cashflow (Umsatzerlöse, operative Marge, operatives kurzfristiges Betriebskapital, Investitionen)	
Allianz	Versicherungen		Return on Risk Capital (RORC)	operativer Cashflow; Barreserve	Total Shareholder Return
BASF	Chemie		ROCE		
Bayer	Chemie		ROCE		
Beiersdorf	Chemie				Umsatzwachstum; EBIT-Umsatzrendite
BMW	Automotive	Wertbeitrag (EVA)	ROCE		ROE (für Finanzdienstleistungen)
Continental	Automotive	Continental Value Contribution (CVC)	ROCE	Free Cashflow	EBIT-Marge
Covestro	Chemie		ROCE	operativer Free Cashflow	Mengenwachstum im Kerngeschäft
Daimler	Automotive	Wertbeitrag (EVA)	RONA	Free Cashflow	ROE (für Finanz-DL); EBIT-Umsatzrendite
Deutsche Bank	Banken				ROE
Deutsche Börse	Börsen			operativer Cashflow	ROE; Nettobarwert NPV; Verhältnis FFO zu Nettoverschuldung

DAX30	Branche	Absolute Wertbeiträge	Relative Wertbeiträge	Cashflow orientierte Kennzahlen	Andere Kennzahlen
Deutsche Post	Logistik	Gewinn nach Kapitalkosten (EAC)		Free Cashflow	ROE; EBIT-Umsatzrendite; Nettofinanzverschuldung
Deutsche Telekom	Telekommunikation	Wertbeitrag (EVA)	ROCE	Free Cashflow	EBIT-Marge; EBITDA-Marge
E.ON	Energieversorger	Wertbeitrag; ROCE-Spread	ROCE	operativer Cashflow	Nettoverschuldung
Fresenius	Medizintechnik		ROOA; ROIC	operativer Cashflow; Cashflow-Marge	ROE; EBIT-Wachstum
Fresenius Medical Care	Medizintechnik und Klinikbetrieb		ROIC	Free Cashflow, operativer Cashflow	Nettoverschuldung
Heidelberg-Cement	Baustoffe		ROIC; ROCE		ROE; Umsatzrendite
Henkel	Konsumgüter und Chemie	Wertbeitrag (EVA)	ROCE	Free Cashflow; operativer Cashflow	EBIT-Umsatzrendite
Infineon	Halbleiter		ROCE	Free Cashflow	Segmentergebnis
Linde PLC	Industriegase u. Anlagenbau		ROCE	operativer Free Cashflow	EBITDA
Lufthansa	Luftfahrt	Gewinn nach Kapitalkosten EACC	ROCE		EBIT-Marge
Merck	Chemie und Pharma	Merck Value Added (MEVA)	ROCE	Business Free Cashflow	Kapitalwert; interner Zinsfuß; Amortisationszeit; EBITDA pre
MTU	Luftfahrt			Free Cashflow	Adjusted EBIT

DAX30	Branche	Absolute Wertbeiträge	Relative Wertbeiträge	Cashflow orientierte Kennzahlen	Andere Kennzahlen
Munich Re	Versicherungen	Wertbeitrag Economic Earnings	Return on Risk adjusted Capital RORAC		ROE
RWE	Energieversorger			operativer Cashflow; Free Cashflow	interner Zinsfuß; Adjusted EBITDA; Adjusted EBIT; Nettoverschuldung
SAP	Software			operativer Cashflow; Free Cashflow	operative Marge; Betriebsergebnis; Umsatzerlöse
Siemens	Elektrotechnik		ROCE		EBIT-Marge; ROE (für Finanz-DL); vergleichbares Wachstum
Volkswagen	Automotive	Wertbeitrag (EVA)			ROI
Vonovia	Immobilien			operativer Cashflow	Group Funds from Operations FFO; Adjusted EBITDA; (Adjusted) Net Asset Value/ Aktie; DCF-Verfahren
Wirecard	Finanztechnologie			operativer Cashflow	EBITDA

Wertorientierte Kennzahlen in den DAX-30-Unternehmen (eigene Darstellung)

Circa ein Drittel der oben aufgelisteten DAX-30-Unternehmen machen keine Angaben bzw. nennen keine absoluten oder relativen wertorientierten Kennzahlen in ihren Geschäftsberichten. Sehr häufig wird der ROCE als maßgebliche Schlüsselkennzahl für die Wertorientierung angegeben: Knapp die Hälfte der DAX-30-Unternehmen haben sich für diese Kennzahl entschieden bzw. sind zu dieser Kennzahl übergegangen, wie beispielsweise der BASF-Konzern. Zwei Drittel der Unternehmen führen Free Cashflows oder Operative Cashflows als wichtige Leistungsindikatoren in ihren Geschäftsberichten auf. Lediglich elf von 30 Unternehmen verwenden absolute Wertbeiträge. Diese passen die Unternehmen oft auf das eigene Unternehmen an, wie beispielsweise die Continental Value Contribution »CVC« oder der Merck Value Added »MEVA«.

13.6 Kennzahlen zur Aktienanalyse

Die folgenden Kennzahlen finden Sie im Kursteil der Wirtschaftszeitung und auf diversen Finanzportalen im Internet. Sie dienen zur Bewertung und Einschätzung eines Unternehmens.

13.6.1 Marktkapitalisierung

Die Marktkapitalisierung *(market capitalization)*, auch »Börsenkapitalisierung« genannt, stellt den Börsenwert eines Unternehmens dar, d. h. wie viel alle Aktien einer Aktiengesellschaft (AG) wert sind. Sie wird errechnet, indem der Aktienkurs mit der Anzahl der ausgegebenen Aktien multipliziert wird.

$$\text{Marktkapitalisierung} = (\text{Anzahl der Stammaktien} \times \text{Preis je Stammaktie}) + (\text{Anzahl der Vorzugsaktien} \times \text{Preis je Vorzugsaktie})$$

Beispiel: Marktkapitalisierung der Adidas AG[333]

	Adidas AG	**2019**	**2018**
	Aktienkurs (Jahresende) (€/St.)	289,80	182,40
×	Anzahl der ausstehenden Aktien am Jahresende (ohne eigene Aktien) (St.)	195.969.387	199.171.345
=	**Marktkapitalisierung (Jahresende) (Mio. €)**	**56.792**	**36.329**

Die Adidas AG hat im Geschäftsjahr 2019 insgesamt 3,2 Mio. Aktien im Wert von 815 Mio. € zurückerworben. Der durchschnittliche Kaufpreis je Aktie betrug 252,80 €. Seit Beginn des Aktienrückkaufprogramms sind insgesamt 8,8 Mio. eigene Aktien eingezogen worden. Dadurch reduzierten sich die Aktienanzahl und das Grundkapital des Unternehmens entsprechend.

333 Adidas AG, Geschäftsbericht 2019, 2020, S. 48 u. 244.

13.6.2 Ergebnis je Aktie

Beim Ergebnis je Aktie *(earnings per share)* wird zwischen dem unverwässerten und dem verwässerten Ergebnis je Aktie unterschieden. Das unverwässerte Ergebnis je Aktie wird errechnet, indem der Ergebnisanteil der Aktionäre durch die durchschnittlich sich im Umlauf befindlichen Aktien dividiert wird. Das verwässerte Ergebnis je Aktie berücksichtigt zusätzlich alle aufgrund von Aktienoptionsplänen[334] oder Wandelanleihen[335] möglicherweise auszugebenden Aktien. Das Ergebnis je Aktie wird wie folgt berechnet:

$$\text{Ergebnis je Aktie} = \frac{\text{Ergebnis}}{\text{gewichtete Durchschnittszahl der Aktien}}$$

Beispiel: Ergebnis je Aktie bei der Bayer AG[336]

	Bayer AG	2018	2019
	Ergebnis nach Ertragsteuern (Aktionäre der Bayer AG entfallend) (Mio. €)	1.695	4.091
:	gewichtete durchschnittliche Anzahl der Aktien (Mio. St.)	940,76	981,69
=	**Ergebnis je Aktie (€)**	**1,80**	**4,17**

Das Ergebnis je Aktie wurde im Berichtsjahr mit 4,17 € (Vorjahr: 1,80 €) mehr als verdoppelt.

13.6.3 Kurs-Gewinn-Verhältnis (KGV)

Eine beliebte Kennzahl bei Aktienanlegern ist das Kurs-Gewinn-Verhältnis (KGV), das auch als »Price Earnings Ratio« (PER) bezeichnet wird. Das KGV zeigt das Verhältnis zwischen dem Aktienkurs und dem Gewinn je Aktie. Es dient zur Beurteilung der Ertragskraft und Ertragsentwicklung eines Unternehmens im Vergleich zu einem oder mehreren anderen Unternehmen im Gesamtmarkt. Das KGV sollte mit Unternehmen ähnlicher Branche verglichen werden. Ein hohes KGV deutet normalerweise darauf hin, dass Investoren künftig eine höhere Gewinnsteigerung im Vergleich zu Unternehmen mit niedrigerem KGV erwarten.

334 Als Aktienoption wird das Recht, eine bestimmte Anzahl von Aktien zu einem fest definierten Preis innerhalb eines bestimmten Zeitraums zu kaufen (Call) oder zu verkaufen (Put), bezeichnet, das ein Käufer erwirbt.

335 Eine Wandelanleihe (= Wandelschuldverschreibung) kann innerhalb einer bestimmten Frist unter festgelegten Bedingungen vom Inhaber einer Wandelanleihe in Aktien der ausgebenden Gesellschaft umgetauscht werden.

336 Bayer AG, Geschäftsbericht 2019, 2020, S. 173.

Das KGV gibt an, mit dem wievielfachen der Jahresgewinn einer Aktie zurzeit an der Börse notiert ist. Es wird wie folgt berechnet:

$$\text{KGV (Price Earnings Ratio)} = \frac{\text{Preis je Aktie (Börsenkurs je Aktie)}}{\text{Gewinn je Aktie}}$$

Beispiel: Kurs-Gewinn-Verhältnis der Bayer AG[337]

	Bayer AG	2019	2018
	Börsenkurs zum Jahresende	72,81 €/Aktie	60,56 €/Aktie
:	Konzernergebnis je Aktie	4,17 €/Aktie	1,80 €/Aktie
=	**Kurs-Gewinn-Verhältnis**	**17,5**	**33,6**

13.6.4 Dividendenrendite

Die Dividendenrendite *(dividend yield)* ist eine Kennzahl, die zur Aktienbewertung herangezogen werden kann. Sie errechnet sich aus dem Verhältnis der Dividende zum jeweiligen Börsenkurs *(market price)*. Eine Aktie ist umso rentabler, je höher die Dividendenrendite ist. Ein eher konservativer Investor wird eine Aktie mit hoher Dividendenrendite bei seiner Kaufentscheidung bevorzugen. Die Dividendenrendite wird wie folgt berechnet:

$$\text{Dividendenrendite} = \frac{\text{Dividende je Aktie}}{\text{Börsenkurs}} \times 100$$

Beispiel: Dividendenrendite der Bayer AG[338]

	Bayer AG	2019	2018
	Dividende je Aktie	2,80 €/Aktie	2,80 €/Aktie
:	Börsenkurs zum Jahresende	72,81 €/Aktie	60,56 €/Aktie
=	**Dividendenrendite**	**3,8 %**	**4,6 %**

337 Bayer AG, Geschäftsbericht 2019, 2020, S. 20.
338 Bayer AG, Geschäftsbericht 2019, 2020, S. 20.

13.6.5 Kurs-Cashflow-Verhältnis (KCFV)

Das Kurs-Cashflow-Verhältnis (KCFV) *(price/cash flow ratio)* stellt das Verhältnis von Aktienkurs zum Cashflow dar. Es besagt, mit welchem Faktor des Cashflows die Aktien eines Unternehmens an der Börse bewertet sind. Für die Kaufentscheidung eines Investors gilt: Je niedriger der KCFV, desto preiswerter ist eine Aktie. Berechnung des KCFV:

$$\text{KCFV} = \frac{\text{Börsenkurs je Aktie}}{\text{Cashflow je Aktie}} \text{ bzw. } \frac{\text{Marktkapitalisierung}}{\text{Cashflow aus operativer Geschäftstätigkeit}}$$

Beispiel: Kurs-Cashflow-Verhältnis der Bayer AG[339]

	Bayer AG	2019	2018
	Börsenkurs zum Jahresende	72,81 €/Aktie	60,56 €/Aktie
:	Cashflow aus operativer Geschäftstätigkeit im fortzuführenden Geschäftsbereich je Aktie	8,14 €/Aktie	8,08 €/Aktie
=	**Kurs-Cashflow-Verhältnis (KCFV)**	**8,9**	**7,5**

13.6.6 Kurs-Buchwert-Verhältnis (KBV)

Beim Kurs-Buchwert-Verhältnis (KBV) *(price-to-book ratio)* werden die Vermögenswerte eines Unternehmens in Relation zum aktuellen Börsenkurs *(market price)* gesetzt. Das KBV gibt an, ob ein Unternehmen unter oder über seinem bilanziellen Buchwert an der Börse notiert ist. In der Regel wird ein hohes KBV mit hohen Wachstumsraten und ein niedriges KBV mit geringen Wachstumsraten in Verbindung gebracht. Eine Faustregel lautet: Bei einem niedrigen KBV (KBV < 1) kann man die Vermögenswerte eines Unternehmens preiswert erwerben. Mithilfe des KBV kann man Unternehmen finden, die unterbewertet sind. Das KBV wird wie folgt berechnet:

$$\text{KBV} = \frac{\text{Börsenkurs je Aktie}}{\text{Eigenkapital je Aktie}} \text{ bzw. } \frac{\text{Marktkapitalisierung}}{\text{Buchwert des Eigenkapitals}}$$

339 Bayer AG, Geschäftsbericht 2019, 2020, S. 20.

Beispiel: Kurs-Buchwert-Verhältnis der Bayer AG[340]

	Bayer AG	2019	2018
	Börsenkurs zum Jahresende	72,81 €/Aktie	60,56 €/Aktie
:	Eigenkapital je Aktie	48,37 €/Aktie	49,49 €/Aktie
=	**Kurs-Buchwert-Verhältnis (KBV)**	**1,51**	**1,22**

13.6.7 Kurs-Umsatz-Verhältnis (KUV)

Das Kurs-Umsatz-Verhältnis (KUV) *(price/sales ratio)* setzt die aktuelle Marktkapitalisierung eines Unternehmens ins Verhältnis zum Umsatz. Sie zeigt, mit welchem Vielfachen ein Euro Umsatz an der Börse bewertet wird. Die Kennzahl sollte nur innerhalb eines Branchenvergleichs betrachtet werden. Das KUV wird wie folgt berechnet:

$$KUV = \frac{\text{Marktkapitalisierung}}{\text{Umsatzerlöse}}$$

Beispiel: Kurs-Umsatz-Verhältnis der Bayer AG[341]

	Bayer AG (Angaben in Mio. €)	2019	2018
	Marktkapitalisierung	71.530	56.475
:	Umsatzerlöse	43.545	36.742
=	**Kurs-Umsatz-Verhältnis**	**1,64**	**1,54**

Ein Kurs-Umsatz-Verhältnis von 1,64 bedeutet, dass ein Euro Umsatz aktuell an der Börse mit 1,64 € bewertet wird.

340 Bayer AG, Geschäftsbericht 2019, 2020, S. 2, 20 und 135.
341 Bayer AG, Geschäftsbericht 2019, 2020, S. 20 und 135.

Literaturverzeichnis Unternehmensbewertung

Aschauer, E.; Purtscher, V.: Einführung in die Unternehmensbewertung, Wien, 2011.

Antonakopoulos, N.: Gewinnkonzeptionen und Erfolgsdarstellung nach IFRS: Analyse der direkt im Eigenkapital erfassten Erfolgsbestandteile, Wiesbaden, 2007.

Ballwieser, W.: Unternehmensbewertung – Prozess, Methoden und Probleme –, 3. Aufl., Stuttgart, 2011.

Ballwieser, W.: Unternehmensbewertung – Prozess, Methoden und Probleme –, 4. Aufl., Stuttgart, 2013.

Ballwieser, W.; Hachmeister, D.: Unternehmensbewertung – Prozess, Methoden und Probleme –, 5. Aufl., Stuttgart, 2016.

Baetge, J.; Niemeyer, K.; Kümmel, J.; Schulz, R.: Darstellung der Discounted Cashflow-Verfahren (DCF-Verfahren) mit Beispiel. In: Peemöller, V. H. (Hrsg.): Praxishandbuch der Unternehmensbewertung, 6. Aufl., Herne, 2015, S. 353–508.

Behringer, S.: Unternehmensbewertung der Mittel- und Kleinbetriebe. Betriebswirtschaftliche Verfahrensweisen, Berlin, 1999.

Behringer, S.: Unternehmenstransaktionen – Basiswissen Unternehmensbewertung Ablauf von M&A, Berlin, 2013.

Behringer, S.: Unternehmenstransaktionen – Basiswissen Unternehmensbewertung Ablauf von M&A, 2. Aufl., Berlin, 2020.

Berens, W.; Brauner, H. U.; Strauch, J.: Due Diligence bei Unternehmensakquisitionen, 6. Aufl., Stuttgart, 2011.

Berens, W.; Brauner, H. U.; Strauch, J.; Knauer, T.: Due Diligence bei Unternehmensakquisitionen, 8. Aufl., Stuttgart, 2019.

Bode, J.: Der Investitionsbegriff in der Betriebswirtschaftslehre, in: Schmalenbachs Zeitschrift für betriebswirtschaftliche Forschung, 49. Jg., 1997, S. 449–468.

Brösel, G.: Objektiv gibt es nur subjektive Unternehmenswerte, in: Unternehmensbewertung & Management, 1. Jg., 2003, S. 130–134.

Bysikiewicz, M.: Unternehmensbewertung bei der Spaltung: Entscheidung, Argumentation, Vermittlung, Wiesbaden, 2008.

Coenenberg A. G..; Haller, A.; Schultze, W.: Jahresabschluss und Jahresabschlussanalyse – Betriebswirtschaftliche, handelsrechtliche, steuerrechtliche und internationale Grundlagen – HGB, IAS/IFRS, US-GAAP, DRS, 25. Aufl., Stuttgart, 2018.

Copeland, T.; Koller, T.; Murrin, J.: Unternehmenswert. Methoden und Strategien für eine wertorientierte Unternehmensführung, Frankfurt/New York, 2002.

Deimel, K.; Heupel, T.; Wiltinger, K.: Controlling, München, 2013.

Diedrich, R.; Dierkes, S.: Kapitalmarktorientierte Unternehmensbewertung, Stuttgart, 2015.

Dreher, M.; Ernst, D.: Mergers & Acquisitions. Grundlagen und Verkaufsprozess mittlerer und großer Unternehmen. Konstanz/München, 2016.

Drukarczyk, J.; Schüler, A.: Unternehmensbewertung, 7. Aufl., München, 2016.

Eidel, U.: Moderne Verfahren der Unternehmensbewertung und Performance-Messung, Herne/Berlin, 1999.

Ernst, D.; Amann, T.; Großmann, M.; Lump, D.: Internationale Unternehmensbewertung – Ein Praxisleitfaden, München, 2012.

Ernst, D.; Schneider, S.; Thielen, B.: Unternehmensbewertungen erstellen und verstehen – Ein Praxisleitfaden, 4. Aufl., München, 2010.

Ernst, D.; Schneider, S.; Thielen, B.: Unternehmensbewertungen erstellen und verstehen – Ein Praxisleitfaden, 5. Aufl., München, 2012.

Ernst, D.; Schneider, S.; Thielen, B.: Unternehmensbewertungen erstellen und verstehen – Ein Praxisleitfaden, 6. Aufl., München, 2018.

Hemel, U.; Link, H.: Zukunftssicherung für Familienunternehmen – Beteiligungen, Verkäufe und Übernahmen, Stuttgart, 2018.

Henselmann, K.; Kniest, W.: Unternehmensbewertung: Praxisfälle mit Lösungen, 5. Aufl., Herne, 2015.

Heesen, B.: Basiswissen Unternehmensbewertung – Schneller Einstieg in die Wertermittlung, Wiesbaden, 2018.

Hering, T.: Konzeptionen der Unternehmensbewertung und ihre Eignung für mittelständische Unternehmen, in: BFuP, 52. Jg. (2000), S. 433–453.

Hering, T.: Unternehmensbewertung, 3. Aufl., München, 2014.

Hommel, M.; Dehmel, I.: Unternehmensbewertung – case by case, 5. Aufl., Frankfurt, 2010.

Hommel, U.; Grass, G.; Prokesch, T.: Methoden zur Ermittlung des Unternehmenswertes im M&A Prozess. In: Picot, G. (Hrsg.), Handbuch Mergers & Acquisitions. Planung – Durchführung – Integration, Stuttgart, 2012, S. 151–176.

Horváth, P.; Gleich, R.; Seiter, M.: Controlling. 13. Aufl., München, 2015.

IDW (Hrsg.): WP Handbuch 2014 – Wirtschaftsprüfung, Rechnungslegung, Beratung – Band II, 14. Aufl., Düsseldorf, 2014.

Ihlau, S.; Duscha, H.; Gödecke, S.: Besonderheiten bei der Bewertung von KMU – Planungsplausibilisierung, Steuern, Kapitalisierung, Wiesbaden, 2013.

IWW Institut für Wirtschaftspublizistik: Betriebswirtschaftliche Mandantenbetreuung, Nordkirchen: Verlag für Wirtschaft Steuern Recht GmbH & Co. KG, Ausgabe 2003.

Koch, W.: Unternehmensnachfolge planen, gestalten und umsetzen. Ein prozessorientierter Leitfaden für Unternehmen, Stuttgart, 2016.

Kofler, P.; Enzinger, A.: Das Adjusted-Present-Value-Verfahren in der Praxis, Wien, 2010.

Kranebitter, G.; Maier, D.: Unternehmensbewertung für Praktiker, 3. Aufl., Wien, 2017.

Krolle, S.; Schmitt, G.; Schwetzler, B.: Multiplikatorverfahren in der Unternehmensbewertung, Stuttgart, 2005.

Kuhner, C.; Maltry, H.: Unternehmensbewertung, Berlin, 2017.

Matschke, M. J.; Brösel, G.: Unternehmensbewertung. Funktionen – Methoden – Grundsätze, 4. Aufl., Wiesbaden, 2013.

Matschke, M. J.; Brösel, G.: Funktionale Unternehmensbewertung – Eine Einführung, Wiesbaden, 2014.

Merdian, A.: Zur Vereinheitlichung des europäischen Prüfungsmarktes am Beispiel der Unternehmensbewertung, Wiesbaden, 2018.

Moxter, A.: Grundsätze ordnungsmäßiger Unternehmensbewertung, 2. Aufl., Wiesbaden, 1983.

Nestler, A.; Kupke, T.: Die Bewertung von Unternehmen mit dem Discounted Cash Flow-Verfahren. In: Betriebswirtschaftliche Mandantenbetreuung, Ausgabe 06/2003, 2003.

Nestler, A.; Kraus, P.: Die Bewertung der Unternehmen anhand der Multiplikatormethode. In: BBP Betriebswirtschaft im Blickpunkt, Ausgabe 09/2003.

Niederdrenk, R.: Due Diligence verstehen und als Erfolgsfaktor im M&A-Prozess nutzen. In: Klein, A.: Mergers & Acquisitions im Mittelstand. Instrumente, Kennzahlen und Best-Practice-Prozesse, Freiburg, 2019, S. 67–88.

Nölle, J.-U.: Grundlagen der Unternehmensbewertung. In: Schacht, U.; Fackler, M. (Hrsg.): Praxishandbuch Unternehmensbewertung, 2. Aufl., Wiesbaden, 2009, S. 9–29.

Nowak, C.: Marktorientierte Unternehmensbewertung – Discounted Cashflow, Realoptionen, Economic Added und der Direct Comparison Approach, 2. Aufl., Wiesbaden, 2003.

Oehlrich, M.: Betriebswirtschaftslehre – Eine Einführung am Businessplan-Prozess, 4. Aufl., München, 2019.

Peemöller, V. H. (Hrsg.): Praxishandbuch der Unternehmensbewertung, 5. Aufl., Herne, 2012.

Peemöller, V. H. (Hrsg.): Praxishandbuch der Unternehmensbewertung, 6. Aufl., Herne, 2015.

Peemöller, V. H. (Hrsg.): Praxishandbuch der Unternehmensbewertung, 7. Aufl., Herne, 2019.

Perridon, L.; Steiner, M.; Rathgeber, A.: Finanzwirtschaft der Unternehmung, 17. Aufl., München, 2017.

Petersen, K.; Zwirner, C.: Handbuch Unternehmensbewertung, 2. Aufl., Köln, 2017.

Picot, G.: Handbuch für Familien- und Mittelstandsunternehmen. Strategie, Gestaltung, Zukunftssicherung, Stuttgart, 2008.

Reichmann, T.; Kißler, M.; Baumöl, U.: Controlling mit Kennzahlen – Die systemgestützte Controlling- Konzeption, 9. Aufl., München, 2017.

Schacht, U.; Fackler, M.: Praxishandbuch Unternehmensbewertung – Grundlagen, Methoden, Fallbeispiele, 2. Aufl., Wiesbaden, 2009.

Schierenbeck, H.; Wöhle, C. B.: Grundzüge der Betriebswirtschaftslehre, 18. Aufl., München, 2012.

Schmeisser, W.; Görlitz, B.; Spree, J.; Clausen, L.; Schindler, F.: Einführung in die Unternehmensbewertung. Band 10, München, 2008.

Schmidlin, N.: Unternehmensbewertung & Kennzahlenanalyse – Praxisnahe Einführung mit zahlreichen Fallbespielen börsennotierter Unternehmen, Frankfurt am Main, 2011.

Schmitz, C.: Unternehmensbewertungstheorie und -praxis. Validität praxisrelevanter Unternehmensbewertungsverfahren, Wuppertal, 2010.

Schneck, O.: Handbuch alternative Finanzierungsformen, Weinheim, 2006.

Schneider, H.: Nachfolger gesucht. Wie Sie Ihre Unternehmensnachfolge aktiv gestalten, Stuttgart, 2017.

Schwetje, G.; Demuth, M.; Schubert, H.: Unternehmensnachfolge – Praxisleitfaden für Unternehmer und Berater, Herne, 2016.

Seppelfricke, P.: Handbuch Aktien- und Unternehmensbewertung – Bewertungsverfahren, Unternehmensanalyse, Erfolgsprognose, 4. Aufl., Stuttgart, 2012.

Seppelfricke, P.: Unternehmensbewertung: Methoden, Übersichten und Fakten für Praktiker, Stuttgart, 2020.

Stoltze, T.: Werttreiber- versus Branchenorientierte Auswahl von Vergleichsunternehmen: Eine empirische Untersuchung von Multiplikatorverfahren, Hamburg, 2009.

Thommen, J.-P.; Achleitner, A.-K.; Gilbert, D. U.; Hachmeister, D.; Kaiser, G.: Allgemeine Betriebswirtschaftslehre – Umfassende Einführung aus managementorientierter Sicht, 8. Aufl., Wiesbaden, 2017.

Thommen, J.-P.; Achleitner, A.-K.; Gilbert, D. U.; Hachmeister, D.; Jarchow, S.; Kaiser, G.: Allgemeine Betriebswirtschaftslehre – Umfassende Einführung aus managementorientierter Sicht, 9. Aufl., Wiesbaden, 2020.

Van Kann, J. (Hrsg.): Praxishandbuch Unternehmenskauf: Leitfaden Mergers & Acquistions, 2. Aufl., Stuttgart, 2017.

Voigt C.; Voigt J.; Voigt, J. F.; Voigt R.: Unternehmensbewertung. Erfolgsfaktoren von Unternehmen professionell analysieren, Wiesbaden, 2005.

Wiehle, U.; Diegelmann, M.; Henryk, D.; Schömig, P. N.; Rolf, M.: Unternehmensbewertung – Methoden, Rechenbeispiele, Vor- und Nachteile, Wiesbaden, 2010.

Witt, P.; Rudolf, M.: Bewertung von Wachstumsunternehmen: Traditionelle und innovative Methoden im Vergleich, Wiesbaden, 2017.

Wollny, C.: Der objektivierte Unternehmenswert: Unternehmensbewertung bei gesetzlichen und vertraglichen Bewertungsanlässen, 3. Aufl., Herne, 2018.

Wöhe, G.; Döring, U.: Einführung in die Allgemeine Betriebswirtschaftslehre, 25. Aufl., München, 2013.

Wöhe, G.; Döring, U.; Brösel, G.: Einführung in die Allgemeine Betriebswirtschaftslehre, 26. Aufl., München, 2016.

Wollny, C.: Der objektivierte Unternehmenswert: Unternehmensbewertung bei gesetzlichen und vertraglichen Bewertungsanlässen, 3. Aufl., Herne, 2018.

Wöltje, J.: Investition und Finanzierung: Grundlagen, Verfahren, Übungsaufgaben und Lösungen, 2. Aufl., Freiburg/München/Stuttgart, 2017.

Wortmann, A.: Shareholder Value in mittelständischen Wachstumsunternehmen. Wiesbaden, 2001.

Zwirner, C.: Unternehmensbewertung. Bewertungsmethoden und -ansätze, München, 2012.

Zwirner, C.; Zimny, G.: Relevanz von Einzelbewertungsverfahren. In: Petersen, K.; Zwirner, C. (Hrsg.): Handbuch Unternehmensbewertung, 2. Aufl., Köln, 2017.

Literaturverzeichnis Finanzkennzahlen

Adidas AG: Geschäftsbericht 2019, Herzogenaurach, 2020.

Baetge, J.; Kirsch, H.-J.; Thiele, S.: Bilanzanalyse, 2. Aufl., Düsseldorf, 2004.

Bantz, A.: Konvergenz von wertorientierten Kennzahlen und Informationen der IFRS-Finanzberichterstattung, Wiesbaden, 2019.

BASF SE: Bericht 2017, Ludwigshafen, 2018.

BASF SE: Bericht 2018, Ludwigshafen, 2019.

BASF SE: Bericht 2019, Ludwigshafen, 2020.

Bayer AG: Geschäftsbericht 2015, Leverkusen, 2016.

Beiersdorf AG: Geschäftsbericht 2019, Hamburg, 2020.

Breitenstein, J.: Die Adaption der Bilanzanalyse nach den Anforderungen kommunaler Jahresabschlüsse, Wiesbaden, 2017.

Britzelmaier, B.: Wertorientierte Unternehmensführung, Herne, 2009.

Britzelmaier, B.: Wertorientierte Unternehmensführung, 2. Aufl., Herne, 2013.

Brösel, G.: Bilanzanalyse – Unternehmensbeurteilung auf Basis von HGB- und IFRS-Abschlüssen, 16. Aufl., Berlin, 2017.

Coenenberg, A. G..; Haller, A.; Schultze, W.: Jahresabschluss und Jahresabschlussanalyse – Betriebswirtschaftliche, handelsrechtliche, steuerrechtliche und internationale Grundlagen – HGB, IAS/IFRS, US-GAAP, DRS, 25. Aufl., Stuttgart, 2018.

Daimler AG: Geschäftsbericht 2019, Stuttgart, 2020.

Deutsche Bahn AG: Integrierter Bericht 2019, Berlin, 2020.

Deutsche Lufthansa AG, Geschäftsbericht 2014, Frankfurt, 2015.

Deutsche Lufthansa AG: Geschäftsbericht 2018, Frankfurt, 2019.

Deutsche Lufthansa AG: Geschäftsbericht 2019, Frankfurt, 2020.

Deutsche Post DHL Group: Geschäftsbericht 2019, Bonn, 2020.

Deutsche Telekom AG: Geschäftsbericht 2019, Bonn, 2020.

DEUTZ AG: Geschäftsbericht 2019, Köln, 2020.

Eisele, W.; Knobloch, A. P.: Technik des betrieblichen Rechnungswesens: Buchführung und Bilanzierung – Kosten- und Leistungsrechnung – Sonderbilanzen, 9. Aufl., Stuttgart, 2019.

Eiselt, A.; Müller, S.: Kapitalflussrechnung nach IFRS und DRS 21: Darstellung und Analyse von Cashflows und Zahlungsmitteln, Berlin, 2014.

ElringKlinger AG: Jahresabschluss 2017, Dettingen/Erms, 2018.

ElringKlinger AG: Geschäftsbericht 2018, Dettingen/Erms, 2019.

ElringKlinger AG: Geschäftsbericht 2019, Dettingen/Erms, 2020.

Freidank, C.-C.; Velte, P.: Rechnungslegung und Rechnungslegungspolitik – Eine handels-, steuerrechtliche und internationale Einführung für Einzelunternehmen sowie Personen- und Kapitalgesellschaften, 2. Aufl., München, 2013.

Gladen, W.: Performance Measurement – Controlling mit Kennzahlen, 5. Aufl., Wiesbaden, 2011.

Gladen, W.: Performance Measurement – Controlling mit Kennzahlen, 6. Aufl., Wiesbaden, 2014.

Gräfer, H.; Wengel, T.: Bilanzanalyse. Traditionelle Kennzahlenanalyse des Einzeljahresabschlusses. Kapitalmarktorientierte Konzernjahresabschlussanalyse. Mit zahlreichen Abbildungen, Aufgaben und Lösungen, 14. Aufl., Herne, 2019.

Handelsblatt: Die 317-Milliarden-Euro-Blase, Hoffnungswerte belasten Bilanzen der DAX-Konzerne, Düsseldorf, 18.05.2020.

Heesen, B.: Basiswissen Bilanzanalyse – Schneller Einstieg in Jahresabschluss, Bilanz und GuV, 4. Aufl. Wiesbaden, 2020.

Heesen, B.; Gruber, W.: Bilanzanalyse und Kennzahlen, 3. Aufl. Wiesbaden, 2011.

HeidelbergCement: Geschäftsbericht 2019, Heidelberg, 2020.

Heidelberger Druckmaschinen: Geschäftsbericht 2018/19, Heidelberg, 2019.

Heidelberger Druckmaschinen: Geschäftsbericht 2017/18, Heidelberg, 2018.

Horváth, P.; Gleich, R.; Seiter, M.: Controlling, 13. Aufl., München, 2015.

KPMG AG: Kapitalkostenstudie 2017. Abgerufen am 31. März 2020 von https://assets.kpmg/content/dam/kpmg/ch/pdf/cost-of-capital-2017-de.pdf

KPMG AG: Cost of Capital Study 2019. Angerufen am 31. März 2020 von https://hub.kpmg.de/hubfs/LandingPages-PDF/cost-of-capital-study-2019-sec.pdf?utm_campaign=Kapitalkostenstudie%202019&utm_source=hs_automation&utm_medium=email&utm_content=78969993&_hsenc=p2ANqtz-_EQSIiDkCRJfL3l33umQAqaMT2shomylerlDJFw2x5DzwZXMF-W4THEWKlt-6vazdtYG2DaswRuLBvKWf8REye75aMkA&_hsmi=78969993

Kralicek, P.; Böhmdörfer, F.; Kralicek, G.: Kennzahlen für Geschäftsführer, 5. Aufl., München, 2008.

Krause, H.-U.: Controlling-Kennzahlen für ein nachhaltiges Management, Berlin/Boston, 2016.

Krause, H.-U.: Ganzheitliches Reporting mit Kennzahlen im Zeitalter der digitalen Vernetzung, 2. Aufl., Berlin/Boston, 2019.

Krause, H.-U.; Arora, D.: Controlling-Kennzahlen – Key Performance Indicators, München, 2008.

Küting, K.; Weber, C.-P.: Die Bilanzanalyse, 11. Aufl., Stuttgart, 2015.

Lachnit, L.; Müller, S.: Unternehmenscontrolling – Managementunterstützung bei Erfolgs-, Finanz-, Risiko- und Erfolgspotenzialsteuerung, 2. Aufl., Wiesbaden, 2012.

Lachnit, L.; Müller, S.: Bilanzanalyse. Grundlagen – Einzel- und Konzernabschlüsse – HGB- und IFRS-Abschlüsse – Unternehmensbeispiele, 2. Aufl., Wiesbaden, 2017.

Laier, R.: Value Reporting. Analyse von Relevanz und Qualität der wertorientierten Berichterstattung von DAX-30 Unternehmen, Wiesbaden, 2011.

Losbichler, H.; Eisl, C.; Engelbrechtsmüller, C.: (2015): Handbuch der betriebswirtschaftlichen Kennzahlen – Key Performance Indicators für die erfolgreiche Steuerung von Unternehmen, Wien, 2015.

Ossola-Haring, C.: Handbuch Kennzahlen zur Unternehmensführung, 3. Aufl., Landsberg am Lech, 2006.

Pape, U.: Wertorientierte Unternehmensführung, 4. Aufl., Sternenfels, 2010.

Poeschl, H.: Strategische Unternehmensführung zwischen Shareholder-Value und Stakeholder-Value, Wiesbaden, 2013.

Preißler, P. R.: Betriebswirtschaftliche Kennzahlen – Formeln, Aussagekraft, Sollwerte, Ermittlungsintervalle, München/Wien, 2008.

ProSiebenSat.1 Media SE: Geschäftsbericht 2019, Unterföhring, 2020.

Rappaport, A.: Creating Shareholder Value – The New Standard for Business Performance, New York, 1986.

Rappaport, A.: Shareholder Value – Ein Handbuch für Manager und Investoren, Stuttgart, 1999.

Reichmann, T.; Kißler, M.; Baumöl, U.: Controlling mit Kennzahlen: Die systemgestützte Controlling-Konzeption, 9. Aufl., München, 2017.

RWE AG: Geschäftsbericht 2019, Essen 2020.

Schierenbeck, H.; Wöhle, C. B.: Grundzüge der Betriebswirtschaftslehre, 18. Aufl., München, 2012.

Schmidlin, N.: Unternehmensbewertung & Kennzahlenanalyse, Norderstedt, 2011.

Siegwart, H.; Reinecke, S.; Sander, S.: Kennzahlen für die Unternehmensführung, 7. Aufl., Bern, 2010.

Siemens AG: Geschäftsbericht 2010, München, 2011.

Siemens AG: Geschäftsbericht 2019, München, 2020.

Staehle, W. H.: Kennzahlen und Kennzahlensysteme als Mittel der Organisation und Führung von Unternehmen, Wiesbaden, 1969.

Steger, J.: Kennzahlen und Kennzahlensysteme, Herne, 2014.

Stephan, J.: Finanzielle Kennzahlen für Industrie- und Handelsunternehmen – Eine wert- und risikoorientierte Perspektive, Wiesbaden, 2006.

Stührenberg, L.; Streich, D.; Henke, J.: Wertorientierte Unternehmensführung – Theoretische Konzepte und empirische Befunde, Wiesbaden, 2003.

thyssenkrupp AG: Geschäftsbericht 2018/19, Essen, 2019.

Volkswagen AG: Geschäftsbericht 2019, Wolfsburg, 2020.

von Berkstein, G.: Wirtschaftshandbuch der Formeln und Kennzahlen – Nachschlagewerk für Studenten und Profis, Norderstedt, 2011.

Weber, J.; Bramsemann, U.; Heineke, C.; Hirsch, B.: Wertorientierte Unternehmenssteuerung. Konzepte – Implementierung – Praxisstatements, 2. Aufl., Wiesbaden, 2017.

Weber, J.; Schäffer, U.: Einführung in das Controlling, 15. Aufl., Stuttgart, 2016.

Weber, J.; Schäffer, U.: Einführung in das Controlling, 16. Aufl., Stuttgart, 2020.

Wiehle, U.; Schömig, P. N.; Rolf, M.; Deter, H.; Diegelmann, M.: 100 Finanzkennzahlen, Wiesbaden, 2010.

Wienerberger AG: Geschäftsbericht 2016, Wien, 2017.

Wöhe, G.; Döring, U.; Brösel, G.: Einführung in die Allgemeine Betriebswirtschaftslehre, 26. Aufl., München, 2016.

Wöltje, J.: Jahresabschluss Schritt für Schritt, 4. Aufl., München, 2020.

Wöltje, J.: Betriebswirtschaftliche Formelsammlung, 7. Aufl., Freiburg, 2020.

Wöltje, J.: Betriebswirtschaftliche Formeln, 5. Aufl., Freiburg, 2017.

Wöltje, J. (Hrsg.): Bilanzen lesen, verstehen und gestalten, 13. Aufl., Freiburg/München/Stuttgart, 2018.

Wöltje, J.: Finanzkennzahlen und Unternehmensbewertung, Freiburg, 2012.

Stichwortverzeichnis

PI13799166
9834240